高等职业教育系列教材

PHP+MySQL+Dreamweaver 动态网站开发实例教程

第2版

张兵义　万　忠　蔡军英　主编

机械工业出版社

本书面向动态网站开发的读者，采用 Dreamweaver 可视化设计与手工编码相结合的方式，详细地介绍了基于 PHP 语言和 MySQL 数据库的动态网站开发技术。本书结构合理、论述准确、内容翔实、思路清晰，在所有例题、习题及上机实训中采用案例驱动的讲述方式，通过大量实例深入浅出、循序渐进地引导读者学习，全面细致地讲解了使用 PHP 进行动态网站开发的基础知识、特点和具体应用，并在此基础上讲解了 3 个动态网站的应用实例。本书共分 10 章，主要内容包括：网页开发工具 Dreamweaver CS6、搭建 PHP 运行环境、PHP 基本语法、数据处理、文件系统与操作、使用 MySQL 数据库、制作 PHP 动态页面、留言板、网络投票系统和博客系统。

本书适合作为高等学校、职业院校计算机及相关专业或培训班的动态网站开发教材和 PHP 编程教材，也可作为 PHP 爱好者和动态网站开发维护人员的学习参考书。

本书配有授课电子课件和源代码，需要的教师可登录 www.cmpedu.com 免费注册、审核通过后下载，或联系编辑索取（QQ：1239258369，电话：010-88379739）

图书在版编目（CIP）数据

PHP+MySQL+Dreamweaver 动态网站开发实例教程 / 张兵义，万忠，蔡军英主编. —2 版. —北京：机械工业出版社，2017.9（2021.1 重印）

高等职业教育系列教材

ISBN 978-7-111-58009-6

Ⅰ. ①P… Ⅱ. ①张… ②万… ③蔡… Ⅲ. ①PHP 语言－程序设计－高等职业教育－教材 ②关系数据库－数据库管理系统－高等职业教育－教材 ③网页制作工具－高等职业教育－教材 ④MySQL ⑤Dreamweaver

Ⅳ. ①TP312 ②TP311.138 ③TP393.092

中国版本图书馆 CIP 数据核字（2017）第 227989 号

机械工业出版社（北京市百万庄大街 22 号 邮政编码 100037）

策划编辑：鹿 征 责任编辑：鹿 征

责任校对：张艳霞 责任印制：张 博

三河市国英印务有限公司印刷

2021 年 1 月第 2 版・第 5 次印刷

184mm×260mm・16.25 印张・387 千字

9501－11000 册

标准书号：ISBN 978-7-111-58009-6

定价：45.00 元

出版说明

《国家职业教育改革实施方案》（又称“职教20条”）指出：到2022年，职业院校教学条件基本达标，一大批普通本科高等学校向应用型转变，建设50所高水平高等职业学校和150个骨干专业（群）；建成覆盖大部分行业领域、具有国际先进水平的中国职业教育标准体系；从2019年开始，在职业院校、应用型本科高校启动“学历证书+若干职业技能等级证书”制度试点（即1+X证书制度试点）工作。在此背景下，机械工业出版社组织国内80余所职业院校（其中大部分院校入选“双高”计划）的院校领导和骨干教师展开专业和课程建设研讨，以适应新时代职业教育发展要求和教学需求为目标，规划并出版了“高等职业教育系列教材”丛书。

该系列教材以岗位需求为导向，涵盖计算机、电子、自动化和机电等专业，由院校和企业合作开发，多由具有丰富教学经验和实践经验的“双师型”教师编写，并邀请专家审定大纲和审读书稿，致力于打造充分适应新时代职业教育教学模式、满足职业院校教学改革和专业建设需求、体现工学结合特点的精品化教材。

归纳起来，本系列教材具有以下特点：

1）充分体现规划性和系统性。系列教材由机械工业出版社发起，定期组织相关领域专家、院校领导、骨干教师和企业代表开展编委会年会和专业研讨会，在研究专业和课程建设的基础上，规划教材选题，审定教材大纲，组织人员编写，并经专家审核后出版。整个教材开发过程以质量为先，严谨高效，为建立高质量、高水平的专业教材体系奠定了基础。

2）工学结合，围绕学生职业技能设计教材内容和编写形式。基础课程教材在保持扎实理论基础的同时，增加实训、习题、知识拓展以及立体化配套资源；专业课程教材突出理论和实践相统一，注重以企业真实生产项目、典型工作任务、案例等为载体组织教学单元，采用项目导向、任务驱动等编写模式，强调实践性。

3）教材内容科学先进，教材编排展现力强。系列教材紧随技术和经济的发展而更新，及时将新知识、新技术、新工艺和新案例等引入教材；同时注重吸收最新的教学理念，并积极支持新专业的教材建设。教材编排注重图、文、表并茂，生动活泼，形式新颖；名称、名词、术语等均符合国家有关技术质量标准和规范。

4）注重立体化资源建设。系列教材针对部分课程特点，力求通过随书二维码等形式，将教学视频、仿真动画、案例拓展、习题试卷及解答等教学资源融入到教材中，使学生学习课上课下相结合，为高素质技能型人才的培养提供更多的教学手段。

由于我国高等职业教育改革和发展的速度很快，加之我们的水平和经验有限，因此在教材的编写和出版过程中难免出现疏漏。恳请使用本系列教材的师生及时向我们反馈相关信息，以利于我们今后不断提高教材的出版质量，为广大师生提供更多、更适用的教材。

机械工业出版社

前　　言

随着计算机网络技术的迅猛发展和日益普及，计算机程序设计的重点已经从传统的桌面程序设计转移到Web应用程序设计，各种动态网站开发技术正在受到人们越来越多的关注。其中，Apache＋MySQL＋PHP组合以其开源性和跨平台性而著称，被誉为黄金组合并得到广泛应用。本书采用Dreamweaver可视化设计与手工编码相结合的方式，详细地讲述了基于Apache服务器、PHP语言以及MySQL数据库的动态网站开发技术。

Apache是一款流行的Web服务器软件，支持多种Web编程语言，而且拥有优良的安全性和扩展性；PHP是一种流行的开放源代码的Web编程语言，主要用于开发服务器端应用程序及动态网页，通过PHP可以访问多种数据库，包括MySQL、Oracle、SQL Server、Informix、Sybase以及通用的ODBC等；MySQL是目前最受欢迎的开源SQL数据库管理系统，MySQL数据库服务器具有快速、可靠、易于使用等特点，并且具有很好的跨平台性、安全性和连接性，完全可以用于处理大型的企业级数据库；Dreamweaver CS6是一款专业的HTML编辑器，用于对网站、网页和Web应用程序进行设计、编码和开发，Dreamweaver CS6为当前流行的ASP、JSP、PHP等动态网站开发技术都提供了很好的支持。

传统的PHP动态网站开发通常都是采用手写代码方式来进行的，这种编程模式不仅效率低下，而且代码不规范，难以调试，无法满足企业应用的实际需要。Dreamweaver对PHP技术提供了很好的支持，使用它可以方便快捷地进行Web页面设计。本书讲述使用Dreamweaver开发基于PHP技术和MySQL数据库的动态网站，既可以通过各种可视化设计工具提高开发效率，也可以通过手工编码灵活控制程序的执行流程。

本书结构合理、论述准确、内容翔实、思路清晰，在所有例题、习题及上机实训中采用案例驱动的讲述方式，通过大量实例深入浅出、循序渐进地引导读者学习。本书共分10章，主要内容包括：网页开发工具Dreamweaver CS6、搭建PHP运行环境、PHP基本语法、数据处理、文件系统与操作、使用MySQL数据库、制作PHP动态页面、留言板、网络投票系统和博客系统。

为了帮助读者快速掌握PHP动态网站开发技术，作者结合多年从事教学工作和Web应用开发的实践经验，按照教学规律精心编写了本书。本书采用案例驱动的教学方法，首先展示案例的运行结果，然后详细讲述案例的设计步骤，循序渐进地引导读者学习和掌握相关知识点。在介绍PHP动态网页设计步骤时，本书将Dreamweaver可视化设计与手工编码有机地结合在一起，利用各种方便易用的设计工具快速完成页面布局，并通过添加服务器行为实现一些常规的数据库访问模块，然后通过手工编程对由可视化操作生成的源代码进行优化和微调。

为了便于教师教学，本书配有教学课件和源代码，教师可从机械工业出版社教育服务网http://www.cmpedu.com下载。

本书适合作为高等学校、职业院校计算机及相关专业或培训班的动态网站开发教材和PHP编程教材，也可作为PHP爱好者和动态网站开发维护人员的学习参考书。

本书由张兵义、万忠、蔡军英主编，参加编写的作者有张兵义（第1、9章），万忠（第2、10章），蔡军英（第3、5章），雷鸣（第4章），吕振雷（第6章），马海洲（第7章），

第8章及资料的收集整理、课件的制作由殷莺、刘瑞新、刘克纯、刘大学、庄建新、彭春芳、缪丽丽、王金彪、孙明建、骆秋容、崔瑛瑛、孙洪玲、李索、翟丽娟、刘大莲、徐云林、韩建敏、庄恒、徐维维、李建彬、刘有荣、李刚、杨丽香、杨占银完成，全书由刘瑞新教授统编定稿。由于作者水平有限，书中疏漏和不足之处难免，敬请广大师生指正。

教学建议如下。

章节	教学要求	学时
第1章 网页开发工具 Dreamweaver CS6	了解 Dreamweaver 的工作环境 掌握 Dreamweaver 创建网页的工作流程 掌握 Dreamweaver 的建立与管理站点的方法 掌握 Dreamweaver 的测试与发布站点的方法	2
第2章 搭建 PHP 运行环境	了解动态网站开发技术 掌握安装 PHP 开发环境的方法 掌握配置 PHP 开发环境的方法 掌握在 Dreamweaver 中建立 PHP 站点的方法	4
第3章 PHP 基本语法	了解 PHP 发展历史、语言特点和应用领域 掌握 PHP 的语法风格 掌握 PHP 的基本数据类型及数据类型之间的转换 掌握 PHP 变量和常量的定义方法 掌握 PHP 运算符及优先级和结合性 掌握 if 条件控制结构 掌握 switch 条件控制结构 掌握 for 循环结构 掌握 while 和 do-while 循环结构 掌握用户自定义函数的方法 掌握文件的包含操作	12
第4章 数据处理	了解数组的基本概念 掌握数组的创建和初始化 掌握字符串的显示与格式化 掌握常用的字符串操作函数 掌握字符串的替换与比较操作 掌握常用的日期和时间函数	6
第5章 文件系统与操作	了解目录与文件的基本特点 掌握创建和删除目录的方法 掌握打开和关闭目录句柄的方法 掌握读取目录内容的方法 掌握打开与关闭文件的方法 掌握文件的写入与读取的方法 掌握文件上传与下载的方法	6
第6章 使用 MySQL 数据库	了解数据库与数据库管理系统 了解 MySQL 数据库的发展历史和特点 掌握 MySQL 的数据类型 掌握命令方式操作 MySQL 数据库的方法 掌握使用 MySQL 数据库图形化界面管理工具 phpMyAdmin 的方法	8

（续）

章　　节	教学要求	学　　时
第 7 章 制作 PHP 动态页面	了解 PHP 程序连接到 MySQL 数据库服务器的原理 掌握 PHP 网页中建立 MySQL 数据库连接的方法 掌握使用 Dreamweaver 动态网页开发环境 掌握动态网页设计的工作流程 掌握以可视化方式生成动态网页的方法	4
第 8 章 留言板	了解留言板的应用特点 掌握留言板的网站规划和数据库设计 掌握留言板网站的定义与设置数据库连接的方法 掌握留言板主页面的制作方法 掌握留言板管理页面的制作方法	6
第 9 章 网络投票系统	了解网络投票系统的应用特点 掌握网络投票系统的网站规划和数据库设计 掌握网络投票系统网站的定义与设置数据库连接的方法 掌握网络投票系统主页面的制作方法 掌握网络投票系统管理页面的制作方法	8
第 10 章 博客系统	了解博客系统的应用特点 掌握博客系统的网站规划和数据库设计 掌握博客系统网站的定义与设置数据库连接的方法 掌握博客系统主页面的制作方法 掌握博客系统管理页面的制作方法	8
总学时		64

说明：

1）本书适用于计算机及相关专业“PHP 动态网站开发”或“PHP 程序设计”课程的教材，教师讲课学时为 32 学时，学生在教师指导下完成相关实训的学时为 32 学时。不同专业根据相应的教学要求和计划教学时数可酌情对教材内容进行适当取舍，非计算机专业使用本书可适当降低教学要求。

2）建议采用“讲、学、练、做”为一体的教学方法，教师首先在课堂上重点介绍网站的设计思路与设计流程，讲授关键的知识点和难点，细节的语法规则和操作过程主要靠学生自己学习以及在实践环节的练、做中理解和掌握。采用这种互动式教学、案例教学相结合的模式，可调动学生学习的兴趣和主动性。

3）除了本书各章节的演练案例之外，建议教师结合学生的学习情况补充其他题目，加强实践环节的指导和要求，对于共性的问题及时进行讲解。在课程最后，给出一个有一定规模的综合性的网站开发设计题目，要求学生独立或分组完成，加强学生程序的调试能力及对常见错误的处理能力。

4）对于本书的学时数，可根据具体情况确定，有些专业安排学时较少，教材中的内容不能完全讲解，建议在教学中突出重点，重点强调学生网站开发综合能力的培养，而对位运算和使用命令方式操作 MySQL 数据库等内容不再讲解，感兴趣的同学可以自学相关内容。

编　者

目　录

第 1 章　网页开发工具 Dreamweaver CS6

Dreamweaver 是优秀的可视化网页设计制作工具，它不仅可以用来制作兼容不同浏览器和版本的网页，同时还具有很强的站点管理功能，是一款所见即所得的网页编辑工具。

1.1　Dreamweaver CS6 概述

Dreamweaver 是由 Adobe 公司开发的，利用 Dreamweaver 的可视化编辑功能，用户可以轻松地完成设计、开发和维护网站的全过程。Dreamweaver 不仅提供了直观的可视布局界面，而且具备强大的编码工具。用户可以使用服务器语言（如 ASP、ASP.NET、ColdFusion 标记语言、JSP 和 PHP）生成支持动态数据库的 Web 应用程序，使用 Ajax 的 Spry 框架进行动态用户界面的可视化设计、开发和部署。

使用 Dreamweaver 的网站地图，用户可以快速地制作网站雏形。在设计过程中，用户如果改变了网页的位置，Dreamweaver 会自动更新所有链接。Dreamweaver 提供一组预先设计的 CSS 布局，可以帮助用户快速地设计出美观的页面。Dreamweaver 成功地整合了所见即所得的编辑方式和动态网站开发功能。

1.2　Dreamweaver CS6 的工作环境

1.2.1　Dreamweaver CS6 的启动

安装好 Dreamweaver CS6 后，选择“开始”→“所有程序”→“Adobe Dreamweaver CS6”命令。Dreamweaver CS6 经过一系列初始化过程后，显示起始页对话框，如图 1-1 所示，在其中可以在“打开最近的项目”“新建”栏中进行选择。

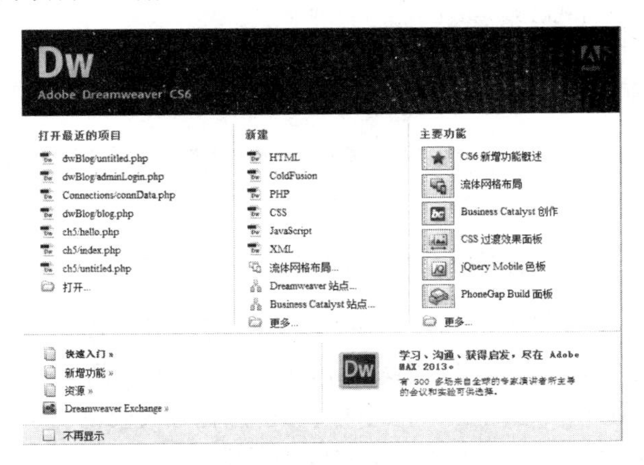

图 1-1　起始页对话框

如果要创建新的静态网页，则选择“新建”栏中的“HTML”项，这时将进入 Dreamweaver 的设计窗口，如图 1-2 所示。

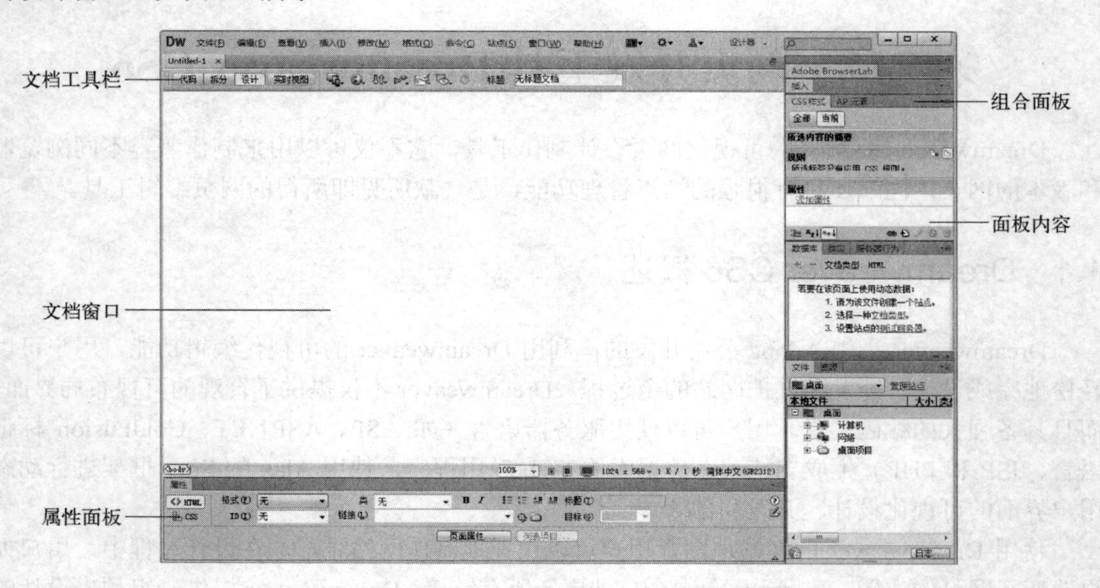

图 1-2 Dreamweaver 的主工作区

1.2.2 Dreamweaver CS6 的主工作区

Dreamweaver CS6 的主工作区由文档工具栏、文档窗口、属性面板、组合面板等部分组成，如图 1-2 所示。

1. 文档工具栏

文档工具栏中的按钮使用户可以在文档的不同视图间快速切换，包括代码视图、设计视图、拆分视图和实时视图。文档工具栏中还包含一些与查看文档、在本地和远程站点间传输文档有关的常用命令和选项，如图 1-3 所示。

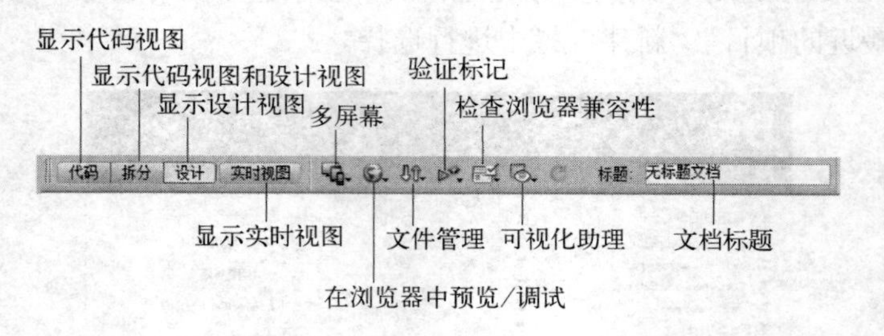

图 1-3 文档工具栏的常用命令和选项

大多数的网页设计和开发人员都需要花费大量的时间进行代码编写，Dreamweaver CS6 引入更好的代码编写方式，使得代码编辑器足够强大和灵活，能应对多种编程语言。Dreamweaver CS6 提供了大量的工具，不仅简化了编写代码的过程，同时也使得用户在 Dreamweaver 工作环境中可以直接渲染浏览器成为可能。

Dreamweaver CS6 提供了很多方式供用户查看源代码。选择代码视图方式，可以在文档窗口中查看代码，选择拆分视图方式，可以在文档窗口中同时显示页面和相关代码。

（1）代码视图

代码视图仅在文档窗口中显示页面的代码，适合进行代码的直接编写，如图 1-4 所示。

（2）拆分视图

拆分视图能够同时显示代码视图和设计视图，文档窗口的一部分用于显示代码视图，而另一部分用于显示设计视图，如图 1-5 所示为水平拆分视图。

图 1-4　代码视图

图 1-5　水平拆分视图

将代码视图和设计视图水平分开的拆分，使得用户不能完全享受到双屏幕的优势。为了解决这个问题，Dreamweaver CS6 新增加了垂直拆分视图，这样用户不仅能水平地拆分代码视图和设计视图，同时也能垂直地拆分代码视图和设计视图。

在水平拆分视图方式下，执行“查看”→“垂直拆分”，即可将文档窗口的视图方式转换为垂直拆分视图，如图 1-6 所示。

（3）设计视图

设计视图仅在文档窗口中显示页面的设计界面，如图 1-7 所示。

图 1-6　垂直拆分视图

图 1-7　设计视图

2．面板

Dreamweaver 的三个重要功能是网页设计、代码编写和应用程序开发，相应的面板也是这样分类的。当然，用户也可以根据自己的喜好来分配面板布局。Dreamweaver 面板可以方便地进行拆除和拼接。

（1）设计类面板组

设计类面板组包括“CSS 样式”和“AP 元素”两个子面板，如图 1-8 所示。

“CSS 样式”面板用于 CSS 样式的应用编辑操作，利用面板右下角的各个功能按钮可以实现扩展、新增、编辑和删除样式等操作。

Dreamweaver 中的 AP 元素是分配了绝对位置的 HTML 页面元素，具体地说，就是 div 标签或其他标签。使用“AP 元素”面板可防止重叠，更改 AP 元素的可见性，嵌套或堆叠 AP 元素，以及选择一个或多个 AP 元素。

（2）文件类面板组

文件类面板组包括“文件”“资源”和“代码片段”3 个子面板，如图 1-9 所示。

在“文件”面板中查看站点、文件或文件夹时，用户可以更改查看区域的大小，还可以展开或折叠“文件”面板。当“文件”面板折叠时，它以文件列表的形式显示本地站点、远程站点或测试服务器中的内容；当“文件”面板展开时，它显示本地站点和远程站点或者显示本地站点和测试服务器。“文件”面板还可以显示本地站点的视觉站点地图。

使用“资源”面板可以管理当前站点中的资源，“资源”面板显示与文档窗口中的活动文档相关联的站点的资源。

“代码片断”面板中提供了许多代码片断，分类也很清晰。这里收录了一些非常有用或者经常用到的代码片断，用户使用的时候可以非常方便地直接插入。

（3）应用程序类面板组

应用程序类面板组包括“数据库”“绑定”和“服务器行为”3 个子面板，如图 1-10 所示。使用这些子面板，可以连接数据库、读取记录集，为网站的开发及实现数据库操作等提供了强大的支持，使用户能够轻松地创建动态 Web 应用程序。

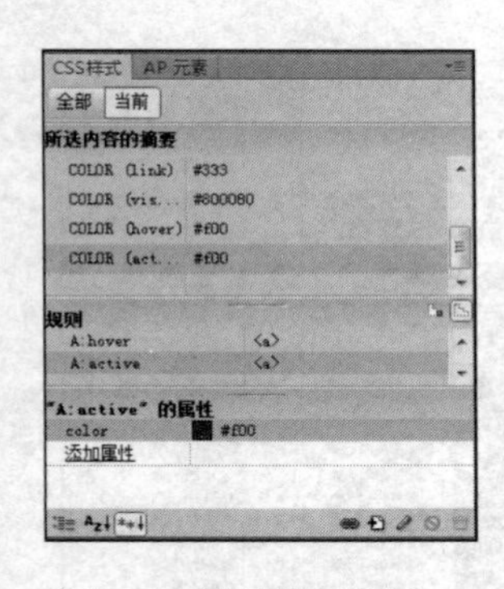

图 1-8 设计类面板组

图 1-9 文件类面板组

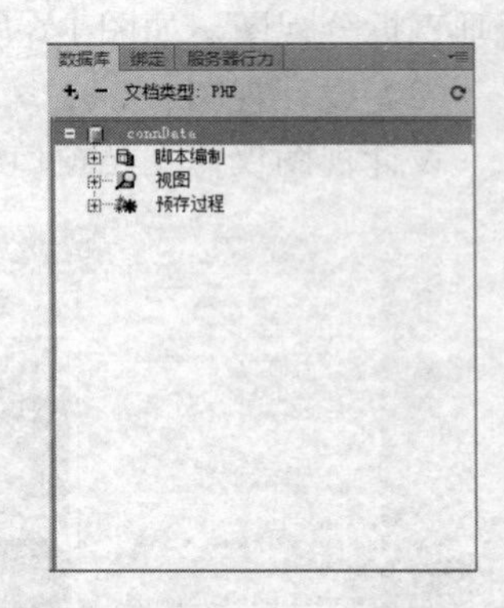

图 1-10 应用程序类面板组

Dreamweaver 支持 5 种服务器技术：ColdFusion、ASP.NET、ASP、JSP 和 PHP。

1.3 Dreamweaver CS6 创建网页的工作流程

Dreamweaver CS6 为处理各种 Web 设计和开发文档提供了灵活的环境。除了 HTML 文档以外，用户还可以创建和打开各种基于文本的文档，如 ASP、JavaScript 和 CSS。Dreamweaver 还支持源代码文件，如 PHP、C#和 Java。

Dreamweaver CS6 为创建新文档提供了若干选项，用户可以创建以下任意文档：

● 新的空白文档或模板。

● 基于 Dreamweaver 附带的预设计页面布局文档。

● 基于现有模板的文档。

1．创建新文档

用户可以用下列方法创建新文档。

（1）创建新的空白文档

创建新的空白文档，操作步骤如下。

① 选择“文件”→“新建”，即出现“新建文档”对话框，默认选中“空白页”选项。

② 从“页面类型”列表框中选择类型，对于基本页，可选择“HTML”；如果有页面布局的需要，可以从右侧的“布局”列表框中选择需要的布局，如图 1-11 所示。

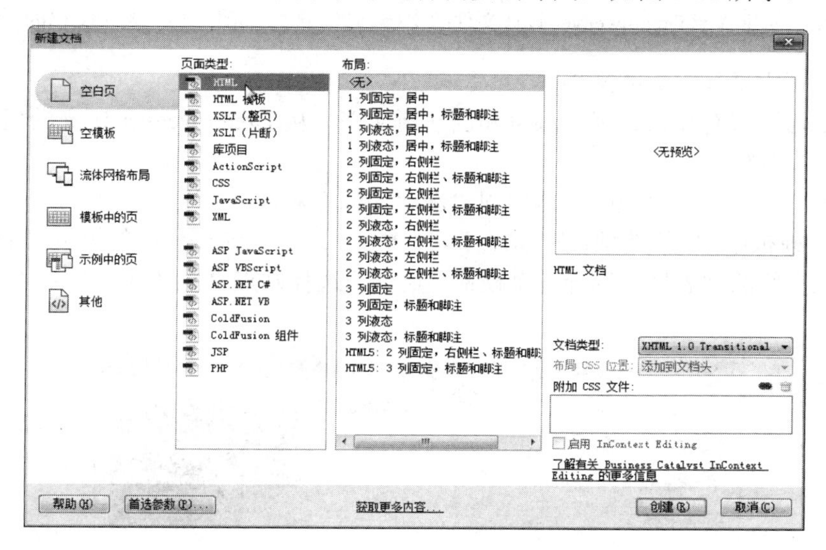

图 1-11 “新建文档”对话框

③ 单击“创建”按钮，在文档窗口中创建新文档。

④ 保存该文档。

（2）创建基于 Dreamweaver 设计文件的文档

Dreamweaver 附带了几种以专业水准开发的页面布局和设计元素文件。用户可以将这些设计文件作为设计站点页面的起点。当用户创建基于设计文件的文档时，Dreamweaver 会创建基于文档的 CSS 样式。创建基于 Dreamweaver 设计文件的文档，操作步骤如下。

① 选择“文件”→“新建”，即出现“新建文档”对话框。

② 选择“示例中的页”选项，从“示例文件夹”列表框中选择“CSS 样式表”类别，然后从右侧的“示例页”列表框中选择一个示例页，例如“完整设计：Arial，蓝色/绿色/灰色”。用户可以在最右侧的预览区中预览设计文件并阅读关于文档设计元素的简要说明，如图 1-12 所示。

③ 单击“创建”按钮，新建的 CSS 样式文件在文档窗口中打开，如图 1-13 所示。

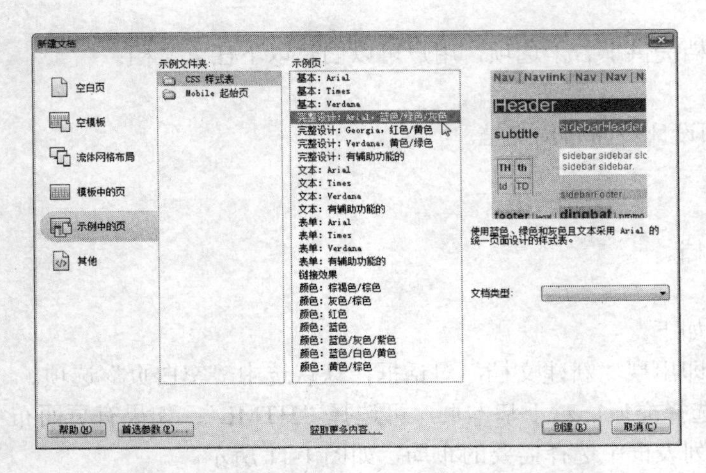

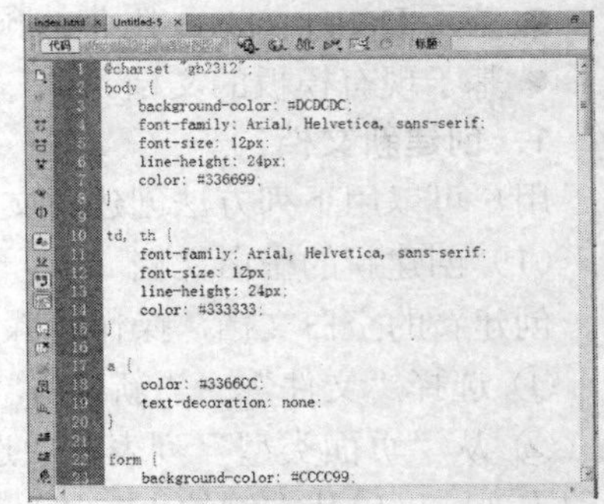

图 1-12　创建基于 Dreamweaver 设计文件的文档　　　　图 1-13　基于文档的 CSS 样式

（3）创建基于现存模板的文档

用户可以通过现有模板选择、预览和创建新文档。从 Dreamweaver 定义的任何站点中选择模板，操作步骤如下。

① 选择“文件”→“新建”，即出现“新建文档”对话框。

② 选择“模板中的页”选项，在“站点”列表框中，选择包含要使用的模板的 Dreamweaver 站点，然后从右侧的列表框中选择一个模板。例如，选择站点“car”中的模板“newcar”，如图 1-14 所示。

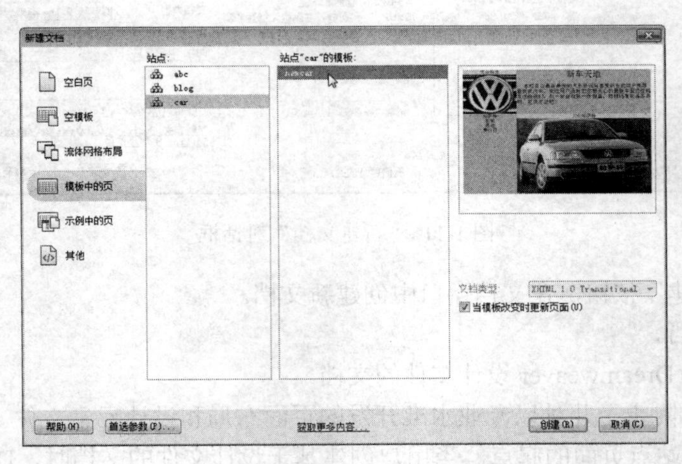

图 1-14　创建基于现存模板的文档

③ 单击“创建”按钮，基于模板的新文档在文档窗口中打开。

④ 编辑新文档中用户需要修改的区域。

⑤ 保存该文档。

2．保存新文档

要保存新文档，操作步骤如下。

① 选择“文件”→“保存”。

② 在出现的对话框中，定位到要用来保存文件的文件夹。

③ 在“文件名称”文本框中，输入文件名。不要在文件名和文件夹名中使用空格和特殊字符，文件名也不要以数字开头。例如，为新建的网页命名为“sample.html”。

④ 单击“保存”按钮。

1.4 站点管理

站点可以看作一系列文档的组合。这些文档之间通过各种链接关联起来，它们可能拥有相似的属性，例如，描述相关的主体，采用相似的设计，或者实现相同的目的等。利用浏览器，可以从一个文档跳转到另一个文档，实现对整个网站的浏览。

1.4.1 Dreamweaver 的网站定义

严格地说，站点也是一种文档的磁盘组织形式，它同样是由文档和文档所在的文件夹组成的。设计良好的网站通常具有科学的结构，利用不同的文件夹，将不同的网页内容分门别类地保存，这是设计网站的必要前提。结构良好的网站，不仅便于管理，也便于更新。

用户在 Internet 上所浏览的各种网站，归根到底，就是用浏览器打开存储在 Internet 服务器中的 HTML 文档及其他相关资源。基于 Internet 服务器的不可知特性，通常将存储于 Internet 服务器上的站点和相关文档称为远端站点。

利用 Dreamweaver 可以对位于 Internet 服务器上的站点文档直接进行编辑和管理，但有时非常不便，且影响的因素很多，例如，网络速度和网络的不稳定性等都会对管理和编辑操作带来影响。另一个更重要的原因是，如果直接对位于 Internet 服务器中的文档和站点进行操作，则必须始终保持同 Internet 的连接，这意味着会花费不必要的上网费用。

既然位于 Internet 服务器上的站点仍采用以文件和文件夹作为基本要素的磁盘组织形式，那么能不能首先在本地计算机的磁盘中构建出整个网站的框架，编辑相应的文档，然后再将其放置到 Internet 服务器上呢？答案是可以。这就是本地站点的概念。

利用 Dreamweaver，可以在本地计算机中创建站点的框架，从整体上对站点全局进行把握。由于这时候没有同 Internet 连接，因此有充裕的时间完成站点的设计，进行完善的测试。站点设计完毕，可以利用各种上传工具，将本地站点上传到 Internet 服务器中以形成远端站点。

测试站点是 Dreamweaver 处理动态网页技术（如 ASP、PHP、JSP）的动态网页站点。如果用户只是定义普通的本地站点，那么只需要设置本地文件夹就可以了。但是如果要构建动态网页站点，就必须要定义测试站点，这样才能正确地解析服务器中的应用程序。

关于测试站点的建立，将在后面章节中讲解，本章只讲本地站点和远端站点的基本操作。

1.4.2 建立本地站点

规划好站点结构后，应该先在 Dreamweaver CS6 中定义站点，然后才能进行开发。

【演练 1-1】 建立一个本地站点，定义站点名称和站点使用的本地根文件夹及默认的图像文件夹。

【案例展示】 本实例定义站点的名称为 first，使用的本地文件夹为 D:\website，默认的图像文件夹为 D:\website\images。站点的设置如图 1-15 所示，站点结构如图 1-16 所示。

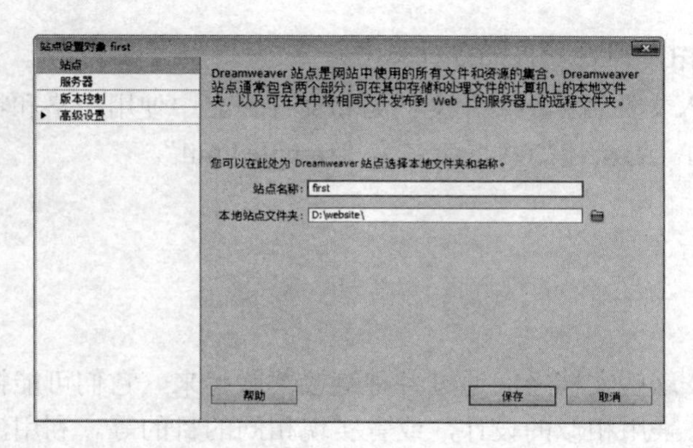

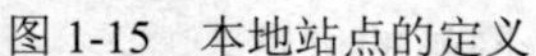

图 1-15　本地站点的定义

图 1-16　站点结构

【学习目标】掌握建立本地站点的方法。

【知识要点】定义站点名称、本地根文件夹和默认图像文件夹。

操作步骤如下。

① 建立站点文件夹。在 D 盘根目录下建立站点本地文件夹 website，然后在 website 文件夹中建立图像文件夹 images，整个站点的文件夹结构如图 1-17 所示。

② 在主菜单中选择“站点”→“新建站点”，打开“站点设置对象”对话框，如图 1-18 所示。

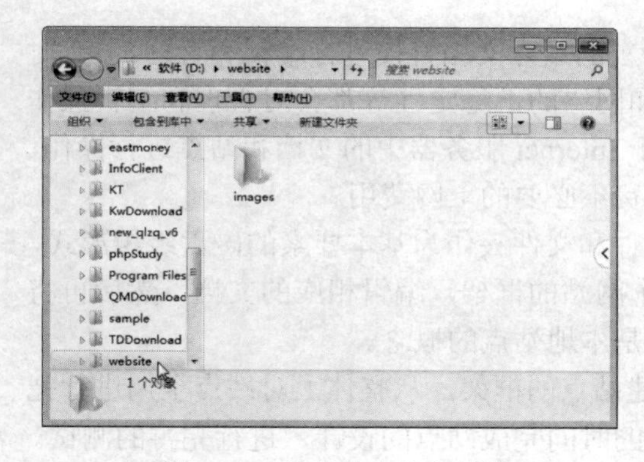

图 1-17　站点的文件夹结构

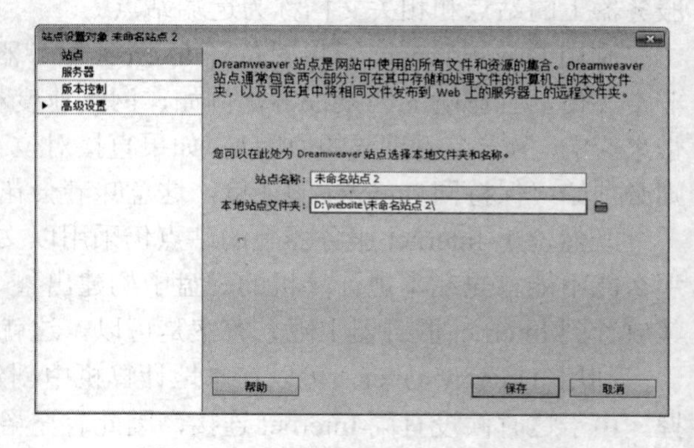

图 1-18　“站点设置对象”对话框

③ 定义站点名称。在“站点名称”文本框中输入站点名称，例如，first，如图 1-19 所示。该站点名称只是在 Dreamweaver 中的一个站点标识，因此也可以使用中文名称。

④ 定义站点使用的本地根文件夹。单击“本地站点文件夹”文本框旁边的浏览按钮，在打开的选择站点的本地根文件夹对话框中，定位到事先建立的站点文件夹 website，如图 1-20 所示。单击“选择”按钮，完成站点本地根文件夹的定义，返回到“站点设置对象”对话框，如图 1-21 所示。

⑤ 定义默认图像文件夹。单击“站点设置对象”对话框左侧列表中的“高级设置”选项，在展开的列表中选择“本地信息”选项，展开右侧设置画面，如图 1-22 所示。单击“默认图像文件夹”文本框旁边的浏览按钮，用同样的方式指定站点中用于存放图像的文件夹，例如，D:\website\images，如图 1-23 所示。单击“选择”按钮，完成站点默认图像文件夹的定义，返

回到“站点设置对象”对话框，如图 1-24 所示。

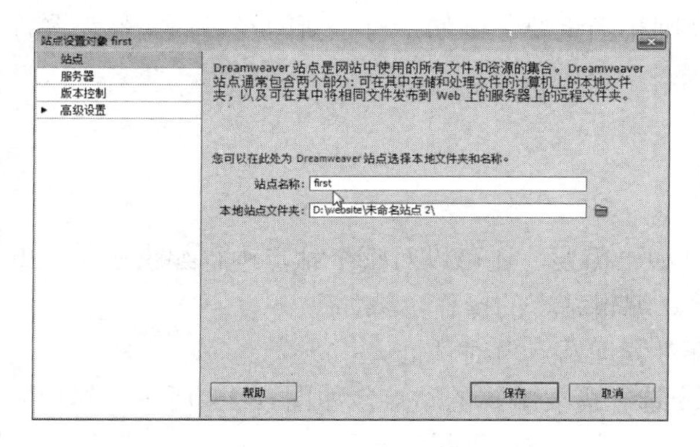

图 1-19　定义站点名称

图 1-20　选择本地根文件夹

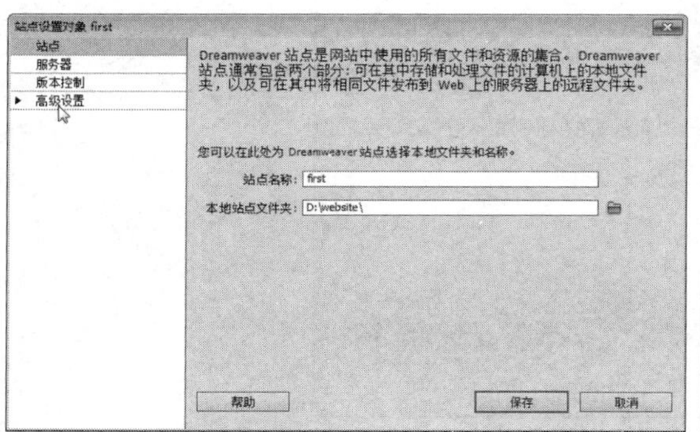

图 1-21　完成本地根文件夹的定义

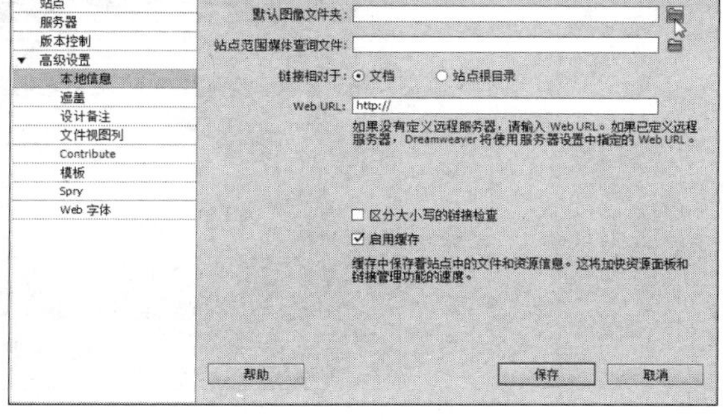

图 1-22　本地信息设置画面

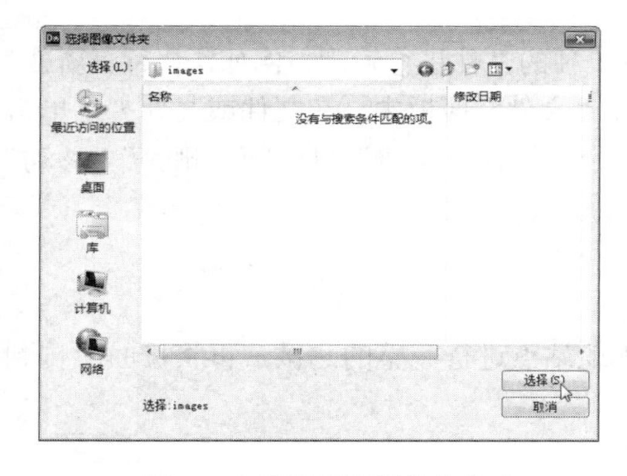

图 1-23　选择默认图像文件夹

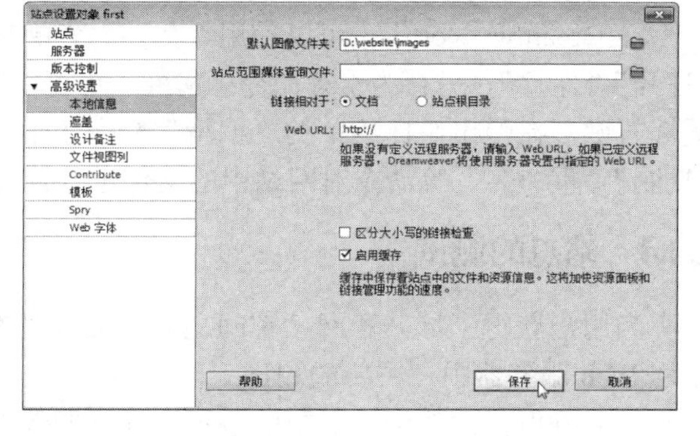

图 1-24　完成默认图像文件夹的定义

⑥ 完成站点的定义。其他选项保持不变，单击“保存”按钮，完成站点的定义，此时站点面板中出现新建的站点窗口，如图 1-16 所示。

【案例说明】

除了站点名称可以使用中文名字外，其他诸如定义站点的文件夹、站点内的文件和栏目文件夹的命名都不要使用中文名字，因为 Dreamweaver 对中文文件名和文件夹的支持不是很好。用户可以使用文件或栏目名称的汉语拼音，或者用文件或栏目名称的英文名称来命名文件或文件夹。团队开发时，有统一的命名规则相当重要。例如，对于新闻栏目，文件夹名称可以是 xinwen，也可以命名为 news。

1.4.3 管理本地站点

1．编辑站点

在 Dreamweaver 中创建好本地站点后，如果需要，还可以对整个站点进行编辑操作。例如，编辑修改站点、复制站点、删除站点等。编辑站点的操作步骤如下。

① 选择“站点”→“管理站点”，打开“管理站点”对话框。

② 在“管理站点”对话框的站点列表中选择需要编辑的站点，如图 1-25 所示，然后双击该站点即可打开“站点设置对象”对话框，对站点进行重新定义。

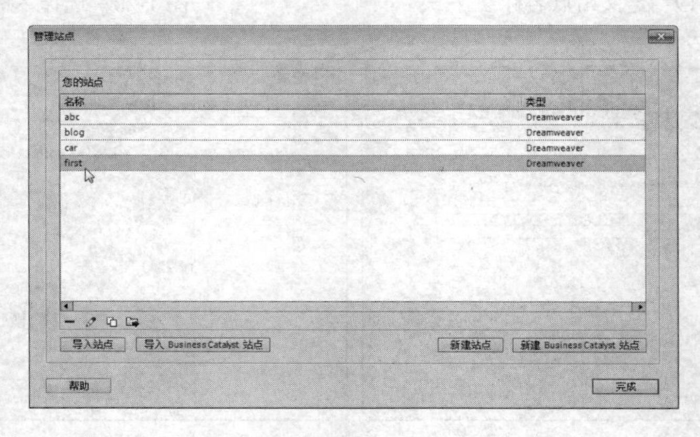

图 1-25　选择需要编辑的站点

2．文件的基本操作

在 Dreamweaver 中，可以使用“文件”菜单对单独的文件进行管理，例如，执行“新建”“打开”“保存”“另存为”等命令。另外，也可以在“文件”面板中，在文件或文件夹上单击鼠标右键，在弹出快捷菜单的“编辑”命令子菜单中，执行“新建”“打开”“删除”“移动”“复制”“重命名”等命令对网站中的文件进行管理。

1.4.4 站点的测试

当用户获得了域名和网站空间之后，应当对本地站点进行完整的测试，再将页面上传到远程 Web 服务器中，主要的测试工作包括：

（1）确保页面在浏览器中的显示达到预期效果

页面在不支持样式、层、插件或 JavaScript 的浏览器中应清晰可读且功能正常。对于在较早版本的浏览器中根本无法运行的页面，应考虑使用“检查浏览器”行为，自动将访问者重定向到其他页面。

（2）在不同的浏览器上预览页面

用户应当在不同的浏览器查看页面布局、颜色、字体大小等方面的区别，这些区别在不同浏览器的检查中是无法预见的。

（3）检查站点是否有断开的链接

由于其他站点也存在重新设计网站的可能，所以页面中链接的目标页面可能已被移动或删除。用户可运行链接检查报告来对链接进行测试。

（4）运行站点报告来测试并解决整个站点的问题

用户可以检查整个站点是否存在问题，例如无标题文档、空标签以及冗余的嵌套标签等。

1．检测浏览器的兼容性

Dreamweaver 的“浏览器兼容性”功能可以检测当前 HTML 文档、整个本地站点或站点窗口中的一个或多个文件/文件夹在目标浏览器中的兼容性，查看有哪些标签属性在目标浏览器中不兼容，以便对文档进行修正更改。

“检查目标浏览器”功能可以检测 Internet Explorer 2.0 及其以上版本、Netscape Navigator 2.0 及其以上版本和 Opera 2.1 及其以上版本等浏览器的兼容性。检测的主要方法如下所述。

① 如果需要检查单一 HTML 文档，可先在 Dreamweaver 窗口中打开需要检查的 HTML 文档，然后选择“文件”→“检查页”→“浏览器兼容性”，稍等片刻后，即可看到目标浏览器的兼容报告，如图 1-26 所示。

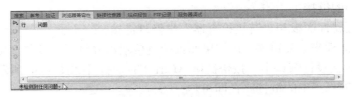

图 1-26　目标浏览器的兼容报告

② 接下来，检查整个本地站点或站点窗口中的一个或多个文件/文件夹在目标浏览器中的兼容性。在结果面板上单击“站点报告”选项卡，单击面板左侧的运行图标▷，打开如图 1-27 所示的“报告”对话框，选择报告的范围为“整个当前本地站点”，报告内容为“无标题文档”，单击“运行”按钮，检测的站点报告结果如图 1-28 所示。

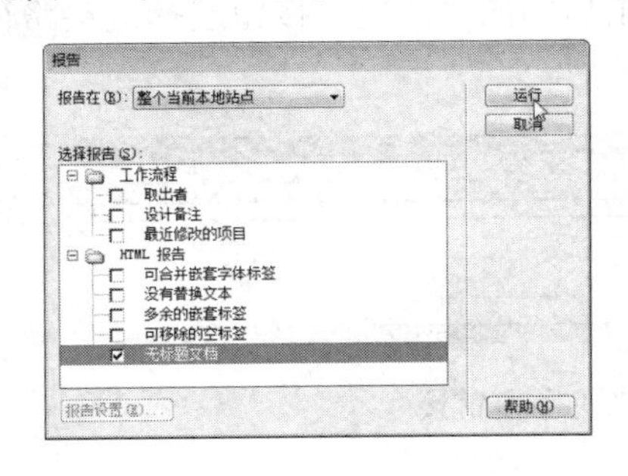

图 1-27　“报告”对话框

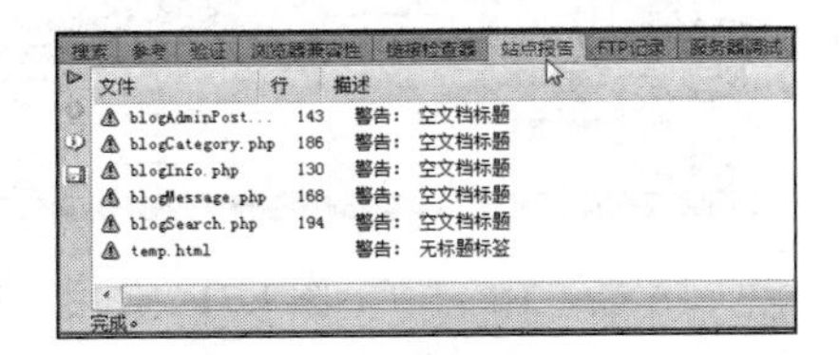

图 1-28　站点报告结果

2．检查站点的链接错误

对于一个拥有几百个文件的大型网站，随着时间的推移，难免会出现一些失效或无效的链接文件，可以通过 Dreamweaver 内置的“链接检查器”功能来检查并修复这些失效或无效的链接文件。

（1）检查链接

“链接检查器”功能可以用来检查当前打开的单一文件、文件夹或者整个本地站点文件。在结果面板中单击右键，弹出快捷菜单，选择“检查整个当前本地站点的链接”命令，稍等片刻后，即可在“链接检查器”选项卡中看到链接检查结果，如图 1-29 所示。

可以从“显示”下拉列表中选择要检查的链接方式。

- 断掉的链接：检查文档中是否存在断掉的链接，这是默认选项。
- 外部链接：检查文档中的外部链接是否有效。
- 孤立文件：检查站点中是否存在孤立文件，这个选项只有在检查整个站点时才启用。

图 1-29 “链接检查器”中对整个站点检查链接的检查结果

如果需要，可以单击“链接检查器”选项卡上的 按钮将这些报告保存成一个文件。

（2）修复错误的链接

用户可以通过属性面板和“链接检查器”来修复链接。

① 通过属性面板来修复链接。在结果面板中直接双击并打开需要修复链接的文件，然后切换到 Dreamweaver 设计窗口中，按快捷键〈Ctrl+F3〉，打开如图 1-30 所示的属性面板，在“链接”文本框中输入正确的链接路径即可。

图 1-30 属性面板

② 通过“链接检查器”来修复链接。首先，在结果面板中选中需要修复链接的文件，在“外部链接”列中直接输入正确的链接路径，或者单击后面的“浏览”按钮选择链接路径，如图 1-31 所示。

图 1-31 使用“链接检查器”来修复链接

3. 在浏览器中预览

在 Dreamweaver 中，对网页进行各种检测，可以找出理论上存在的问题。只有真正在浏览器中浏览网页，才能够找到理论上无法预测，但是实际上确实存在的问题。所以网站的最终测试必须在浏览器中做最后的验证。

由于大多数网站都是由一些专业人员设计的，相对于普通用户，专业人员对计算机和网络的理解更深刻，对网站的性能要求更高。但是，同时也要考虑到访问网站的大多数用户只是使用网络的一般功能，对网站的性能要求可能与专业人员不太相同。因此，网站的性能应切实满足普通用户的需要。所以，有许多成功的经验表明，让非专业人员参加网站的测试，工作效果有时更好，这些人会提出许多专业人员没有顾及的问题或一些好的建议。

1.5 实训

【实训综述】 建立一个学习教程主题的本地站点及制作网站首页。

【实训展示】 本实例页面预览后的结果如图 1-32 所示。

【实训目标】 掌握建立本地站点的方法和创建网页的基本流程。

【知识要点】 建立本地站点，创建基于布局的起始页，页面的保存和预览。

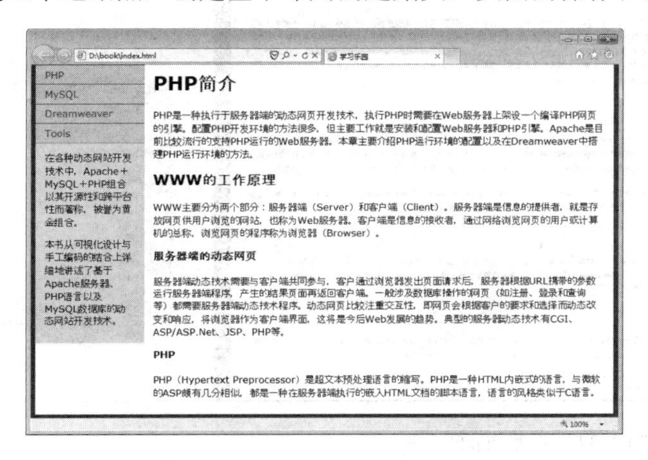

图 1-32　页面预览的结果

网站首页制作要点：

① 新建本地站点，命名为 study，本地根文件夹为 D:\book。

② 执行“文件”→“新建”，出现“新建文档”对话框。选择“空白页”选项，页面类型为“HTML”，然后从右侧的“布局”列表框中选择一个布局，例如“2 列固定，左侧栏”，如图 1-33 所示。

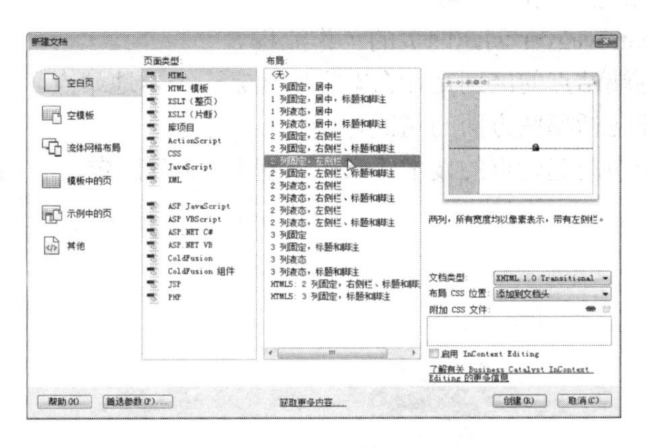

图 1-33　选择页面布局

该页面是网站的主页，包括学习教程内容的文本和链接。单击“创建”按钮，原始页面显示在设计视图中，如图 1-34 所示。

③ 用户可以在此页面的基础上修改得到自己所需的页面，修改后的页面如图 1-32 所示。

在编辑网页时，如果文档窗口标题栏文件名后有一个星号“*”，则表示当前文档没有保存，此时应当及时保存对网页的修改。由于用户修改了页面的内容，因此要注意保存所做的修改。

④ 执行“文件”→“保存全部”命令，打开“另存为”对话框，输入网页文件名“index.html”，如图 1-35 所示。单击“保存”按钮，将页面保存，按〈F12〉键预览网页。

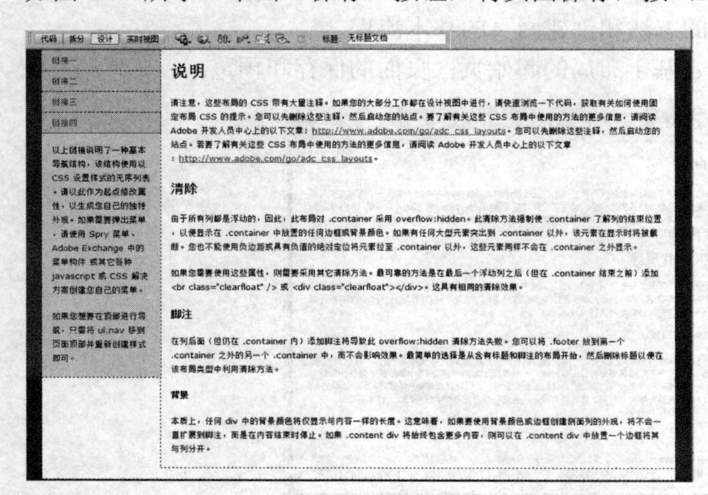

图 1-34　原始页面

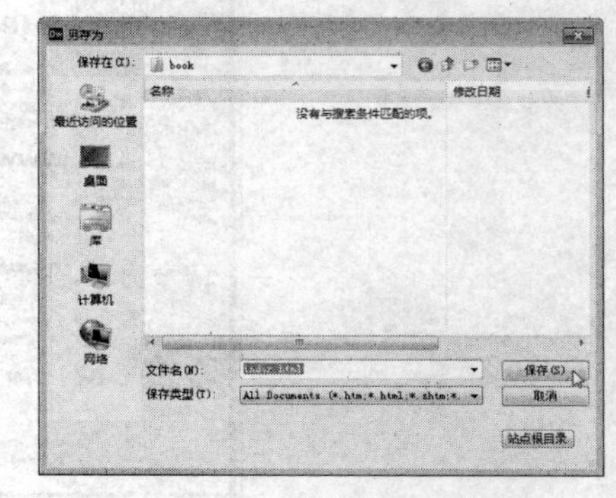

图 1-35　保存网页

1.6　习题

1．简述 Dreamweaver 文档编辑所包括的 3 种视图及特点。

2．在本地站点中创建一个首页文件 index.html 和一个存放图像的文件夹 images，自定义首页文件的标题、背景色和页面字体。

3．举例简述 Dreamweaver 创建网页的工作流程。

4．本地站点和远端站点的区别是什么？举例建立一个本地站点。

5．测试网页主要包括哪些方面的测试？

6．使用创建基于布局起始页的技术建立一个基于“2 列固定，右侧栏”的页面。

第 2 章　搭建 PHP 运行环境

PHP 是一种执行于服务器端的动态网页开发技术，执行 PHP 时需要在 Web 服务器上架设一个编译 PHP 网页的引擎。配置 PHP 开发环境的方法很多，但主要工作就是安装和配置 Web 服务器和 PHP 引擎。Apache 是目前比较流行的支持 PHP 运行的 Web 服务器。本章主要介绍 PHP 运行环境的配置以及在 Dreamweaver 中搭建 PHP 运行环境的方法。

2.1　动态网站开发技术

WWW（World Wide Web，万维网）是 Internet 上基于客户/服务器体系结构的分布式多平台的超文本超媒体信息服务系统，它是 Internet 最主要的信息服务，允许用户在一台计算机上通过 Internet 存取另一台计算机上的信息。

2.1.1　WWW 的工作原理

WWW 又称 3W 或 Web，它作为 Internet 上的新一代用户界面，摒弃了以往纯文本方式的信息交互手段，采用超文本（Hypertext）方式工作。利用该技术可以为企业提供全球范围的多媒体信息服务，使企业获取信息的手段有了根本性的改善。

WWW 主要分为两个部分：服务器端（Server）和客户端（Client）。服务器端是信息的提供者，就是存放网页供用户浏览的网站，也称为 Web 服务器。客户端是信息的接收者，通过网络浏览网页的用户或计算机的总称，浏览网页的程序称为浏览器（Browser）。

WWW 中的网页浏览过程，是由客户端的浏览器向服务器端的 Web 服务器发送浏览网页的请求，Web 服务器就会响应该请求并将该网页传送到客户端的浏览器，并由浏览器解析和显示网页。

2.1.2　静态网页和动态网页

WWW 网站的网页，可以分为静态网页和动态网页两种技术。

1．静态网页

静态网页指客户端的浏览器发送 URL 请求给 WWW 服务器，服务器查找需要的超文本文件，不加处理直接下载到客户端，运行在客户端的页面是已经事先做好并存放在服务器中的网页。其页面的内容使用的仅仅是标准的 HTML 代码，静态网页通常由纯粹的 HTML/CSS 语言编写。

网站建设者把内容设计成静态网页，访问者只能被动地浏览网站建设者提供的网页内容。静态网页的内容不会发生变化，除非网页设计者修改了网页的内容。静态网页不能实现和浏览网页的用户之间的交互，信息流向是单向的，即从服务器到浏览器，服务器不能根据用户的选择调整返回给用户的内容。

2．动态网页

网络技术日新月异，许多网页文件扩展名不再只是.html，还有.php、.asp、.jsp 等，这些都是采用动态网页技术制作出来的。动态网页其实就是建立在 B/S 架构上的服务器端脚本程序。在浏览器端显示的网页是服务器端程序运行的结果。

静态网页与动态网页的区别在于 Web 服务器对它们的处理方式不同。当 Web 服务器接收到对静态网页的请求时，服务器直接将该页发送给客户浏览器，不进行任何处理。如果接收到对动态网页的请求，则从 Web 服务器中找到该文件，并将它传递给一个称为应用程序服务器的特殊软件扩展，由它负责解释和执行网页，将执行后的结果传递给客户浏览器。

动态网页技术根据程序运行的区域不同，分为客户端动态技术与服务器端动态技术。

2.1.3 客户端的动态网页

客户端动态技术不需要与服务器进行交互，实现动态功能的代码往往采用脚本语言形式直接嵌入到网页中。服务器发送给浏览者后，网页在客户端浏览器上直接响应用户的动作，有些应用还需要浏览器安装组件支持。常见的客户端动态技术包括 JavaScript、VBScript、Java Applet、Flash、DHTML 和 ActiveX 等。

2.1.4 服务器端的动态网页

服务器端动态技术需要与客户端共同参与，客户通过浏览器发出页面请求后，服务器根据 URL 携带的参数运行服务器端程序，产生的结果页面再返回客户端。一般涉及数据库操作的网页（如注册、登录和查询等）都需要服务器端动态技术程序。动态网页比较注重交互性，即网页会根据客户的要求和选择而动态改变和响应，将浏览器作为客户端界面，这将是今后 Web 发展的趋势。动态网站上主要是一些页面布局，网页的内容大都存储在数据库中，并可以利用一定的技术使动态网页内容生成静态网页内容，方便网站的优化。

典型的服务器动态技术有 CGI、ASP/ASP.NET、JSP、PHP 等。

1．CGI（通用网关接口）

CGI 是一段运行在 Web 服务器上的程序，定义了客户请求与应答的方法，提供了服务器和客户端 HTML 页面的接口。通俗地讲，CGI 就像是一座桥，把网页和 Web 服务器中的执行程序连接起来，它把 HTML 接收的指令传递给服务器，再把服务器执行的结果返还给 HTML 页。用 CGI 可以实现处理表格、数据库查询、发送电子邮件等许多操作。

可以使用不同的程序编写适合的 CGI 程序，如 VB、Delphi 或 C/C++等。用户将编写好的程序放在 Web 服务器上运行，再将其运行结果通过 Web 服务器传输到客户端的浏览器上。事实上，这样的编制方式比较困难而且效率低下，因为用户每一次修改程序都必须重新将 CGI 程序编译成可执行文件。

2．ASP/ASP.NET

ASP（Active Server Pages）是目前较为流行的开放式 Web 服务器应用程序开发技术。ASP 既不是一种语言，也不是一种开发工具，而是一种技术框架。它能够把 HTML、脚本、组件等有机地组合在一起，形成一个能够在服务器上运行的应用程序，并把按用户要求专门制作的标准 HTML 页面回送给客户端浏览器。其主要功能是为生成动态的交互式的 Web 服务器应用程序提供一种功能强大的方法或技术。

近年来，Microsoft 开发了以.Net Framework 为基础的动态网站技术——ASP.NET。ASP.NET 是 ASP 的.NET 版本，是一种编译式的动态技术，执行效率较高，同时支持使用通用语言建立动态网页。

3．JSP

JSP（Java Service Page，Java 服务页面）是由 SUN 公司（已被 Qracle 公司收购）所倡导，众多公司参与，一起建立的一种动态网页技术标准。JSP 由于是基于 Java 技术的动态网页解决方案，具有良好的可伸缩性，并且与 Java Enterprise API 紧密结合，因此在网络数据库应用开发方面有得天独厚的优势。

JSP 几乎可以运行在所有的服务器系统上，对客户端浏览器要求也很低。JSP 可以支持超过 85%以上的操作系统，除了 Windows 外，它还支持 Linux、UNIX 等。

4．PHP

PHP（Hypertext Preprocessor）是超文本预处理语言的缩写。PHP 是一种 HTML 内嵌式的语言，与微软的 ASP 颇有几分相似，都是一种在服务器端执行的嵌入 HTML 文档的脚本语言，语言的风格类似于 C 语言。PHP 独特的语法混合了 C、Java、Perl 以及 PHP 自创的语法。它可以比 CGI 或者 Perl 更快速地执行动态网页。PHP 是将程序嵌入到 HTML 文档中去执行，执行效率比完全生成 HTML 标记的 CGI 要高许多。

PHP 具有非常强大的功能，所有的 CGI 或者 JavaScript 的功能 PHP 都能实现，而且支持几乎所有流行的数据库以及操作系统。

2.2　搭建 Apache+PHP+MySQL 的集成运行环境

2.2.1　PHP 开发环境的选择

PHP 开发环境涉及操作系统、Web 服务器和数据库。WAMP 是 PHP 开发的一种常用技术环境组合。所谓 WAMP 就是基于 Windows、Apache、MySQL 和 PHP 的运行环境，WAMP 的名字来源于这些软件名称的第一个字母。

1．Apache 服务器

Apache 是一款开放源码的 Web 服务器，其平台无关性使得 Apache 服务器可以在任何操作系统上运行，包括 Windows。强大的安全性和其他优势，使得 Apache 服务器即使运行在 Windows 操作系统上也可以与 IIS 服务器媲美，甚至在某些功能上远远超过了 IIS 服务器。在目前所有的 Web 服务器软件中，Apache 服务器以绝对优势占据了市场份额的 70%，遥遥领先于排名第二位的 Microsoft IIS 服务器。

2．MySQL 数据库

MySQL 是一个开放源码的小型关系数据库管理系统，由于其体积小、速度快、总体成本低等优点，目前被广泛应用于 Internet 的中小型网站中。MySQL 是一个真正的多用户、多线程的 SQL 数据库服务器。由于 MySQL 源代码的开放性和稳定性，并且可与 PHP 完美结合，很多站点使用它们进行 Web 开发。

3．PHP 脚本语言

目前主流的 PHP 版本是 PHP 5.5，该版本的最大特点是引入了面向对象的全部机制，并且保留了向下的兼容性。程序员不必再编写缺乏功能性的类，并且能够以多种方法实现类的保护。另外，在对象的集成等方面也不再存在问题。使用 PHP 5.5 引进了类型提示和异常处理机制，能更有效地处理和避免错误的发生。PHP 5.5 成熟的 MVC 开发框架使它能适应企业级的大型应用开发，再加上它天生强大的数据库支持能力，PHP 5.5 将会得到更多 Web 开发者的青睐。

2.2.2 下载 PHP 集成开发工具 phpStudy 2014

PHP 有多种开发工具，既可以单独安装 Apache、MySQL 和 PHP 这 3 个软件并进行配置，也可以使用集成开发工具。和其他动态网站技术相比，PHP 的安装与配置相对比较复杂，这里给读者介绍一款 PHP 集成开发工具 phpStudy 2014 安装版，该程序包集成了 Apache + PHP + MySQL + phpMyAdmin，一次性安装，可以完成复杂的开发环境配置，是非常方便、易用的 PHP 开发环境。

当然，安装完成后，还需要用户掌握一些常用的配置方法进一步完善开发环境。

该软件的下载地址是：http://www.phpstudy.net/phpstudy/phpStudy.zip，单击网页中的“下载地址”右侧的链接即可，如图 2-1 所示。

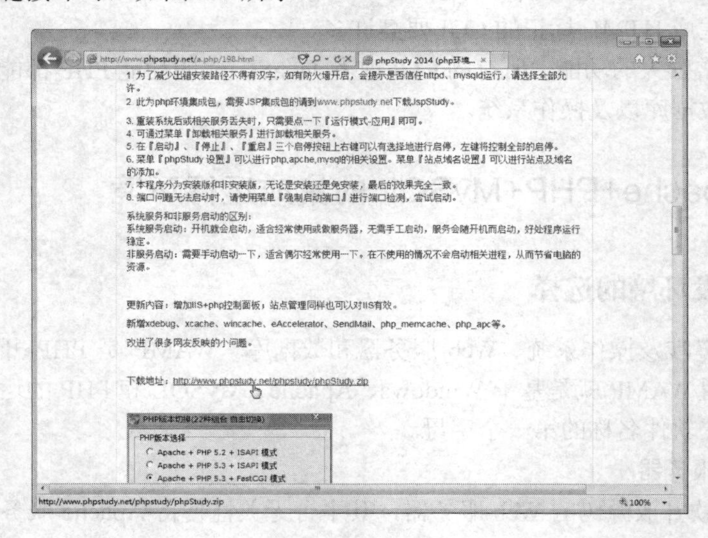

图 2-1 下载 phpStudy 2014

2.2.3 安装 phpStudy 2014

在安装 phpStudy 2014 之前，需要说明的是，Apache 服务器使用的默认服务端口是 80 端口，如果服务器中安装并启动了 Microsoft 的 IIS 信息服务（IIS 的默认服务端口也是 80 端口），应将 IIS 服务停止，以避免安装时产生服务端口的冲突。安装 phpStudy 2014 的步骤如下：

① 解压下载得到的压缩包 phpStudy.zip，生成的文件是 phpStudy2014.exe 安装程序。

② 双击 phpStudy2014.exe 安装程序，启动程序的安装。首先，打开的是“解压目标文件夹”对话框，如图 2-2 所示。系统默认的文件夹是“D:\phpStudy”，单击“确定”按钮，开始解压缩文件到目标文件夹。

③ 解压完成后，系统自动启动 Apache 网站服务器和 MySQL 数据库服务器，如图 2-3 所示的窗口，程序安装完成。

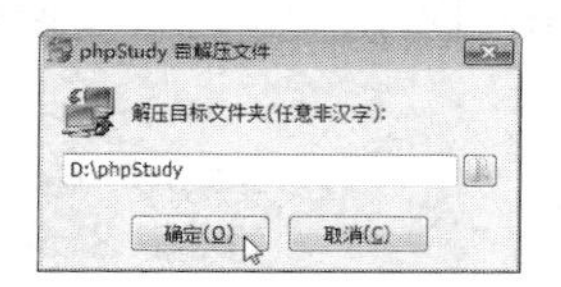

图 2-2 “解压目标文件夹”对话框

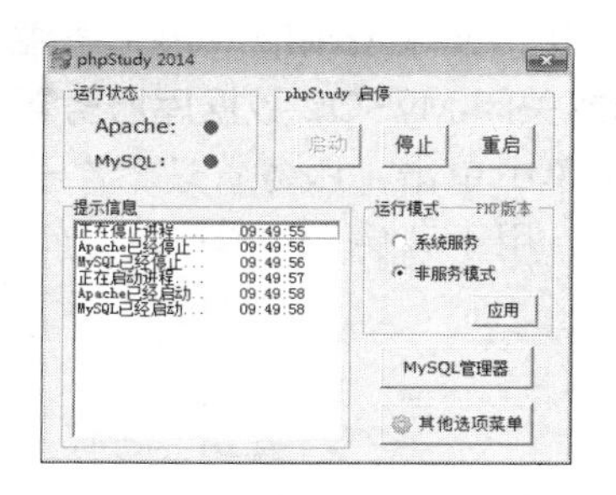

图 2-3 系统自动启动服务

④ 在浏览器地址栏输入“http://127.0.0.1/phpinfo.php”或“http://localhost/phpinfo.php”，显示一些关于 PHP 运行环境的信息，表明 phpStudy 安装成功，如图 2-4 所示。

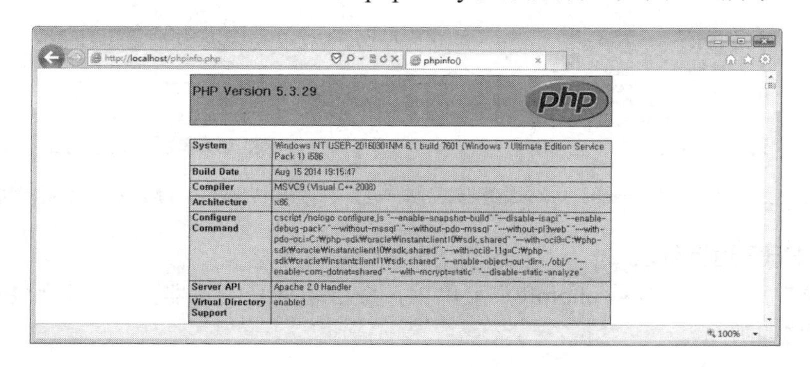

图 2-4 phpStudy 安装成功

2.2.4 phpStudy 2014 的基本操作

双击桌面上的 phpStudy 图标，系统右下角托盘会出现一个图标，用鼠标右键单击图标，会弹出 phpStudy 管理菜单，如图 2-5 所示。菜单的主要功能如下。

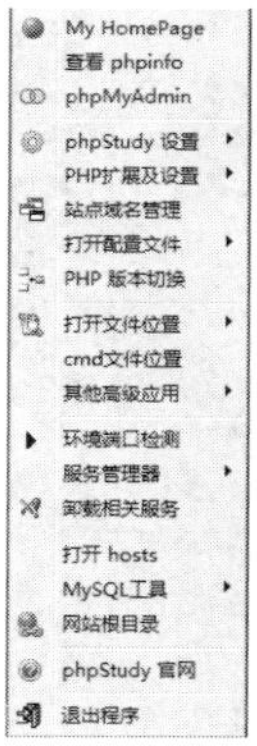

- My HomePage：打开主页。
- 查看 phpinfo：一些关于 PHP 运行环境的信息。
- phpMyAdmin：打开 MySQL 的图形化管理界面。
- phpStudy 设置：查看或设置网站服务器端口及语言编码。
- PHP 扩展及设置：查看或设置 PHP 语言环境参数。
- 打开配置文件：查看或设置 Apache、PHP 和 MySQL 的配置文件。
- 打开文件位置：快速定位到配置文件所在的文件夹。
- 服务管理器：快速打开系统服务。
- 网站根目录：打开网站根目录，默认为 D:\phpStudy\WWW 目录。
- 退出程序：退出 phpStudy 管理。

图 2-5 管理菜单

这里主要讲解 Apache 网站服务器和 MySQL 数据库服务器的基本操作及运行环境监测。

1. 开启或关闭 Apache 网站服务器

在管理菜单中单击“服务管理器”→“Apache”菜单项，弹出如图 2-6 所示的菜单。菜单项“启动”用于开启 Apache 网站服务器；菜单项“停止”用于关闭 Apache 网站服务器。

2. 开启或关闭 MySQL 数据库服务器

在管理菜单中单击“服务管理器”→“MySQL”菜单项，弹出如图 2-7 所示的菜单。菜单项“启动”用于开启 MySQL 数据库服务器；菜单项“停止”用于关闭 MySQL 数据库服务器。

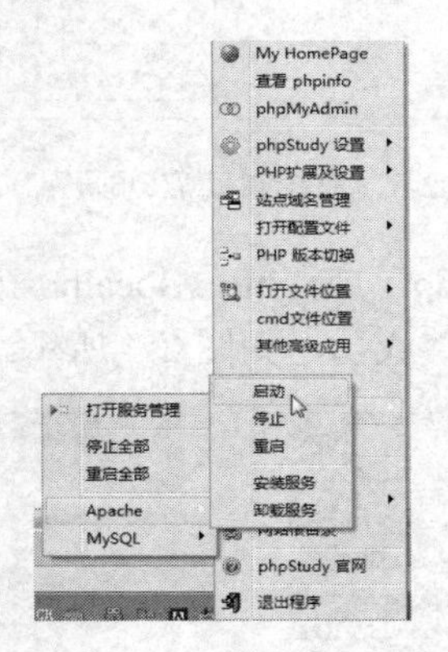

图 2-6　开启或关闭 Apache 网站服务器

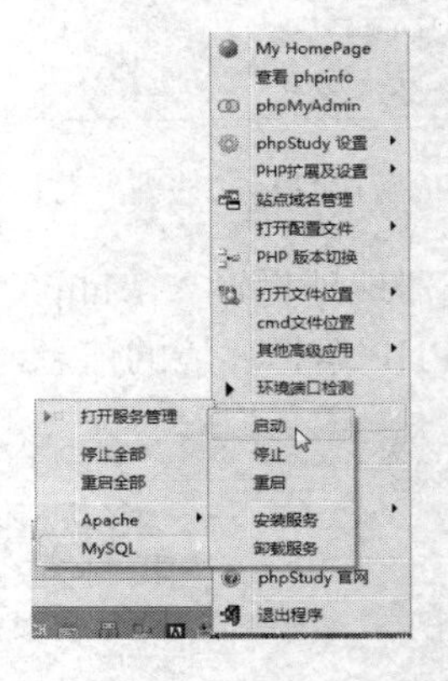

图 2-7　开启或关闭 MySQL 数据库服务器

3. 测试 PHP 运行环境

在管理菜单中单击“查看 phpinfo”菜单项，将自动打开浏览器，显示关于 PHP 运行环境的信息，如图 2-4 所示。

4. 端口常规设置

在管理菜单中单击“服务管理器”→“phpStudy 设置”菜单项，弹出如图 2-8 所示的菜单，其中的菜单项“端口常规设置”用于查看或设置 Apache 网站服务和 MySQL 数据库服务。单击“端口常规设置”菜单项，打开“phpStudy 设置”对话框，如图 2-9 所示。

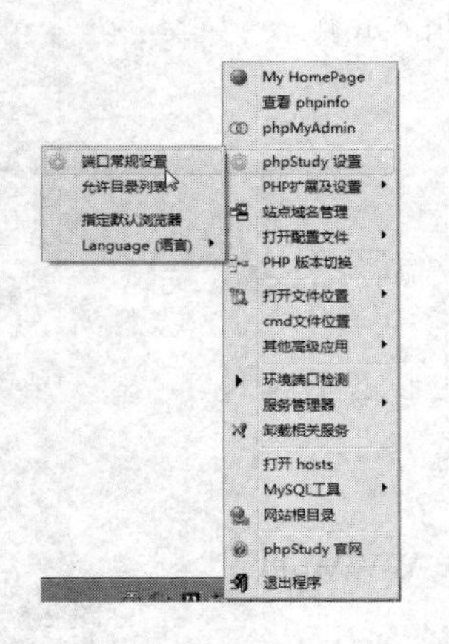

图 2-8　“端口常规设置”菜单项

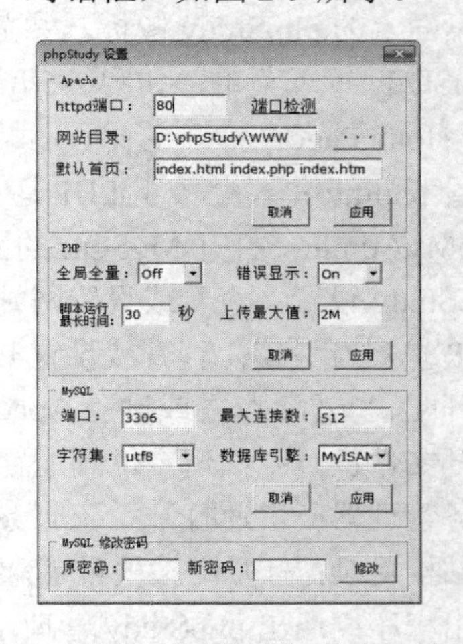

图 2-9　“phpStudy 设置”对话框

在 Apache 框架中可以设置网站的端口、网站默认的根目录和默认首页。

在 PHP 框架中可以设置 PHP 脚本环境的全局变量、错误显示、脚本运行最长时间和上传文件的最大限制。

在 MySQL 框架中可以设置 MySQL 的端口、最大连接数、使用的字符集、数据库引擎和修改 MySQL 登录密码。

5. 查看或设置当前网站服务器和数据库服务的状态

单击管理菜单，则会弹出“phpStudy 2014”对话框，在此可以更快捷地显示或设置当前网站服务器和数据库服务的状态，如图 2-3 所示。

以上都是通过可视化菜单和对话框的操作查看或设置 PHP 的运行环境，但这种设置只能是基本功能的设置，如果需要更详细的设置，需要修改相应的环境配置文件才能实现。

2.2.5 配置 Apache+PHP+MySQL 运行环境

尽管 phpStudy 能够快速地安装与初始化 PHP 集成开发环境，但是用户也需要在此基础上掌握环境配置文件的基本用法，配置适合于自身需要的开发环境。

PHP 环境配置文件主要包含 3 个文件：php.ini、httpd.conf 和 my.ini。

在管理菜单中单击“打开配置文件”菜单项，弹出如图 2-10 所示的菜单。

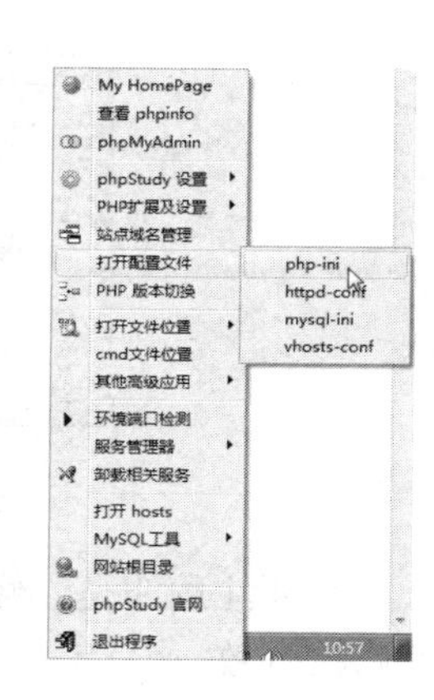

图 2-10　配置文件菜单

单击菜单项“php-ini”将打开 php.ini 文件，该文件用于配置 PHP 脚本环境，位于 PHP 5.5 的安装目录“D:\phpStudy\php55n”中。

单击菜单项“httpd-conf”将打开 httpd.conf 文件，该文件用于配置 Apache 网站服务，位于 Apache 的安装目录“D:\phpStudy\Apache\conf”中。

单击菜单项“mysql-ini”将打开 my.ini 文件，该文件用于配置 MySQL 数据库服务，位于 MySQL 的安装目录“D:\phpStudy\MySQL”中。

1. 配置 PHP 脚本环境

打开 php.ini 文件，这里主要讲解两个常用的 PHP 脚本环境变量的配置。

（1）显示脚本调试错误

在动态网页的制作调试阶段，用户总是希望能及时地查看脚本运行后的出错信息，以便进一步修改错误，完善程序。用户可以通过设置 display_errors 环境变量实现这一功能。

在打开的 php.ini 文件中，定位到 display_errors = off 这行代码，如图 2-11 所示。

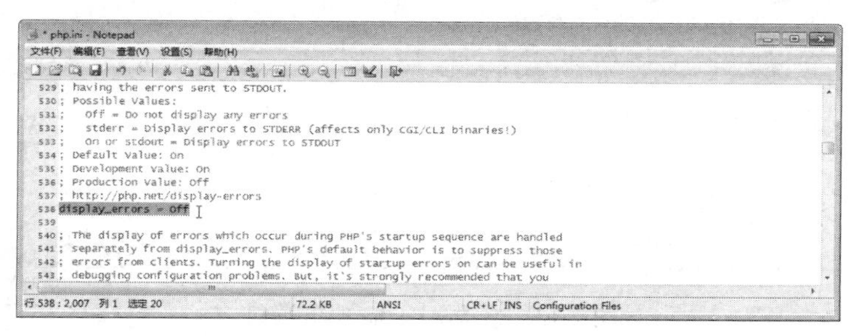

图 2-11　脚本调试错误的设置

系统默认的设置是不显示脚本调试错误，这种情况适合于程序调试无误后发布网站的环境设置，并不适合于网页的制作调试阶段。

此处，将 off 改为 on 即可实现脚本运行后显示脚本调试错误的功能。

（2）兼容早期预定义变量

由于$HTTP_*_VARS 这种早期的预定义变量已经过时（PHP 5 后禁止），在 PHP 5 程序中如果包含这类变量建议更改为新的 PHP 超全局数组。但是，在此之前的程序如果也想在 PHP 5 的环境下运行，则会产生错误。因此，为了兼容早期的预定义变量，就必须修改 register_long_arrays 环境变量实现这一功能。

在打开的 php.ini 文件中，定位到 register_long_arrays = off 这行代码，如图 2-12 所示。系统默认的设置是不允许使用这种早期的预定义变量形式，为了兼容以前版本较早的 PHP 程序，将 off 改为 on 即可实现这一功能。

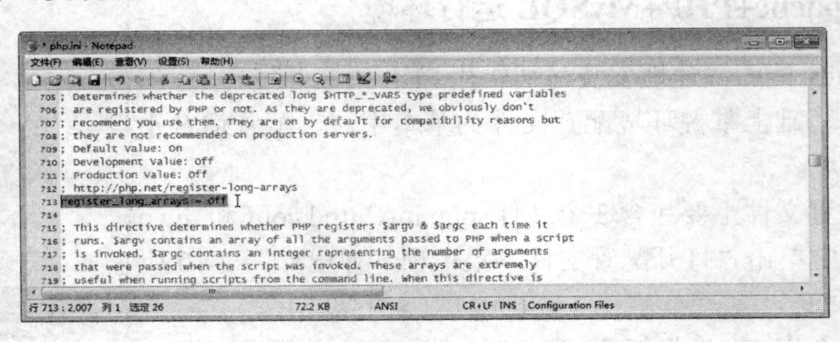

图 2-12　兼容早期预定义变量的设置

需要注意的是，修改 php.ini 文件并且保存后，一定要重新启动 Apache 网站服务器才能使修改有效。

2. 配置 Apache 网站服务器

打开 httpd.conf 文件，这里主要讲解 Apache 网站服务器的服务端口和默认网站目录的配置。

（1）修改服务端口

Apache 网站服务器的默认服务端口是 80 端口，用户也可以根据网站开发的需要更改这个默认的服务端口。

在打开的 httpd.conf 文件中，定位到 Listen 80 这行代码，如图 2-13 所示。将系统默认的 80 服务端口改为用户需要的端口（例如 800）即可。

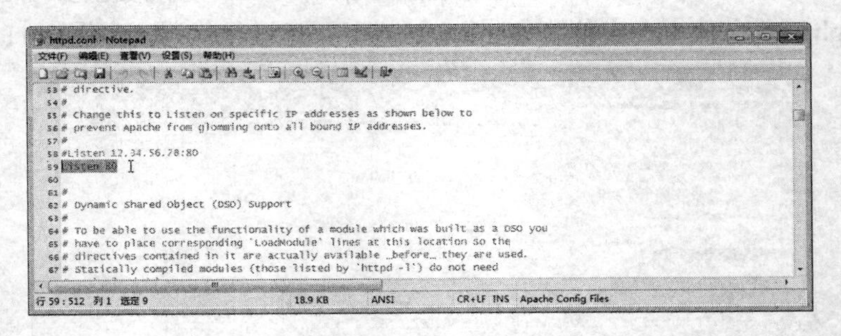

图 2-13　修改 Apache 服务端口

（2）修改默认网站目录

Apache 网站服务器的默认网站目录是“D:\phpStudy\WWW”，用户也可以根据网站开发的需要更改这个默认的网站目录。

在打开的 httpd.conf 文件中，定位到 DocumentRoot "D:\phpStudy\WWW"这行代码，如图 2-14 所示。将系统默认的网站目录改为用户需要的网站目录（例如“E:\WWW”）即可。

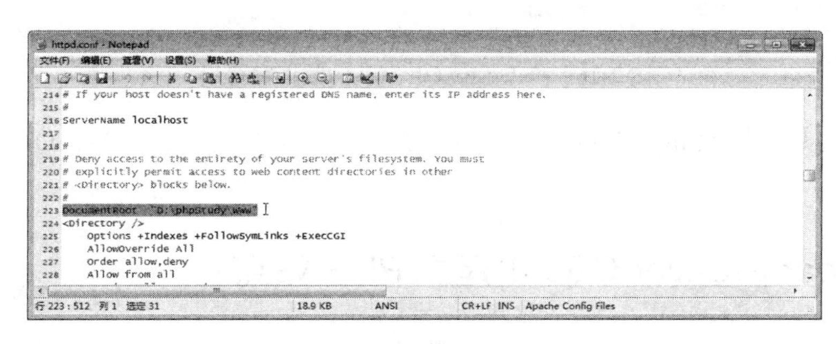

图 2-14　修改默认的网站目录

需要注意的是，修改 httpd.conf 文件并且保存后，一定要重新启动 Apache 网站服务器才能使修改有效。

3. 配置 MySQL 数据库服务

打开 my.ini 文件，这里主要讲解 MySQL 数据库服务的服务端口和默认数据字符集的设置。

（1）修改服务端口

MySQL 数据库服务的默认服务端口是 3306 端口，用户也可以根据数据库开发的需要更改这个默认的服务端口。

在打开的 my.ini 文件中，定位到 port=3306 这行代码，如图 2-15 所示。将系统默认的 3306 服务端口改为用户需要的端口（例如 3340）即可。

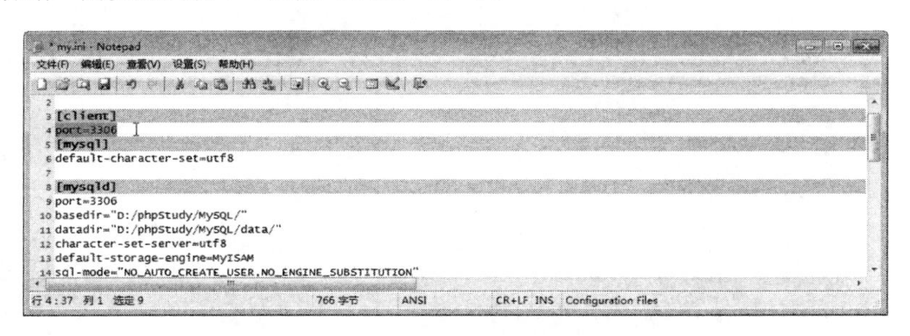

图 2-15　修改 MySQL 数据库服务端口

（2）修改默认数据字符集

MySQL 默认数据字符集是 utf8，用户也可以根据数据库开发的需要更改这个默认的据字符集。

在打开的 my.ini 文件中，定位到 default-character-set=utf8 这行代码，如图 2-16 所示。将系统默认的 utf8 数据字符集改为用户需要的数据字符集（例如 gb2132）即可。

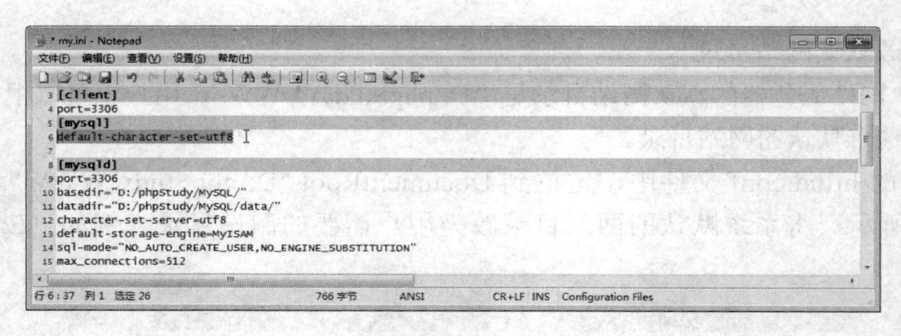

图 2-16　修改 MySQL 默认的数据字符集

需要注意的是，修改 mysql.ini 文件并且保存后，一定要重新启动 MySQL 数据库服务才能使修改有效。

2.3　在 Dreamweaver CS6 中建立 PHP 站点

要构建动态的 PHP 站点，就必须要定义测试站点，这样才能正确地解析服务器中的应用程序。

2.3.1　建立 PHP 网页的测试服务器

在 Dreamweaver CS6 中定义 PHP 测试服务器的操作步骤如下：

1．默认网站目录下建立用户站点目录

在 PHP 的默认网站目录“D:\phpStudy\WWW”下建立用户站点目录，如 test。对应的本地物理文件夹为 D:\phpStudy\WWW\test，如图 2-17 所示。这里建立的用户站点目录就是作为测试服务器使用的，即本地站点中制作的页面最终要上传到测试服务器中进行验证。

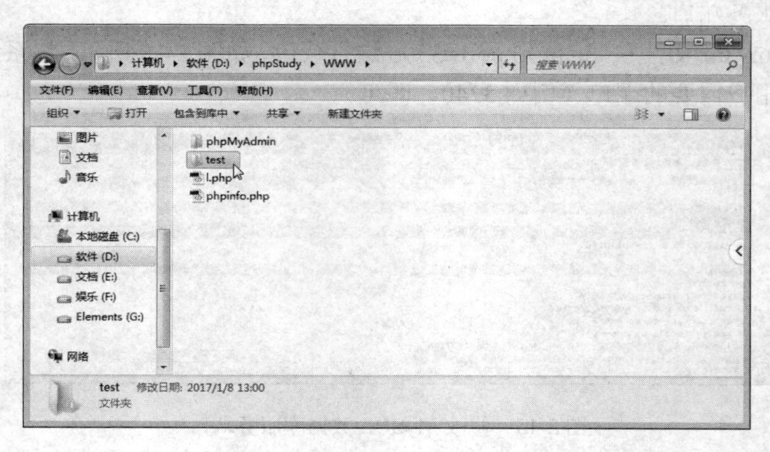

图 2-17　建立用户站点目录

2．建立本地站点

打开 Dreamweaver CS6，选择“站点”→“新建站点”，打开“站点设置对象”对话框，新建一个名称为 sample 的本地站点，使用的本地文件夹为 D:\phpStudy\WWW\test，如图 2-18 所示。

3．建立测试服务器

将分类切换到“服务器”类别，单击“+”添加新服务器按钮，如图 2-19 所示。

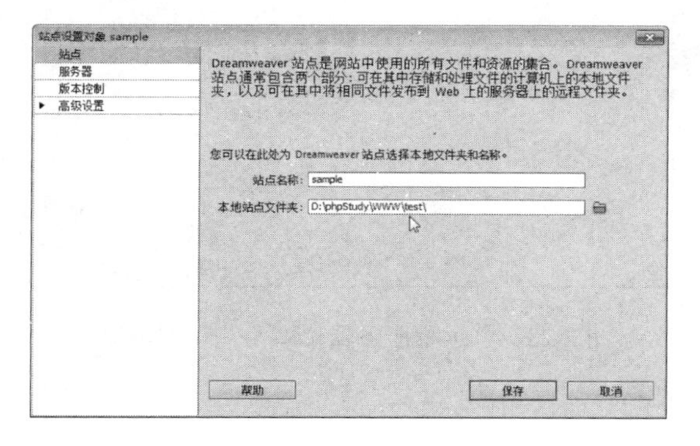

图 2-18　建立本地站点

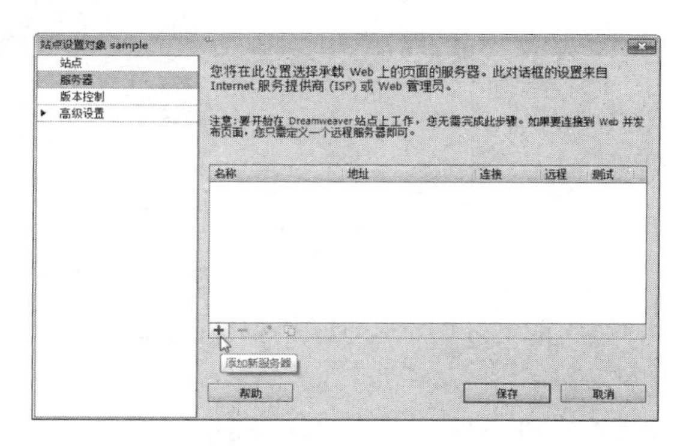

图 2-19　添加新服务器

打开添加新服务器界面，默认的界面为“基本”选项卡，在“基本”选项卡中输入服务器名称“phpserver”，连接方法设置为“本地/网络”，服务器文件夹设置为 D:\phpStudy\WWW\test（与本地文件夹一致），Web URL 为 http://localhost/test，如图 2-20 所示。

在以上的设置中，要注意 Web URL 地址中的 http://localhost 代表网站的根目录 D:\phpStudy\WWW。因此，在 http://localhost 之后一定要添加上在默认网站目录下建立的用户站点目录 test，否则测试服务器的定义将产生错误。

单击“高级”选项卡，这里主要用于设置测试服务器的服务器模型。在服务器模型下拉菜单中选择服务器模型为“PHP MySQL”，如图 2-21 所示。

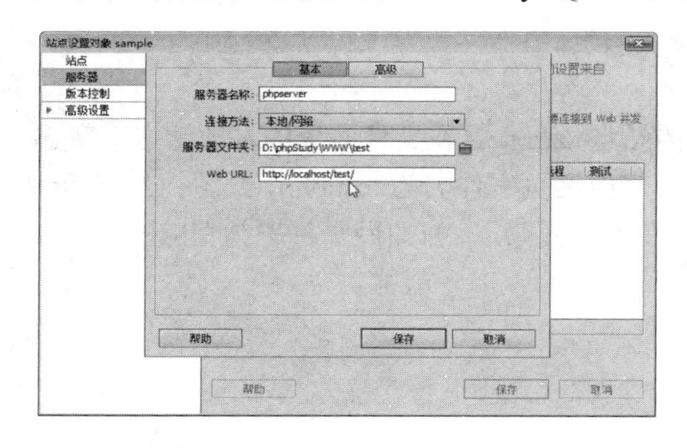

图 2-20　添加新服务器

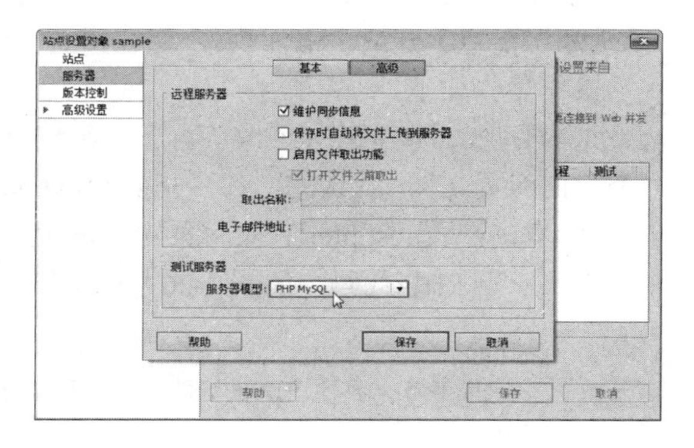

图 2-21　设置测试服务器的服务器模型

单击“保存”按钮，返回“站点设置对象”对话框。此时，系统默认的服务器类型是远程服务器，如图 2-22 所示。由于当前的操作只是建立测试服务器，并未建立站点文档及测试网站的功能，因此，这里需要将系统默认的用于发布站点到互联网的远程服务器修改为测试服务器。

首先，取消勾选“远程”复选框，然后勾选“测试”复选框即可，如图 2-23 所示。最后，单击“保存”按钮，完成 PHP 站点的定义。

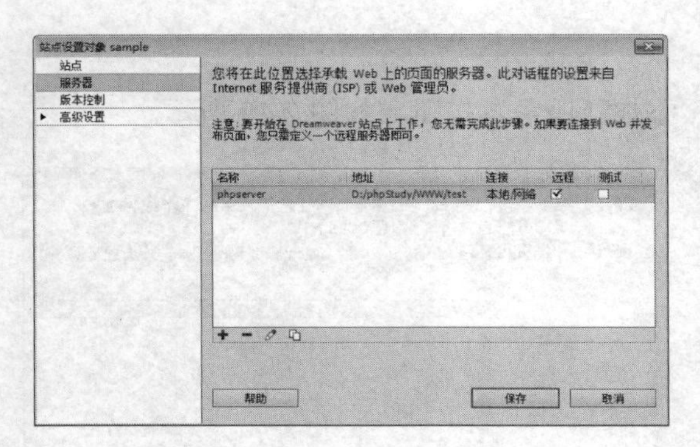

图 2-22 “站点设置对象”对话框

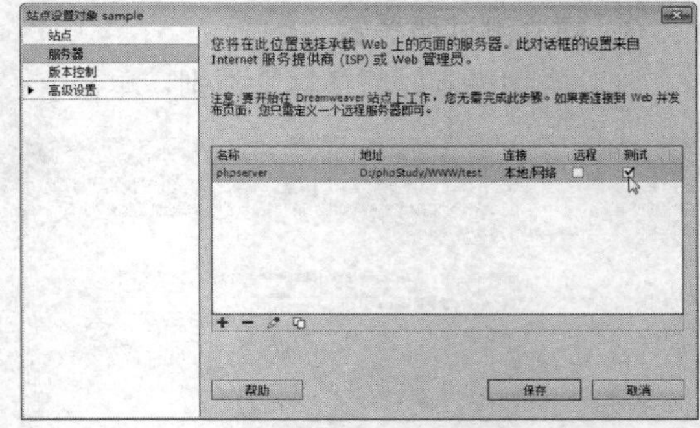

图 2-23 将远程服务器修改为测试服务器

2.3.2 建立第一个 PHP 网页

【演练 2-1】建立一个 PHP 网页，保存并预览网页。

【案例展示】本实例页面建立在上面定义的 PHP 站点中，页面预览的结果如图 2-24 所示。

图 2-24 页面预览的结果

【学习目标】掌握建立 PHP 网页的一般方法。

【知识要点】建立 PHP 网页，保存网页，预览网页。

操作步骤如下。

① 启动 Dreamweaver CS6，打开已经建立的站点 sample，在文件面板的本地站点下新建一个空白网页文档，默认的文件名是 untitled.php，修改网页文件名为 test.php，如图 2-25 所示。

② 双击网页 test.php 进入网页的编辑状态。在代码视图下，修改网页标题为“PHP 世界”，然后输入以下 PHP 代码，如图 2-26 所示。

```
<?php
  echo "<h1>学习 PHP 的道路上，你我同行！</h1>";
?>
```

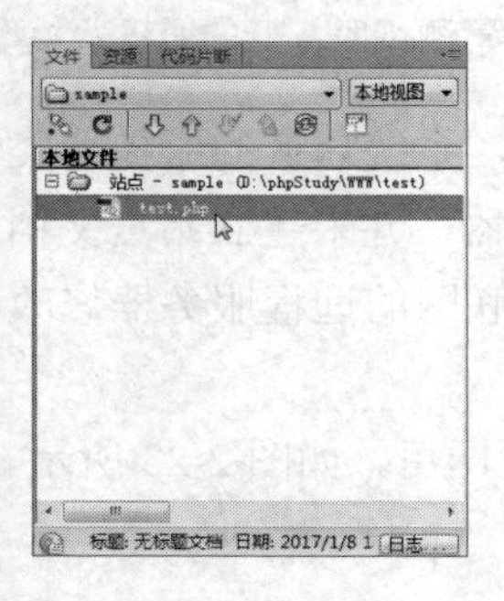

图 2-25 新建 PHP 网页

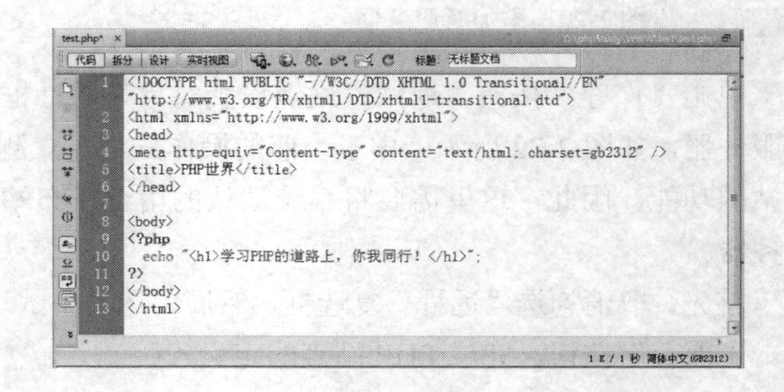

图 2-26 输入欢迎文字

③ 执行“文件”→“保存全部”，将页面保存，按〈F12〉键预览网页。如果能够正确显示出如图 2-24 所示的画面，就表示已经在 Dreamweaver 中将 PHP 的开发环境与执行环境都设置完成了。

【案例说明】

这段 PHP 代码被嵌入到 HTML 代码中，必须被 Web 服务器编译后才能正确地显示在客户端的浏览器中。在浏览器中，执行“查看”→“源文件”命令，被编译后的代码全部是静态网页代码，如图 2-27 所示。

```
http://localhost/test/test.php - 原始源
文件(F) 编辑(E) 格式(O)
1  <!DOCTYPE html PUBLIC "-//W3C//DTD XHTML 1.0 Transitional//EN" "http://www.w3.org/TR/xhtml1/DTD/xhtml1-transitional.dtd">
2  <html xmlns="http://www.w3.org/1999/xhtml">
3  <head>
4  <meta http-equiv="Content-Type" content="text/html; charset=gb2312" />
5  <title>PHP世界</title>
6  </head>
7
8  <body>
9  <h1>学习PHP的道路上，你我同行！</h1></body>
10 </html>
```

图 2-27　被编译后的静态代码

2.4　实训

【实训综述】建立 PHP 测试站点及制作显示当前系统日期时间的动态页面。

【实训展示】本实例页面预览后，页面中显示出欢迎信息和系统日期时间，页面预览的结果如图 2-28 所示。

图 2-28　页面预览的结果

【实训目标】掌握建立测试站点的方法和创建动态网页的基本方法。

【知识要点】建立测试站点，创建动态网页，自动获取系统日期时间。

制作要点：

① 在默认网站目录下建立用户站点目录 shixun，对应的本地物理文件夹为 D:\phpStudy\WWW\shixun。

② 启动 Dreamweaver CS6，新建名称为 shixun 的本地站点，使用的本地文件夹为 D:\phpStudy\WWW\shixun。

③ 建立 PHP 测试服务器，测试服务器文件夹为 D:\phpStudy\WWW\shixun，Web URL 地址为 http://localhost/shixun，测试服务器的服务器模型为“PHP MySQL”

④ 在文件面板的本地站点下新建一个空白网页文档，默认的文件名是 untitled.php，修改

网页文件名为 shixun.php。

⑤ 双击网页 shixun.php 进入网页的编辑状态。在代码视图下，输入以下 PHP 代码。

```
<html>
<head>
  <title>建立测试站点及创建动态网页实训</title>
</head>
<body>
  <h2>欢迎您光临本站，当前系统日期时间如下</h2>
  <hr>
  <?php
    echo date("Y-m-d H:i:s");      //date()函数的作用是按照给定的格式生成日期和时间字符串
  ?>
</body>
</html>
```

⑥ 执行“文件”→“保存全部”，将页面保存，按〈F12〉键预览网页。

2.5 习题

1．简述静态网页和动态网页的区别。
2．常见的客户端动态网页技术有哪些？常见的服务器端动态网页技术有哪些？。
3．PHP 开发环境的常用的技术组合是什么？
4．安装 PHP 集成开发工具 phpStudy 2014，安装完毕后测试 PHP 运行环境的信息。
5．PHP 开发环境中的 3 个主要配置文件是什么？常用的配置有哪些？
6．使用 Dreamweaver CS6 建立 PHP 测试服务器。
7．建立一个简单的 PHP 网页，预览后查看编译生成的静态代码。

第3章　PHP基本语法

PHP（Hypertext Preprocessor）是超文本预处理语言的缩写，是一种被广泛应用的开放源代码的多用途脚本语言，它可嵌入到HTML中，尤其适合动态网站的开发。

3.1　PHP简介

PHP是一种通用开源脚本语言，语法吸收了C语言、Java和Perl的特点，利于学习，使用广泛，主要适用于Web开发领域。

3.1.1　PHP发展史

PHP最初是由丹麦的Rasmus Lerdorf创建的，刚开始它只是一个简单的、用Perl语言编写的程序，用来统计网站的访问量。后来又用C语言重新编写，添加访问数据库的功能。1995年，他以Personal Home Page Tools（PHP Tools）开始对外发布第一个版本，Lerdorf写了一些介绍此程序的文档，并且发布了PHP 1.0。

在1995年中，PHP 2.0发布了，定名为PHP/FI。PHP/FI加入了对MySQL的支持。到了1996年底，有15000个网站使用PHP/FI。1997年中，使用PHP/FI的网站数字超过5万个。而在1997年中，开始了第3版的开发计划，开发小组加入了Zeev Suraski及Andi Gutmans，而第3版就定名为PHP 3.0。

2000年5月22日，PHP 4.0发布。该版本将语言和Web服务器之间的层次抽象化，并且加入了线程安全机制，加入了更先进的两阶段解析与执行标签解析系统。这个新的解析程序依然由Zeev Suraski和Andi Gutmans编写，并且被命名为Zend引擎。

2004年7月13日，PHP 5.0发布，一个全新的PHP时代到来。PHP 5.0引入了面向对象的全部机制，保留了向下的兼容性，并且引进了类型提示和异常处理机制，能更有效地处理和避免错误的发生。2008年PHP 5.0成为PHP唯一维护中的稳定版本。

2013年6月20日，PHP 5.5发布。此版本包含了大量的新功能和bug修复。开发者需要特别注意的是，该版本不再支持Windows XP和Windows 2003操作系统。

3.1.2　PHP语言特点

PHP作为一种服务器端的脚本语言，它的特点主要有以下8个方面。

1．开放源代码

PHP属于自由软件，是完全免费的，用户可以从PHP官方站点（http: //www.php.net）自由下载，而且可以不受限制地获得源码，甚至可以从中加进自己需要的特色。

2．基于服务端

PHP是运行在服务器上的，充分利用了服务器的性能，PHP的运行速度只与服务器的速度有关，因此它的运行速度可以非常快；PHP执行引擎还会将用户经常访问的PHP程序驻留在内存中，其他用户再一次访问这个程序时就不需要重新编译了，只要直接执行内存中的代码即可，这也是 PHP 高效性的体现之一。

3．数据库支持

PHP 能够支持目前绝大多数的数据库，如 DB 2、dBase、mSQL、MySQL、Microsoft SQL Server、Sybase、Oracle、Oracle 8、PostgreSQL 等，并完全支持 ODBC，即 Open Database Connection Standard（开放数据库连接标准），因此可以连接任何支持该标准的数据库。其中，PHP 与 MySQL 是绝佳的组合，它们的组合可以跨平台运行。

4．跨平台

PHP 可以在目前所有主流的操作系统上运行，包括 Linux、UNIX 的各种变种、Microsoft Windows、Mac OS X、RISC OS 等。正是由于这个特点，使 UNIX/Linux 操作系统上有了一种与 ASP 媲美的开发语言。另外，PHP 已经支持了大多数的 Web 服务器，包括 Apache、IIS、iPlanet、Personal Web Server（PWS）、Oreilly Website Pro Server 等。对于大多数服务器，PHP 均提供了一个相应模块。

5．易于学习

PHP 的语法接近 C、Java 和 Perl，学习起来非常简单，而且拥有很多学习资料。PHP 还提供数量巨大的系统函数集，用户只要调用一个函数就可以完成很复杂的功能，编程时十分方便。因此用户只需要很少的编程知识就能够使用 PHP 建立一个交互的 Web 站点。

6．网络应用

PHP 还提供强大的网络应用功能，支持诸如 LDAP、IMAP、SNMP、NNTP、POP3、HTTP、COM（Windows 环境）等协议服务。它还可以开放原始端口，使任何其他的协议能够协同工作，PHP 也可以编写发送电子邮件、FTP 上传/下载等网络应用程序。

7．安全性

由于 PHP 本身的代码开放，所以它的代码由许多工程师进行了检测，同时它与 Apache 编译在一起的方式也让它具有灵活的安全设定。因此到现在为止，PHP 具有公认的安全性。

8．其他特性

PHP 还提供其他编程语言所能提供的功能，如数字运算、时间处理、文件系统、字符串处理等。除此之外，PHP 还提供更多的支持，包括高精度计算、公元历转换、图形处理、编码与解码、压缩文件处理以及有效的文本处理功能（如正则表达式、XML 解析等）。

3.1.3 PHP 脚本的应用领域

PHP 与 HTML 语言有着非常好的兼容性，用户可以直接在 PHP 脚本代码中加入 HTML 标记，或者在 HTML 语言中嵌入 PHP 代码，从而更好地实现页面控制。PHP 提供了标准的数据接口，数据库连接十分方便，兼容性好，扩展性好，可以进行面向对象编程。

PHP 脚本主要用于以下 3 个领域：

1．服务端脚本

这是 PHP 最传统，也是最主要的目标领域。开展这项工作需要具备以下 3 点：PHP 解析器（CGI 或服务器模块）、Web 服务器和 Web 浏览器。需要在运行 Web 服务器时，安装并配置 PHP，然后可以用 Web 浏览器来访问 PHP 程序的输出，即浏览服务端的 PHP 页面。

2．命令行脚本

用户可以编写一段 PHP 脚本，并且不需要任何服务器或浏览器来运行它。通过这种方式，仅仅只需要 PHP 解析器来执行。这种用法对于依赖 cron（UNIX 或 Linux 环境）或者 Task Scheduler（Windows 环境）的脚本来说是理想的选择。这些脚本也可以处理简单的文本。

3．编写桌面应用程序

对于有着图形界面的桌面应用程序来说，PHP 或许不是一种最好的语言，但是如果用户非常精通 PHP，并且希望在客户端应用程序中使用 PHP 的一些高级特性，可以利用 PHP-GTK 来编写这些程序。用这种方法，还可以编写跨平台的应用程序。PHP-GTK 是 PHP 的一个扩展，在通常发布的 PHP 包中并不包含它。

3.2 PHP 语法特点

3.2.1 PHP 标记风格

在第 2.3.2 节的 PHP 网页中出现了“<?php”和“?>”标志符，这就是 PHP 标记。PHP 标记告诉 Web 服务器 PHP 代码何时开始、结束。这两个标记之间的代码都将被解释成 PHP 代码，PHP 标记用来隔离 PHP 和 HTML 代码。

PHP 的标记风格有如下 4 种。

1．以“<?php”开始，“?>”结束

```
<?php
  …        //PHP 代码
?>
```

这是本书使用的标记风格，也是最常见的一种风格。它在所有的服务器环境上都能使用，而在 XML（可扩展标记语言）嵌入 PHP 代码时就必须使用这种标记以适应 XML 的标准，所以推荐用户都使用这种标记风格。

2．以“<?”开始，“?>”结束

```
<?
  …        //PHP 代码
?>
```

3．script 标记风格

```
<script language="php">
  …        //PHP 代码
</script>
```

这是类似 JavaScript 的编写方式。

4．以“<%”开始，“%>”结束

```
<%
  …        //PHP 代码
```

```
%>
```

这与 ASP 的标记风格相同。与第 2 种风格一样，这种风格默认是禁止的。

3.2.2 PHP 程序注释

注释是对 PHP 代码的解释和说明，PHP 解释器将忽略注释中的所有文本。事实上，PHP 分析器将跳过等同于空格的注释。

PHP 注释一般分为多行注释和单行注释。

1．多行注释

多行注释一般是 C 语言风格的注释，以“/*”开始，“*/”结束。如下注释就是一个多行注释：

```
/* 作者：海阔天空
   完成时间：2012.01
   内容：PHP 测试
*/
```

2．单行注释

单行注释可以使用 C++风格或 shell 脚本风格的注释，C++风格是以“//”开始，所在行结束时结束；shell 脚本风格与 C++类似，使用的符号是“#”。如下注释就是一个单行注释：

```
<?php
echo "Hello";        //这是 C++风格的注释
echo "World!";       #这是 shell 脚本风格的注释
?>
```

3.2.3 HTML 中嵌入 PHP

在 HTML 代码中嵌入 PHP 代码相对来说比较简单，下面是一个在 HTML 中嵌入 PHP 代码的例子：

```
<html>
<head>
<title>HTML 中嵌入 PHP</title>
</head>
<body>
设置文本框的默认值
<input type=text value="<?php echo '这是 PHP 的输出内容'?>">
</body>
</html>
```

3.2.4 PHP 中输出 HTML

echo()显示函数在前面的内容中已经使用过，用于输出一个或多个字符串。print()函数的用法与 echo()函数类似，下面是一个使用 echo()函数和 print()函数的例子：

```
<?php
```

```
echo("hello");                    //使用带括号的 echo()函数
echo "world";                     //使用不带括号的 echo()函数
print("hello");                   //使用带括号的 print()函数
print "world";                    //使用不带括号的 print()函数
?>
```

显示函数只提供显示功能，不能输出风格多样的内容。在 PHP 显示函数中使用 HTML 代码可以使 PHP 输出更为美观的界面内容。以下就是在 PHP 中输出 HTML 的代码：

```
<?php
echo '<h1 align="center">一级标题</h1>';
print "<br>";
echo "<font size='3'>这是 3 号字体</font>";
?>
```

3.2.5　PHP 中调用 JavaScript

PHP 代码中嵌入 JavaScript 能够与客户端建立起良好的用户交互界面，强化 PHP 的功能，其应用十分广泛。在 PHP 中生成 JavaScript 脚本的方法与输出 HTML 的方法一样，可以使用显示函数。以下就是在 PHP 中调用 JavaScript 的代码：

```
<?php
echo "<script>";
echo "alert('调用 JavaScript!消息框');";
echo "</script>";
?>
```

【演练 3-1】 制作一个 PHP 和 HTML、JavaScript 结合的网页，实现静态网页和动态网页代码的相互嵌入。

【案例展示】 本实例页面在浏览器中打开时，先自动调用 JavaScript 弹出一个消息框显示第 1 个变量的信息。浏览者单击“确定”按钮后，关闭消息框，在新的显示内容中，单击“点击”按钮，可以看到文本框中显示出第 2 个变量的信息，页面预览的结果如图 3-1 所示。

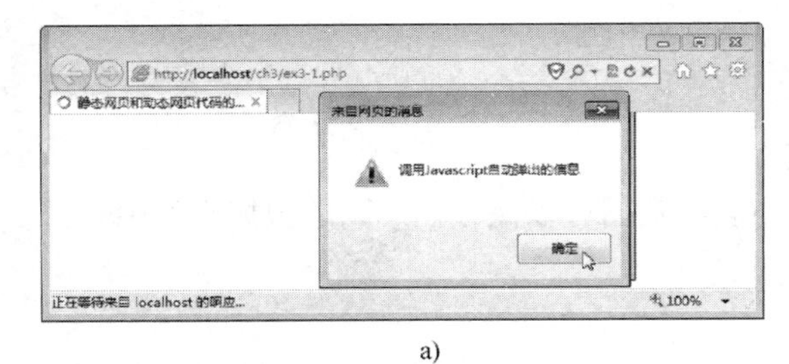

a)

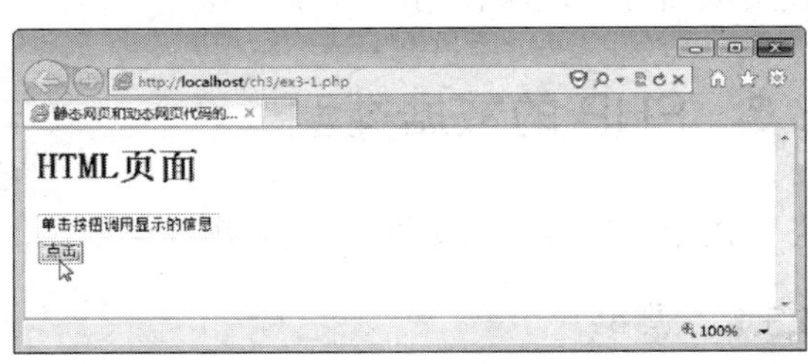

b)

图 3-1　页面预览结果

a) 弹出消息框　b) 单击“点击”按钮

【学习目标】 掌握静态网页和动态网页代码的相互嵌入。

【知识要点】 PHP 中输出 HTML、调用 JavaScript，HTML 中嵌入 PHP。

操作步骤如下。

① 在 PHP 的默认网站目录“D:\phpStudy\WWW”下建立本章实例的目录 ch3。启动 Dreamweaver，建立 PHP 测试服务器，测试服务器文件夹为 D:\phpStudy\WWW\ch3。

② 在文件面板的本地站点下新建一个空白网页文档，默认的文件名是 untitled.php，修改网页文件名为 ex3-1.php。

③ 双击网页 ex3-1.php 进入网页的编辑状态。在代码视图下，输入以下 PHP 代码：

```
<html>
<head>
    <title>静态网页和动态网页代码的相互嵌入</title>
</head>
<body>
    <?php
      $s1="调用 Javascript 自动弹出的信息";          //在弹出消息框中显示
      $s2="单击按钮调用显示的信息";                  //在文本框中显示
      echo "<script>";
      echo "alert('".$s1."');";                      //在 JavaScript 中使用 $s1 变量
      echo "</script>";
    ?>
    <h1>HTML 页面</h1>
    <form name="form1">
      <input type="text" name="tx" size=20><br>
      <input type="button" name="bt" value="点击" onclick="tx.value='<?php echo $s2; ?>'">
    </form>
</body>
</html>
```

④ 执行“文件”→“保存全部”命令，将页面保存，按〈F12〉键预览网页。

【案例说明】

① PHP 变量的定义是以“$”开始的。例如，代码中的$s1 和$s2。

② 在按钮的 onclick 单击事件中包含了 PHP 动态代码，应注意引号在嵌套调用时，外层使用双引号，内层使用单引号。

3.3 PHP 的数据类型

PHP 提供了一个不断扩充的数据类型集，不同的数据可以保存在不同的数据类型中。

3.3.1 整型

整型变量的值是整数，表示范围是-2147483648～2147483647。整型值可以用十进制数、八进制数或十六进制数的标志符号指定。八进制数符号指定，数字前必须加 0；十六进制数符号指定，数字前必须加 0x。在这里说明下面代码的含义和作用。

```
$n1=123;            //十进制数
$n2=0;              //零
$n3=-36;            //负数
```

```
$n4=0123;                //八进制数（等于十进制数的 83）
$n5=0x1B;                //十六进制数（等于十进制数的 27）
```

3.3.2 浮点型

浮点类型也称浮点数、双精度数或实数，浮点数的字长与平台相关，最大值是 1.8e308，并具有 14 位十进制数的精度。在这里说明下面代码的含义和作用。

```
$pi=3.1415926;
$width=3.3e4;
$var=3e-5;
```

3.3.3 字符串

1. 单引号

定义字符串最简单的方法是用单引号“'”括起来。如果要在字符串中表示单引号，则需要用转义符“\”将单引号转义之后才能输出。和其他语言一样，如果在单引号之前或字符串结尾处出现一个反斜线“\”，就要使用两个反斜线来表示。在这里说明下面代码的含义和作用。

```
<?php
echo '输出\'单引号';               //输出：输出'单引号
echo '反斜线\\';                   //输出：反斜线\
?>
```

2. 双引号

使用双引号“"”将字符串括起来同样可以定义字符串。如果要在定义的字符串中表示双引号，则同样需要用转义符转义。另外，还有一些特殊字符的转义序列，见表 3-1。

表 3-1 特殊字符转义序列表

序　列	说　明
\n	换行（LF 或 ASCII 字符 0x(10)）
\r	回车（CR 或 ASCII 字符 0x0D(13)）
\t	水平制表符（HT 或 ASCII 字符 0x09(9)）
\\	反斜线
\$	美元符号
\"	双引号
\[0-7]{1,3}	此正则表达式序列匹配一个用八进制符号表示的字符
\x[0-Fa-f]{1,2}	此正则表达式序列匹配一个用十六进制符号表示的字符

注意：如果使用“\”试图转义其他字符，则反斜线本身也会被显示出来。

使用双引号和单引号的主要区别是，单引号定义的字符串中出现的变量和转义序列不会被变量的值替代，而双引号中使用的变量名在显示时会显示变量的值。在这里说明下面代码的含义和作用。

```
<?php
$str="和平";
echo '世界$str!';                //输出：世界$str!
echo "世界$str!";                //输出：世界和平!
?>
```

字符串的连接：使用字符串连接符“.”可以将几个文本连接成一个字符串，前面已经用过。通常使用 echo 命令向浏览器输出内容时使用这个连接符可以避免编写多个 echo 命令。在这里说明下面代码的含义和作用。

```
<?php
$str="PHP 变量";
echo "连接成". "字符串";            //字符串与字符串连接
echo $str. "连接字符串";            //变量和字符串连接
?>
```

3.3.4 布尔型

布尔型是最简单的一种数据类型，其值可以是 TRUE（真）或 FALSE（假），这两个关键字不区分大小写。要想定义布尔变量，只需将其值指定为 TRUE 或 FALSE。布尔型变量通常用于流程控制。在这里说明下面代码的含义和作用。

```
<?php
$a=TRUE;                          //设置变量值为 TRUE
$b=FALSE;                         //设置变量值为 FALSE
$username="Mike";
//使用字符串进行逻辑控制
if($username=="Mike")
{
    echo "Hello,Mike!";
}
//使用布尔值进行逻辑控制
if($a==TRUE)
{
    echo "a 为真";
}
//单独使用布尔值进行逻辑控制
if($b)
{
    echo "b 为真";
}
?>
```

3.3.5 数组

数组是一组由相同数据类型元素组成的一个有序映射。在 PHP 中，映射是一种把 values

（值）映射到 keys（键名）的类型。数组通过 array()函数定义，其值使用“key->value”的方式设置，多个值通过逗号分隔。当然也可以不使用键名，默认是 1，2，3，…。在这里说明下面代码的含义和作用。

```
<?php
$arr1=array(1,2,3,4,5,6,7,8,9);                                          //直接给数组赋值
$arr2=array("animal "->"tiger", "color"->"red","number"->"12");          //为数组指定键名和值
?>
```

3.3.6 数据类型之间的转换

PHP 数据类型之间的转换有两种：隐式类型转换（自动类型转换）和显式类型转换（强制类型转换）。

1．隐式类型转换

PHP 中隐式数据类型转换很常见，在这里说明下面代码的含义和作用。

```
<?php
$a=10;
$b='string';
echo $a . $b;
?>
```

上面例子中字符串连接操作将使用自动数据类型转化。连接操作前，$a 是整数类型，$b 是字符串类型。连接操作后，$a 隐式（自动）的转换为字符串类型。

PHP 自动类型转换的另一个例子是加号“+”。如果一个数是浮点数，则使用加号后其他的所有数都被当作浮点数，结果也是浮点数。否则，参与“+”运算的运算数都将被解释成整数，结果也是一个整数。在这里说明下面代码的含义和作用。

```
<?php
$str1="1";                  //$str1 为字符串型
$str2="ab";                 //$str2 为字符串型
$num1=$str1+$str2;          //$num1 的结果是整型（1）
$num2=$str1+5;              //$num2 结果是整型（6）
$num3=$str1+2.56;           //$nun3 结果是浮点型（3.56）
?>
```

2．显式类型转换

PHP 还可以使用显式类型转换，也叫强制类型转换。它将一个变量或值转换为另一种类型，这种转换与 C 语言类型的转换是相同的：在要转换的变量前面加上用括号括起来的目标类型。PHP 允许的强制转换如下。

(int)，(integer)：转换成整型。

(string)：转换成字符串型。

(float)，(double)，(real)：转换成浮点型。

(bool)，(boolean)：转换成布尔型。

(array)：转换成数组。

(object)：转换成对象。

在这里说明下面代码的含义和作用。

```
<?php
$var=(int)"hello";          //变量为整型（值为 0）
$var=(int)TRUE;             //变量为整型（值为 1）
$var=(int)12.56;            //变量为整型（值为 12）
$var=(string)10.5;          //变量为字符串型（值为"10.5"）
$var=(bool)1;               //变量为布尔型（值为 TRUE）
$var=(boolean)0;            //变量为布尔型（值为 FALSE）
$var=(boolean)"0";          //变量为布尔型（值为 FALSE）
?>
```

说明：

① 强制转换成整型还可以使用 intval()函数，转换成字符串型还可以使用 strval()函数。在这里说明下面代码的含义和作用。

```
$var=intval("12ab3c");      //变量为整型（值为 12）
$var=strval(2.3e5);         //变量为字符串型（值为"2.3e5"）
```

② 在将变量强制转换为布尔类型时，当被强制转换的值为整型值 0、浮点型 0.0、空白字符或字符串"0"、没有特殊成员变量的数组、特殊类型 NULL 时都被认为是 FALSE，其他的值都被认为是 TRUE。

③ 如果要获得变量或表达式的信息，如类型、值等，可以使用 var_dump()函数。在这里说明下面代码的含义和作用。

```
<?php
$var1=var_dump(123);
$var2=var_dump((int)FALSE);
$var3=var_dump((bool)NULL);
echo $var1;                 //输出结果为：int(123)
echo $var2;                 //输出结果为：int(0)
echo $var3;                 //输出结果为：bool(FALSE)
?>
```

结果中，前面是变量的数据类型，括号内是变量的值。

3.4 变量和常量

3.4.1 变量

变量是指在程序运行过程中值可以改变的量。变量的作用就是存储数值，一个变量具有一个地址，这个地址中存储变量数值信息。在 PHP 中可以改变变量的类型，也就是说 PHP 变量的数值类型可以根据环境的不同而做调整。PHP 变量分为自定义变量、预定义变量和外部变量。

1．自定义变量

PHP 中的自定义变量由一个美元符号“$”和其后面的字符组成，字符是区分大小写的。

（1）变量名的定义

在定义变量时，变量名与 PHP 中其他标记一样遵循相同的规则：一个有效的变量名由字母或下画线“_”开头，后面跟任意数量的字母、数字或下画线。在这里说明下面代码的含义和作用。

```
<?php
//合法变量名
$a=1;
$a12_3=1;
$_abc=1;
//非法变量名
$123=1;
$12Ab=1;
$天天=1;
$*a=1;
?>
```

（2）变量的初始化

PHP 变量的类型有布尔型、整型、浮点型、字符串型、数组、对象、资源和 NULL。数据类型在前面已经做过介绍。变量在初始化时，使用“=”给变量赋值，变量的类型会根据其赋值自动改变。在这里说明下面代码的含义和作用。

```
$var="abc";                    //$var 为字符串型
$var=TRUE;                     //$var 为布尔型
$var=666;                      //$var 为整型
```

PHP 也可以将一个变量的值赋给另外一个变量。例如：

```
<?php
$height=100;
$width=$height;                //$width 的值为 100
?>
```

（3）变量的引用

PHP 提供了另外一种给变量赋值的方式——引用赋值，即新变量引用原始变量，改动新变量的值将影响原始变量，反之亦然。使用引用赋值的方法是，在将要赋值的原始变量前加一个“&”符号。在这里说明下面代码的含义和作用。

```
<?php
$var="hello";                  //$var 赋值为 hello
$bar=&$var;                    //变量$bar 引用$var 的地址
echo $bar;                     //输出结果为 hello
$bar="world";                  //给变量$bar 赋新值
```

```
echo $var;                          //输出结果为 world
?>
```

注意：只有已经命名过的变量才可以引用赋值，例如下面的用法是错误的：

```
$bar=&(5*20);
```

（4）变量的作用域

变量的使用范围，也叫作变量的作用域。从技术上来讲，作用域就是变量定义的上下文背景（也就是它的有效范围）。根据变量使用范围的不同，可以把变量分为局部变量和全局变量。

① 局部变量。

局部变量只在程序的局部有效，它的作用域分为两种：

在当前文件主程序中定义的变量，其作用域限于当前文件的主程序，不能在其他文件或当前文件的局部函数中起作用。

在局部函数或方法中定义的变量仅限于局部函数或方法，当前文件中主程序、其他函数、其他文件中无法引用。在这里说明下面代码的含义和作用。

```
<?php
$my_var="good";                                   //$my_var 的作用域仅限于当前主程序
function my_func()
{
      $local_var=586;                             //$local_var 的作用域仅限于当前函数
      echo ' $local_var=' . $local_var ."<br>";   //调用该函数时输出结果值为 586
      echo ' $my_var = ' . $my_var . "<br>";      //调用该函数时输出结果值为空
}
my_func();                                        //调用 my_func()函数
echo '$local_var=' . $local_var . "<br>";         //输出结果值为空
echo '$my_var=' . $my_var . "<br>";               //输出结果值为"good"
?>
```

② 全局变量。

与局部变量相反，全局变量可以在程序的任何地方访问。但是，为了修改一个全局变量，必须在要修改该变量的函数中将其显示的声明为全局变量。这很容易做到，只要在变量前面加上关键字 global，这样就可以将其标识为全局变量。在这里说明下面代码的含义和作用。

```
<?php
$my_global=1;                                     //定义变量$my_global
function my_func1()                               //函数 my_func1()
{
      global $my_global;                          //声明$my_global 为全局变量
      global $two_global;                         //声明$two_global 为全局变量
      echo '$my_global=' .$my_global . "<br>";    //调用该函数时输出结果值为 1
      $two_global=2;                              //将全局变量$two_global 赋值为 2
}
function my_func2()                               //函数 my_func2()
```

```
{
    global $two_global;                              //声明$two_global 为全局变量
    echo '$two_global = ' . $two_global . "<br>";    //调用该函数时输出结果值为 2
    $two_global=3;
}
my_func1();                                          //调用 my_func1()函数，输出 1
my_func2();                                          //调用 my_func2()函数，输出 2
echo $two_global;                                    //输出结果值为 3
?>
```

（5）检查变量是否存在

可以使用 isset()函数检查变量是否存在，语法格式如下：

bool isset (mixed $var [, mixed $var [, $...]])

当变量$var 已经存在，该函数将返回 TRUE，否则返回 FALSE。在这里说明下面代码的含义和作用。

```
<?php
$var1="";
$var2=123;
var_dump(isset($var1));                  //返回 bool(TRUE)
var_dump(isset($var2));                  //返回 bool(TRUE)
?>
```

另外，unset()函数可以释放一个变量。empty()函数检查一个变量是否为空或零值，如果变量值是非空或非零值，则 empty()返回 FALSE，否则返回 TRUE。换句话说，""、0、"0"、NULL、FALSE、array()、var $var，以及没有任何属性的对象都将被认为是空的。在这里说明下面代码的含义和作用。

```
<?php
$var=0;
if(empty($var))
    echo "变量为空";                     //输出"变量为空"
?>
```

2．预定义变量

预定义变量是指在 PHP 内部定义的变量，这些预定义变量可以在 PHP 脚本中被调用，而不需要初始化。预定义的变量会随着 Web 服务器以及系统的不同而不同，甚至会因为服务器的版本不同而不同。

预定义变量分 3 个基本类型：与 Web 服务器相关的变量、与系统相关的环境变量以及 PHP 自身的预定义变量。

（1）服务器变量$_SERVER

服务器变量是由 Web 服务器创建的数组，其内容包括头信息、路径、脚本位置等信息。表 3-2 列出了一些常用的服务器变量及其作用，使用 phpinfo()函数可以查看到这些变量信息。

表 3-2　常用的服务器变量及其作用

服务器变量名	变量的存储内容
$_SERVER["HTTP_ACCEPT"]	当前 Accept 请求的头信息
$_SERVER["HTTP_ACCEPT_LANGUAGE"]	当前请求的 Accept-Language 头信息，如 zh-cn
$_SERVER["HTTP_ACCEPT_ENCODING"]	当前请求的 Accept-Encoding 头信息，如 gzip、deflate
$_SERVER["HTTP_USER_AGENT"]	当前用户使用的浏览器信息
$_SERVER["HTTP_HOST"]	当前请求的 Host 头信息的内容，如 localhost
$_SERVER["HTTP_CONNECTION"]	当前请求的 Connection 头信息，如 Keep-Alive
$_SERVER["PATH"]	当前的系统路径
$_SERVER["SystemRoot"]	系统文件夹的路径，如 C:\Windows
$_SERVER["SERVER_SIGNATURE"]	包含当前服务器版本和虚拟主机名的字符串
$_SERVER["SERVER_SOFTWARE"]	服务器标志的字串，如 Apache/ (Win32) PHP/5.2.8
$_SERVER["SERVER_NAME"]	当前运行脚本所在服务器主机的名称，如 localhost
$_SERVER["SERVER_ADDR"]	服务器所在的 IP 地址，如 127.0.0.1
$_SERVER["SERVER_PORT"]	服务器所使用的端口，如 80
$_SERVER["REMOTE_ADDR"]	正在浏览当前页面用户的 IP 地址
$_SERVER["DOCUMENT_ROOT"]	当前运行脚本所在的文档根目录，即 htdocs 目录
$_SERVER["SERVER_ADMIN"]	指明 Apache 服务器配置文件中的 SERVER_ADMIN 参数
$_SERVER["SCRIPT_FILENAME"]	当前执行脚本的绝对路径名
$_SERVER["REMOTE_PORT"]	用户连接到服务器时所使用的端口
$_SERVER["GATEWAY_INTERFACE"]	服务器使用的 CGI 规范版本
$_SERVER["SERVER_PROTOCOL"]	请求页面时通信协议的名称和版本
$_SERVER["REQUEST_METHOD"]	访问页面时的请求方法，如 get、post
$_SERVER["QUERY_STRING"]	查询的字符串（URL 中第一个问号?之后的内容）
$_SERVER["REQUEST_URI"]	访问此页面所需的 URI
$_SERVER["SCRIPT_NAME"]	包含当前脚本的路径
$_SERVER["PHP_SELF"]	当前正在执行脚本的文件名
$_SERVER["REQUEST_TIME"]	请求开始时的时间戳

PHP 还可以直接使用数组的参数名来定义超全局变量，例如“$_SERVER["PHP_SELF"]”可以直接使用$PHP_SELF 变量来代替，但该功能默认是关闭的，打开它的方法是：修改 php.ini 配置文件中“register_globals = Off”所在行，将“Off”改为“On”。但是全局系统变量的数量非常多，这样可能导致自定义变量与超全局变量重名，从而发生混乱，所以不建议开启这项功能。在这里说明下面代码的含义和作用。

```
<?php
echo $_SERVER["SERVER_PORT"];          //输出 80
echo $_SERVER["SERVER_NAME"];          //输出 localhost
echo $_SERVER["DOCUMENT_ROOT"];        //输出 D:/phpStudy/WWW
?>
```

（2）环境变量$_ENV

环境变量记录与 PHP 所运行系统相关的信息，如系统名、系统路径等。单独访问环境变量可以通过“$_ENV['成员变量名']”方式来实现。成员变量名包括 ALLUSERSPROFILE、CommonProgramFiles、COMPUTERNAME、ComSpec、FP_NO_HOST_CHECK、NUMBER_OF_PROCESSORS、OS、Path 等。

如果 PHP 是测试版本，使用环境变量时可能会出现找不到环境变量的问题。解决办法是：打开 php.ini 配置文件，找到“variables_order = "GPCS"”所在的行，将该行改成“variables_order = "EGPCS"”，然后保存，并重启 Apache。

（3）PHP 自身的预定义变量

PHP 自身的预定义变量包括如下几个。

$_COOKIE：它是由 HTTP Cookies 传递的变量组成的数组。

$_GET：它是由 HTTP Get 方法传递的变量组成的数组。

$_POST：它是由 HTTP Post 方法传递的变量组成的数组。

$_FILES：它是由 HTTP Post 方法传递的已上传文件项目组成的数组。

$_REQUEST：它是所有用户输入的变量数组，包括$_GET、$_POST、$_COOKIE 所包含的输入内容。

$_SESSION：它是包含当前脚本中会话变量的数组。

3．外部变量

在程序中定义或自动产生的变量叫内部变量，而由 HTML 表单、URL 或外部程序产生的变量叫外部变量。外部变量可以通过预定义变量$_GET、$_POST、$_REQUEST 来获得。

表单可以产生两种外部变量：POST 变量和 GET 变量。POST 变量用于提交大量的数据，$_POST 变量从表单中接收 POST 变量，接收方式为“$_POST['表单变量名']”；GET 变量主要用于小数据量的传递，$_GET 变量从提交表单后的 URL 中接收 GET 变量，接收方式为“$_GET['表单变量名']”。$_REQUEST 变量可以取得包括 POST、GET 和 Cookie 在内的外部变量。

【演练 3-2】分别用 POST 和 GET 方法提交表单，使用$_GET、$_POST、$_REQUEST 变量接收来自表单的外部变量。

【案例展示】本实例页面预览后，在工号文本框中输入“1007”，姓名文本框中输入“王五”，单击“POST 提交”按钮，运行结果如图 3-2 所示。接着在性别单选按钮中选择“男”，部门选项菜单中选择“人事部”，单击“GET 提交”按钮，运行结果如图 3-3 所示。

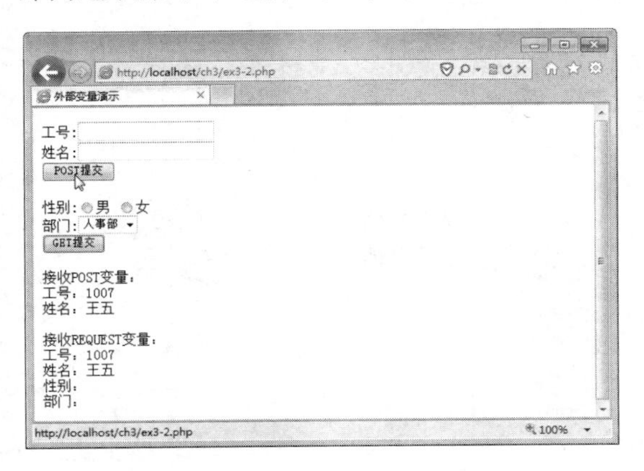

图 3-2　POST 提交的运行结果

图 3-3　GET 提交的运行结果

【学习目标】掌握使用预定义变量接受表单提交的外部变量的值。

【知识要点】表单的 POST 和 GET 提交方法，预定义变量和外部变量的使用方法。

操作步骤如下。

① 启动 Dreamweaver，打开已经建立的站点 ch3，在文件面板的本地站点下新建一个空白网页文档，默认的文件名是 untitled.php，修改网页文件名为 ex3-2.php。

② 双击网页 ex3-2.php 进入网页的编辑状态。在代码视图下，输入以下 PHP 代码：

```
<html>
<head>
<title>外部变量演示</title>
</head>
<body>
<!-- 产生 POST 外部变量的 HTML 表单 form1 -->
<form action="" method="post">
    工号:<input type="text" name="NUM"><br>
    姓名:<input type="text" name="NAME"><br>
   <input type="submit" name="postmethod" value="POST 提交">
</form>
<!-- 产生 GET 外部变量的 HTML 表单 form2 -->
<form action="" method="get">
    性别:<input name="SEX" type="radio" value="男">男
         <input name="SEX" type="radio" value="女">女<br>
    部门:<select name="WORK">
           <option>人事部</option>
           <option>财务部</option>
           <option>技术部</option>
           <option>市场部</option>
         </select><br>
   <input type="submit" name="getmethod" value="GET 提交">
</form>
</body>
</html>
<?php
//使用 isset()函数判断是否是 POST 方法提交
if(isset($_POST['postmethod']))
{
        $NUM=$_POST['NUM'];                    //获取工号值
        $NAME=$_POST['NAME'];                  //获取姓名值
        echo "接收 POST 变量：<br>";
        echo "工号：".$NUM."<br>";
        echo "姓名：".$NAME."<br>";
}
//使用 isset()函数判断是否是 GET 方法提交
if(isset($_GET['getmethod']))
```

```
    {
            $SEX=$_GET['SEX'];                        //GET 方法获取性别值
            $WORK=$_GET['WORK'];                      //GET 方法获取部门值
            echo "<br>接收 GET 变量：<br>";
            echo "性别：".$SEX."<br>";
            echo "部门：".$WORK."<br>";
    }
        echo "<br>接收 REQUEST 变量：<br>";           //将 REQUEST 方法获取的变量列在最后
        echo "工号：".@$_REQUEST['NUM']."<br>";       //使用 REQUEST 方法获取工号
        echo "姓名：".@$_REQUEST['NAME']."<br>";      //使用 REQUEST 方法获取姓名
        echo "性别：".@$_REQUEST['SEX']."<br>";       //使用 REQUEST 方法获取性别
        echo "部门：".@$_REQUEST['WORK']."<br>";      //使用 REQUEST 方法获取部门
?>
```

③ 执行“文件”→“保存全部”命令，将页面保存，按〈F12〉键预览网页。

【案例说明】

① 该程序由于设计了两个提交按钮，因此，在制作表单时应当制作两个表单分别包含一个提交按钮，并且注意正确地设置表单的 method 提交方法。

② 代码中的 isset($_POST['postmethod'])中的'postmethod'引用是 POST 提交按钮的 name 属性，isset($_GET['getmethod'])中的'getmethod'引用是 GET 提交按钮的 name 属性。

3.4.2 常量

常量是指在程序运行中无法修改的值。常量分为自定义常量和预定义常量。

1. 自定义常量

自定义常量使用 define()函数来定义，语法格式如下：

```
define("常量名", "常量值");
```

常量一旦定义，就不能再改变或取消定义，而且值只能是标量，数据类型只能是布尔型、整型、浮点型或字符串。和变量不同，常量定义时不需要加“$”。

在这里说明下面代码的含义和作用。

```
<?php
define("PI",3.1415926);
define("CONSTANT","Hello World!");
echo CONSTANT;                          //输出"Hello World!"
?>
```

常量是全局的，可以在脚本的任何位置引用。

2. 预定义常量

预定义常量也称魔术常量，PHP 提供了大量的预定义常量。但是很多常量是由不同的扩展库定义的，只有加载这些扩展库后才能使用。预定义常量使用方法和常量相同，但是它的值会根据情况的不同而不同，经常使用的预定义常量有 5 个，这些特殊的常量是不区分大小写的，见表 3-3。

表 3-3 PHP 的预定义常量

名称	说明
__LINE__	常量所在的文件中的当前行号
__FILE__	常量所在的文件的完整路径和文件名
__FUNCTION__	常量所在的函数名称
__CLASS__	常量所在的类的名称
__METHOD__	常量所在的类的方法名

3.5 运算符与表达式

运算符用来对变量进行操作，可以连接多个变量组成一个表达式。下面逐一介绍 PHP 运算符。

3.5.1 算术运算符

算术运算符是最简单也是用户使用最多的运算符，它属于二元运算符，对两个变量进行操作。PHP 有 6 种最基本的算术运算符：加（+）、减（-）、乘（*）、除（/）、取模（%）、取负（-）。在这里说明下面代码的含义和作用。

```
<?php
$a=10;
$b=3;
$num=$a+$b;                    //加法，$num 值为 13
$num=$a-$b;                    //减法，$num 值为 7
$num=$a*$b;                    //乘法，$num 值为 30
$num=$a/$b;                    //除法，$num 值为 3.333333…
$num=$a%$b;                    //取模，$num 值为 1
$num=-$a;                      //取负，$num 值为-10
?>
```

3.5.2 赋值运算符

赋值运算符的作用是将右边的值赋给左边的变量，最基本的赋值运算符是“=”。如“$a=5”表示将 5 赋给变量$a，变量$a 的值为 5。由“=”组合的其他赋值运算符还有“+=”、“-=”、“*=”、“/=”、“.=”。 在这里说明下面代码的含义和作用。

```
<?php
$a=10;
$b=3;
$num=$a+$b;               //将$a+$b 的结果值赋给$num，$num 值为 13
$a+=6;                    //等同于$a=$a+6，$a 赋值为 16
$b-=2;                    //等同于$b=$b-2，$b 赋值为 1
$a*=2;                    //等同于$a=$a*2，$a 赋值为 32
$b/=0.5;                  //等同于$b=$b/0.5，$b 赋值为 2
```

```
$string="连接";
$string.="字符串";                    //等同于$string=$string."字符串"，$string 赋值为"连接字符串"
?>
```

3.5.3　位运算符

位运算符可以操作整型和字符串型两种类型数据。它操作整型数的指定位置位，如果左、右参数都是字符串，则位运算符将操作字符的 ASCII 值。表 3-4 列出了所有的位运算符及其说明。

表 3-4　PHP 的位运算符及其说明

<table>
<tr><th>位运算符</th><th>名　称</th><th>例　子</th><th>结　　果</th></tr>
<tr><td>&</td><td>按位与</td><td>$a & $b</td><td>将$a 和$b 中都为 1 的位设为 1</td></tr>
<tr><td>|</td><td>按位或</td><td>$a | $b</td><td>将$a 或$b 中为 1 的位设为 1</td></tr>
<tr><td>^</td><td>按位异或</td><td>$a ^ $b</td><td>将$a 和$b 中不同的位设为 1</td></tr>
<tr><td>～</td><td>按位非</td><td>～ $a</td><td>将$a 中为 0 的位设为 1，反之亦然</td></tr>
<tr><td><<</td><td>左移</td><td>$a << $b</td><td>将$a 中的位向左移动$b 次（每一次移动都表示“乘以 2”）</td></tr>
<tr><td>>></td><td>右移</td><td>$a >> $b</td><td>将$a 中的位向右移动$b 次（每一次移动都表示“除以 2”）</td></tr>
</table>

3.5.4　比较运算符

比较运算符用于对两个值进行比较，不同类型的值也可以进行比较，如果比较的结果为真则返回 TRUE，否则返回 FALSE。表 3-5 列出了所有的比较运算符及其说明。

表 3-5　PHP 的比较运算符及其说明

比较运算符	名　称	例　子	结　　果
==	等于	$a == $b	TRUE，如果$a 等于$b
===	全等	$a === $b	TRUE，如果$a 等于$b，并且它们的类型也相同
!=	不等	$a != $b	TRUE，如果$a 不等于$b
<>	不等	$a <> $b	TRUE，如果$a 不等于$b
!==	非全等	$a !== $b	TRUE，如果$a 不等于$b，或者它们的类型不同
<	小与	$a < $b	TRUE，如果$a 严格小于$b
>	大于	$a > $b	TRUE，如果$a 严格大于$b
<=	小于等于	$a <= $b	TRUE，如果$a 小于或等于$b
>=	大于等于	$a >= $b	TRUE，如果$a 大于或等于$b

说明：要注意，如果整数和字符串进行比较，字符串会被转换成整数；如果比较两个数字字符串，则作为整数比较。

3.5.5　逻辑运算符

逻辑运算符可以操作布尔型数据，PHP 中的逻辑运算符有 6 种，表 3-6 列出了所有的逻辑运算符及其说明。

表 3-6　PHP 的逻辑运算符及其说明

逻辑运算符	名　称	例　子	结　　果
and	逻辑与	$a and $b	TRUE，如果 $a 与 $b 都为 TRUE
or	逻辑或	$a or $b	TRUE，如果 $a 或 $b 任意一个为 TRUE
xor	逻辑异或	$a xor $b	TRUE，如果 $a 或 $b 任意一个为 TRUE，但不同时是
!	逻辑非	! $a	TRUE，如果 $a 不为 TRUE
&&	逻辑与	$a && $b	TRUE，如果 $a 与 $b 都为 TRUE
||	逻辑或	$a || $b	TRUE，如果 $a 或 $b 中任意一个为 TRUE

在这里说明下面代码的含义和作用。

```
<?php
$x=20;
$y=10;
if($x>10&&$y<=12)                    //判断$x>10 和$y<=12 是否都是 TRUE
{
        echo "YES!";                 //输出'YES!'
}
?>
```

3.5.6　字符串运算符

字符串运算符主要用于连接两个字符串，PHP 有两个字符串运算符“.”和“.=”。“.”返回左、右参数连接后的字符串，“.=”将右边参数附加到左边参数后面，它可看成是赋值运算符。

在这里说明下面代码的含义和作用。

```
<?php
$a="Hello ";
$b="World";
echo $a.$b;                          //输出'Hello World'
$a.= "World";
echo $a;                             //输出'Hello World'
?>
```

3.5.7　自动递增、递减运算符

PHP 支持 C 语言风格的递增与递减运算符。PHP 的递增/递减运算符主要是对整型数据进行操作，同时对字符也有效。这些运算符是前加、后加、前减和后减。前加是在变量前有两个“+”号，如“++$a”，表示$a 的值先加 1，然后返回$a。后加的“+”在变量后面，如“$a++”，表示先返回$a，然后$a 的值加 1。前减和后减与加法类似。在这里说明下面代码的含义和作用。

```
<?php
$a=5;                                //$a 赋值为 5
echo ++$a;                           //输出 6
```

```
echo $a;                    //输出 6
$a=5;
echo $a++;                  //输出 5
echo $a;                    //输出 6
$a=5;
echo --$a;                  //输出 4
echo $a;                    //输出 4
$a=5;
echo $a--;                  //输出 5
echo $a;                    //输出 4
?>
```

3.5.8 运算符的优先级和结合性

一般来说，运算符具有一组优先级，也就是它们的执行顺序。运算符还有结合性，也就是同一优先级的运算符的执行顺序，这种顺序通常是从左到右（简称左）、从右到左（简称右）或者非结合。表 3-7 从高到低列出了 PHP 运算符的优先级，同一行中的运算符具有相同优先级，此时它们的结合性决定了求值顺序。

表 3-7 PHP 运算符优先级和结合性

<table>
<tr><th>结合方向</th><th>运算符</th><th>附加信息</th></tr>
<tr><td>非结合</td><td>new</td><td>new</td></tr>
<tr><td>左</td><td>[</td><td>array()</td></tr>
<tr><td>非结合</td><td>++ --</td><td>递增/递减运算符</td></tr>
<tr><td>非结合</td><td>! ~ - (int) (float) (string) (array) (object) @</td><td>类型</td></tr>
<tr><td>左</td><td>* / %</td><td>算数运算符</td></tr>
<tr><td>左</td><td>+ - .</td><td>算数运算符和字符串运算符</td></tr>
<tr><td>左</td><td><< >></td><td>位运算符</td></tr>
<tr><td>非结合</td><td>< <= > >=</td><td>比较运算符</td></tr>
<tr><td>非结合</td><td>== != === !==</td><td>比较运算符</td></tr>
<tr><td>左</td><td>&</td><td>位运算符和引用</td></tr>
<tr><td>左</td><td>^</td><td>位运算符</td></tr>
<tr><td>左</td><td>|</td><td>位运算符</td></tr>
<tr><td>左</td><td>&&</td><td>逻辑运算符</td></tr>
<tr><td>左</td><td>||</td><td>逻辑运算符</td></tr>
<tr><td>左</td><td>? :</td><td>三元运算符</td></tr>
<tr><td>右</td><td>= += -= *= /= .= %= &= |= ^= <<= >>=</td><td>赋值运算符</td></tr>
<tr><td>左</td><td>and</td><td>逻辑运算符</td></tr>
<tr><td>左</td><td>xor</td><td>逻辑运算符</td></tr>
<tr><td>左</td><td>or</td><td>逻辑运算符</td></tr>
<tr><td>左</td><td>,</td><td>分隔表达式</td></tr>
</table>

说明：表中未包括优先级最高的运算符——圆括号。它提供圆括号内部的运算符的优先

级，这样可以在需要时避开运算符优先级法则。

3.5.9 表达式

操作数和操作符组合在一起即组成表达式。表达式是由一个或者多个操作符连接起来的操作数，用来计算出一个确定的值。

表达式是 PHP 最重要的基石。在 PHP 中，几乎所写的任何东西都是一个表达式。简单却最精确的定义表达式就是“任何有值的东西”。最基本的表达式就是常量和变量；一般的表达式大部分都是由变量和运算符组成的，如$a=5；再复杂一点的表达式就是函数。下面一些例子说明了表达式的各种形式：

```
<?php
$a=10;
$b=$a++;
$a>1?$a+10:$ã10;
function test()
{
      return 20;
}
?>
```

【演练 3-3】利用各种运算符计算物体的位移。已知物体运动的初速度为 3，运行时间为 4，加速度为 5，求物体的位移。

【案例展示】本实例页面预览后，页面预览的结果如图 3-4 所示。

【学习目标】掌握各种运算符和表达式的使用，了解编程的一般步骤。

【知识要点】自定义变量、算术运算、赋值运算、比较运算和逻辑运算。

操作步骤如下。

① 启动 Dreamweaver，打开已经建立的站点 ch3，在文件面板的本地站点下新建一个空白网页文档，默认的文件名是 untitled.php，修改网页文件名为 ex3-3.php。

② 双击网页 ex3-3.php 进入网页的编辑状态。在代码视图下，输入以下 PHP 代码：

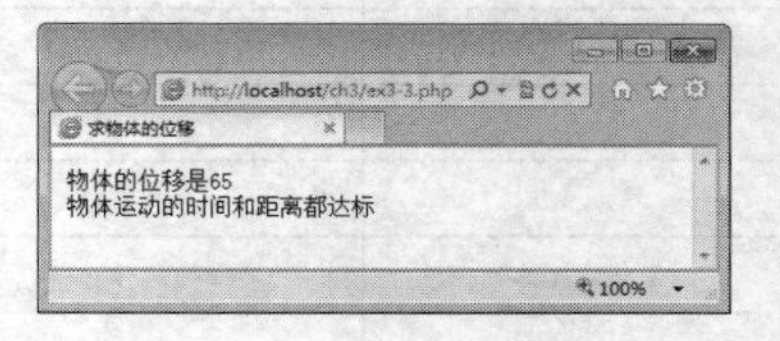

图 3-4　页面预览结果

```
<html>
<head>
<title>求物体的位移</title>
</head>
<body>
<?php
  $v0=3;
  $a=4;
  $t=5;
  $s=$v0*$t+1/2*$a*$t*$t;
  echo "物体的位移是$s";
  if($t>3 && $s>50){
    echo "物体运动的时间和距离都达标";
  }
```

```
?>
</body>
</html>
```

③ 执行“文件”→“保存全部”，将页面保存，按〈F12〉键预览网页。

【案例说明】表达式 1/2*$a*$t*$t 中的$t*$t 也可以写成 pow($t,2)平方函数的形式。

3.6 控制语句

控制结构确定了程序中的代码流程，定义了一些执行特性，例如某条语句是否多次执行，执行多少次，以及某个代码块何时交出执行控制权。

3.6.1 条件控制语句

条件控制语句是结构化程序设计语言中重要的内容，也是最基础的内容。常用的控制结构有 if…else 和 switch。PHP 的这一部分内容是从 C 语言中借鉴过来的，它们的语法几乎完全相同，所以如果用户熟悉 C 语言，就可以很容易地掌握这部分内容。

1. if…else 语句

if 结构是包括 PHP 在内的很多语言的重要特性之一，它允许按照条件执行代码段，增加了程序的可控制性。语法格式如下：

```
if(expr1)
    //代码段 1
elseif(expr2)
    //代码段 2
…
else
    //代码段 n
```

（1）if 语句

if(expr1)语句中，expr1 是一个表达式，它返回布尔值。当表达式值为 TRUE 时，执行代码段 1 中的语句；值为 FALSE 时，则跳过这段代码。在这里说明下面代码的含义和作用。

```
if($a==3)                          //判断$a 是否等于 3
{
    $b=$a+5;
    $a++;
}
```

（2）elseif 语句

elseif 语句是 else 语句和 if 语句的组合，elseif 也可以隔开来写作 else if。只有在要判断的条件多于两个时才会使用到 elseif 语句，例如，判断一个数等于不同值的情况。elseif 语句是 if 语句的延伸，其自身也有条件判断的功能。只有当上面的 if 语句中的条件不成立即表达式为 FALSE 时，才会对 esleif 语句中的表达式 expr2 进行判断。expr2 的值为 True 则执行代码段 2 中的语句，值为 FALSE 则跳过这段代码。elseif 语句可以有很多个，在这里说明下面代码的含义和作用。

```
<?php
$a=3;
if($a==1)                          //$a 不等于 1，跳过此代码段
{
      echo "等于 1";
}
elseif($a==2)                      //$a 不等于 2，跳过此代码段
{
      echo "等于 2";
}
elseif($a==3)                      //$a 等于 3，执行此代码段
{
      echo "等于 3";
}
?>
```

（3）else 语句

else 语句中不需要设置判断条件，只有当 if 和 elseif 语句中的条件都不满足时执行 else 语句中的代码段。由于 if、elseif 和 else 语句中的条件是互斥的，所以其中只有一个代码段会被执行。当要判断的条件只有两种情况时，可以省略 elseif 语句。在这里说明下面代码的含义和作用。

```
<?php
$a=2;
$b=3;
if($a==$b)
      echo "a 等于 b";
else
      echo "a 不等于 b";
?>
```

if 语句还可以进行复杂的嵌套使用，从而建立更复杂的逻辑处理，在这里说明下面代码的含义和作用。

```
<?php
$a=15;
if($a>5)                                          //判断$a 是否大于 5
{
      if($a<30)                                   //$a>5，判断$a 是否小于 30
      {
            if($a<25)                             //$a<30，判断$a 是否小于 25
                  echo "a 的值大于 5 小于 25";
            else
                  echo "a 的值大于 25 小于 30";
      }
```

```
    else                                                    //$a 大于 30 的情况
        echo "a 的值大于 30";
}
else                                                        //$a 小于 5 的情况
    echo "a 的值小于 5";
?>
```

【演练 3-4】判定学生某门课程的成绩等级，90～100 分之间（包括 90 分）的成绩等级为“优”，80～89 分之间（包括 80 分）的成绩等级为“良”，70～79 分之间（包括 70 分）的成绩等级为“中”，60～69 分之间（包括 60 分）的成绩等级为“及格”，60 分以下的成绩等级为“不及格”。

【案例展示】本实例页面预览后，在文本框中输入课程的成绩，单击“计算”按钮求出成绩等级并显示在页面中，页面预览的结果如图 3-5 所示。

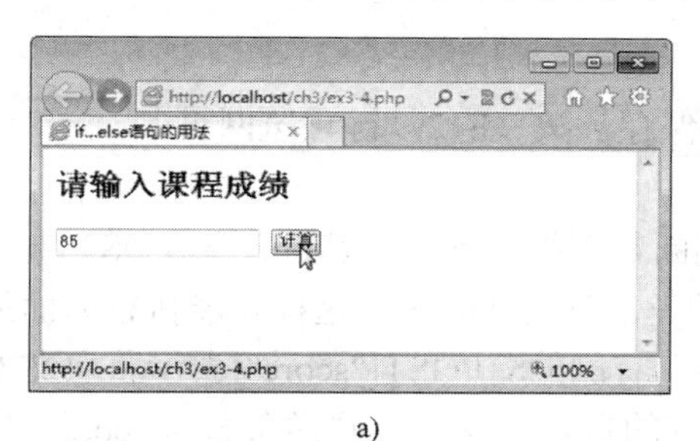

a)

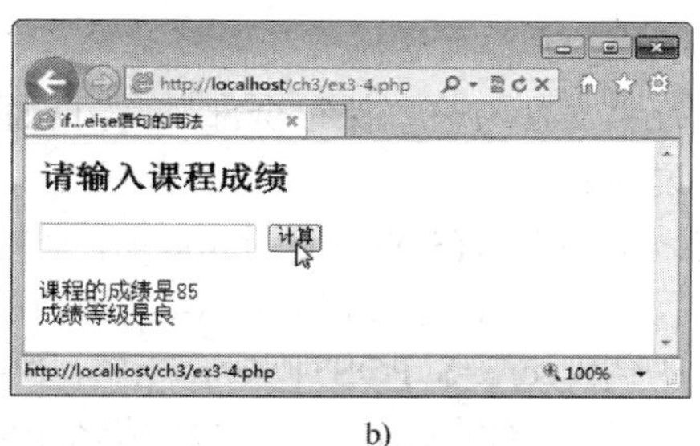

b)

图 3-5　页面预览结果

a) 输入成绩　b) 计算结果

【学习目标】掌握条件表达式的书写和 if…else 条件语句的用法。

【知识要点】if…else 及其嵌套语句、表单提交数据的获取方法。

操作步骤如下。

① 启动 Dreamweaver，打开已经建立的站点 ch3，在文件面板的本地站点下新建一个空白网页文档，默认的文件名是 untitled.php，修改网页文件名为 ex3-4.php。

② 双击网页 ex3-4.php 进入网页的编辑状态。在代码视图下，输入以下 PHP 代码：

```
<html>
<head>
<title>if…else 语句的用法</title>
</head>
<body>
<h2>请输入课程成绩</h2>
<form method="post">
<input type="text" name="score">
<input type="submit" name="button" value="计算">
</form>
<?php
if(isset($_POST['button']))                 //判断计算按钮是否按下
{
```

```
            $score=$_POST["score"];    //接收文本框 score 的值
            if($score>=90 && $score<=100)
                $grade="优";           //90～100 分之间（包括 90 分）的成绩等级为“优”
            elseif($score>=80)
                $grade="良";           //80～89 分之间（包括 80 分）的成绩等级为“良”
            elseif($score>=70)
                $grade="中";           //70～79 分之间（包括 70 分）的成绩等级为“中”
            elseif($score>=60)
                $grade="及格";         //60～69 分之间（包括 60 分）的成绩等级为“及格”
            else
                $grade="不及格";       //60 分以下的成绩等级为“不及格”
        echo "课程的成绩是".$score."<br>"."成绩等级是".$grade;
    }
    ?></body>
    </html>
```

③ 执行“文件”→“保存全部”，将页面保存，按〈F12〉键预览网页。

【案例说明】

① 代码中的 isset($_POST['button'])用来判断是否按下计算按钮，产生 POST 方法提交。程序运行后，当按下计算按钮时，isset()函数的返回值为 TRUE，这样才能执行后面的代码。

② 在语句$score=$_POST["score"];中，“=”右侧的$_POST["score"]表示获取文本框中输入的成绩，“=”左侧的$score 表示接收提交内容的自定义变量。同样命名为 score，但是含义不同。整条语句的作用是将文本框中输入的成绩提交后赋值给左边的自定义变量$score，以供后面的程序使用。

2．switch 多分支语句

switch 语句和具有同样表达式的一系列 if 语句相似。在同一个变量或表达式需要与很多不同值比较时，可使用 switch 语句。语法格式如下：

```
switch(var)
{
    case var1:
        //代码段 1
        break;
    case var2:
        //代码段 2
        break;
    …
    default:
        //代码段 n
}
```

使用 switch 语句可以避免大量地使用 if…else 控制语句。switch 语句首先根据变量值得到一个表达式的值，然后根据表达式的值来决定执行什么语句。switch 语句中的表达式是唯一的，而不像 elseif 语句中会有其他的表达式。表达式的值可以是任何一种简单的变量类型，如整数、浮点数或字符串，但是表达式不能是数组或对象等复杂的变量类型。

switch 语句是一行一行执行的，开始时并不执行什么语句，只有在表达式的值和 case 后面的数值相同时才开始执行它下面的语句。程序中 break 语句的作用是跳出程序，使程序停止运行。如果没有 break 语句，程序会继续一行一行地执行下去，当然也会执行其他 case 语句下的语句。在这里说明下面代码的含义和作用。

```
switch($i){
        case 0:
                print "i 等于 0";
        case 1:
                print "i 等于 1";
        case 2:
                print "i 等于 2";
}
```

如果变量$i 的值为 0，那么上面的程序会把 3 个语句都输出；如果$i 为 1，会输出后面两个语句；只有$i 为 2 时才能得到预期的结果。所以一定要注意使用 break 语句来跳出 switch 结构。

case 后面的语句可以为空。这时的结果在多种情况下，执行相同的语句。在这里说明下面代码的含义和作用。

```
switch($i){
        case 0:
        case 1:
        case 2:
                print "i 小于 3 但不是负数";
                break;
        case 3:
                print "i 等于 3";
}
```

这时会在$i 的值为 0、1 或 2 的情况下都输出“i 小于 3 但不是负数”。

switch 控制语句中还有一个特殊的语句 default。如果表达式的值和前面所有的情况都不相同，就会执行最后的 default 语句。在这里说明下面代码的含义和作用。

```
switch($i){
        case 0:
                print "i 等于 0";
                break;
        case 1:
                print "i 等于 1";
                break;
        case 2:
                print "i 等于 2";
                break;
        default:
                print "i 不等于 0,1 or 2";
```

}

【演练 3-5】设计兴趣爱好调查表单，使用 switch 语句判断来自表单提交的兴趣爱好。

【案例展示】本实例页面预览后，在菜单中选择兴趣爱好，单击“提交”按钮后在页面中显示出用户选择的兴趣爱好，页面预览的结果如图 3-6 所示。

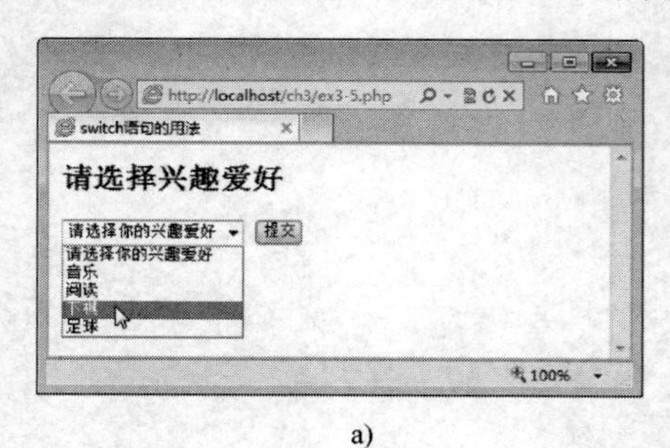

a)

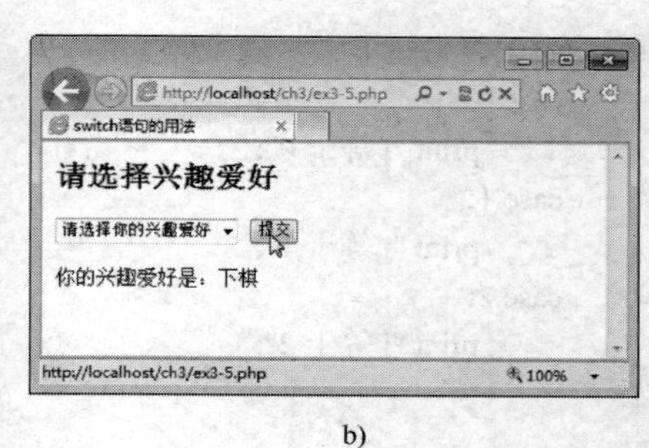

b)

图 3-6　页面预览结果

a) 选择兴趣爱好　b) 显示结果

【学习目标】掌握条件表达式的书写和 switch 语句的用法。

【知识要点】switch 语句、表单提交数据的获取方法。

操作步骤如下。

① 启动 Dreamweaver，打开已经建立的站点 ch3，在文件面板的本地站点下新建一个空白网页文档，默认的文件名是 untitled.php，修改网页文件名为 ex3-5.php。

② 双击网页 ex3-5.php 进入网页的编辑状态。在代码视图下，输入以下 PHP 代码：

```
<html>
<head>
<title>switch 语句的用法</title>
</head>
<body>
<h2>请选择兴趣爱好</h2>
<form name="form1" method="post">
<select name="like">
        <option>请选择你的兴趣爱好</option>
        <option>音乐</option>
        <option>阅读</option>
        <option>下棋</option>
        <option>足球</option>
</select>
<input type="submit" name="button" value="提交">
</form>
<?php
if(isset($_POST['button']))                    //判断提交按钮是否按下
{
        $like=$_POST["like"];                  //接收表单的值
        switch($like)
```

```
        {
            case "音乐":
                $result="音乐";
                break;
            case "阅读":
                $result="阅读";
                break;
            case "下棋":
                $result="下棋";
                break;
            case "足球":
                $result="足球";
                break;
            default:
                $result="请选择你的兴趣爱好";
        }
        echo "你的兴趣爱好是：".$result;
    }
    ?>
    </body>
    </html>
```

③ 执行“文件”→“保存全部”，将页面保存，按〈F12〉键预览网页。

【案例说明】从程序运行后的执行结果中不难看出，单击“提交”按钮后，菜单的显示项又回到了“请选择你的兴趣爱好”的默认选项，这和当前用户选择的菜单项“阅读”并不一致。造成这种现象的原因是，静态的<select>菜单标记不能实现保留用户所选的最近操作值，要实现“保值”的效果，必须通过后面章节案例中的动态代码实现。

3.6.2 循环控制语句

循环控制结构是程序中非常重要和基本的一类结构，它是在一定条件下反复执行某段程序的流程结构，这个被反复执行的程序成为循环体。PHP 中的循环语句有 while、do…while、for 等。下面分别介绍这几种循环控制结构。

1. while 循环语句

while 循环是 PHP 中最简单的循环类型，当要完成大量重复性的工作时，可以通过条件控制 while 循环来完成。语法格式如下：

```
while(exp)
{
    //代码段
}
```

说明：当 while()语句中表达式 exp 的值为 TRUE 时，就运行代码段中的语句，同时改变表达式的值。语句运行一遍后，再次检查表达式 exp 的值，如果为 TRUE 则再次进入循环，直到值为 FALSE 时就停止循环。如果表达式 exp 的值永远都是 TRUE，则循环将一直进行下去，成为死循环。如果表达式 exp 一开始的值就为 FALSE，则循环一次也不会运行。

例如，计算 10 的阶乘。

```
<?php
$t=1;                           //初始化阶乘的初值
$i=1;
while($i<=10)
{
    $t*=$i;                     //累积
    $i++;                       //$i 自增 1
}
echo $t;                        //输出 3628800
?>
```

2．do…while 循环语句

语法格式如下：

```
do
{
    //代码段
}while(exp);
```

do…while 循环与 while 循环非常相似，区别在于 do…while 循环首先执行循环内的代码，而不管 while 语句中的 exp 条件是否成立。程序执行一次后，do…while 循环才来检查 exp 值是否为 TRUE，为 TRUE 则继续循环，为 FALSE 则停止循环。而 while 循环是首先判断条件是否成立才开始循环。所以当两个循环中的条件都不成立时，while 循环一次也没运行，而 do…while 循环至少要运行一次。在这里说明下面代码的含义和作用。

```
<?php
$n=1;
do
{
    echo $n ."<br>";
    $n++;
}while($n<10);
?>
```

3．for 循环语句

for 循环是 PHP 中比较复杂的一种循环结构，语法格式如下：

```
for(expr1;condition;expr2)
    //代码段
```

说明：表达式 expr1 在循环开始前无条件求值一次，这里通常设置一个初始值。表达式 condition 是一个条件，在循环开始前首先测试表达式 condition 的值。如果为 FALSE 则结束循环，如果为 TRUE 则执行代码段中的语句，循环执行完一次后执行表达式 expr2，之后继续判断 condition 的值，如果为 TRUE 则继续循环，如果为 FALSE 则结束循环。在这里说明下面代码的含义和作用。

```
<?php
$m=10;
for($i=1;$i<=$m;$i++)
{
	echo $i."<br>";
}
?>
```

for 循环中的每个表达式都可以为空，但如果 condition 为空则 PHP 认为条件为 TRUE，程序将无限循环下去，成为死循环，如果要跳出循环，需要使用 break 语句，在这里说明下面代码的含义和作用。

```
<?php
for($i=0;;)
{
	if($i>10)
	{
		break;				//如果$i 大于 10 则跳出循环
	}
	echo $i. "<br>";			//输出$i
	$i++;					//$i 加 1
}
?>
```

4．foreach 循环

foreach 语句也属于循环控制语句，但它只用于遍历数组，当试图将其用于其他数据类型或者一个未初始化的变量时会产生错误。有关 foreach 循环的内容将在介绍数组时讨论。

5．循环嵌套

一个循环语句的循环体内包含另一个完整的循环结构，称为循环的嵌套。这种嵌套的过程可以有很多重，一个循环的外面包围一层循环叫双重循环，一个循环的外面包围两层或两层以上的循环叫多重循环。

多重循环的特点是：即外循环执行一次，内循环执行一周。

三种循环语句 while、do…while、for 可以互相嵌套，自由组合。外层循环体中可以包含一个或多个内层循环结构，但要注意的是，各循环必须完整包含，相互之间绝对不允许有交叉现象。因此每一层循环体都应该用｛｝括起来。下面的形式是不允许的：

```
do
{…
for ( ; ; )
{…
} while ( );
}
```

在这个嵌套结果中出现了交叉。

【演练 3-6】使用双重循环打印星花图案。

【案例展示】本实例页面预览后，页面中输出星花图案，页面预览的结果如图 3-7 所示。

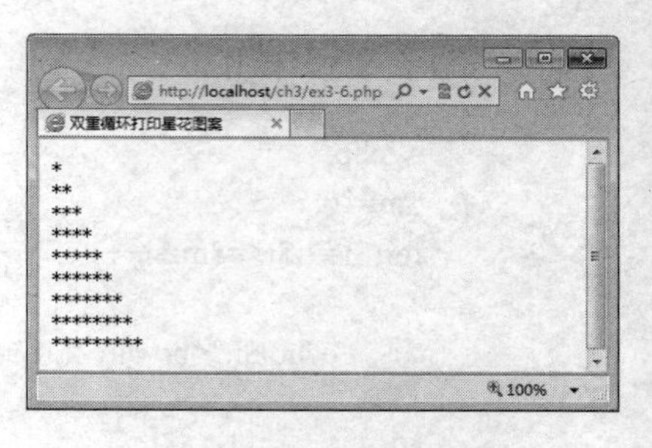

图 3-7 页面预览结果

【学习目标】掌握循环嵌套的特点和语法格式。

【知识要点】for 循环语句，循环的嵌套。

案例分析：星花图案可以通过双重循环输出星花的方式实现。其中，外循环控制图案的行输出，内循环控制每行星花的个数。

操作步骤如下。

① 启动 Dreamweaver，打开已经建立的站点 ch3，在文件面板的本地站点下新建一个空白网页文档，默认的文件名是 untitled.php，修改网页文件名为 ex3-6.php。

② 双击网页 ex3-6.php 进入网页的编辑状态。在代码视图下，输入以下 PHP 代码：

```
<html>
<head>
<title>双重循环打印星花图案</title>
</head>
<body>
<?php
for($i=1;$i<=9;$i++)                    //外循环（行的循环）
{
        for($j=1;$j<=$i;$j++)           //内循环（每行输出星花的循环）
        {
                echo "*";               //内循环输出本行的星花个数，个数恰好等于行号
        }
        echo "<br>";                    //内循环结束后，输出另起一行
}
?>
</body>
</html>
```

③ 执行“文件”→“保存全部”命令，将页面保存，按〈F12〉键预览网页。

【案例说明】内循环语句 for($j=1;$j<=$i;$j++)中的循环条件是$j<=$i，而不是$j<=9。这是因为每行输出星花的个数并不都是 9 个，而是和该行的行变量$i 相同的。

3.6.3 流程控制符

1. break 控制符

break 控制符在前面已经使用过，这里具体介绍。它可以结束当前 for、foreach、while、do…while 或 switch 结构的执行。当程序执行到 break 控制符时，就立即结束当前循环。在这里说明下面代码的含义和作用。

```
<?php
$i=1;
```

```
while($i<10)
{
    if($i>3)
        break;                    //当$i>3 时结束 while 循环
    echo $i."<br>";               //输出$i，$i 最后输出的值只有 1，2，3
    $i++;                         //$i 自增 1
}
?>
```

2．continue 控制符

continue 控制符用于结束本次循环，跳过剩余的代码，并在条件求值为真值时开始执行下一次循环。在这里说明下面代码的含义和作用。

```
<?php
$i=5;
for($j=0;$j<10;$j++)
{
    if($j==$i)
        continue;                 //跳出本次循环
    echo $j;                      //输出的结果是 012346789
}
?>
```

3．return 控制符

在函数中使用 return 控制符，将立即结束函数的执行并将 return 语句所带的参数作为函数值返回。在 PHP 的脚本或脚本的循环体内使用 return，将结束当前脚本的运行。在这里说明下面代码的含义和作用。

```
<?php
$n=5;
for($i=1;$i<10;$i++)
{
    if($i>$n)
    {
        return;                   //当$i>5 时结束脚本运行
        echo "大于 5";            //此处的内容将不会输出
    }
    echo $i ." ";                 //输出 1 2 3 4 5
}
?>
```

4．exit 控制符

exit 控制符也可结束脚本的运行，用法和 return 控制符类似。在这里说明下面代码的含义和作用。

```
<?php
$a=5;
```

```
$b=6;
if($a<$b)
        exit;                               //如果$a<$b 则结束脚本
echo $a."小于".$b;                          //此处的内容将不会输出
?>
```

【演练 3-7】任意输入一个大于等于 3 的正整数，判断它是不是素数。

【案例展示】本实例页面预览后，在文本框中输入一个大于等于 3 的正整数，单击"判断"按钮，显示该数是否是素数，页面预览的结果如图 3-8 所示。

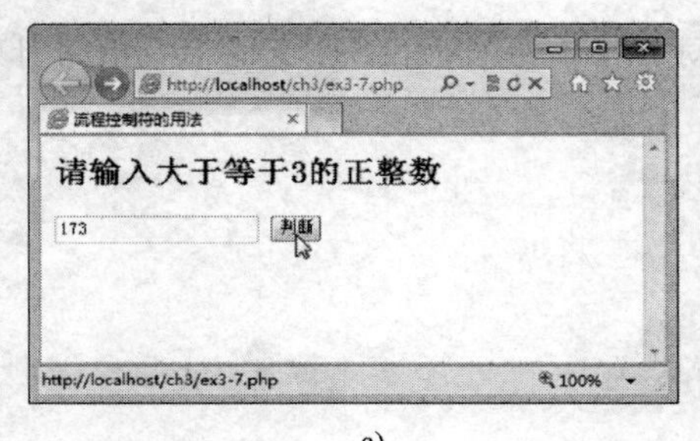

a)

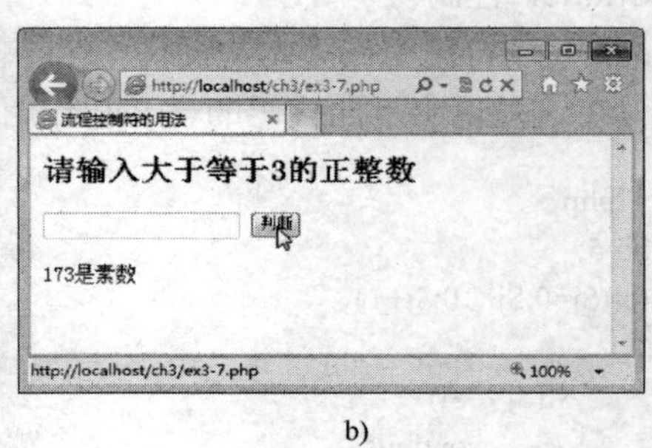

b)

图 3-8 页面预览结果

a) 输入数值 b) 显示结果

【学习目标】掌握循环结构的流程控制符。

【知识要点】for 循环语句，break 控制符。

案例分析：素数的定义是除了能被 1 和它本身整除之外，不能被其他正整数整除的数。换句话说，假如$num 代表要判断的数，只要能验证$num 不能被从 2～$num-1 之间的所有正整数整除，就能判断$num 是素数；否则，$num 就不是素数。

操作步骤如下。

① 启动 Dreamweaver，打开已经建立的站点 ch3，在文件面板的本地站点下新建一个空白网页文档，默认的文件名是 untitled.php，修改网页文件名为 ex3-7.php。

② 双击网页 ex3-7.php 进入网页的编辑状态。在代码视图下，输入以下 PHP 代码：

```
<html>
<head>
<title>流程控制符的用法</title>
</head>
<body>
<h2>请输入大于等于 3 的正整数</h2>
<form method="post">
<input type="text" name="num">
<input type="submit" name="button" value="判断">
</form>
<?php
if(isset($_POST['button']))                          //判断"判断"按钮是否按下
{
```

```
            $num=$_POST["num"];                    //接收文本框 num 的值
            for($i=2;$i<=$num-1;$i++)
            {
                  if($num%$i==0)                   //$num 能被$i 整除
                        break;                     //结束当前循环
            }
            if($i>$num-1)
                  echo $num."是素数";
            else
                  echo $num."不是素数";
      }
      ?>
      </body>
      </html>
```

③ 执行“文件”→“保存全部”，将页面保存，按〈F12〉键预览网页。

【案例说明】

① 在验证除数$i 的循环中，只要出现$num%$i==0 就表示$num 能被$i 整除。这样，就能判断$num 不是素数，其余的循环没有必要执行下去，就可以通过 break 语句立即退出。

② 循环结束后的条件语句 if($i>$num-1)表示以上循环全部循环完毕。因为，只有循环全部循环完毕的情况下，循环变量$i 的值才会大于循环的终值$num-1。这就表示，循环过程中没有出现$num 能被$i 整除的情况，就可以判断$num 是素数；否则，一旦出现，循环立即退出，这时的循环变量$i 的值一定不会大于循环的终值$num-1，就可以判断$num 不是素数。

3.7 函数

函数（function）是一段完成指定任务的已命名代码，函数可以遵照给它的一组值或参数（parameter）完成任务，并且可能返回一个值。函数节省了编译时间，无论调用函数多少次，函数都只需为页面编译一次。函数允许用户在一处修改任何错误，而不是在每个执行任务的地方修改，这样就提高了程序的可靠性，并且将完成指定任务的代码一一隔离，也提高了程序的可读性。

3.7.1 自定义函数

PHP 为用户提供了自定义函数的功能，编写的方法非常简单，定义函数的格式如下：

```
function function_name([$parameter[, …]])
{
    //函数代码段
}
```

定义函数的关键字为 function。function_name 是用户自定义的函数名，通常这个函数名可以是以字母或下画线开头后面跟 0 个或多个字母、下画线和数字的字符串，且不区分大小写，需要注意的是，函数名不能与系统函数或用户已经定义的函数重名。

在函数定义时，花括号内的代码就是在调用函数时将会执行的代码，这段代码可以包括变量、表达式、流程控制语句，甚至是其他的函数或类定义。

在这里说明下面代码的含义和作用。

```
<?php
function func($a,$b)
{
    if($a==$b)
        echo "a=b";
    else if($a>$b)
        echo "a>b";
    else
        echo "a<b";
}
?>
```

3.7.2 参数的传递

函数可以通过参数来传递数值。参数是一个用逗号隔开的变量或常量的集合。参数可以传递值，也可以以引用方式传递，还可以为参数指定默认值。

1．引用方式传递参数

默认情况下函数参数是通过值进行传递的，所以如果在函数内部改变参数的值，并不会体现在函数外部。如果希望一个函数可以修改其参数，就必须通过引用方式传递参数，只要在定义函数时在参数前面加上“&”。 在这里说明下面代码的含义和作用。

```
<?php
function tool(&$to)                    //定义函数 tool()
{
    $to="bike";
}
$car="car";
tool($car);                            //调用函数 tool()，参数使用变量$car
echo $car;                             //输出"bike"
?>
```

2．默认参数

函数还可以使用默认参数，在定义函数时给参数赋予默认值，参数的默认值必须是常量表达式，不能是变量或函数调用。在这里说明下面代码的含义和作用。

```
<?php
function book($newbook="PHP")
{
    echo "I like ".$newbook;           //输出"I like PHP"
}
?>
```

3.7.3 函数变量的作用域

变量的作用域问题在本章已经介绍过，在主程序中定义的变量和在函数中定义的变量都是局部变量。在主程序中定义的变量只能在主程序中使用，而不能在函数中使用。同样，在函数中定义的变量也只能在函数内部使用。在这里说明下面代码的含义和作用。

```
<?php
$num=1;                    //主程序中定义的变量
function sum()
{
    $num=10;               //函数中定义的变量
}
sum();                     //调用函数
echo $num;                 //输出仍为主程序中定义的变量值 1
?>
```

3.7.4 函数的返回值

函数声明时，在函数代码中使用 return 语句可以立即结束函数的运行，程序返回到调用该函数的下一条语句。在这里说明下面代码的含义和作用。

```
<?php
function my_function($a=1)
{
    echo $a;
    return;                //结束函数的运行，下面的语句将不被运行
    $a++;
    echo $a;
}
my_function();             //输出 1
?>
```

中断函数执行并不是 return 语句最常用的功能，许多函数使用 return 语句返回一个值来与调用它们的代码进行交互。函数的返回值可以是任何类型的值，包括列表和对象。在这里说明下面代码的含义和作用。

```
<?
function square($num)
{
    return $num*$num;                  //返回一个数的平方
}
echo square(4);                        //输出 16
function large($a,$b)
{
    if(!isset($a)||!isset($b))         //如果变量未设置则返回 FALSE
        return FALSE;
```

```
        else if($a>=$b)                         //如果$a>=$b 则返回$a
            return $a;
        else                                    //如果$a<$b 则返回$b
            return $b;
    }
    echo large(5,6);                            //输出 6
    if(large("a",5)===FALSE)
        echo "FALSE";                           //输出"FALSE"
    ?>
```

3.7.5 内置函数

自定义函数可以进行逻辑运算，而大部分的系统底层工作需要由内置函数来完成。

PHP 提供了丰富的内置函数供用户调用，包括文件系统函数、数组函数、字符串函数等。通过使用这些函数可以用很简单的代码完成比较复杂的工作。但并不是所有的内置函数都能直接调用的，有一些扩展的内置函数需要安装扩展库之后才能调用，例如，有些图像函数需要在安装 GD 库之后才能使用。当前运行环境支持的函数列表可以在 phpinfo 页面查看。

在后面的章节将介绍 PHP 的常用内置函数。

3.8 包含文件操作

网站中通常会包含一些公用信息，比如 LOGO、菜单、导航等。如果把这些信息分别放置在每一个页面中，当然也没有问题，只是当网站的页面增多时，修改这些信息则比较烦琐，且容易出错。通常的做法是，把这些公用信息放在公用文件中，然后在各页面需要公共信息的地方使用包含文件操作，把包含文件的内容嵌入到当前的页面中。这样在需要修改时，只要改动公用文件就可以了，将为开发者节省大量的时间。

包含文件操作常用的 4 种函数是 include()、require()、include_once()和 require_once()。它们的用法类似，不同之处在于：

- include()包含文件发生错误时，如包含的文件不存在，脚本将发出一个警告，但脚本会继续运行。
- require()包含文件发生错误时，会产生一个致命错误并停止脚本的运行。
- include_once()使用方法和 include()相同，但如果在同一个文件中使用 include_once()函数包含了一次指定文件，那么此文件将不被再次包含。
- require_once()使用方法和 require()相同，但如果在同一个文件中使用 require_once()函数包含了一次指定文件，那么此文件将不被再次包含。

在包含文件时，函数中要指定正确的文件路径和文件名。如果不指定路径或者路径为“./”，则在当前运行脚本所在目录下寻找该文件，如 include('1.php')或 include('./1.php')。如果指定文件的路径为“../”，则在 Apache 的根目录下寻找该文件，如 include('../1.php')。如果要指定根目录下不是当前脚本所在目录下的文件，可以指定其具体位置，如 include ('../david/1.php')。

例如，假设 a.php 和 b.php 文件都在当前工作目录下，a.php 中代码为：

```
<?php
$color = 'green';
$fruit = 'apple';
?>
```

b.php 中代码为：

```
<?php
echo "A $color $fruit";            //输出"A"，并给出变量未定义的通知
include 'a.php';                   //包含 a.php 文件
echo "A $color $fruit";            //输出"A green apple"
?>
```

3.9 实训

【实训综述】综合前面所学的流程控制知识，编写验证哥德巴赫猜想的程序，即任何一个大于等于 6 的偶数都可以写为两个素数的和，例如 10=3+7，10=5+5。

【实训展示】本实例页面预览后，在文本框中输入一个大于等于 6 的偶数，单击“判断”按钮，显示该数能够写为两个素数的和（结果可能是多个），页面预览的结果如图 3-9 所示。

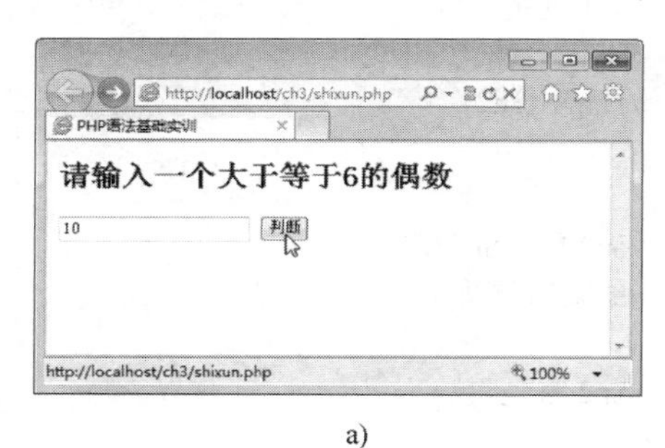

a)

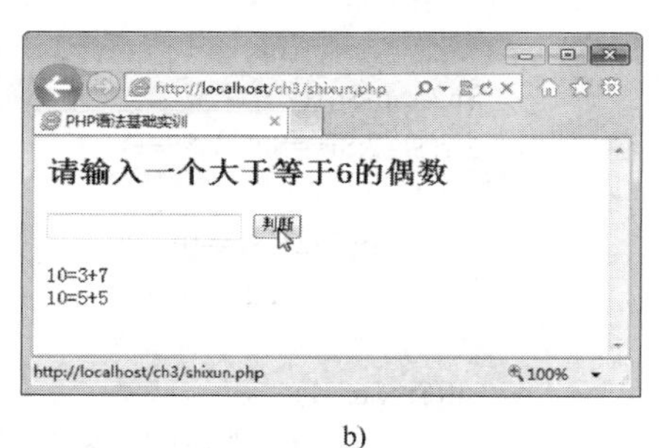

b)

图 3-9　页面预览结果

a) 输入数值　b) 显示结果

【实训目标】掌握流程控制语句的综合应用技术。

【知识要点】表单制作，if 条件语句，for 循环。

案例分析：假设$n 为任意输入的大于等于 6 的偶数，将该数分解为两个大于等于 3 的正整数$n1，$n2。利用循环先筛选出为素数的$n1，然后求出$n2=$n-$n1，再次利用循环筛选与$n1 对应的素数$n2。最终的结果是$n1 是素数，$n2 也是素数，它们的和恰好等于$n，这样的结果可能不止一个。

操作步骤如下。

① 启动 Dreamweaver，打开已经建立的站点 ch3，在文件面板的本地站点下新建一个空白网页文档，默认的文件名是 untitled.php，修改网页文件名为 shixun.php。

② 双击网页 shixun.php 进入网页的编辑状态。在代码视图下，输入以下 PHP 代码：

```
<html>
<head>
```

```
<title>PHP 语法基础实训</title>
</head>
<body>
<h2>请输入一个大于等于 6 的偶数</h2>
<form method="post">
<input type="text" name="n">
<input type="submit" name="button" value="判断">
</form>
<?php
if(isset($_POST['button']))                    //判断“判断”按钮是否按下
{
        $n=$_POST["n"];                        //接收文本框 n 的值
        for($n1=3;$n1<=$n/2;$n1++)
        {
            for($i=2;$i<=$n1-1;$i++)
            {
                if($n1%$i==0)                  //$n1 能被$i 整除
                  break;                       //结束当前循环
            }
            if($i>$n1-1)                       //$n1 就是素数
            {
              $n2=$n-$n1;                      //分解出$n2
              for($i=2;$i<=$n2-1;$i++)
                  {
                      if($n2%$i==0)            //$n2 能被$i 整除
                          break;               //结束当前循环
                  }
              if($i>$n2-1)                     //$n2 就是素数
                      echo $n."=".$n1."+".$n2."<br>";
            }
        }
}
?>
</body>
</html>
```

③ 执行“文件”→“保存全部”命令，将页面保存，按〈F12〉键预览网页。

3.10 习题

1．PHP 的主要版本有哪些？PHP 脚本主要用于哪些领域？

2．PHP 的数据类型有哪些？数据类型之间的转换方式有哪两种？获取变量或表达式信息的函数是什么？

3．简述 PHP 变量的命名规则、分类及常量的定义、分类。

4．什么是变量的作用域？变量有哪两种作用域及它们的区别？

5．常用的 PHP 自身预定义变量有哪些？

6．简述常用的运算符及运算符的优先级和结合性。

7．PHP 条件控制语句有哪些？各适合应用于哪种场合？

8．PHP 循环控制语句有哪些？各适合应用于哪种场合？

9．简述 PHP 的流程控制符及用途。

10．PHP 函数有哪两种分类？函数有哪些参数传递方式？什么是默认参数？

11．包含文件操作常用的 4 种函数是什么？各适合应用于哪种场合？

12．计算半径为 10 的圆的面积和长为 20、宽为 15 的矩形的面积。如果圆面积和矩形面积都大于 100，则输出两个图形的面积。

13．已知商品的原价，优惠幅度如下：1000 元（包括 1000 元）以下的不优惠；1000 元和 2000 元（包括 2000 元）之间的 9 折；2000 元和 3000 元（包括 3000 元）之间的 8.5 折；3000 元以上的 8 折，求商品的优惠价。

14．求一张厚度为 0.2mm 的纸张对折多少次后可以超越珠穆朗玛峰的高度（8848m）？

15．硬币问题：已知 5 分、2 分、1 分的硬币共 50 枚组成 1 元钱，问 5 分、2 分、1 分的硬币各多少枚？

16．任意输入一个整数，使用函数的方法判断该数是否为偶数。

17．设计一个计算器程序，实现简单的加、减、乘、除运算，页面预览的结果如图 3-10 所示。提示：

① 本程序可以使用 is_numeric()函数判断接收到的字符串是否为数字。

② 使用 Javascript 的 alert()函数弹出消息框，显示计算结果。

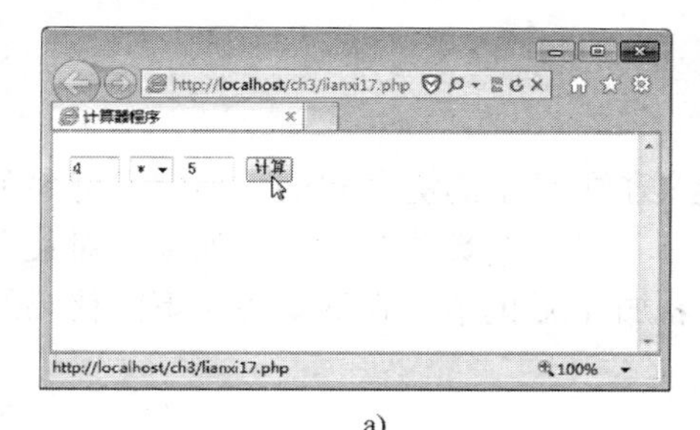

a)

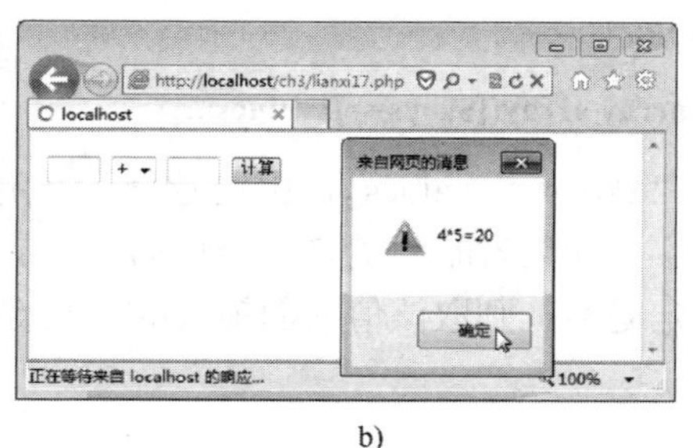

b)

图 3-10　页面预览结果

a) 输入数值　b) 计算结果

第4章 数据处理

数据处理在PHP编程中有重要的地位，不论编写什么样的程序都少不了和各种各样的数据打交道。本章为读者介绍PHP中对数据的处理和有关数据处理的库函数。

4.1 数组

数组是对大量数据进行组织和管理的有效手段之一。在PHP编程过程中，许多信息都是用数组作为载体的，经常要使用数组处理数据。

数组是具有某种共同特性的元素的集合，每个元素由一个特殊的标识符来区分，这个标识符称为键。PHP 数组中的每个实体都包含两项：键和值。可以通过键值来获取相应数组元素，这些键可以是数值键或关联键。

4.1.1 数组的创建和初始化

既然要操作数组，第一步就是要创建一个新数组。创建数组一般有以下几种方法。

1．使用array()函数创建数组

PHP 中的数组可以是一维数组，也可以是多维数组。创建数组可以使用 array()函数，语法格式如下：

```
array array([$keys=>]$values,...)
```

语法“$keys=>$values”，用逗号分开，定义了关键字的键名和值，自定义键名可以是字符串或数字。如果省略了键名，会自动产生从 0 开始的整数作为键名。如果只对某个给出的值没有指定键名，则取该值前面最大的整数键名加 1 后的值。在这里说明下面代码的含义和作用。

```
<?php
$array1=array(1,2,3,4);                                                    //定义不带键名的数组
$array2=array("color"=>"red","name"=>"mike","number"=>"01");     //定义带键名的数组
$array3=array(1=>2,2=>4,5=>6,8,10);                                    //定义省略某些键名的数组
?>
```

这里介绍一个打印函数 print_r()。这个函数用于打印一个变量的信息。

print_r()函数的语法格式如下：

```
bool print_r(mixed expression [, bool return])
```

如果给出的是字符串、整型或浮点型的变量，将打印变量值本身。如果给出的是数组类型的变量，将会按照一定格式显示键名和值。在这里说明下面代码的含义和作用。

```
<?php
```

```
$array=array("a"=>5, "b"=>10, 20);
print_r($array);
/*输出结果为：
    Array ( [a] => 5 [b] => 10 [0] => 20 )
*/
?>
```

数组创建完后，要使用数组中某个值，可以使用$array["键名"]的形式。如果数组的键名是自动分配的，则默认情况下 0 元素是数组的第一个元素。在这里说明下面代码的含义和作用。

```
<?php
$array1=array("黄色","蓝色","黑色");
echo $array1[1];                              //输出"蓝色"
$array2=array("a"=>10,"b"=>20,"c"=>30);
echo $array2["b"];                            //输出 20
?>
```

另外，通过对 array()函数的嵌套使用，还可以创建多维数组。在这里说明下面代码的含义和作用。

```
<?php
$array=array(
        "color"=>array("红色","蓝色","绿色"),
        "number"=>array(1,2,3,4,5,6)
        );                                    //定义二维数组$array
echo $array["color"][2];                      //输出数组元素，输出结果为"绿色"
print_r($array);                              //打印二维数组
/*输出结果为：
    Array ( [color] => Array ( [0] => 红色 [1] => 蓝色 [2] => 绿色)
          [number] => Array ( [0] => 1 [1] => 2 [2] => 3 [3] => 4 [4] => 5 [5] => 6 ) )
*/
?>
```

数组创建之后，可以使用 count()和 sizeof()函数获得数组元素的个数，参数是要进行计数的数组。例如在这里说明一下下面代码的含义和作用：

```
<?php
$array=array(1,2,3,6=>7,8,9);
echo count($array);                           //输出 6
echo sizeof($array);                          //输出 6
?>
```

2．使用变量建立数组

通过使用 compact()函数，可以把一个或多个变量，甚至数组，建立成数组元素，这些数组元素的键名就是变量的变量名，值是变量的值。语法格式如下：

```
array compact(mixed $varname [, mixed ...])
```

任何没有变量名与之对应的字符串都被略过。在这里说明下面代码的含义和作用。

```
<?php
$n=15;
$str="hello";
$array=array(1,2,3);
$newarray=compact("n","str","array");                  //使用变量名创建数组
print_r($newarray);
/*输出结果为:
        Array ( [n] => 15    [str] => hello    [array] => Array ( [0] => 1 [1] => 2 [2] => 3 ) )
*/
?>
```

与 compact()函数相对应的是 extract()函数，作用是将数组中的单元转化为变量，在这里说明下面代码的含义和作用。

```
<?php
$array=array("key1"=>1, "key2"=>2, "key3"=>3);
extract($array);
echo "$key1 $key2 $key3";                              //输出 1 2 3
?>
```

3. 使用两个数组创建一个数组

使用 array_combine()函数可以使用两个数组创建另外一个数组，语法格式如下：

```
array array_combine(array $keys, array $values)
```

array_combine()函数用来自$keys 数组的值作为键名，来自$values 数组的值作为相应的值，最后返回一个新的数组。在这里说明下面代码的含义和作用。

```
<?php
$a = array('green', 'red', 'yellow');
$b = array('avocado', 'apple', 'banana');
$c = array_combine($a, $b);
print_r($c);          //输出：Array ( [green] => avocado    [red] => apple    [yellow] => banana )
?>
```

4. 建立指定范围的数组

使用 range()函数可以自动建立一个值在指定范围的数组，语法格式如下：

```
array range(mixed $low, mixed $high [, number $step ])
```

$low 为数组开始元素的值，$high 为数组结束元素的值。如果$low>$high，则序列将从$high 到$low。$step 是单元之间的步进值，$step 应该为正值，如果未指定则默认为 1。range()函数将返回一个数组，数组元素的值就是从$low 到$high 之间的值。在这里说明下面代码的含义和作用。

```
<?php
```

```
$array1=range(1,5);
$array2=range(2,10,2);
$array3=range("a","e");
print_r($array1);        //输出：Array ( [0] => 1 [1] => 2 [2] => 3 [3] => 4 [4] => 5 )
print_r($array2);        //输出：Array ( [0] => 2 [1] => 4 [2] => 6 [3] => 8 [4] => 10 )
print_r($array3);        //输出：Array ( [0] => a [1] => b [2] => c [3] => d [4] => e )
?>
```

5．自动建立数组

数组还可以不用预先初始化或创建，在第一次使用它的时候，数组就已经创建。在这里说明下面代码的含义和作用。

```
<?php
$arr[0]= "a";
$arr[1]= "b";
$arr[2]= "c";
print_r($arr);           //输出：Array ( [0] => a [1] => b [2] => c )
?>
```

4.1.2 键名和键值的操作

1．检查数组中的键名和键值

检查数组中是否存在某个键名可以使用 array_key_exists()函数，是否存在某个键值使用 in_array()函数。array_key_exists()和 in_array()函数都为布尔型，存在则返回 TRUE，不存在则返回 FASLE。在这里说明下面代码的含义和作用。

```
<?php
$array=array(1,2,3,5=>4,7=>5);
if(in_array(5,$array))                          //判断是否存在值 5
    echo "数组中存在值：5";                      //输出"数组中存在值：5"
if(!array_key_exists(3,$array))                 //判断是否不存在键名 3
    echo "数组中不存在键名：3";                  //输出"数组中不存在键名：3"
?>
```

array_search()函数也可以用于检查数组中的值是否存在，与 in_array()函数不同的是：in_array()函数返回的是 TRUE 或 FALSE，而 array_search()函数当值存在时返回这个值的键名，若值不存在则返回 NULL。在这里说明下面代码的含义和作用。

```
<?php
$array=array(1, 2, 3, "x", 5, "y");
$key=array_search("x",$array);                  //查找"x"是否在数组$array 中
if($key==NULL)                                  //如果返回结果为 NULL 则不存在
{
    echo "数组中不存在这个值";                    //不输出
}
else
```

```
    echo $key;                                  //输出 3
?>
```

2．取得数组当前单元的键名

使用 key()函数可以取得数组当前单元的键名，在这里说明下面代码的含义和作用。

```
<?php
$array=array("a"=>1, "b"=>2, "c"=>3, "d"=>4);
echo key($array);                       //输出"a"
next($array);                           //将数组中的内部指针向前移动一位
echo key($array);                       //输出"b"
?>
```

另外，“end($array);”表示将数组中的内部指针指向最后一个单元；“reset($array);”表示将数组中的内部指针指向第一个单元，即重置数组的指针；“each($array)”表示返回当前的键名和值，并将数组指针向下移动一位，这个函数非常适合在数组遍历时使用。

3．将数组中的值赋给指定的变量

使用 list()函数可以将数组中的值赋给指定的变量。这样就可以将数组中的值显示出来了，这个函数在数组遍历的时候将非常有用。例如在这里说明一下下面代码的含义和作用：

```
<?php
$arr=array("红色","蓝色","绿色");
list($red,$blue,$green)=$arr;                   //将数组$arr 中的值赋给 3 个变量
echo $red;                                      //输出"红色"
echo $blue;                                     //输出"蓝色"
echo $green;                                    //输出"绿色"
?>
```

4．用指定的值填充数组的值和键名

使用 array_fill()和 array_fill_keys()函数可以用指定的值填充数组的值和键名。

array_fill()函数的语法格式如下：

array array_fill(int $start_index, int $num, mixed $value)

说明：array_fill()函数用参数$value 的值将一个数组从第$start_index 个单元开始，填充$num 个单元。$num 必须是一个大于零的数值，否则 PHP 会发出一条警告。

array_fill_keys()函数的语法格式如下：

array array_fill_keys(array $keys , mixed $value)

说明：array_fill_keys 函数用给定的数组$keys 中的值作为键名，$value 作为值，并返回新数组。

在这里说明下面代码的含义和作用。

```
<?php
$array1=array_fill(2,3,"red");                  //从第 2 个单元开始填充 3 个值"red"
$keys=array("a", 3, "b");
```

```
$array2=array_fill_keys($keys, "good");                //使用$keys 数组中的值作为键名
print_r($array1);
//输出结果为：Array ( [2] => red [3] => red [4] => red )
print_r($array2);
//输出结果为：Array ( [a] => good [3] => good [b] => good )
?>
```

5．取得数组中所有的键名和值

array_keys()和 array_values()函数。使用 array_keys()和 array_values()函数可以取得数组中所有的键名和值，并保存到一个新的数组中。在这里说明下面代码的含义和作用。

```
<?php
$arr=array("red"=>"红色","blue"=>"蓝色","green"=>"绿色");
$newarr1=array_keys($arr);                             //取得数组中的所有键名
$newarr2=array_values($arr);                           //取得数组中的所有值
print_r($newarr1);
//输出结果为：Array ( [0] => red [1] => blue [2] => green )
print_r($newarr2);
//输出结果为：Array ( [0] => 红色 [1] => 蓝色 [2] => 绿色 )
?>
```

6．移除数组中重复的值

使用 array_unique()函数可以移除数组中重复的值，返回一个新数组，并不会破坏原来的数组。在这里说明下面代码的含义和作用。

```
<?php
$input=array(1,2,3,2,3,4,1);
$output=array_unique($input);                          //移除$input 数组中重复的值
print_r($output);
//输出结果为：Array ( [0] => 1 [1] => 2 [2] => 3 [5] => 4 )
?>
```

4.1.3 数组的遍历和输出

1．使用 while 循环访问数组

while 循环、list()和 each()函数结合使用就可以实现对数组的遍历。list()函数的作用是将数组中的值赋给变量，each()函数的作用是返回当前的键名和值，并将数组指针向下移动一位。在这里说明下面代码的含义和作用。

```
<?php
$arr=array(1,2,3,4,5,6);
while(list($key,$value) = each($arr))          //直到数组指针到数组尾部时停止循环
{
      echo $value;                             //输出 123456
}
?>
```

如果数组是多维数组（假设为二维数组），则在 while 循环中多次使用 list()函数。在这里说明下面代码的含义和作用。

```
<?php
$t_array=array(
                array("091101","张三","计算机"),
                array("091102","李四","网络工程"),
                array("091103","王五","通信工程")
);
//以表格形式输出数组的值
echo "<table border=1><tr><td>学号</td><td>姓名</td><td>专业</td></tr>";
while(list($key,$value)=each($t_array))
{
        list($XH,$XM,$ZY)=$value;         //将二维数组中的单个数组中的值用变量替换
        echo "<tr><td>$XH</td><td>$XM</td><td>$ZY</td></tr>";          //输出变量的值
}
echo "</table>";                       //输出表格结尾
?>
```

2．使用 for 循环访问数组

使用 for 循环也可以来访问数组。在这里说明下面代码的含义和作用。

```
<?php
$array=range(1,10);
for($i=0;$i<10;$i++)
{
    echo $array[$i];                   //输出 12345678910
}
?>
```

注意：使用 for 循环只能访问键名是有序的整型的数组，如果是其他类型则无法访问。

3．使用 foreach 循环访问数组

foreach 循环是一个专门用于遍历数组的循环，语法格式如下。

格式一：

```
foreach (array_expression as $value)
    //代码段
```

格式二：

```
foreach (array_expression as $key => $value)
    //代码段
```

第一种格式遍历给定的 array_expression 数组。每次循环中，当前单元的值被赋给变量$value 并且数组内部的指针向前移一步（因此下一次循环将会得到下一个单元)。第二种格式做同样的事，只是当前单元的键名也会在每次循环中被赋给变量$key。

在这里说明下面代码的含义和作用。

```
<?php
$color=array("a"=>"red","blue","white");
foreach($color as $value)
{
    echo $value."<br>";                    //输出数组的值
}
foreach($color as $key=>$value)
{
    echo $key. "=>". $value. "<br>";       //输出数组的键名和值
}
?>
```

【演练 4-1】在网页中输出杨辉三角形。

【案例展示】本实例页面预览后，页面预览的结果如图 4-1 所示。

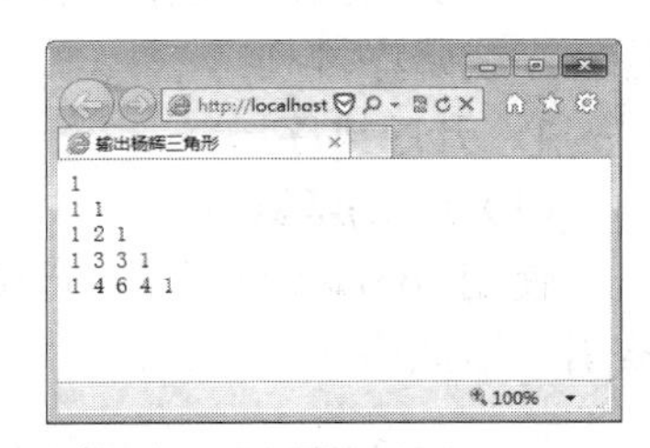

图 4-1　页面预览结果

【学习目标】掌握数组的基本操作、数组的遍历和输出。

【知识要点】定义数组、for 循环遍历和输出数组。

案例分析：

杨辉三角形的定义是：组成三角形的第 1 列和对角线上的列的值都为 1，从第 3 行开始每个单元（不包含第 1 列和对角线上的单元）的值都等于该单元上一行的前一列的值加上一行同一列的值。

操作步骤如下。

① 在 PHP 的默认网站目录“D:\phpStudy\WWW”下建立本章实例的目录 ch4。启动 Dreamweaver，建立 PHP 测试服务器，测试服务器文件夹为 D:\phpStudy\WWW\ch4。

② 在文件面板的本地站点下新建一个空白网页文档，默认的文件名是 untitled.php，修改网页文件名为 ex4-1.php。

③ 双击网页 ex4-1.php 进入网页的编辑状态。在代码视图下，输入以下 PHP 代码：

```
<?php
//以下产生的是所有的第 1 列和对角线上的 1
for($i=0;$i<5;$i++)
  for($j=0;$j<=$i;$j++){
    if($j==0||$j==$i){                    //第 1 列和对角线上的列的值都为 1
        $a[$i][$j]=1;
    }
}
//以下产生的是第 3 行开始的中间的数据
for($i=2;$i<5;$i++)
  for($j=1;$j<$i;$j++){
      $a[$i][$j]=$a[$i-1][$j-1]+$a[$i-1][$j];
  //从第 3 行开始每个单元（不包含第 1 列和对角线上的单元）的值都等于该单元上一行的前一列的值加上一行同一列的值
    }
//输出完整的杨辉三角形
```

```
for($i=0;$i<5;$i++){
    for($j=0;$j<=$i;$j++){
        echo $a[$i][$j]." ";
        }
    echo "<br>";
}
?>
```

④ 执行“文件”→“保存全部”命令，将页面保存，按〈F12〉键预览网页。

4.1.4 数组的排序

在 PHP 的数组操作函数中，有专门对数组进行排序的函数，使用该类函数可以对数组进行升序或降序排列。

1．升序排序

（1）sort()函数

使用 sort()函数可以对已经定义的数组进行排序，使得数组单元按照数组值从低到高重新索引。语法格式如下：

bool sort(array $array [, int $sort_flags])

说明：sort()函数如果排序成功返回 TRUE，失败则返回 FALSE。两个参数中$array 是需要排序的数组；$sort_flags 的值可以影响排序的行为，$sort_flags 可以取以下 4 个值。

- SORT_REGULAR：正常比较单元（不改变类型），这是默认值。
- SORT_NUMERIC：单元被作为数字来比较。
- SORT_STRING：单元被作为字符串来比较。
- SORT_LOCALE_STRING：根据当前的区域设置把单元当作字符串比较。

sort()函数不仅对数组进行排序，同时删除了原来的键名，并重新分配自动索引的键名，例如在这里说明一下下面代码的含义和作用。

```
<?php
$array1=array("a"=>6, "n"=>4, 4=>8, "c"=>2);
$array2=array(2=>"c",4=>"a",1=>"b");
if(sort($array1))
      print_r($array1);                    //输出：Array ([0] => 2 [1] => 4 [2] => 6 [3] => 8 )
else
      echo "排序\$array1 失败";           //不输出
if(sort($array2))
      print_r($array2);                    //输出：Array ([0] => a [1] => b [2] => c )
?>
```

（2）asort()函数

asort()函数也可以对数组的值进行升序排序，语法格式和 sort()类似，但使用 asort()函数排序后的数组还保持键名和值之间的关联，在这里说明下面代码的含义和作用。

```
<?php
$fruits=array("d"=>"lemon","a"=>"orange","b"=>"banana","c"=>"apple");
```

```
asort($fruits);
print_r($fruits);
//输出：Array ( [c] => apple [b] => banana [d] => lemon [a] => orange )
?>
```

（3）ksort()函数

ksort()函数用于对数组的键名进行排序，排序后键名和值之间的关联不改变，在这里说明下面代码的含义和作用。

```
<?php
$fruits=array("d"=>"lemon","a"=>"orange","b"=>"banana","c"=>"apple");
ksort($fruits);
print_r($fruits);
//输出：Array ( [a] => orange [b] => banana [c] => apple [d] => lemon )
?>
```

2. 降序排序

前面介绍的 sort()、asort()、ksort()这 3 个函数都是对数组按升序排序。而它们都对应有一个降序排序的函数，可以使数组按降序排序，分别是 rsort()、arsort()、krsort()函数。

降序排序的函数与升序排序的函数用法相同，rsort()函数按数组中的值降序排序，并将数组键名修改为一维数字键名；arsort()函数将数组中的值按降序排序，不改变键名和值之间的关联；krsort()函数将数组中的键名按降序排序。

3. 对多维数组排序

array_multisort()函数可以一次对多个数组排序，或根据多维数组的一维或多维对多维数组进行排序。语法格式如下：

bool array_multisort(array $ar1 [, mixed $arg [, mixed $... [, array $...]]])

该函数的参数结构比较特别，且非常灵活。第一个参数必须是一个数组。接下来的每个参数可以是数组或者是下面列出的排序标志。

（1）排序顺序标志

SORT_ASC：默认值，按照上升顺序排序。

SORT_DESC：按照下降顺序排序。

（2）排序类型标志

SORT_REGULAR：默认值，按照通常方法比较。

SORT_NUMERIC：按照数值比较。

SORT_STRING：按照字符串比较。

使用 array_multisort()函数排序时字符串键名保持不变，但数字键名会被重新索引。当函数的参数是一个数组列表时，函数首先对数组列表中的第一个数组进行升序排序，下一个数组中值的顺序按照对应的第一个数组的值的顺序排列，以此类推。在这里说明下面代码的含义和作用。

```
<?php
$ar1 = array(3,5,2,4,1);
```

```
$ar2 = array(6,7,8,9,10);
array_multisort($ar1, $ar2);          //对$ar1、$ar2 排序
print_r($ar1);                        //输出：Array ( [0] => 1 [1] => 2 [2] => 3 [3] => 4 [4] => 5 )
echo "<br>";
print_r($ar2);                        //输出：Array ( [0] => 10 [1] => 8 [2] => 6 [3] => 9 [4] => 7 )
?>
```

4．对数组重新排序

（1）shuffle()函数

使用 shuffle()函数可以将数组按照随机的顺序排列，并删除原有的键名，建立自动索引。在这里说明下面代码的含义和作用。

```
<?php
$arr=range(1,10);                     //产生有序数组
foreach($arr as $value)
    echo $value. " ";                 //输出有序数组，结果为 1 2 3 4 5 6 7 8 9 10
shuffle($arr);                        //打乱数组顺序
foreach($arr as $value)
    echo $value. "<br>";              //输出新的数组顺序，每次运行，结果都不一样
?>
```

（2）array_reverse()函数

array_reverse()函数的作用是将一个数组单元按相反顺序排序，语法格式如下：

array array_reverse(array $array [, bool $preserve_keys])

如果$preserve_keys 值为 TRUE 则保留原来的键名，为 FALSE 则为数组重新建立索引，默认为 FALSE。在这里说明下面代码的含义和作用。

```
<?php
$array=array("x"=>1,2,3,4);
$ar1=array_reverse($array);
$ar2=array_reverse($array,TRUE);
print_r($ar1);                        //输出：Array ( [0] => 4 [1] => 3 [2] => 2 [x] => 1 )
print_r($ar2);                        //输出：Array ( [2] => 4 [1] => 3 [0] => 2 [x] => 1 )
?>
```

5．自然排序

natsort()函数实现了一个和人们通常对字母、数字、字符串进行排序的方法一样的排序算法，并保持原有键/值的关联，这被称为“自然排序”。natsort()函数对大小写敏感，它与 sort()函数的排序方法不同。在这里说明下面代码的含义和作用。

```
<?php
$array1 = $array2 = array("img12", "img10", "img2", "img1");
sort($array1);                                        //使用 sort 函数排序
print_r($array1);
//输出：Array ( [0] => img1 [1] => img10 [2] => img12 [3] => img2 )
```

```
natsort($array2);                                    //自然排序
print_r($array2);
//输出：Array ( [3] => img1 [2] => img2 [1] => img10 [0] => img12 )
?>
```

【演练 4-2】 在页面上生成 5 个文本框，用户输入学生成绩。提交表单后，输出原始录入成绩、由高到低排列的成绩、分数小于 60 分的成绩以及平均成绩。

【案例展示】 本实例页面预览后，在文本框中依次输入成绩：82、97、56、45、78，单击“提交”按钮，显示出成绩的统计结果，页面预览的结果如图 4-2 所示。

a)

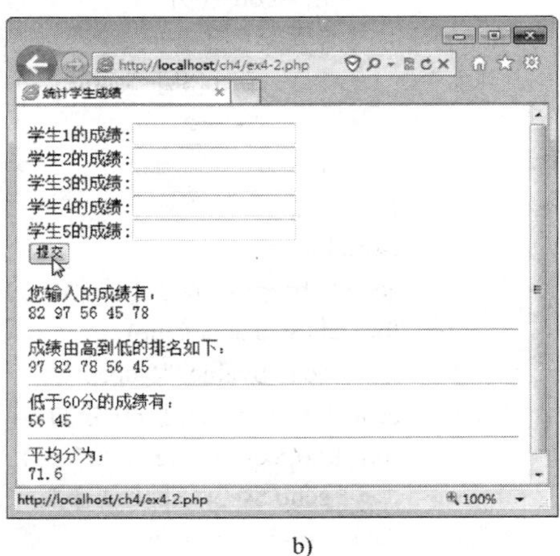

b)

图 4-2　页面预览结果

a) 输入成绩　b) 显示统计结果

【学习目标】 掌握数组的基本操作和相关函数的用法。

【知识要点】 定义数组、foreach 循环遍历数组，count()函数计算数组元素个数，rsort()函数降序排列数组，for 循环输出数组。

操作步骤如下。

① 启动 Dreamweaver，打开已经建立的站点 ch4，在文件面板的本地站点下新建一个空白网页文档，默认的文件名是 untitled.php，修改网页文件名为 ex4-2.php。

② 双击网页 ex4-2.php 进入网页的编辑状态。在代码视图下，输入以下 PHP 代码：

```
<?php
echo "<form method=post>";                                 //新建表单
for($i=1;$i<6;$i++)                                        //循环生成文本框
{
        //文本框的名字是数组名
        echo "学生".$i."的成绩:<input type=text name='stu[]' ><br>";
}
echo "<input type=submit name=bt value='提交'>";           //提交按钮
echo "</form>";
if(isset($_POST['bt']))                                    //检查提交按钮是否按下
{
```

```
        $sum=0;                                   //总成绩初始化为 0
        $k=0;                                     //分数小于 60 的人的总数初始化为 0
        $stu=$_POST['stu'];                       //取得所有文本框的值并赋予数组$stu
        $num=count($stu);                         //计算数组$stu 元素个数
        echo "您输入的成绩有：<br>";
        foreach($stu as $score)                   //使用 foreach 循环遍历数组$stu
        {
            echo $score." ";                 //输出接收的值
            $sum=$sum+$score;                     //计算总成绩
            if($score<60)                         //判断分数小于 60 的情况
            {
                $sco[$k]=$score;                  //将分数小于 60 的值赋给数组$sco
                $k++;                             //分数小于 60 的人的总数加 1
            }
        }
        rsort($stu);                              //将成绩数组降序排列
        echo "<br><hr>成绩由高到低的排名如下：<br>";
        foreach($stu as $value)
            echo $value. " ";                //输出降序排列的成绩
        echo "<br><hr>低于 60 分的成绩有：<br>";
        for($k=0;$k<count($sco);$k++)             //使用 for 循环输出$sco 数组
            echo $sco[$k]." ";
        $average=$sum/$num;                       //计算平均成绩
        echo "<br><hr>平均分为：<br>$average";    //输出平均成绩
    }
    ?>
```

③ 执行“文件”→“保存全部”命令，将页面保存，按〈F12〉键预览网页。

【案例说明】

① 页面中的 5 个文本框是通过循环的方式自动生成，为了使文本框中的数据成为数组的各个单元，要求文本框具有相同的数组名字 stu[]。

② 使用 foreach 循环遍历数组$stu 之前，切记将总成绩$sum、分数小于 60 的人的总数$k 初始化为 0。

4.2 字符串操作

字符串是 PHP 程序相当重要的一部分操作内容，程序传递给用户的可视化信息，绝大多数都是靠字符串来实现的。本节将详细讲解 PHP 中的字符串以及字符串的连接、分割、比较、查找和替换等操作。

4.2.1 字符串的显示

字符串的显示可以使用 echo()和 print()函数，这在之前已经介绍过。echo()函数和 print()函数并不是完全一样，二者还存在一些区别：print()具有返回值，返回 1，而 echo()则没有，所以 echo()比 print()要快一些，也正是因为这个原因，print()能应用于复合语句中，而 echo()则不能。在这里说明下面代码的含义和作用。

```
$result=print "ok";
echo $result;                                    //输出 1
```

另外，echo 可以一次输出多个字符串，而 print 则不可以。在这里说明下面代码的含义和作用。

```
echo "I", "love", "PHP";                         //输出"IlovePHP"
print "I", "love", "PHP";                        //将提示错误
```

4.2.2 字符串的格式化

在程序运行的过程中，字符串往往并不是以用户所需要的形式出现的，此时，就需要对该字符串进行格式化处理。

函数 printf()将一个通过替换值建立的字符串输出到格式字符串中，这个命令和 C 语言中的 printf()函数结构和功能一致。语法格式如下：

int printf(string $format [, mixed $args])

第一个参数$format 是格式字符串，$args 是要替换进来的值，格式字符串里的字符“%”指出了一个替换标记。

格式字符串中的每一个替换标记都由一个百分号组成，后面可能跟有一个填充字符、一个对齐方式字符、字段宽度和一个类型说明符。字符串的类型说明符为“s”。 在这里说明下面代码的含义和作用。

```
<?php
//显示字符串
$str="hello";
printf("%s\n",$str);                             //输出"hello"并回车
printf("%10s\n",$str);                           //在字符串左边加空格后输出
printf("%010s\n",$str);                          //在字符串前补 0，将字符串补成 10 位
//显示数字
$num=10;
printf("%d",$num);                               //输出 10
?>
```

4.2.3 常用的字符串操作函数

1. 计算字符串的长度

在操作字符串时经常需要计算字符串的长度，这时可以使用 strlen()函数。语法格式如下：

int strlen(string $string)

该函数返回字符串的长度，一个英文字母长度为 1 个字符，一个汉字长度为 2 个字符，字符串中的空格也算一个字符。在这里说明下面代码的含义和作用。

```
<?php
$str1="hello";
echo strlen($str1);                              //输出 5
```

```
$str2="中华民族";
echo strlen($str2);                    //输出 8
?>
```

2. 改变字符串大小写

使用 strtolower()函数可以将字符串全部转化为小写，使用 strtoupper()函数将字符串全部转化为大写。在这里说明下面代码的含义和作用。

```
<?php
echo strtolower("HelLO,WoRlD");        //输出"hello,world"
echo strtoupper("hEllo,wOrLd");        //输出"HELLO,WORLD"
?>
```

另外，还有一个 ucfirst()函数可以将字符串的第一个字符改成大写，ucwords()函数可以将字符串中每个单词的第一个字母改成大写。在这里说明下面代码的含义和作用。

```
<?php
echo ucfirst("hello world");           //输出"Hello world"
echo ucwords("how are you");           //输出"How Are You"
?>
```

3. 字符串裁剪

实际应用中，字符串经常被读取，以及用于其他函数的操作。当一个字符串的首和尾有多余的空白字符，如空格、制表符等，参与运算时就可能产生错误的结果，这时可以使用 trim、rtrim、ltrim 函数来解决。它们的语法格式如下：

string trim(string $str [, string $charlist])
string rtrim(string $str [, string $charlist])
string ltrim(string $str [, string $charlist])

可选参数$charlist 是一个字符串，指定要删除的字符。ltrim()、rtrim()、trim()函数分别用于删除字符串$str 中最左边、最右边和两边的与$charlist 相同的字符，并返回剩余的字符串。在这里说明下面代码的含义和作用。

```
<?php
$str1="   hello     ";
echo trim($str1);                      //输出"hello"
$str2= "aaahelloa";
echo ltrim($str2, "a");                //输出"helloa"
?>
```

4. 字符串的查找

PHP 中用于查找、匹配或定位的函数非常多，这里只介绍比较常用的 strstr()函数和 stristr()函数，这两者的功能、返回值都一样，只是 strstr()函数不区分大小写。

strstr()函数的语法格式如下：

string strstr(string $haystack, string $needle)

说明：strstr()函数用于查找字符串指针$needle在字符串$haystack中出现的位置，并返回$haystack字符串中从$needle开始到$haystack字符串结束处的字符串。如果没有返回值，即没有发现$needle，则返回FALSE。strstr()函数还有一个同名函数strchr()。

在这里说明下面代码的含义和作用。

```
<?php
echo strstr("hello world","or");                //输出"orld"
$str ="I love PHP";
$needle ="PHP";
if(strstr($str,$needle))
    echo "包含 PHP";                            //输出"包含 PHP"
else
    echo "不包含 PHP";
?>
```

4.2.4 字符串的替换

1．str_replace()函数

字符串替换操作中最常用的就是str_replace()函数，语法格式如下：

mixed str_replace (mixed $search , mixed $replace , mixed $subject [, int &$count])

说明：str_replace()函数使用新的字符串$replace替换字符串$subject中的$search字符串。$count是可选参数，表示要执行的替换操作的次数，$count是PHP 5中添加的。在这里说明下面代码的含义和作用。

```
<?php
$str="I love you";
$replace="mike";
$end=str_replace("you",$replace,$str);
echo $end;                                      //输出"I love mike"
?>
```

str_replace()函数对大小写敏感，还可以实现多对一、多对多的替换，但无法实现一对多的替换，在这里说明下面代码的含义和作用。

```
<?php
$str="What Is Your Name";
$array=array("a","o","A","O","e");
echo str_replace($array, "",$str);              //多对一的替换，输出"Wht Is Yur Nm"
$array1=array("a","b","c");
$array2=array("d","e","f");
echo str_replace($array1,$array2, "abcdef");    //多对多的替换，输出"defdef"
?>
```

2．substr_replace()函数

语法格式如下：

mixed substr_replace(mixed $string, string $replacement, int $start[, int $length])

说明：

在原字符串 string 从 start 开始的位置开始替换为 replacement。开始替换的位置应该小于原字符串的长度，可选参数 length 为要替换的长度。如果不给定则从$start 位置开始一直到字符串结束；如果$length 为 0，则替换字符串会插入到原字符串中；如果$length 是正值，则表示要用替换字符串替换掉的字符串长度；如果$length 是负值，表示从字符串末尾开始到$length 个字符为止停止替换。

在这里说明下面代码的含义和作用。

```
<?php
echo substr_replace("abcdefg","OK",3);          //输出"abcOK"
echo substr_replace("abcdefg","OK",3,3);        //输出"abcOKg"
echo substr_replace("abcdefg","OK",-2,2);       //输出"abcdeOK"
echo substr_replace("abcdefg","OK",3,-2);       //输出"abcOKfg"
echo substr_replace("abcdefg","OK",2,0);        //输出"abOKcdefg"
?>
```

4.2.5 字符串的比较

在现实生活中，用户经常按照姓氏笔画的多少或者拼音顺序来给多人排序，26 个英文字母和 10 个阿拉伯数字也能按照从小到大或者从大到小的规则进行排序，在程序设计中，由字母和数字组成的字符串，同样可以按照指定的规则来排列顺序。

经常使用的字符串比较函数有：strcmp()、strcasecmp()、strncmp()和 strncasecmp()。语法格式如下：

int strcmp(string $str1 , string $str2)
int strcasecmp(string $str1 , string $str2)
int strncmp(string $str1 , string $str2 , int $len)
int strncasecmp(string $str1 , string $str2 , int $len)

这 4 个函数都用于比较字符串的大小，如果$str1 比$str2 大，则它们都返回大于 0 的整数；如果$str1 比$str2 小，则返回小于 0 的整数；如果两者相等，则返回 0。

不同的是，strcmp()函数用于区分大小写的字符串比较；strcasecmp()函数用于不区分大小写的比较；strncmp()函数用于比较字符串的一部分，从字符串的开头开始比较，$len 是要比较的长度；strncasecmp()函数的作用和 strncmp()函数一样，只是 strncasecmp()函数不区分大小写。在这里说明下面代码的含义和作用。

```
<?php
echo strcmp("aBcd","abde");                    //输出-1，比较了"B"和"b"，"B"<"b"
echo strcasecmp("abcd","aBde");                //输出-1，比较了"c"和"d"，"c"<"d"
echo strncmp("abcd","aBcd",3);                 //输出 1，比较了"abc"和"aBc"
echo strncasecmp("abcdd","aBcde",3);           //输出 0，比较了"abc"和"aBc"
?>
```

4.2.6 字符串与 HTML

在有些情况下，脚本本身希望用户提交带有 HTML 编码的数据，而且需要把这些数据存储，供以后使用。带有 HTML 代码的数据，可以直接保存到文件中，但是大部分情况下，是把用户提交的数据保存到数据库中，由于数据库编码等原因，直接向数据库中存储带有 HTML 代码的数据，会产生错误。这时可以使用 htmlspecialchars()函数，把 HTML 代码进行转化，再进行存储。

使用 htmlspecialchars()函数转换过的 HTML 代码，可以直接保存到数据库中，在使用时可以直接向浏览器输出，这时在浏览器中看到的内容，是 HTML 的实体形式，也可以使用 htmlspecialchars_decode()函数，把从数据库中取出的代码进行解码，再输出到浏览器中，这时看到的是按 HTML 格式显示的内容。

1．将字符转换为 HTML 实体形式

HTML 代码都是由 HTML 标记组成的，如果要在页面上输出这些标记的实体形式，如"<table></table>"，就需要使用一些特殊的函数将一些特殊的字符（如"<"">"等）转换为 HTML 的字符串格式。函数 htmlspecialchars()可以将字符转化为 HTML 的实体形式，该函数转换的特殊字符及转换后的字符，见表 4-1。

表 4-1 可以转化为 HTML 实体形式的特殊字符

原 字 符	字 符 名 称	转换后的字符
&	AND 记号	&
"	双引号	"
'	单引号	'
<	小于号	<
>	大于号	>

htmlspecialchars()函数的语法格式如下：

```
string htmlspecialchars(string $string [, int $quote_style [, string $charset [, bool $double_encode ]]])
```

参数$string 是要转换的字符串，$quote_style、$charset 和$double_encode 都是可选参数。$quote_style 指定如何转换单引号和双引号字符，取值可以是 ENT_COMPAT（默认值，只转换双引号）、ENT_NOQUOTES（都不转换）和 ENT_QUOTES（都转换）。$charset 是字符集，默认为 ISO-8859-1。参数$double_encode 是 PHP 5.2.3 新增加的，如果为 FALSE 则不转换成 HTML 实体，默认为 TRUE。在这里说明下面代码的含义和作用。

```
<?php
$new="<a href='test'>test</a>";
echo htmlspecialchars($new);                    //页面中输出"<a href='test'>test</a>"
echo htmlspecialchars($new,ENT_NOQUOTES);       //页面中输出"<a href='test'>test</a>"
?>
```

2．将 HTML 实体形式转换为特殊字符

使用 htmlspecialchars_decode()函数可以将 HTML 的实体形式转换为 HTML 格式，这和 htmlspecialchars()函数的作用刚好相反。html_entity_decode()函数可以把所有 HTML 实体形式

转换为 HTML 格式，和 htmlentities()函数的作用相反。在这里说明下面代码的含义和作用。

```
<?php
$html= htmlspecialchars_decode("&lt;a href='test'&gt;test&lt;/a&gt;");        //输出 test 超链接
echo $html;
?>
```

3．换行符的转换

在 HTML 文件中使用“\n”，显示 HTML 代码时不能显示换行的效果，这时可以使用 nl2br()函数，这个函数可以用 HTML 中的“
”标记代替字符串中的换行符“\n”。在这里说明下面代码的含义和作用。

```
<?php
$str="hello\nworld";
echo $str;                                  //直接输出不会有换行符
echo nl2br($str);                           //“hello”后面换行
?>
```

4.2.7 其他字符串函数

1．字符串与数组

（1）字符串转化为数组

使用 explode()函数可以用指定的字符串分割另一个字符串，并返回一个数组。

语法格式如下：

```
array explode(string $separator , string $string [, int $limit ])
```

说明：此函数返回由字符串组成的数组，每个元素都是$string 的一个子串，它们被字符串$separator 作为边界点分割出来。在这里说明下面代码的含义和作用。

```
<?php
$str="使用 空格 分割 字符串";
$array=explode(" ", $str);
print_r($array);
//输出 Array ( [0] => 使用 [1] => 空格 [2] => 分割 [3] => 字符串 )
?>
```

如果设置了$limit 参数，则返回的数组包含最多$limit 个元素，而最后那个元素将包含$string 的剩余部分。

（2）数组转化为字符串

使用 implode()函数可以将数组中的字符串连接成一个字符串，语法格式如下：

```
string implode(string $glue , array $pieces)
```

$pieces 是保存要连接的字符串的数组，$glue 是用于连接字符串的连接符。在这里说明下面代码的含义和作用。

```
<?php
```

```
$array=array("hello","how","are","you");
$str=implode(",",$array);                    //使用逗号作为连接符
echo $str;                                   //输出"hello,how,are,you"
?>
```

implode()函数还有一个别名，即 join()函数。

2. 字符串加密函数

PHP 提供了 crypt()函数完成加密功能，语法格式如下：

string crypt(string $str [, string $salt])

在默认状态下使用 crypt()并不是最安全的，如果要获得更高的安全性，可以使用 md5()函数，这个函数使用 MD5 散列算法，将一个字符串转换成一个长 32 位的唯一字符串，这个过程是不可逆的。在这里说明下面代码的含义和作用。

```
<?php
$str="闪电侠";
echo md5($str);                    //输出"8539f5e4a29c5567821436efbd183b64"
if(md5($str)=== "8539f5e4a29c5567821436efbd183b64")
{
      echo "密码正确";              //输出"密码正确"
}
?>
```

【演练 4-3】使用字符串函数处理留言数据。制作一个简易的留言本，留言本上有 Email 地址和用户的留言，提交用户输入的 Email 地址和留言后，要求 Email 地址中@符号前不能有点“.”或逗号“,”。将 Email 地址中@符号前的内容作为用户的用户名，并将留言中英文字符串每个单词的第一个字母改成大写。

【案例展示】本实例页面预览后，在 Email 文本框中输入“cat@163.com”，留言文本域中输入“PHP 编程让我受益匪浅!”。单击“提交”按钮，显示出函数处理后的留言数据，页面预览的结果如图 4-3 所示。

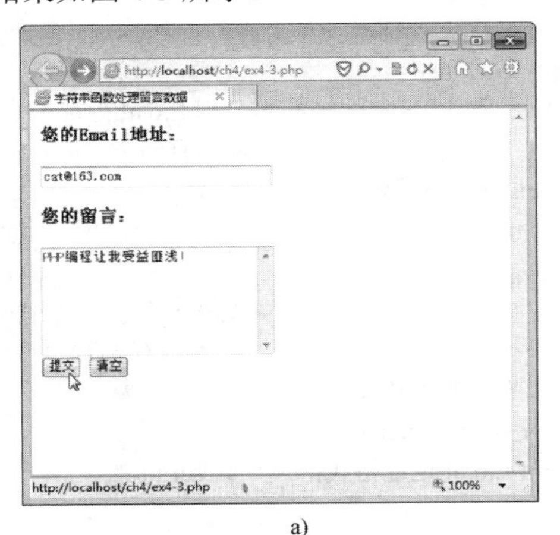

a)

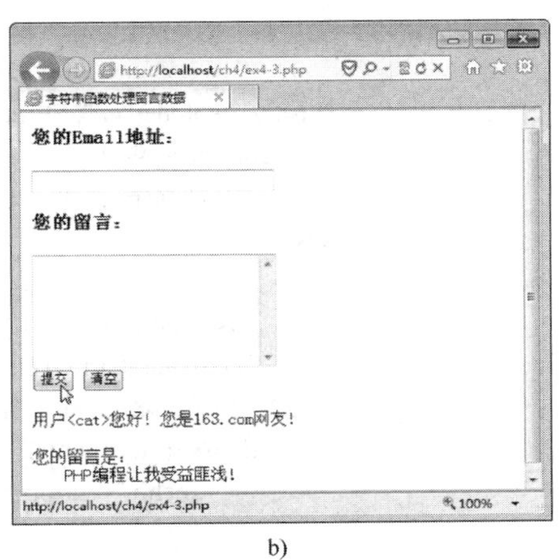

b)

图 4-3　页面预览结果

a) 输入文本　b) 提交结果

【学习目标】掌握字符串函数的基本用法和处理表单提交数据的方法。

【知识要点】表单提交，explode()函数，strstr()函数，htmlspecialchars()，ucwords()函数。

操作步骤如下。

① 启动 Dreamweaver，打开已经建立的站点 ch4，在文件面板的本地站点下新建一个空白网页文档，默认的文件名是 untitled.php，修改网页文件名为 ex4-3.php。

② 双击网页 ex4-3.php 进入网页的编辑状态。在代码视图下，输入以下 PHP 代码：

```
<html>
<head>
<title>字符串函数处理留言数据</title>
</head>
<body>
<!--以下是留言本表单-->
<form name="f1" method="post" action="">
<h3>您的 Email 地址：</h3>
<input type="text" name="Email" size=31>
<h3>您的留言：</h3>
<textarea name="note" rows=10 cols=30></textarea>
<br><input type="submit" name="bt1" value="提交">
<input type="reset" name="bt2" value="清空">
</form>
</body>
</html>
<?php
if(isset($_POST['bt1']))
{
        $Email=$_POST['Email'];                              //接收 Email 地址
        $note=$_POST['note'];                                //接收留言
        if(!$Email||!$note)                                  //判断是否取得值
            echo "<script>alert('Email 地址和留言请填写完整！')</script>";
        else
        {
            $array=explode("@", $Email);                     //分割 Email 地址
            if(count($array)!=2)                             //如果有两个@符号则报错
                echo "<script>alert('Email 地址格式错误！')</script>";
            else
            {
                $username=$array[0];                         //取得@符号前的内容
                $netname=$array[1];                          //取得@符号后的内容
                //如果 username 中含有“.”或“,”则报错
                if(strstr($username,".") or strstr($username,","))
                    echo "<script>alert('Email 地址格式错误！')</script>";
                else
                {
                    $str1= htmlspecialchars("<");            //输出符号“<”
                    $str2= htmlspecialchars(">");            //输出符号“>”
```

```
                        //将英文字符串中每个单词的第一个字母改成大写
                        $newnote=ucwords($note);
                        echo "用户". $str1. $username . $str2. "您好! ";
                        echo "您是". $netname. "网友!<br>";
                        echo "<br>您的留言是：<br>    ".$newnote."<br>";
                    }
                }
            }
        }
?>
```

③ 执行“文件”→“保存全部”命令，将页面保存，按〈F12〉键预览网页。

【案例说明】代码中的 if(count($array)!=2)条件判断的含义如下：

如果用指定的“@”分割用户提交的 Email 地址得到的字符串个数不等于 2，表明提交的 Email 地址中不包含“@”，或者包含两个或两个以上的“@”。因为只有包含一个“@”时，用“@”分割 Email 地址得到的字符串个数才等于 2，其余情况均不等于 2。

4.3 日期和时间

作为高级语言的基础功能，PHP 也给用户提供了大量的与日期和时间相关的函数。利用这些函数，可以方便地获得当前的日期和时间，也可以生成一个指定时刻的时间戳，还可以用各种各样的格式来输出这些日期、时间。

4.3.1 时间戳的基本概念

在了解日期和时间类型的数据时需要了解 UNIX 时间戳的意义。在当前大多数的 UNIX 系统中，保存当前日期和时间的方法是：保存格林尼治标准时间从 1970 年 1 月 1 日零点起到当前时刻的秒数，以 32 为整列表示。1970 年 1 月 1 日零点也称为 UNIX 纪元。在 Windows 系统下也可以使用 UNIX 时间戳，简称为时间戳，但如果时间是在 1970 年以前或 2038 年以后，处理的时候可能会出现问题。

PHP 在处理有些数据，特别是对数据库中时间类型的数据进行格式化时，经常需要先将时间类型的数据转化为 UNIX 时间戳再进行处理。另外，不同的数据库系统对时间类型的数据不能兼容转换，这时就需要将时间转化为 UNIX 时间戳，再对时间戳进行操作，这样就实现了不同数据库系统的跨平台性。

4.3.2 时间转化为时间戳

如果要将用字符串表达的日期和时间转化为时间戳的形式，可以使用 strtotime()函数。语法格式如下：

```
int strtotime(string $time [, int $now ])
```

例如在这里说明一下下面代码的含义和作用：

```
<?php
```

```
echo strtotime('2011-12-25');                     //输出 1324742400
echo strtotime('2011-12-25 12:20:30');            //输出 1324786830
echo strtotime("08 August 2008");                 //输出 1218124800
?>
```

注意：如果给定的年份是两位数字的格式，则年份值 0～69 表示 2000～2069，70～100 表示 1970～2000。

另一个取得日期的 UNIX 时间戳的函数是 mktime()函数，语法格式如下：

int mktime([int $hour [, int $minute [, int $second [, int $month [, int $day [, int $year]]]]]])

说明：$hour 表示小时数，$minute 表示分钟数，$second 表示秒数，$month 表示月份，$day 表示天数，$year 表示年份，$year 的合法范围是 1901～2038 之间，不过此限制自 PHP 5.1.0 起已被克服了。如果所有的参数都为空，则默认为当前时间。

在这里说明下面代码的含义和作用。

```
<?php
$timenum1=mktime(0,0,0,8,28,2008);                //2008 年 8 月 28 日
$timenum2=mktime(6,50,0,7,1,97);                  //1997 年 7 月 1 日 6 时 50 分
?>
```

4.3.3 获取日期和时间

1. date()函数

PHP 中最常用的日期和时间函数就是 date()函数，该函数的作用是将时间戳按照给定的格式转化为具体的日期和时间字符串，语法格式如下：

string date(string $format [, int $timestamp])

说明：$format 指定了转化后的日期和时间的格式，$timestamp 是需要转化的时间戳，如果省略则使用本地当前时间，即默认值为 time()函数的值。time()函数返回当前时间的时间戳，例如：

```
echo time();                                      //输出当前时间的时间戳
```

date()函数的$format 参数的取值见表 4-2。

表 4-2　date()函数支持的格式代码

字　符	说　明	返回值例子
d	月份中的第几天，有前导零的 2 位数字	01～31
D	星期中的第几天，用 3 个字母表示	Mon 到 Sun
j	月份中的第几天，没有前导零	1～31
l	星期几，完整的文本格式	Sunday～Saturday
S	每月天数后面的英文后缀，用 2 个字符表示	st、nd、rd 或 th，可以和 j 一起用
w	星期中的第几天，数字表示	0（星期天）～6（星期六）
z	年份中的第几天	0～366

（续）

字　符	说　明	返回值例子
F	月份，完整的文本格式，如 January 或 March	January～December
m	数字表示的月份，有前导零	01～12
M	三个字母缩写表示的月份	Jan～Dec
n	数字表示的月份，没有前导零	1～12
t	给定月份所应有的天数	28～31
L	是否为闰年	如果是闰年为 1，否则为 0
Y	4 位数字完整表示的年份	如 1999 或 2003
y	2 位数字表示的年份	如 99 或 03
a	小写的上午和下午值	am 或 pm
A	大写的上午和下午值	AM 或 PM
g	小时，12 小时格式，没有前导零	1～12
G	小时，24 小时格式，没有前导零	0～23
h	小时，12 小时格式，有前导零	01～12
H	小时，24 小时格式，有前导零	00～23
i	有前导零的分钟数	00～59
s	秒数，有前导零	00～59
U	从 UNIX 纪元开始至今的秒数	time()函数

在这里说明下面代码的含义和作用。

```
<?php
echo date('jS-F-Y');                           //输出 5th-March-2009
echo date('Y-m-d');                            //输出 2009-03-05
echo date('l M ',strtotime('2008-08-08'));     //输出 Friday Aug
echo date("l",mktime(0,0,0,7,1,2000));         //输出 Saturday
echo date('U');                                //输出当前时间的时间戳
?>
```

2．getdate()函数

使用 getdate()函数也可以获取日期和时间信息，语法格式如下：

array getdate([int $timestamp])

说明：$timestamp 是要转化的时间戳，如果不给出则使用当前时间。函数根据$timestamp 返回一个包含日期和时间信息的数组，数组的键名和值见表 4-3。

表 4-3　getdate()函数返回的数组中的键名和值

键　名	说　明	值 的 例 子
seconds	秒的数字表示	0～59
minutes	分钟的数字表示	0～59
hours	小时的数字表示	0～23
mday	月份中第几天的数字表示	1～31
wday	星期中第几天的数字表示	0（表示星期天）～6（表示星期六）

（续）

键　名	说　明	值的例子
mon	月份的数字表示	1～12
year	4位数字表示的完整年份	如1999或2003
yday	一年中第几天的数字表示	0～365
weekday	星期几的完整文本表示	Sunday～Saturday
month	月份的完整文本表示	January～December
0	自UNIX 纪元开始至今的秒数	系统相关，典型值从-2147483648～2147483647

在这里说明下面代码的含义和作用。

```
<?php
$array1=getdate();
$array2=getdate(strtotime('2011-11-11'));
print_r($array1);
/*输出
Array ( [seconds] => 0 [minutes] => 59 [hours] => 22 [mday] => 28
        [wday] => 3 [mon] => 12 [year] => 2011 [yday] => 361
        [weekday] => Wednesday [month] => December [0] => 1325084340 )
*/
print_r($array2);
/*输出
Array ( [seconds] => 0 [minutes] => 0 [hours] => 0 [mday] => 11
        [wday] => 5 [mon] => 11 [year] => 2011 [yday] => 314
        [weekday] => Friday [month] => November [0] => 1320940800 )
*/
?>
```

4.3.4　其他常用的日期和时间函数

1．日期和时间的计算

由于时间戳是 32 位整型数据，所以通过对时间戳进行加减法运算可计算两个时间的差值。在这里说明下面代码的含义和作用。

```
<?php
$oldtime=mktime(0,0,0,9,24,2008);
$newtime=mktime(0,0,0,10,12,2008);
$days=($newtime-$oldtime)/(24*3600);          //计算两个时间相差的天数
echo $days;                                   //输出 18
?>
```

2．检查日期

checkdate()函数可以用于检查一个日期数据是否有效，语法格式如下：

```
bool checkdate( int $month , int $day , int $year)
```

在这里说明下面代码的含义和作用。

```
<?php
var_dump(checkdate(12,31,2000));                //输出 bool(TRUE)
var_dump(checkdate(2,29,2001));                 //输出 bool(FALSE)
?>
```

3．设置时区

系统默认的是格林尼治标准时间，所以显示当前时间时可能与本地时间会有差别。PHP 提供了可以修改时区的函数 date_default_timezone_set()，语法格式如下：

```
bool date_default_timezone_set (string $timezone_identifier)
```

参数$timezone_identifier 为要指定的时区，国内可用的值是 Asia/Chongqing，Asia/Shanghai，Asia/Urumqi（依次为重庆，上海，乌鲁木齐）。北京时间可以使用 PRC。

在这里说明下面代码的含义和作用。

```
<?php
date_default_timezone_set('PRC');               //时区设置为北京时间
echo date("h:i:s");                             //输出当前时间
?>
```

4.4 实训

【实训综述】综合前面所学的数组和函数的知识，编写以下程序：在网页中输出当前年月的日历，并且突出显示当天的日期。

【实训展示】本实例页面预览后，首先显示的是系统当前年月的日历，并且当天的显示是黄色，页面预览的结果如图 4-4 所示。

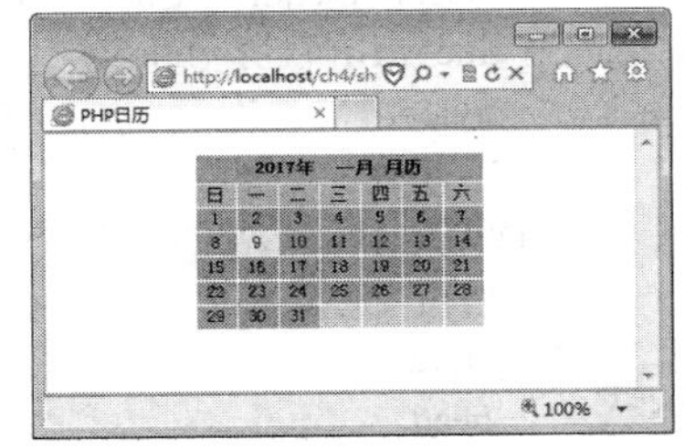

图 4-4　页面预览结果

【实训目标】掌握数组和函数的综合应用技术。

【知识要点】通过日期和时间函数求出系统所在的年、月、日及星期，使用循环输出表格。

操作步骤如下。

① 启动 Dreamweaver，打开已经建立的站点 ch4，在文件面板的本地站点下新建一个空白网页文档，默认的文件名是 untitled.php，修改网页文件名为 shixun.php。

② 双击网页 shixun.php 进入网页的编辑状态。在代码视图下，输入以下 PHP 代码：

```
<?
/*判断闰年的函数*/
function leap_year($year){
if(($year%4==0&&$year%100!=0)||$year%400==0)
   return true;
else
   return false;
}
/*定义函数判断闰年的 2 月份和非闰年的 2 月份各是多少天*/
```

```
function setup(){
global $mon_num;
$mon_num=array(31,30,31,30,31,30,31,31,30,31,30,31);
global $mon_name;
$mon_name=array("一","二","三","四","五","六","七","八","九","十","十一","十二");
global $firstday;  //$firstday 是每月的第一天，以上 3 个全局变量均要在代码主体部分出现
if(leap_year($firstday[year]))          //如果当前时间是闰年。firstday 由程序主体部分得出
   $mon_num[1]=29;
else
   $mon_num[1]=28;
}
/*定义函数进行单元格的显示控制*/
function showline($content,$show_color,$bg_color){
$begin_mark="<td width=25 height=5 bgcolor=$bg_color>";
$begin_mark=$begin_mark."<fontcolor=$show_color>";
$end_mark="</font></td>";
/*以上 3 行为起始标签和终结标签的 HTML 代码显示*/
echo $begin_mark.$content.$end_mark;
}
?>
<!-- 在页面代码的首部定义 3 个函数后，下文是日历程序的正式开始：-->
<html>
<head>
<meta http-equiv="Content-Type" content="text/html; charset=gb2312" />
<title>PHP 日历</title>
<style>
<!--
table{font-size:9pt}
-->
</style>
</head>
<body>
<?
$firstday=getdate(mktime(0,0,0,date("m"),1,date("Y")));          //获得本月第一天日期
$today=getdate(mktime(0,0,0,date("m"),date("d"),date("Y")));    //获得当天日期
setup();                                                         //初始化
/*以下开始表格的表头*/
echo "<center>";
echo "<table border=0 cellpadding=1 cellspacing=1 bordercolor=green>";
echo "<th colspan=7 height=20 bgcolor=#33CCFF>";
echo "<font color=blue>";
echo "$firstday[year]年   ".$mon_name[$firstday[mon]-1]."月 月历";
echo "</font>";
echo "</th>";
//以下准备表格的第一行
$weekDay[0]="日";
```

```
$weekDay[1]="一";
$weekDay[2]="二";
$weekDay[3]="三";
$weekDay[4]="四";
$weekDay[5]="五";
$weekDay[6]="六";
echo "<tr align=center valign=center>";
for ($dayNum=0;$dayNum<7;$dayNum++)
  showline($weekDay[$dayNum],"red","#00FF99");
echo "</tr>";
$toweek=$firstday[wday];                //本月的第一天是星期几(星期中第几天:wday)
$lastday=$mon_num[$firstday[mon]-1];    //本月的最后一天是几号
$day_count=1;                           //当前应该显示的天数
$up_to_firstday=1;                      //是否显示到本月的第一天，累加计算开头显示的空格
for ($row=0;$row<=($lastday+$toweek)/7;$row++){
  echo "<tr align=center valign=center>";
  for ($col=1;$col<=7;$col++){
/*在第一天前面显示的都是空格，在最后一天后面显示的也都是空格，中间的日期显示调用自定义
函数 showline()*/
      if(($up_to_firstday<=$toweek)||($day_count>$lastday)){
        echo "<td bgcolor=#33FFFF> </td>";
        $up_to_firstday++;
      }
      else{
        if($day_count==$today[mday])
          showline($day_count,"#FF0000","#FFFF00");
        else
          showline($day_count,"blue","#FF9966");
        $day_count++;
      }
  }
echo "</tr>";
}
echo "</table>";
echo "</center>";
?>
</body>
</html>
```

③ 执行“文件”→“保存全部”命令，将页面保存，按〈F12〉键预览网页。

4.5 习题

1．什么是数组？什么是数组的键？

2．简述创建 PHP 数组的方法有哪几种。

3．怎样对数组升序或降序排列？怎样重新排列数组？

4．使用 foreach 循环遍历数组的方法求出 10 个整数 6、8、7、4、3、1、2、9、0、5 中的最大值及最小值。

5．函数 echo()和 print()用于显示字符串时有什么区别？

6．制作一个简易的留言板，要求验证用户提交的留言内容至少包含 3 个以上字符，同时将内容中的所有小写字母都转换为大写字母。

7．制作一个 PHP 网页，当页面打开时自动显示出当前系统的年月日及星期信息。判断该年份是否是闰年，以及当前月份所处的季节，页面预览的结果如图 4-5 所示。

提示：① 可以使用 str_replace()函数将英文星期转化为中文星期；② 使用 switch 语句判断当前月份所在的季节。

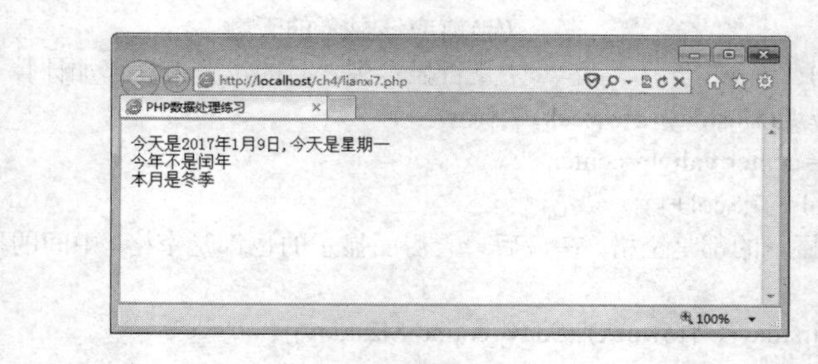

图 4-5　页面预览的结果

第 5 章　文件系统与操作

Web 应用程序中的输入输出流一般都发生在浏览器、服务器和数据库之间。但是，在许多情况下也会涉及文件的处理。当对从远程网页获得的信息进行本地处理时，在没有数据库的情况下存储数据时以及为其他程序共享保存的信息时，都要用到目录与文件的操作。

5.1　目录的常用操作

目录可以进行打开、读取、关闭、删除等常用操作。

5.1.1　创建和删除目录

使用 mkdir()函数可以根据提供的目录名或目录的全路径，创建新的目录，如果创建成功则返回 TRUE，否则返回 FALSE。在这里说明下面代码的含义和作用。

```
<?php
if(mkdir("./test"))                          //在当前目录中创建 test 目录
      echo "创建成功";
?>
```

使用 rmdir()函数可以删除一个空目录，但是必须具有相应的权限。如果目录不为空，必须先删除目录中的文件才能删除目录。在这里说明下面代码的含义和作用。

```
<?php
mkdir("example");                            //在当前目录中创建 example 目录
if(rmdir("example"))                         //删除 example 目录
      echo "删除成功";
?>
```

注意：“./” 表示当前目录，“..” 表示上一级目录。如果目录前什么都不写，也表示引用当前目录。使用$_SERVER['DOCUMENT_ROOT']可以引用网站的根目录。

5.1.2　获取和更改当前工作目录

当前工作目录是指正在运行的文件所处的目录。使用 getcwd()函数可以取得当前的工作目录，该函数没有参数。成功则返回当前的工作目录，失败则返回 FALSE。在这里说明下面代码的含义和作用。

```
<?php
echo getcwd();                               //输出'D:\phpStudy\WWW\test'
?>
```

使用 chdir()函数可以设置当前的工作目录，该函数的参数是新的当前目录，在这里说明下面代码的含义和作用。

```
<?php
echo getcwd()."<br>";                    //当前工作目录为'D:\phpStudy\WWW\test'
mkdir("../another");                     //在默认网站根目录中建立 another 目录
chdir('../another');                     //设置 another 目录为当前工作目录
echo getcwd();                           //输出'D:\phpStudy\WWW\another'
?>
```

5.1.3 打开和关闭目录句柄

文件和目录的访问都是通过句柄实现的，使用 opendir()函数可以打开一个目录句柄，该函数的参数是打开的目录路径，打开成功则返回 TRUE，失败返回 FALSE，打开句柄后其他函数就可以调用该句柄。为了节省服务器资源，使用完一个已经打开的目录句柄后，应该使用 colsedir()函数关闭这个句柄。在这里说明下面代码的含义和作用。

```
<?php
$dir="../another";                       //目录位置为 D:\phpStudy\WWW\another
$dir_handle=opendir($dir);               //打开 another 目录句柄
if($dir_handle)                          //如为 TRUE 则打开成功
        echo "打开目录句柄成功！";
else
        echo "打开失败！";
closedir($dir_handle);                   //关闭目录句柄
?>
```

5.1.4 读取目录内容

PHP 提供了 readdir()函数读取目录内容，该函数参数是一个已经打开的目录句柄。该函数在每次调用时返回目录中下一个文件的文件名，在列出了所有的文件名后，函数返回 FALSE。因此，该函数结合 while 循环可以实现对目录的遍历。

例如，假设根目录 D:\phpStudy\WWW 的 another 目录下已经创建了一个目录 phpfile，其中保存了 file1.php、file2.php、file3.php 这 3 个文件。当前目录是 another，要遍历 phpfile 目录可以使用如下代码。在这里说明下面代码的含义和作用。

```
<?php
$dir="phpfile";                          //或写为$dir="../another/phpfile";
$dir_handle=opendir($dir);               //打开目录句柄
if($dir_handle)
{
        //通过 readdir()函数返回值是否为 FALSE 判断是否到最后一个文件
        while(FALSE!==($file=readdir($dir_handle)))
        {
                echo $file ."<br>";              //输出文件名
        }
        closedir($dir_handle);                   //关闭目录句柄
}
```

```
else
        echo "打开目录失败！";
/*最后输出结果为：
.
..
file1.php
file2.php
file3.php
*/
?>
```

注意：由于 PHP 是弱类型语言，所以将整型值 0 和布尔值 FALSE 视为等价，如果使用比较运算符“==”或“!=”，当遇到目录中有一个文件的文件名为“0”时，则遍历目录的循环将停止。所以在设置判断条件时要使用“===”和“!==”运算符进行强类型检查。

5.1.5 获取指定路径的目录和文件

scandir()函数列出指定路径中的目录和文件，语法格式如下：

array scandir(string $directory [, int $sorting_order [, resource $context]])

说明：$directory 为指定路径。参数$sorting_order 默认是按字母升序排列，如果设为 1 表示按字母的降序排列。$context 是可选参数，是一个资源变量，可以用 stream_context_create()函数生成，这个变量保存着与具体的操作对象有关的一些数据。函数运行成功则返回一个包含指定路径下的所有目录和文件名的数组，失败则返回 FALSE。在这里说明下面代码的含义和作用。

```
<?php
$dir="phpfile";                        //当前目录是 another
$f1=scandir($dir);
$f2=scandir($dir,1);
if($f1==FALSE)
{
        echo "读取失败";
}
else
{
        print_r($f1);
        //输出：Array ( [0] => . [1] => .. [2] => file1.php [3] => file2.php [4] => file3.php )
}
print_r($f2);
        //输出：Array ( [0] => file3.php [1] => file2.php [2] => file1.php [3] => .. [4] => . )
?>
```

5.2 文件

文件的操作与对目录的操作有类似之处，操作文件的一般方法有打开、读取、写入、关闭等。如果要将数据写入一个文件，一般先要打开该文件，如果文件不存在则先创建它，然后将数据写入文件，最后还需要关闭这个文件。如果要读取一个文件中的数据，同样需要先打开该文件，如果文件不存在则自动退出，如果文件存在则读取该文件的数据，读完数据后关闭文件。

5.2.1 文件的打开与关闭

1．打开文件

打开文件使用的是 fopen()函数，语法格式如下：

resource fopen(string $filename , string $mode [, bool $use_include_path [, resource $context]])

（1）$filename 参数

fopen()函数将$filename 参数指定的名字资源绑定到一个流上。

如果$filename 的值是一个由目录和文件名组成的字符串，则 PHP 认为指定的是一个本地文件，将尝试在该文件上打开一个流。如果文件存在，函数将返回一个句柄；如果文件不存在或没有该文件的访问权限，则返回 FALSE。

如果$filename 是"scheme://..."的格式，则被当作一个 URL，PHP 将搜索协议处理器（也被称为封装协议）来处理此模式。例如，如果文件名是以"http://"开始，则 fopen()函数将建立一个到指定服务器的 HTTP 连接，并返回一个指向 HTTP 响应的指针；如果文件名是以"ftp://"开始，fopen()函数将建立一个连接到指定服务器的被动模式，并返回一个文件开始的指针。如果访问的文件不存在或没有访问权限，函数返回 FALSE。

注意：访问本地文件时，在 UNIX 环境下，目录中的间隔符为正斜线"/"。在 Windows 环境下可以是正斜线"/"或双反斜线"\\"。另外，要访问 URL 形式的文件时，首先要确定 PHP 配置文件中的 allow_url_fopen 选项处于打开状态，如果处于关闭状态，PHP 将发出一个警告，而 fopen()函数则调用失败。

（2）$mode 参数

$mode 参数指定了 fopen()函数访问文件的模式，取值见表 5-1。

表 5-1　fopen()函数的访问文件模式

$mode	说　明
'r'	只读方式打开文件，从文件头开始读
'r+'	读写方式打开文件，从文件头开始读写
'w'	写入方式打开文件，将文件指针指向文件头。如果文件已经存在则删除已有内容，如果文件不存在则尝试创建它
'w+'	读写方式打开文件，将文件指针指向文件头。如果文件已经存在则删除已有内容，如果文件不存在则尝试创建它
'a'	写入方式打开文件，将文件指针指向文件末尾，如果文件已有内容将从文件末尾开始写。如果文件不存在则尝试创建它
'a+'	读写方式打开文件，将文件指针指向文件末尾。如果文件已有内容将从文件末尾开始读写。如果文件不存在则尝试创建它
'x'	创建并以写入方式打开文件，将文件指针指向文件头。如果文件已存在，则 fopen()调用失败并返回 FALSE，并生成一条 E_WARNING 级别的错误信息。如果文件不存在则尝试创建它。此选项被 PH 及以后的版本所支持，仅能用于本地文件
'x+'	创建并以读写方式打开文件，将文件指针指向文件头。如果文件已存在，则 fopen()调用失败并返回 FALSE，并生成一条 E_WARNING 级别的错误信息。如果文件不存在则尝试创建它。此选项被 PH 及以后的版本所支持，仅能用于本地文件
'b'	二进制模式，用于连接在其他模式后面。如果文件系统能够区分二进制文件和文本文件（Windows 区分，而 UNIX 不区分），则需要使用到这个选项，推荐一直使用这个选项以便获得最大程度的可移植性

（3）$use_include_path 参数

如果需要在 include_path（PHP 的 include 路径，在 PHP 的配置文件设置）中搜寻文件，可以将可选参数$use_include_path 的值设为 1 或 TRUE，默认为 FALSE。

（4）$context 参数

可选的$context 参数只有文件被远程打开时（如通过 HTTP 打开）才使用，它是一个资源变量，其中保存着与 fopen()函数具体的操作对象有关的一些数据。如果 fopen()打开的是一个 HTTP 地址，那么这个变量记录着 HTTP 请求的请求类型、HTTP 版本及其他头信息；如果打开的是 FTP 地址，记录的可能是 FTP 的被动/主动模式。

在这里说明下面代码的含义和作用。

```
<?php
//假设当前目录是 D:\phpStudy\WWW\test，目录中包含文件 1.txt
$handle=fopen("1.txt","r+");                          //以读写方式打开文件
if($handle)
      echo "打开成功";
else
      echo "打开文件失败";
$URL_handle=fopen("http://www.php.net", "r");         //以只读方式打开 URL 文件
?>
```

2. 关闭文件

文件处理完毕后，需要使用 fclose()函数关闭文件，语法格式如下：

```
bool fclose(resource $handle)
```

参数$handle 为要打开的文件指针，文件指针必须有效，如果关闭成功则返回 TRUE，否则返回 FALSE。在这里说明下面代码的含义和作用。

```
<?php
//假设当前目录是 D:\phpStudy\WWW\test，目录中包含文件 1.txt
$handle=fopen("1.txt","w");                           //以只写方式打开文件
if(fclose($handle))                                   //判断是否成功关闭文件
      echo "关闭文件成功";
else
      echo "关闭失败";
?>
```

5.2.2 文件的写入

文件在写入前需要打开文件，如果文件不存在则先要创建它。在 PHP 中没有专门用于创建文件的函数，一般可以使用 fopen()函数来创建，文件模式可以是“w”“w+”“a”“a+”。

下面的代码将在 D:\phpStudy\WWW\test 目录下新建一个名为 welcome.txt 的文件（test 目录已存在）：

```
<?php
$handle=fopen("D:/phpStudy/WWW/test/welcome.txt", "w");
```

```
?>
```

1．fwrite()函数

文件打开后，向文件中写入内容可以使用 fwrite()函数，语法格式如下：

int fwrite(resource $handle , string $string [, int $length])

说明：参数$handle 是写入的文件句柄，$string 是将要写入文件中的字符串数据，$length 是可选参数，如果指定了$length，则当写入了$string 中的前$length 个字节的数据后停止写入。

在这里说明下面代码的含义和作用。

```
<?php
$handle=fopen("D:/phpStudy/WWW/test/welcome.txt", "w+");   //打开文件，不存在则先创建
$num=fwrite($handle,"我喜欢学习 PHP",10);
if($num)
{
      echo "写入文件成功<br>";
      echo "写入的字节数为".$num."个";
      //成功写入的 10 个字节，由于一个汉字占 2 个字节，所以写入内容是"我喜欢学习"
      fclose($handle);                                    //关闭文件
}
else
      echo "文件写入失败";
?>
```

2．file_put_contents()函数

PHP 5 还引入了 file_put_contents()函数。这个函数的功能与依次调用 fopen()、fwrite()及 fclose()函数的功能一样。语法格式如下：

int file_put_contents(string $filename , string $data [, int $flags [, resource $context]])

说明：$filename 是要写入数据的文件名。$data 是要写入的字符串，$data 也可以是数组，但不能为多维数组。在使用 FTP 或 HTTP 向远程文件写入数据时，可以使用可选参数$flags 和$context，这里不具体介绍。写入成功后函数返回写入的字节数，否则返回 FALSE。

在这里说明下面代码的含义和作用。

```
<?php
$str= "这是文件 1 中写入的字符串";
$array=array("将数组","内容写入","文件 2 中");
//使用$_SERVER['DOCUMENT_ROOT']引用网站的根目录 D:\phpStudy\WWW
file_put_contents($_SERVER['DOCUMENT_ROOT']."/test/1.txt",$str);       //将$str 写入 1.txt 文件
file_put_contents($_SERVER['DOCUMENT_ROOT']."/test/2.txt",$array);   //将$array 写入 2.txt 文件
?>
```

5.2.3 文件的读取

1．读取任意长度

fread()函数可以用于读取文件的内容，语法格式如下：

string fread(int $handle, int $length)

说明：参数$handle 是已经打开的文件指针，$length 是指定读取的最大字节数，$length 的最大取值为 8192。如果读完$length 个字节数之前遇到文件结尾标志（EOF），则返回所读取的字符，并停止读取操作。如果读取成功则返回所读取的字符串，如果出错返回 FALSE。

在这里说明下面代码的含义和作用。

```
<?php
$handle=fopen("D:/phpStudy/WWW/test/1.txt", "r"); //打开一个上面生成的文件 1.txt
$content="";                                      //将字符串$content 初始化为空
while(!feof($handle))                             //判断是否到文件末尾
{
    $data=fread($handle,8192);                    //读取文件内容
    $content.=$data;                              //将读取到的数据赋给字符串
}
echo $content;                                    //输出内容"这是文件 1 中写入的字符串"
fclose($handle);                                  //关闭文件
?>
```

2．读取整个文件

（1）file()函数

file()函数用于将整个文件读取到一个数组中，语法格式如下：

array file(string $filename [, int $use_include_path [, resource $context]])

说明：本函数的作用是将文件作为一个数组返回，数组中的每个单元都是文件中相应的一行，包括换行符在内，如果失败则返回 FALSE。参数$filename 是读取的文件名，参数$use_inclue_path 和$context 的意义与之前介绍的相同。

在这里说明下面代码的含义和作用。

```
<?php
$line=file("D:/phpStudy/WWW/test/1.txt");        //将文件 1.txt 中内容读取到数组$line 中
foreach($line as $content)                       //浏览$line 数组
{
    echo $content. "<br>";                       //输出内容
}
?>
```

（2）readfile()函数

readfile()函数用于输出一个文件的内容到浏览器中，语法格式如下：

int readfile(string $filename [, bool $use_include_path [, resource $context]])

例如，读取当前工作目录 D:\phpStudy\WWW\ch5 下的 qpg.txt 文件中的内容到浏览器中，如图 5-1 所示。

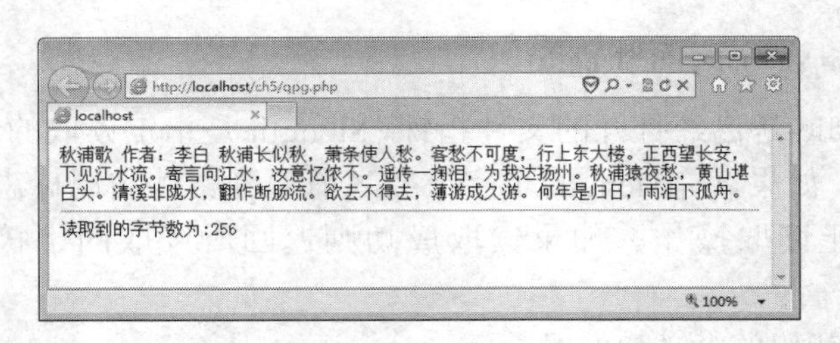

图 5-1　读取文件中的内容到浏览器中

代码如下：

```
<?php
$filename="qpg.txt";
$num=readfile($filename);                        //输出文件的所有内容
echo "<hr>读取到的字节数为:".$num;               //输出读取到的字节数
?>
```

（3）fpassthru()函数

fpassthru()函数可以将给定的文件指针从当前的位置读取到 EOF，并把结果写到输出缓冲区。要使用这个函数，必须先使用 fopen()函数打开文件，然后将文件指针作为参数传递给 fpassthru()函数，fpassthru()函数把文件指针所指向的文件内容发送到标准输出。如果操作成功返回读取到的字节数，否则返回 FALSE。在这里说明下面代码的含义和作用。

```
<?php
$filename="qpg.txt";
$handle=fopen($filename, "r");
$num=fpassthru($handle);                         //把文件内容发送到标准输出
echo "<hr>读取到的字节数为:".$num;
fclose($handle);
?>
```

程序运行后，页面预览的结果与上例中的图 5-1 完全相同。

（4）file_get_contents()函数

file_get_contents()函数可以将整个或部分文件内容读取到一个字符串中，功能与依次调用 fopen()、fread()及 fclose()函数的功能一样。语法格式如下：

string file_get_contents(string $filename [, int $offset [, int $maxlen]])

说明：$filename 是要读取的文件名，可选参数$offset 可以指定从文件头开始的偏移量，函数可以返回从$offset 所指定的位置开始长度为$maxlen 的内容。如果失败，函数将返回 FALSE。例如：

```
<?php
$filecontent=file_get_contents("qpg.txt");       //获取文件内容
echo $filecontent;                               //输出文件内容
?>
```

3. 读取一行数据

（1）fgets()函数

fgets()函数可以从文件中读出一行文本，语法格式如下：

```
string fgets(int $handle [, int $length ])
```

说明：$handle 是已经打开的文件句柄，可选参数$length 指定了返回的最大字节数，考虑到行结束符，最多可以返回 length-1 个字节的字符串。如果没有指定$length，默认为 1024 个字节。例如，逐行读取当前工作目录 D:\phpStudy\WWW\ch5 下的 qpg.txt 文件中的内容到浏览器中，如图 5-2 所示。

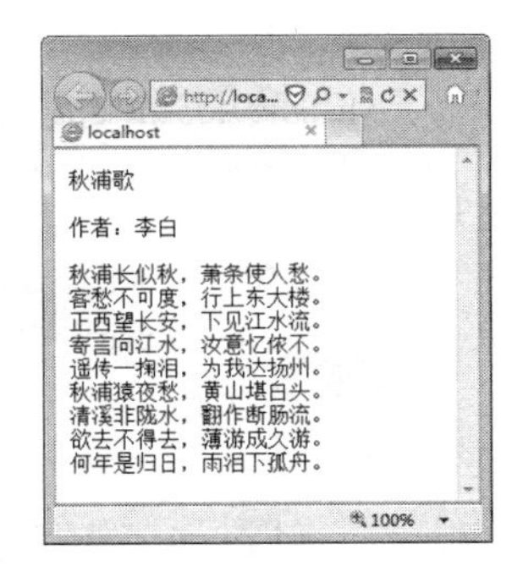

图 5-2　逐行读取文件内容

代码如下：

```
<?php
$handle=fopen("qpg.txt","r");                    //打开文件
if($handle)
{
    while(!feof($handle))                        //判断是否到文件末尾
    {
        $buffer=fgets($handle);                  //逐行读取文件内容
        echo $buffer. "<br>";
    }
    fclose($handle);                             //关闭文件
}
?>
```

（2）fgetss()函数

fgetss()函数的作用与 fgets()函数基本相同，也是从文件指针处读取一行数据，不过 fgetss()函数会尝试从读取的文本中去掉任何 HTML 和 PHP 标记。语法格式如下：

```
string fgetss(resource $handle [, int $length [, string $allowable_tags ]])
```

例如，假设当前工作目录 D:\phpStudy\WWW\ch5 下的 china.txt 第一行内容为“<b> China</b>”，显示内容时不显示“China”的加粗效果，可以使用以下代码：

```
<?php
$handle=fopen("china.txt","r");
$one=fgetss($handle);                  //获取第一行数据，并去除 HTML 标记
echo $one;                             //输出第一行内容
fclose($handle);
?>
```

4. 读取一个字符

fgetc()函数可以从文件指针处读取一个字符，语法格式如下：

```
string fgetc(resource $handle)
```

该函数返回$handle 指针指向的文件中的一个字符，遇到 EOF 则返回 FALSE。在这里说

明下面代码的含义和作用。

```
<?php
$handle=fopen("qpg.txt", "r");
while(!feof($handle))                          //判断是否到文件尾
{
        $char=fgetc($handle);                  //获取当前一个字符
        echo ($char== "\n"? '<br>':$char);
}
?>
```

程序运行后，页面预览的结果与图 5-2 完全相同。

5.2.4 文件的上传与下载

在 Web 动态网站应用中，文件上传和下载已经成为一个常用功能。其目的是客户可以通过浏览器将文件上传到服务器上指定的目录，或者将服务器上的文件下载到客户端主机上。

1．文件上传

$_FILES 是一个二维数组，上传后的文件信息可以使用以下形式获取。

（1）$FILES['file']['name']

客户端上传的原文件名。其中，“file”是 HTML 表单中文件域控件的名称。

（2）$FILES['file']['type']

上传文件的类型，需要浏览器提供该信息的支持。常用的值有如下几个。

- text/plain：表示普通文本文件。
- image/gif：表示 GIF 图片。
- image/pjpeg：表示 JPEG 图片。
- application/msword：表示 Word 文件。
- text/html：表示 HTML 格式的文件。
- application/pdf：表示 PDF 格式文件。
- audio/mpeg：表示 MP3 格式的音频文件。
- application/x-zip-compressed：表示 ZIP 格式的压缩文件。
- application/octet-stream：表示二进制流文件，如 EXE 文件、RAR 文件、视频文件等。

需要注意的是，当上传的图片是 JPEG 类型并且使用 IE 浏览器浏览时，必须将程序中的 $_FILES['filename']['type']值设置为“image/pjpeg”；对于 Fivefox 浏览器，必须将程序中的 $_FILES['filename']['type']值设置为“image/jpeg”。

（3）$FILES['file']['tmp_name']

文件被上传后在服务端储存的临时文件名。

（4）$FILES['file']['size']

已上传文件的大小，单位为字节。

（5）$FILES['file']['error']

错误信息代码。值为 0 表示没有错误发生，文件上传成功。值为 1 表示上传的文件超过了 php.ini 文件中 upload_max_filesize 选项限制的值。值为 2 表示上传文件的大小超过了 HTML

表单中规定的最大值。值为 3 表示文件只有部分被上传。值为 4 表示没有文件被上传。值为 5 表示上传文件大小为 0。

文件上传结束后，默认地存储在临时目录中，这时必须将其从临时目录中删除或移动到其他地方。不管是否上传成功，脚本执行完后临时目录里的文件肯定会被删除。所以在删除之前要使用 PHP 的 move_uploaded_file()函数将它移动到其他位置，此时，才完成了上传文件过程。move_uploaded_file()函数语法格式如下：

```
bool move_uploaded_file(string $filename , string $destination)
```

例如：

```
move_uploaded_file($_FILES['myfile']['tmp_name'], "upload/ex.txt")
```

上面一句代码表示将由表单文件域控件“myfile”上传的文件移动到 upload 目录下并将文件命名为 ex.txt。

注意：在将文件移动之前需要检查文件是否是通过 HTTP POST 上传的，这可以用来确保恶意的用户无法欺骗脚本去访问本不能访问的文件，这时需要使用 is_uploaded_file()函数。该函数的参数为文件的临时文件名，若文件是通过 HTTP POST 上传的，则函数返回 TRUE。

【演练 5-1】制作上传图片的 PHP 页面，将由 HTML 表单上传的 JPEG 图片文件移动到网站的上传文件夹 D:\phpStudy\WWW\upload 下。

【案例展示】本实例页面预览后，用户单击表单中的“浏览...”按钮，打开“选择文件”对话框。选择上传的 JPEG 图片后返回到上传页面，单击“上传文件”按钮后页面中显示出上传文件的信息，页面预览的结果如图 5-3 所示。

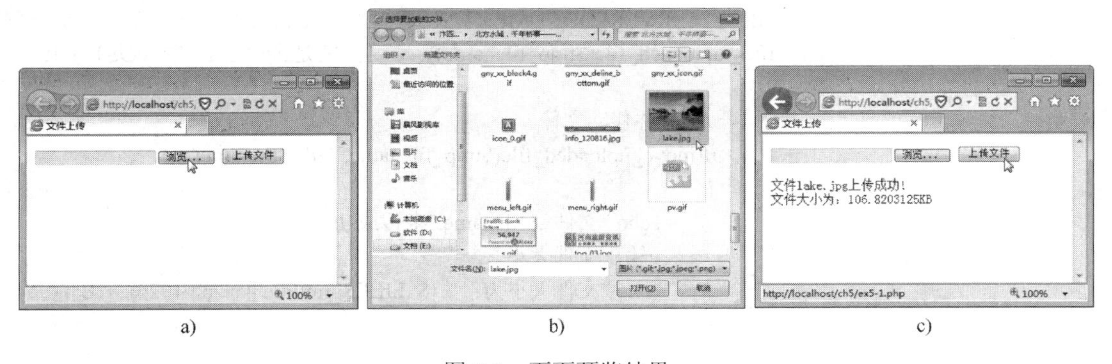

a) b) c)

图 5-3 页面预览结果

a) 单击“浏览”按钮 b) “选择文件”对话框 c) 上传结果

【学习目标】掌握上传文件表单的制作和上传文件程序的设计。

【知识要点】上传文件表单、设置上传文件类型，将临时上传文件移动到网站的上传文件夹，输出上传文件的信息。

操作步骤如下。

① 在 PHP 的默认网站目录“D:\phpStudy\WWW”下建立本章实例的目录 ch5。启动 Dreamweaver，建立 PHP 测试服务器，测试服务器文件夹为 D:\phpStudy\WWW\ch5。

② 在 D:\phpStudy\WWW\ch5 下建立网站的上传文件夹 upload。

③ 在文件面板的本地站点下新建一个空白网页文档，默认的文件名是 untitled.php，修改网页文件名为 ex5-1.php。

④ 双击网页 ex5-1.php 进入网页的编辑状态。在代码视图下，输入以下 PHP 代码：

```
<html>
<head>
<title>文件上传</title>
</head>
<body>
<!-- 以下是 HTML 表单 -->
<form enctype="multipart/form-data" action="" method="post">
<input type="file" name="myFile">
<input type="submit" name="up" value="上传文件">
</form>
<?php
if(isset($_POST['up']))
{
        if($_FILES['myFile']['type']=="image/pjpeg")              //判断文件格式是否为 JPEG
        {
            if($_FILES['myFile']['error']>0)                       //判断上传是否出错
                echo "错误：".$_FILES['myFile']['error'];          //输出错误信息
            else
            {
                $tmp_filename=$_FILES['myFile']['tmp_name'];       //临时文件名
                $filename=$_FILES['myFile']['name'];               //上传的文件名
                $dir=$_SERVER['DOCUMENT_ROOT']."/ch5/upload/";  //上传后文件的位置
                if(is_uploaded_file($tmp_filename))        //判断是否通过 HTTP POST 上传
                {
                    //上传并移动文件
                    if(move_uploaded_file($tmp_filename, "$dir$filename"))
                    {
                        echo "文件".$filename."上传成功!<br>";
                        //输出文件大小
                        echo "文件大小为：". ($_FILES['myFile']['size']/1024)."KB";
                    }
                    else
                        echo "上传文件失败！";
                }
            }
        }
        else
        {
            echo "文件格式非 JPEG 图片！";
        }
}
?>
```

```
</body>
</html>
```

⑤ 执行“文件”→“保存全部”命令，将页面保存，按〈F12〉键预览网页。

【案例说明】

① 必须在站点文件夹下事先建立好用于存储上传文件的上传文件夹 upload，否则将出现“上传文件失败！”的错误。

② 上传文件表单的窗体数据编码 enctype 属性必须设置为“multipart/form-data”才能完整的传递文件数据，提交方法 method 必须设置为“POST”才能安全的上传文件。

③ 必须使用 move_uploaded_file()函数才能将上传的临时文件移动到网站的上传文件夹中，真正完成了上传文件。

2. 文件下载

header()函数的作用是向浏览器发送正确的 HTTP 报头，报头指定了网页内容的类型、页面的属性等信息。header()函数的功能很多，这里只列出以下几点。

（1）页面跳转

如果 header()函数的参数为“Location: xxx”，页面就会自动跳转到“xxx”指向的 URL 地址。在这里说明下面代码的含义和作用。

```
header("Location: http://www.sohu.com");        //跳转到搜狐页面
header("Location: hello.php");                  //跳转到工作目录下的 hello.php 页面
```

（2）指定网页内容

例如，同样的一个 XML 格式的文件，如果 header()函数的参数指定为“Content-type: application/xml”，浏览器会将其按照 XML 文件格式来解析。但如果是“Content-type: text/xml”，浏览器就会将其看作文本解析。

（3）文件下载

header()函数结合 readfile()函数可以下载将要浏览的文件。例如，下载站点 ch5 目录下的 qpg.txt 文件。页面在浏览器中预览后，打开“查看下载”对话框，用户可以单击“保存”按钮将文件下载到本地，如图 5-4 所示。

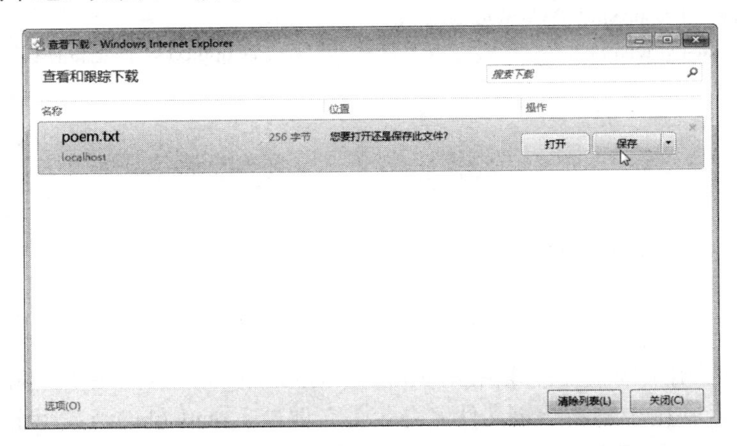

图 5-4　下载文件

代码如下：

```
<?php
$textname=$_SERVER['DOCUMENT_ROOT']."/ch5/qpg.txt";          //源文件
$newname="poem.txt";                                          //新文件名
header("Content-type: text/plain");                           //设置下载的文件类型
header("Content-Length:" .filesize($textname));               //设置下载文件的大小
header("Content-Disposition: attachment; filename=$newname"); //设置下载文件的文件名
readfile($textname);                                          //读取文件
?>
```

5.2.5 其他常用的文件处理函数

1．计算文件大小

在文件上传程序中使用过的 filesize()函数用于计算文件的大小，以字节为单位。在这里说明下面代码的含义和作用。

```
<?php
$filename="D:/phpStudy/WWW/ch5/qpg.txt";
$num=filesize($filename);                    //计算文件大小
echo ($num/1024). "KB";                      //以 KB 为单位输出文件大小
?>
```

PHP 还有一系列获取文件信息的函数，如 fileatime()函数用于取得文件的上次访问时间，fileowner()函数用于取得文件的所有者，filetype()函数用于取得文件的类型等。

2．判断文件是否存在

如果希望在不打开文件的情况下检查文件是否存在，可以使用 file_exists()函数。函数的参数为指定的文件或目录。

在这里说明下面代码的含义和作用。

```
<?php
$filename = 'D:/phpStudy/WWW/ch5/qpg.txt';
if (file_exists($filename))                  //检查 qpg.txt 文件是否存在
{
      echo "文件存在";
}
else
{
      echo "该文件不存在";
}
?>
```

PHP 还有一些用于判断文件或目录的函数，例如，is_dir()函数用于判断给定文件名是否是目录，is_file()函数用于判断给定文件名是否是文件，is_readable()函数用于判断给定文件名是否可读，is_writeable()函数用于判断给定文件是否可写。

3．删除文件

使用 unlink()函数可以删除不需要的文件，如果成功，将返回 TRUE，否则返回 FALSE。在这里说明下面代码的含义和作用。

```
<?php
$filename = 'D:/phpStudy/WWW/ch5/qpg.txt';
unlink($filename);                          //删除 ch5 目录下的 qpg.txt 文件
?>
```

4．复制文件

在文件操作中经常会遇到要复制一个文件或目录到某个文件夹的情况，在 PHP 中使用 copy()函数来完成此操作，语法格式如下：

```
bool copy(string $source , string $dest)
```

在这里说明下面代码的含义和作用。

```
<?php
$sourcefile="D:/phpStudy/WWW/ch5/qpg.txt";           //设置源文件
$targetfile="D:/phpStudy/WWW/ch5/qpgcopy.txt";       //设置目标文件
if(copy($sourcefile,$targetfile))
{
    echo "文件复制成功！";
}
?>
```

5．移动、重命名文件

除了 move_uploaded_file()函数，还有一个 rename()函数也可以移动文件，语法格式如下：

```
bool rename ( string $oldname , string $newname [, resource $context ] )
```

说明：rename()函数主要用于对一个文件进行重命名，$oldname 是文件的旧名，$newname 为新的文件名。当然，如果$oldname 与$newname 的路径不相同，就实现了移动该文件的功能，在这里说明下面代码的含义和作用。

```
<?php
$filename="D:/phpStudy/WWW/ch5/qpgcopy.txt";
$newname="D:/phpStudy/WWW/ch5/qpgnew.txt";
if(rename($filename,$newname))              //重命名 qpgcopy.txt 文件
{
    echo "文件重命名成功！";
}
?>
```

6．文件指针操作

PHP 中有很多操作文件指针的函数，如 feof()函数、rewind()、ftell()、fseek()函数等。

（1）feof()函数

feof()函数用于测试文件指针是否处于文件尾部。

（2）rewind()函数

rewind()函数用于重置文件的指针位置，使指针返回到文件头。它的参数只有一个，就是已经打开的指定文件的文件句柄。

（3）ftell()函数

ftell()函数可以以字节为单位，报告文件中指针的位置，也就是文件流中的偏移量。它的参数也是已经打开的文件句柄。

（4）fseek()函数

fseek()函数可以用于移动文件指针，语法格式如下：

```
int fseek ( resource $handle , int $offset [, int $whence ] )
```

在这里说明下面代码的含义和作用。

```
<?php
$file="D:/phpStudy/WWW/ch5/qpg.txt";              //qpg.txt 文件
$handle=fopen($file, "r");                        //以只读方式打开
echo "当前指针为：".ftell($handle). "<br>";        //显示指针的当前位置，为 0
fseek($handle,100);                               //将指针移动 100 个字节
echo "当前指针为：".ftell($handle). "<br>";        //显示当前指针值为 100
rewind($handle);                                  //重置指针位置
echo "当前指针为：".ftell($handle). "<br>";        //指针值为 0
?>
```

5.3 实训

【实训综述】综合前面所学的目录和文件的操作知识，编写一个网站访问量计数程序。

【实训展示】本实例页面预览后，显示出当前第几位访客的到来；随着来访人数的不断上升，计数器的值也在不断变化，页面预览的结果如图 5-5 所示。

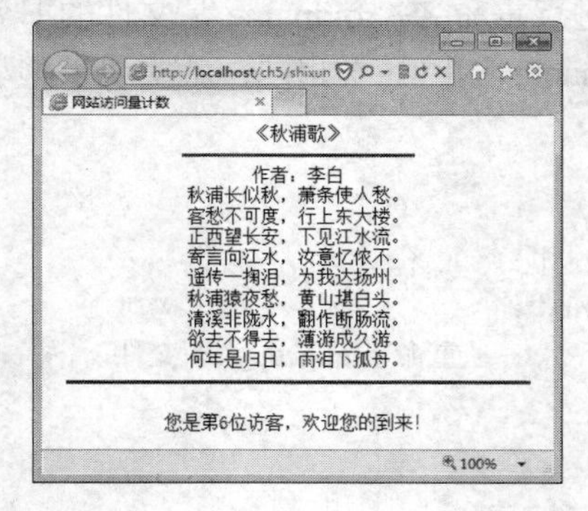

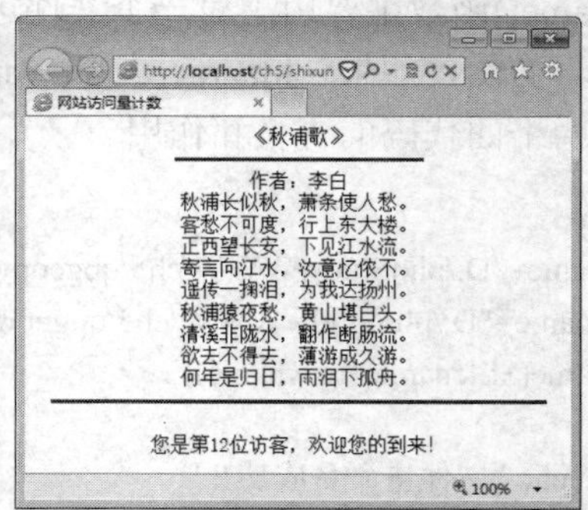

图 5-5　页面预览结果

【实训目标】掌握目录和文件的操作方法。

【知识要点】表单制作，file_exists()函数、fopen()函数、fgets()函数、fputs()函数、fclose()等文件操作函数。

操作步骤如下。

① 启动 Dreamweaver，打开已经建立的站点 ch5，在文件面板的本地站点下新建一个空白网页文档，默认的文件名是 untitled.php，修改网页文件名为 shixun.php。

② 双击网页 shixun.php 进入网页的编辑状态。在代码视图下，输入以下 PHP 代码：

```
<html>
<head>
<title>网站访问量计数</title>
</head>
<body>
<center>《秋浦歌》<br>
<hr width=200 color=red size=1>
作者：李白<br>
秋浦长似秋，萧条使人愁。<br>
客愁不可度，行上东大楼。<br>
正西望长安，下见江水流。<br>
寄言向江水，汝意忆侬不。<br>
遥传一掬泪，为我达扬州。<br>
秋浦猿夜愁，黄山堪白头。<br>
清溪非陇水，翻作断肠流。<br>
欲去不得去，薄游成久游。<br>
何年是归日，雨泪下孤舟。<br>
</center>
<hr width=400 color=red size=1>
<br>
<?
$count_num=0;
if(file_exists("counter.txt"))          //如果存放计数器文件已经存在,读取其中的内容
{
   $fp=fopen("counter.txt","r");        //以只读方式打开 counter.txt 文件，用来存放计数器的值
   $count_num=fgets($fp,9);             //读取计数器的前 8 位数字
   $count_num++;                        //浏览次数加 1
   fclose($fp);                         //关闭文件
}
$fp=fopen("counter.txt","w");           //以只写方式打开 counter.txt 文件，用于写入最新的计数值
fputs($fp,$count_num);                  //写入最新的值
fclose($fp);                            //关闭文件
echo "<center>您是第".$count_num."位访客，欢迎您的到来！</center>";
?>
</body>
</html>
```

③ 执行“文件”→“保存全部”命令，将页面保存，按〈F12〉键预览网页。

5.4 习题

1．目录和文件有哪些常用操作？

2．PHP 程序访问目录和文件时，怎样引用当前目录、上级目录和网站根目录？

3．使用 fopen()函数访问文件模式中的“w+”和“a+"有什么区别？

4．使用 fgets()函数逐行读取一个文本文件的内容并显示在浏览器中，页面预览的结果如图 5-6 所示。

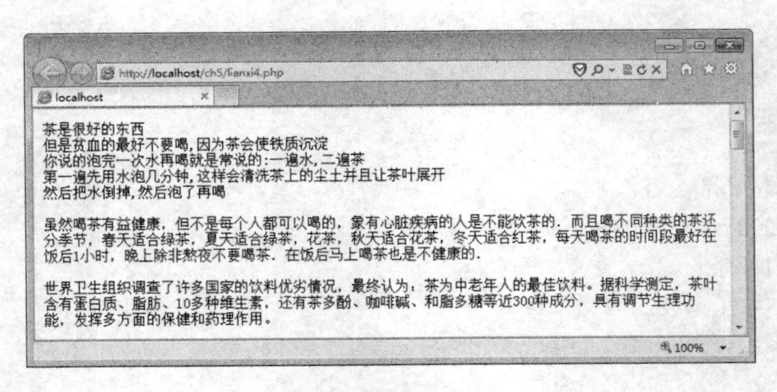

图 5-6　页面预览结果

5．编写一个简单的投票统计程序，页面预览后，显示出投票的 3 个选项；用户选择某个选项单击“我要投票”按钮后，页面中显示出投票的统计；不断重复这种操作，投票的统计结果也在不断变化。页面预览的结果如图 5-7 所示。

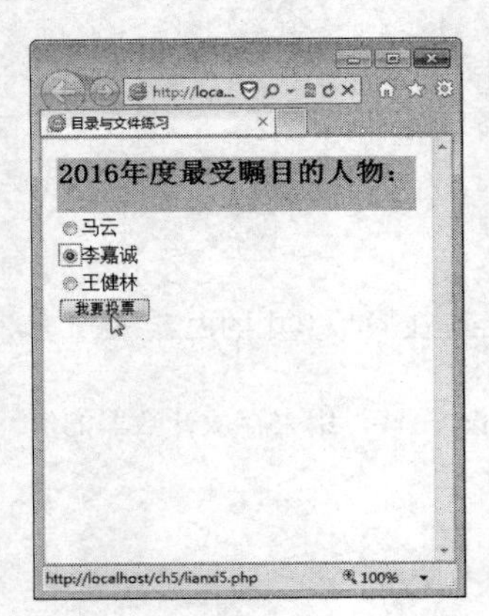

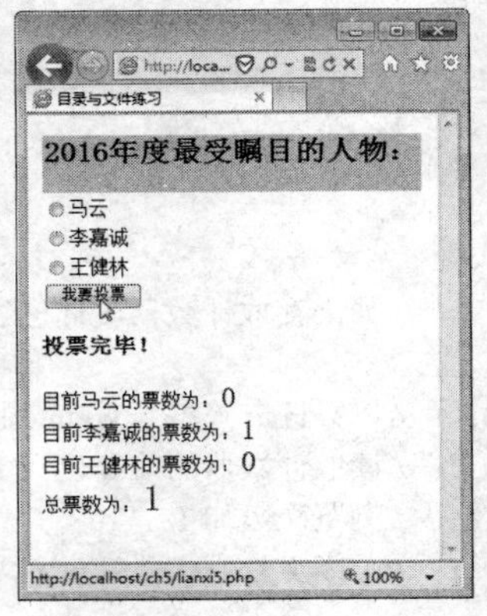

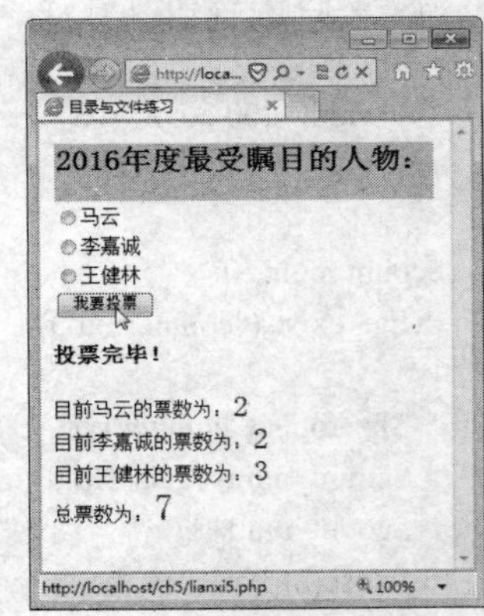

图 5-7　页面预览结果

第 6 章　使用 MySQL 数据库

在前面已经学习了 PHP 的使用，读者对 PHP 有了一定的了解。在实际的网站制作过程中，经常遇到大量的数据，如用户的账号、文章或留言信息等，通常使用数据库存储数据信息。PHP 支持多种数据库，从 SQL Server、ODBC 到大型的 Oracle 等，但和 PHP 配合最为密切的还是新型的网络数据库 MySQL。

6.1　数据库概述

动态网站开发离不开数据存储，数据存储则离不开数据库。在前面的章节中，我们曾做过一个例子，将投票结果的信息存储在一个文本文件中，可以在以后取用。这使得网站可以增加很多交互性因素。但是文本文件并不是存储数据的最理想方法。数据库技术的引入给网站开发带来的巨大的飞跃。

6.1.1　数据库与数据库管理系统

1. 数据库

数据库（DB）是存放数据的仓库，只不过这些数据存在一定的关联，并按一定的格式存放在计算机上。从广义上讲，数据不仅包含数字，还包括了文本、图像、音频、视频等。总之一切可以在计算机中存储下来的数据都可以通过各种方法存储到数据库中。

例如，把学校的学生、课程、学生成绩等数据有序地组织并存放在计算机内，就可以构成一个数据库。因此，数据库由一些持久的相互关联的数据集合组成，并以一定的组织形式存放在计算机的存储介质中。

2. 数据库管理系统

数据库管理系统（DBMS）是管理数据库的系统，它按一定的数据模型组织数据。数据库管理系统对数据库进行统一的管理和控制，以保证数据库的安全性和完整性。用户通过 DBMS 访问数据库中的数据，数据库管理员也通过 DBMS 进行数据库的维护工作。它可使多个应用程序和用户用不同的方法在同时或不同时刻去建立，修改和询问数据库。

数据、数据库、数据库管理系统与操作数据库的应用程序，加上支撑它们的硬件平台、软件平台及与数据库有关的人员，构成了一个完整的数据库系统。图 6-1 描述了数据库系统的构成。

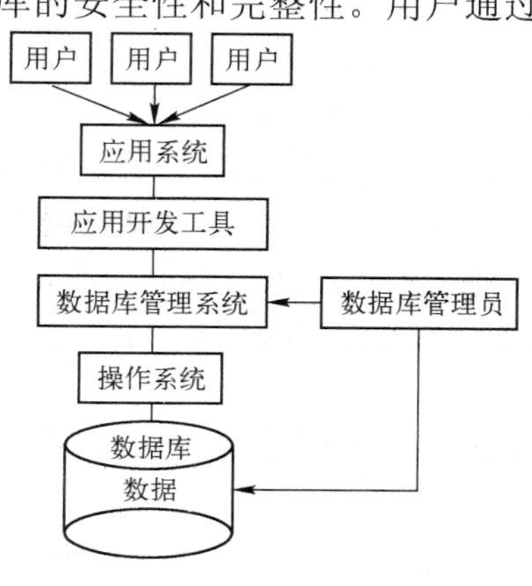

图 6-1　数据库系统的构成

DBMS 提供数据定义语言（Data Definition Language，DDL）与数据操作语言（Data Manipulation Language，DML），供用户定义数据库的模式结构与权限约束，实现对数据的追加、删除等操作。DBMS 应提供如下功能：

- 数据定义功能可定义数据库中的数据对象。
- 数据操纵功能可对数据库表进行基本操作，如插入、删除、修改、查询。
- 数据的完整性检查功能保证用户输入的数据满足相应的约束条件。
- 数据库的安全保护功能保证只有赋予权限的用户才能访问数据库中的数据。
- 数据库的并发控制功能使多个应用程序可在同一时刻并发地访问数据库的数据。
- 数据库的故障恢复功能使数据库运行出现故障时进行数据库恢复，以保证数据库可靠运行。
- 在网络环境下访问数据库的功能。
- 方便、有效地存取数据库信息的接口和工具。编程人员通过程序开发工具与数据库的接口编写数据库应用程序。数据库管理员（DataBase Administrator，DBA）通过提供的工具对数据库进行管理。

6.1.2 关系型数据库管理系统简介

关系模型是以二维表格（关系表）的形式组织数据库中的数据，这和日常生活中经常用到的各种表格形式上是一致的，一个数据库中可以有若干张表。

表格中的一行称为一个记录，一列称为一个字段，每列的标题称为字段名。如果给每个关系表取一个名字，则有 n 个字段的关系表的结构可表示为：关系表名（字段名 1，……，字段名 n），通常把关系表的结构称为关系模式。

在关系表中，如果一个字段或几个字段组合的值可唯一标志其对应记录，则称该字段或字段组合为码。

常见的关系型数据库管理系统有 SQL Server、DB2、Sybase、Oracle、MySQL 和 Access。

6.1.3 关系型数据库语言

关系型数据库的标准语言是 SQL（Structured Query Language，结构化查询语言）。SQL 语言是用于关系型数据库查询的结构化语言，最早由 Boyce 和 Chambedin 在 1974 年提出，称为 SEQUEL 语言。1976 年，IBM 公司的 San Jose 研究所在研制关系型数据库管理系统 System R 时修改为 SEQUEL 2，即目前的 SQL 语言。1976 年，SQL 开始在商品化关系型数据库管理系统中应用。1982 年美国国家标准化组织 ANSI 确认 SQL 为数据库系统的工业标准。SQL 是一种介于关系代数和关系演算之间的语言，具有丰富的查询功能，同时具有数据定义和数据控制功能，是集数据定义、数据查询和数据控制于一体的关系数据语言。目前，许多关系型数据库管理系统都支持 SQL 语言，如 SQL Server、DB2、Sybase、Oracle、MySQL 和 Access 等。

SQL 语言的功能包括数据查询、数据操纵、数据定义和数据控制 4 部分。SQL 语言简洁、方便实用，为完成其核心功能只用了 6 个词：SELECT、CREATE、INSERT、UPDATE、DELETE、GRANT（REVOKE）。目前已成为应用最广的关系型数据库语言。

6.2 MySQL 数据库的使用

当前市场上的数据库有几十种，其中有如 Oracle、SQL Server 等大型网络数据库，也有如 Access、VFP 等小型桌面数据库。对于网站开发而言，一般来说中小型数据库系统就能满足要求。MySQL 就是当前 Web 开发中尤其是 PHP 开发中使用最为广泛的数据库。

6.2.1 MySQL 数据库简介

MySQL 是 MYSQL AB 公司开的一种开放源代码的关系型数据库管理系统（RDBMS），MySQL 数据库系统使用最常用的数据库管理语言——结构化查询语言（SQL）进行数据库管理。MySQL 是一个快速、多线程、多用户的 SQL 数据库服务器，其出现虽然只有短短的数年时间，但凭借着“开放源代码”的东风，它从众多的数据库中脱颖而出，成为 PHP 的首选数据库。

MySQL 关系型数据库于 1998 年 1 月发行第一个版本。它使用系统核心提供的多线程机制提供完全的多线程运行模式，提供了面向 C、C++、Eiffel、Java、Perl、PHP、Python 等编程语言的编程接口，支持多种字段类型并且提供了完整的操作符。

2001 年 MySQL 4.0 版本发布。在这个版本中提供了新的特性：新的表定义文件格式、高性能的数据复制功能、更加强大的全文搜索功能等。目前，MySQL 已经发展到 MySQL 5.6，功能和效率方面都得到了更大的提升。

大概是由于 PHP 开发者特别钟情于 MySQL，因此才在 PHP 中建立了完美的 MySQL 支持。在 PHP 中，用来操作 MySQL 的函数一直是 PHP 的标准内置函数。开发者只需要用 PHP 写下短短几行代码，就可以轻松连接到 MySQL 数据库。PHP 还提供了大量的函数来对 MySQL 数据库进行操作，可以说，用 PHP 操作 MySQL 数据库极为简单和高效，这也使得 PHP + MySQL 成为当今最为流行的 Web 开发语言与数据库搭配之一。

6.2.2 MySQL 数据库的特点

MySQL 数据库的特点如下：

- 使用核心线程的完全多线程服务，这意味着可以采用多 CPU 体系结构。
- 支持 AIX、FreeBSD、HP-UX、Linux、Mac OS、Novell Netware、OpenBSD、OS/2 Wrap、Solaris、Windows 等多种操作系统。
- 使用 C 和 C++语言编写，并使用多种编译器进行测试，保证了源代码的可移植性。
- 为多种编程语言提供了 API。这些编程语言包括 C、C++、Eiffel、Java、Perl、PHP、Python、Ruby 和 Tcl 等。
- 支持多线程，充分利用 CPU 资源。
- 优化的 SQL 查询算法，可有效地提高查询速度。
- 提供 TCP/IP、ODBC 和 JDBC 等多种数据库连接途径。
- 提供可用于管理、检查、优化数据库操作的管理工具。
- 可以处理拥有上千万条记录的大型数据库。

6.2.3 MySQL 基础知识

1. MySQL 的数据库对象

数据库可以看作一个存储数据对象的容器，在 MySQL 中，这些数据对象包括以下几种。

（1）表

表是 MySQL 中最主要的数据库对象，是用来存储和操作数据的一种逻辑结构。表由行和列组成，因此也称为二维表。表是在日常工作和生活中经常使用的一种表示数据及其关系的形式。

（2）视图

视图是从一个或多个基本表中引出的表。数据库中只存放视图的定义，而不存放视图对应的数据，这些数据仍存放在导出视图的基本表中。

由于视图本身并不存储实际数据，因此也称为虚表。视图中的数据来自定义视图的查询所引用的基本表，并在引用时动态生成数据。当基本表的数据发生变化时，从视图中查询出来的数据也随之改变。视图一经定义，就可以像基本表一样被查询、修改、删除和更新。

（3）索引

索引是一种不用扫描整个数据表就可以对表中的数据实现快速访问的途径，它是对数据表中的一列或多列的数据进行排序的一种结构。

表中的记录通常按其输入的时间顺序存放，这种顺序称为记录的物理顺序。为了实现对表中记录的快速查询，可以对表中记录按某个或某些属性进行排序，这种顺序称为逻辑顺序。

索引是根据索引表达式的值进行逻辑排序的一组指针，它可以实现对数据的快速访问。

（4）约束

约束机制保障了 MySQL 中数据的一致性与完整性，具有代表性的约束就是主键和外键。主键约束当前表记录的唯一性，外键约束当前表记录与其他表的关系。

（5）存储过程

在 MySQL 5.0 以后，MySQL 才开始支持存储过程、存储函数、触发器和事件这 4 种过程式数据库对象。存储过程是一组完成特定功能的 SQL 语句集合。这个语句集合经过编译后存储在数据库中，存储过程具有输入、输出和输入/输出参数，它可以由程序、触发器或另一个存储过程调用从而激活它，实现代码段中的 SQL 语句。存储过程独立于表存在。

（6）触发器

触发器是一个被指定关联到一个表的数据库对象，触发器是不需要调用的，当对一个表的特别事件出现时，它会被激活。触发器的代码是由 SQL 语句组成的，因此用在存储过程中的语句也可以用在触发器的定义中。触发器与表的关系密切，用于保护表中的数据。当有操作影响到触发器保护的数据时，触发器自动执行，例如，通过触发器实现多个表间数据的一致性。当对表执行 INSERT、DELETE 或 UPDATE 语句时，将激活触发程序。在 MySQL 中，目前触发器的功能还不够全面，在以后的版本中将得到改进。

（7）存储函数

存储函数与存储过程类似，也是由 SQL 和过程式语句组成的代码片段，并且可以从应用程序和 SQL 中调用。但存储函数不能拥有输出参数，因为存储函数本身就是输出参数。存储函数必须包含一条 RETURN 语句，从而返回一个结果。

（8）事件

事件与触发器类似，都是在某些事情发生时启动。不同的是触发器是在数据库上启动一条语句时被激活，而事件是在相应的时刻被激活。例如，可以设定在 2012 年的 1 月 1 日上午 10 点启动一个事件，或者设定每个周日下午 3 点启动一个事件。从 MySQL 5.1 开始才添加了事件，不同的版本功能可能也不相同。

2. MySQL 的数据类型

为了对不同性质的数据进行区分，以提高数据查询和操作的效率，数据库系统都将可存入的数据分为多种类型。如姓名、性别之类的信息为字符串型，年龄、价格、分数之类的信息为数字型，日期等为日期时间型。这就有了数据类型的概念。

下面分别介绍 MySQL 的数据类型。

（1）整数型

整数型包括 BIGINT、INT、SMALLINT、MEDIUMINT 和 TINYINT，从标志符的含义可以看出，它们表示数的范围逐渐缩小。

BIGINT。大整数，数值范围为-2^{63}(−9 223 372 036 854 775 808)～$2^{63}-1$(9 223 372 036 854 775 807)，其精度为 19，小数位数为 0，长度为 8 字节。

INTEGER（简写为 INT）。整数，数值范围为-2^{31}(−2 147 483 648)～$2^{31}-1$(2 147 483 647)，其精度为 10，小数位数为 0，长度为 4 字节。

MEDIUMINT。中等长度整数，数值范围为-2^{23}(−8 388 608)～$2^{23}-1$(8 388 607)，其精度为 7，小数位数为 0，长度为 3 字节。

SMALLINT。短整数，数值范围为-2^{15}(−32 768)～$2^{15}-1$(32 767)，其精度为 5，小数位数为 0，长度为 2 字节。

TINYINT。微短整数，数值范围为-2^{7}(−128)～$2^{7}-1$(127)，其精度为 3，小数位数为 0，长度为 1 字节。

（2）精确数值型

精确数值型由整数部分和小数部分构成，其所有的数字都是有效位，能够以完整的精度存储十进制数。精确数值型包括 DECIMAL、NUMERIC 两类。从功能上说两者完全等价，两者的唯一区别在于 DECIMAL 不能用于带有 IDENTITY 关键字的列。

声明精确数值型数据的格式是 NUMERIC | DECIMAL(P[,S])，其中 P 为精度，S 为小数位数，S 的默认值为 0。例如，指定某列为精确数值型，精度为 6，小数位数为 3，即 DECIMAL(6,3)，那么若向某记录的该列赋值 65.342 689 时，该列实际存储的是 65.3 427。

（3）浮点型

浮点型也称近似数值型。这种类型不能提供精确表示数据的精度。使用这种类型来存储某些数值时，有可能会损失一些精度，所以它可用于处理取值范围非常大且对精确度要求不是十分高的数值量，如一些统计量。

有两种浮点数据类型：单精度（FLOAT）和双精度（DOUBLE）。两者通常都使用科学计数法表示数据，即形为：尾数 E 阶数，如 6.5432E20，−3.92E10，1.237 649E-9 等。

（4）位型

位字段类型，表示如下：

```
BIT[(M)]
```

其中，M 表示位值的位数，范围为 1～64。如果省略 M，默认为 1。

（5）字符型

字符型数据用于存储字符串，字符串中可包括字母、数字和其他特殊符号（如#、@、&等）。在输入字符串时，需将串中的符号用单引号或双引号括起来，如'ABC'、"ABC<CDE"。

MySQL 字符型包括固定长度（CHAR）和可变长度（VARCHAR）字符数据类型。

CHAR[(N)]为定长字符数据类型，其中 N 定义字符型数据的长度，N 为 1～255 之间，默认为 1。当表中的列定义为 CHAR(N)类型时，若实际要存储的字符串长度不足 N 时，则在串的尾部添加空格以达到长度 N，所以 CHAR(N)的长度为 N。例如，某列的数据类型为 CHAR(20)，而输入的字符串为“ABCD2012”，则存储的是字符 ABCD2012 和 12 个空格。若输入的字符个数超出了 N，则超出的部分被截断。

VARCHAR[(N)]为变长字符数据类型，其中 n 可以指定为 0～65 535 之间的值，但这里 N 表示的是字符串可达到的最大长度。VARCHAR(N)的长度为输入的字符串的实际字符个数，而不一定是 N。例如，表中某列的数据类型为 VARCHAR(50)，而输入的字符串为“ABCD2012”，则存储的就是字符 ABCD2012，其长度为 8 字节。

（6）文本型

当需要存储大量的字符数据，如较长的备注、日志信息等，字符型数据的最长 65 535 个字符的限制可能使它们不能满足应用需求，此时可使用文本型数据。文本型数据对应 ASCII 字符，其数据的存储长度为实际字符数个字节。

文本型数据可分为 4 种：TINYTEXT、TEXT、MEDIUMTEXT 和 LONGTEXT。

表 6-1 列出了各种文本数据类型的最大字符数。

表 6-1　文本数据类型的最大字符数

文本数据类型	最 大 长 度
TINYTEXT	255(2^8−1)
TEXT	65 535(2^{16}−1)
MEDIUMTEXT	16 777 215(2^{24}−1)
LONGTEXT	4 294 967 295(2^{32}−1)

（7）BINARY 和 VARBINARY 型

BINARY 和 VARBINARY 类型数据类似于 CHAR 和 VARCHAR，不同的是它们包含的是二进制字符串，而不是非二进制字符串。也就是说，它们包含的是字节字符串，而不是字符字符串。这说明它们没有字符集，并且排序和比较基于列值字节的数值。

BINARY[(N)]为固定长度的 N 字节二进制数据。N 取值范围为 1～255，默认为 1。BINARY(N)数据的存储长度为 N+4 字节。若输入的数据长度小于 N，则不足部分用 0 填充；若输入的数据长度大于 N，则多余部分被截断。

输入二进制值时，在数据前面要加上 0X，可以用的数字符号为 0～9、A～F（字母大小写均可）。例如，0XFF、0X12A0 分别表示十六进制的 FF 和 12A0。因为每字节的数最大为 FF，故在“0X”格式的数据每两位占 1 字节。

VARBINARY[(N)]为 N 字节变长二进制数据。N 取值范围为 1～65 535，默认为 1。VARBINARY(N)数据的存储长度为实际输入数据长度+4 字节。

（8）BLOB 类型

在数据库中，对于数码照片、视频和扫描的文档等的存储是必需的，MySQL 可以通过 BLOB 数据类型来存储这些数据。BLOB 是一个二进制大对象，可以容纳可变数量的数据。有 4 种 BLOB 类型：TINYBLOB、BLOB、MEDIUMBLOB 和 LONGBLOB。这 4 种 BLOB

数据类型的最大长度对应于 4 种 TEXT 数据类型：TINYTEXT、TEXT、MEDIUMTEXT 和 LONGTEXT。不同的是 BLOB 表示的是最大字节长度，而 TEXT 表示的是最大字符长度。

（9）日期时间类型

MySQL 支持 5 种时间日期类型：DATE、TIME、DATETIME、TIMESTAMP、YEAR。

DATE 数据类型由年份、月份和日期组成，代表一个实际存在的日期。DATE 的使用格式为字符形式'YYYY-MM-DD'，年份、月份和日期之间使用连字符“-”隔开，除了“-”，还可以使用其他字符如“/”“@”等，也可以不使用任何连接符，如'20120101'表示 2012 年 1 月 1 日。DATE 数据支持的范围是'1000-01-01'～'9999-12-31'。虽然不在此范围的日期数据也允许，但是不能保证能正确进行计算。

TIME 数据类型代表一天中的一个时间，由小时数、分钟数、秒数和微秒数组成。格式为'HH:MM:SS.fraction'，其中 fraction 为微秒部分，是一个 6 位的数字，可以省略。TIME 值必须是一个有意义的时间，例如'10:18:54'表示 10 点 18 分 54 秒，而'10:88:54'是不合法的，它将变成'00:00:00'。

DATETIME 和 TIMESTAMP 数据类型是日期和时间的组合，日期和时间之间用空格隔开，如'2012-01-01 10:53:20'。大多数适用于日期和时间的规则在此也适用。DATETIME 和 TIMESTAMP 有很多共同点，但也有区别。对于 DATETIME，年份在 1000～9999 之间，而 TIMESTAMP 的年份在 1970～2037 之间。另一个重要的区别是：TIMESTAMP 支持时区，即在操作系统时区发生改变时，TIMESTAMP 类型的时间值也相应改变，而 DATETIME 则不支持时区。

YEAR 用来记录年份值。MySQL 以 YYYY 格式检索和显示 YEAR 值，范围是 1901～2155。

（10）ENUM 和 SET 类型

ENUM 和 SET 是比较特殊的字符串数据列类型，它们的取值范围是一个预先定义好的列表。ENUM 或 SET 数据列的取值只能从这个列表中进行选择。ENUM 和 SET 的主要区别是：ENUM 只能取单值，它的数据列表是一个枚举集合。ENUM 的合法取值列表最多允许有 65 535 个成员。例如，ENUM("N"，"Y")表示该数据列的取值要么是“Y”，要么是“N”。SET 可取多值。它的合法取值列表最多允许有 64 个成员。空字符串也是一个合法的 SET 值。

6.2.4 MySQL 数据库的基本操作

本节主要讲述在命令行的方式下 MySQL 数据库的基本操作。

1．MySQL 数据库服务的开启与关闭

在前面讲述配置 Apache + PHP + MySQL 运行环境时，以菜单操作的方式讲解过 MySQL 数据库服务的开启与关闭，这里主要讲解命令操作方式。

（1）MySQL 数据库服务的开启

执行“开始”→“运行”命令，打开“运行”对话框，输入启动 MySQL 数据库服务的命令，如图 6-2 所示。命令如下：

```
net start mysql
```

（2）MySQL 数据库服务的关闭

执行“开始”→“运行”，打开“运行”对话框，输入关闭 MySQL 数据库服务的命令，如图 6-3 所示。命令如下：

```
net stop mysql
```

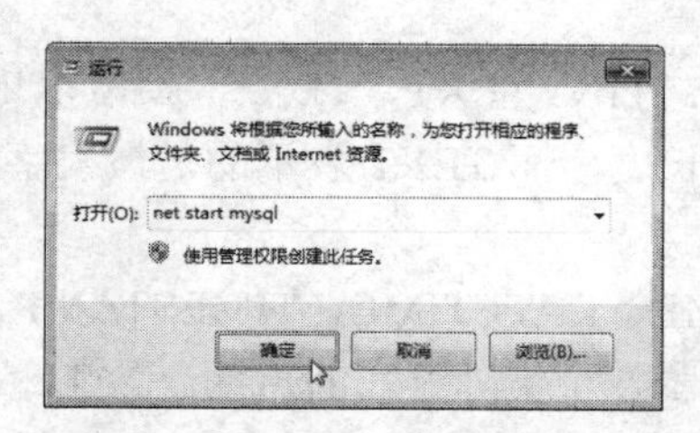

图 6-2　启动 MySQL 数据库服务

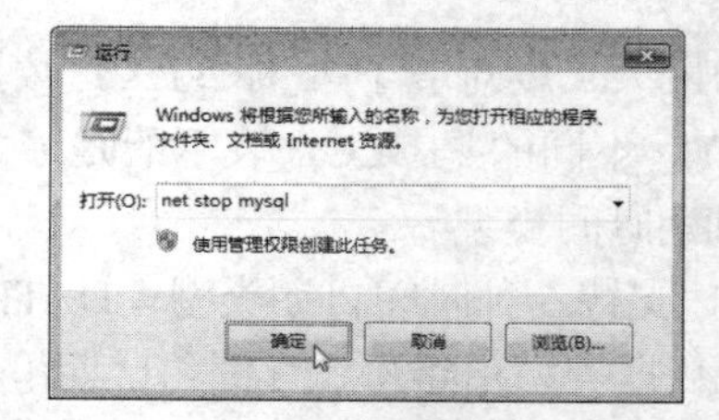

图 6-3　关闭 MySQL 数据库服务

2. 进入与退出 MySQL 管理控制台

MySQL 管理控制台是管理 MySQL 数据库的控制中心，只有进入 MySQL 管理控制台后才能管理 MySQL 数据库。在进入 MySQL 管理控制台之前必须先启动 MySQL 数据库服务。

（1）进入 MySQL 管理控制台

① 执行“开始”→“运行”，打开“运行”对话框，输入进入 DOS 命令窗口的命令，如图 6-4 所示。命令如下：

```
cmd
```

② 进入 DOS 命令窗口后，首先要将文件夹切换到 MySQL 的主程序文件夹，例如 D:\phpStudy\MySQL\bin，输入盘符和目录切换命令，如图 6-5 所示。

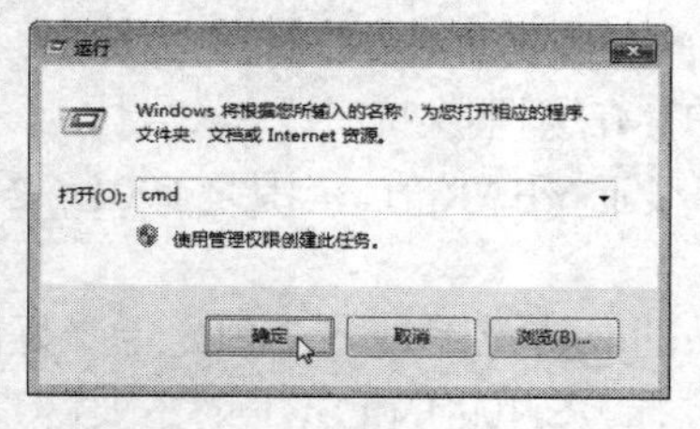

图 6-4　进入 DOS 命令窗口

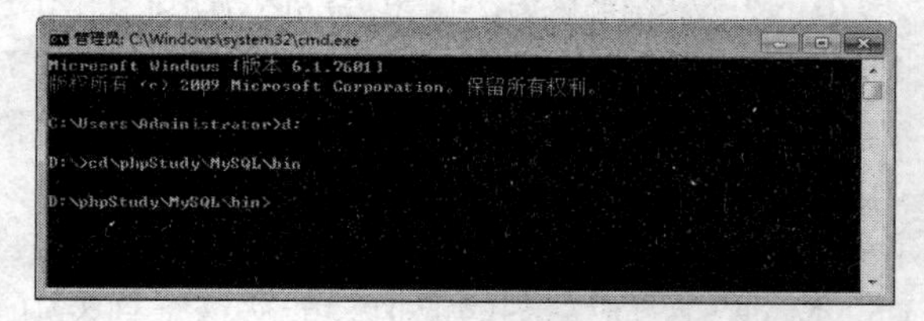

图 6-5　切换到 MySQL 的主程序文件夹

③ 输入进入 MySQL 管理控制台的命令。语法如下：

mysql -u 用户名　**-p** 密码

例如，以根用户的用户名“root”、密码“root”（在第 2 章中配置 PHP 环境时设置的密码）登录，命令如下：

```
mysql -uroot -proot
```

按〈Enter〉键进入 MySQL 管理控制台，如图 6-6 所示。

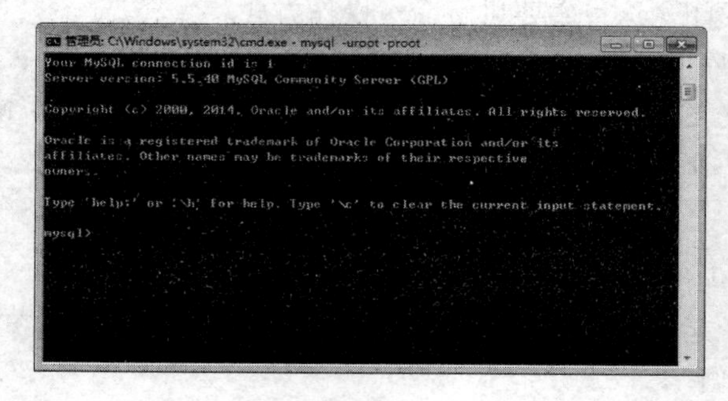

图 6-6　MySQL 管理控制台

（2）退出 MySQL 管理控制台

退出 MySQL 管理控制台非常简单，只需要在 MySQL 命令行中输入“\q”或“quit”命令即可，如图 6-7 所示。

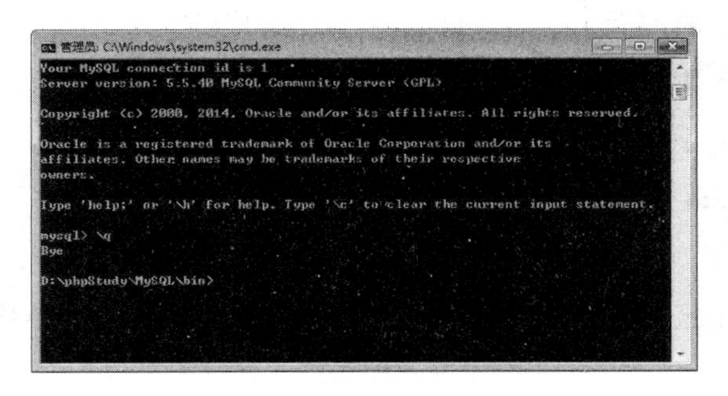

图 6-7　退出 MySQL 管理控制台

3．更改进入 MySQL 管理控制台的登录密码

用户如果需要更改进入 MySQL 管理控制台的登录密码，可以使用下列语法：

mysqladmin -u 用户名 -p 原密码 password 新密码

例如，在 DOS 命令窗口中执行以下命令：

mysqladmin -uroot -proot password abc

将根用户的登录密码“root”改为新的密码“abc”。

4．使用数据库和数据表

用户在使用 MySQL 数据库和数据表之前，应先进入 MySQL 管理控制台。由于篇幅所限，这里主要讲述 MySQL 数据库和数据表常用操作的基本语法。

（1）创建数据库

创建数据库可以使用 CREATE DATABASE 语句。

语法格式：

CREATE DATABASE 库文件名；

（2）显示数据库

显示数据库能够显示出 MySQL 中的所有数据库。

语法格式：

SHOW DATABASES；

（3）打开数据库

创建数据库后必须打开数据库才能进一步操作数据库。

语法格式：

USE 库文件名；

（4）删除数据库

已经创建的数据库如要删除，使用 DROP DATABASE 命令。

语法格式：

```
DROP DATABASE 库文件名;
```

（5）显示数据库中的表

显示数据库中的表能够显示出当前数据库中包含的所有表。

语法格式：

```
SHOW TABLES;
```

（6）创建数据表

创建表的实质就是定义表结构，设置表和列的属性。定义完表结构，就可以根据表结构创建表了。

语法格式：

```
CREATE TABLE 表名
(
    <列名 1> <数据类型> [<列选项>],
    <列名 2> <数据类型> [<列选项>],
    …
    <表选项>
);
```

（7）查看表结构

查看表结构能够显示出表结构的定义。

语法格式：

```
EXPLAIN 表名;
```

（8）删除数据表

删除一个表可以使用 DROP TABLE 语句。

语法格式：

```
DROP TABLE 表名;
```

（9）显示表内容

SELECT 语句可以从一个或多个表中选取特定的行和列，结果通常是生成一个临时表。在执行过程中系统根据用户的要求从数据库中选出匹配的行和列，并将结果存放到临时的表中。语法格式：

```
SELECT
    [ALL | DISTINCT ]
    select_expr, ...
    [FROM 表 1 [ , 表 2] …]                                    /*FROM 子句*/
    [WHERE 条件]                                               /*WHERE 子句*/
    [GROUP BY {列名 | 表达式 | 位置} [ASC | DESC], ...]        /*GROUP BY 子句*/
    [HAVING 条件]                                              /*HAVING 子句*/
```

```
[ORDER BY {列名 | 表达式 | 位置} [ASC | DESC] , ...]          /*ORDER BY 子句*/
[LIMIT {[偏移,] 行数}]                                          /*LIMIT 子句*/
```

（10）插入表数据

创建了数据库和表之后，下一步就是向表里插入数据。通过 INSERT 语句可以向表中插入一行或多行数据。

语法格式：

```
INSERT [INTO] 表名 [(列名,...)]
    VALUES ({表达式 | 默认值},...),(...),...
```

如果要给全部列插入数据，列名可以省略。如果只给表的部分列插入数据，需要指定这些列。对于没有指出的列，它们的值根据列默认值或有关属性来确定。

注意：插入记录的字段类型如果是字符串类型，插入值既可以使用单引号，也可以使用双引号。

（11）修改表数据

向表中插入数据后，如要修改表中的数据，可以使用 UPDATE 语句。

语法格式：

```
UPDATE 表名
    SET 列名 1=表达式 1 [, 列名 2=表达式 2 ...]
    [WHERE 条件]
```

（12）删除表数据

删除表中数据一般使用 DELETE 语句。

语法格式：

```
DELETE FROM 表名
    [WHERE 条件]
```

【演练 6-1】建立留言板系统的数据库、数据表，并在此基础上，练习使用数据库和数据表的基本操作命令。

【案例展示】留言板系统数据库名称为 guest，包含管理员表 admin 和留言表 board 共两个表。admin 表的结构如图 6-8 所示，board 表的结构如图 6-9 所示。

Field	Type	Null	Key	Default	Extra
username	varchar(10)	NO		NULL	
passwd	varchar(10)	NO		NULL	

图 6-8 admin 表的结构

Field	Type	Null	Key	Default	Extra
boardid	int(11) unsigned	NO	PRI	NULL	auto_increment
boardname	varchar(50)	YES		NULL	
boardsex	varchar(50)	YES		NULL	
boardsubject	varchar(100)	YES		NULL	
boardtime	datetime	YES		NULL	
boardmail	varchar(100)	YES		NULL	
boardweb	varchar(100)	YES		NULL	
boardcontent	text	YES		NULL	

图 6-9 board 表的结构

【学习目标】MySQL 数据库和数据表的基本操作。

【知识要点】开启 MySQL 数据库服务，进入 MySQL 管理控制台，数据库的基本操作，数据表的基本操作。

操作步骤如下。

① 开启 MySQL 数据库服务，命令如下：

```
net start mysql
```

② 进入 DOS 命令窗口，登录 MySQL 管理控制台，命令如下：

```
mysql -uroot -proot
```

③ 在命令行中输入命令建立留言板系统数据库 guest，如图 6-10 所示。命令如下：

```
CREATE DATABASE guest;
```

④ 在命令行中输入命令显示所有数据库的清单，如图 6-11 所示。命令如下：

```
SHOW DATABASES;
```

清单中可以看到新建的数据库 guest。

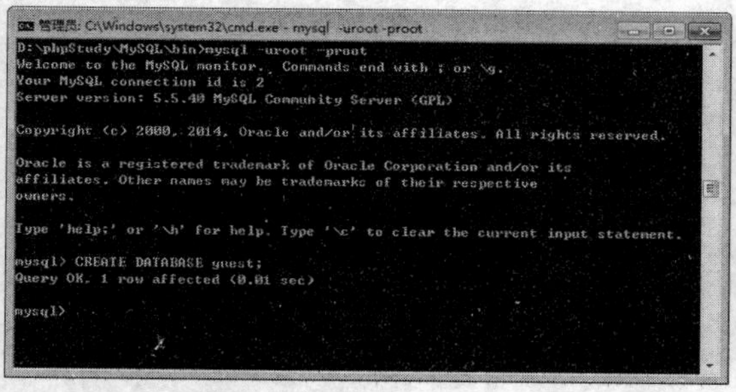

图 6-10 建立数据库 guest

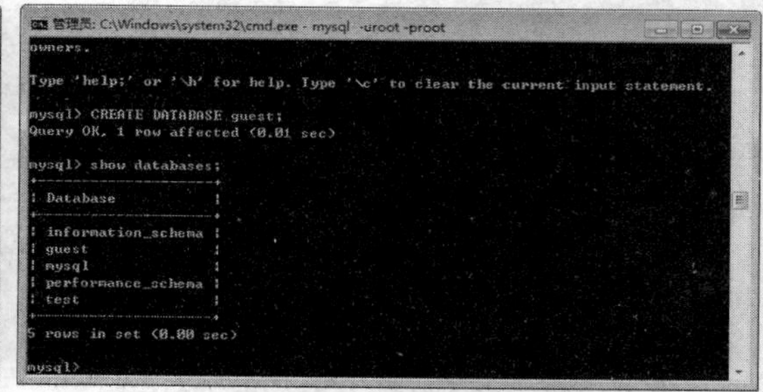

图 6-11 显示数据库清单

⑤ 在命令行中输入命令打开数据库 guest，如图 6-12 所示。命令如下：

```
USE guest;
```

⑥ 在命令行中输入命令建立管理员表 admin，如图 6-13 所示。命令如下：

```
CREATE TABLE admin (
    username varchar(10) NOT NULL,
    passwd varchar(10) NOT NULL
) ENGINE=MyISAM DEFAULT CHARSET=gb2312;
```

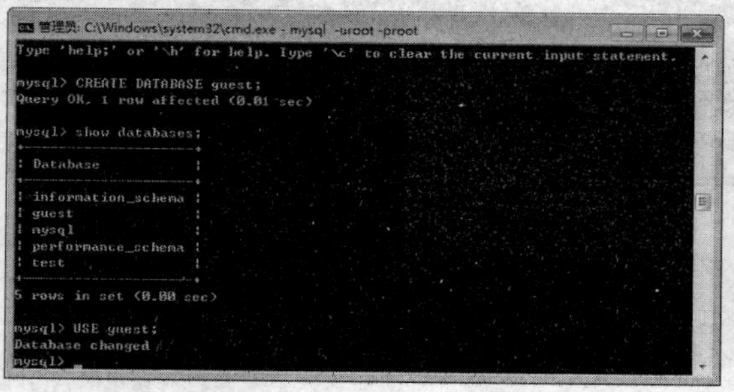

图 6-12 打开数据库 guest

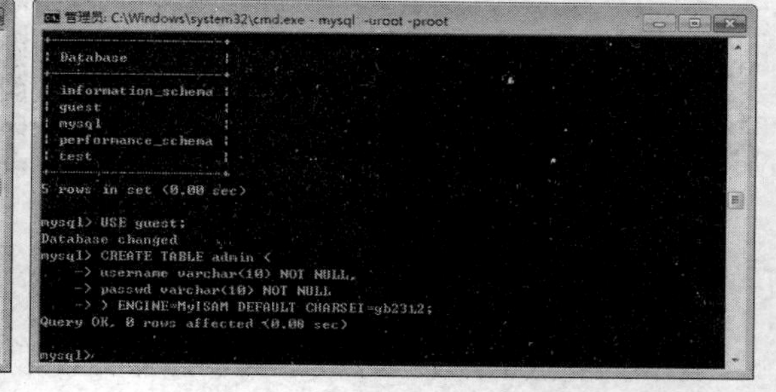

图 6-13 建立管理员表 admin

⑦ 在命令行中输入命令建立留言表 board，如图 6-14 所示。命令如下：

```
CREATE TABLE board (
    boardid int(11) NOT NULL PRIMARY KEY auto_increment,
    boardname varchar(50),
    boardsex varchar(50),
    boardsubject varchar(100),
    boardtime datetime,
    boardmail varchar(100),
    boardweb varchar(100),
    boardcontent text
) ENGINE=MyISAM DEFAULT CHARSET=gb2312;
```

留言表 board 中的主键是 boardid，且自动增量。

⑧ 在命令行中输入命令查看管理员表 admin 和留言表 board 的结构，如图 6-15 所示。命令如下：

```
EXPLAIN admin;
EXPLAIN board;
```

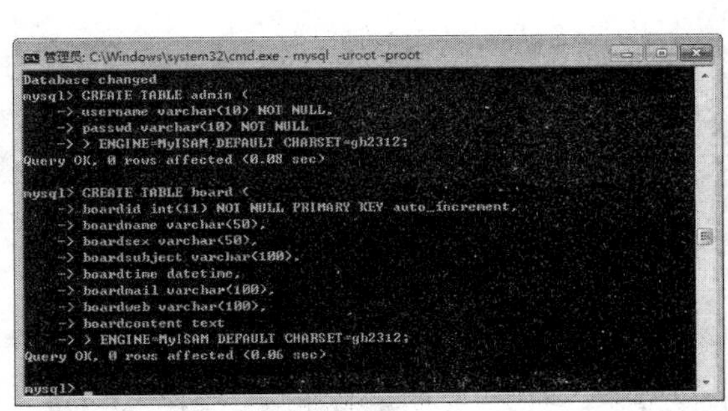

图 6-14　建立留言表 board

```
管理员: C:\Windows\system32\cmd.exe - mysql -uroot -proot
mysql> EXPLAIN admin;
+----------+-------------+------+-----+---------+-------+
| Field    | Type        | Null | Key | Default | Extra |
+----------+-------------+------+-----+---------+-------+
| username | varchar(10) | NO   |     | NULL    |       |
| passwd   | varchar(10) | NO   |     | NULL    |       |
+----------+-------------+------+-----+---------+-------+
2 rows in set (0.00 sec)

mysql> EXPLAIN board;
+--------------+--------------+------+-----+---------+----------------+
| Field        | Type         | Null | Key | Default | Extra          |
+--------------+--------------+------+-----+---------+----------------+
| boardid      | int(11)      | NO   | PRI | NULL    | auto_increment |
| boardname    | varchar(50)  | YES  |     | NULL    |                |
| boardsex     | varchar(50)  | YES  |     | NULL    |                |
| boardsubject | varchar(100) | YES  |     | NULL    |                |
| boardtime    | datetime     | YES  |     | NULL    |                |
| boardmail    | varchar(100) | YES  |     | NULL    |                |
| boardweb     | varchar(100) | YES  |     | NULL    |                |
| boardcontent | text         | YES  |     | NULL    |                |
+--------------+--------------+------+-----+---------+----------------+
8 rows in set (0.00 sec)

mysql>
```

图 6-15　查看表结构

⑨ 在命令行中输入命令向留言表 board 中插入一条留言记录，向管理员表 admin 中添加一条管理员记录，如图 6-16 所示。命令如下：

```
INSERT INTO board(boardname,boardsex,boardsubject,boardtime,boardmail,boardweb,boardcontent)
    VALUES('王小虎','male.gif','西游伏妖篇隆重登场','2017-1-28','xyj@163.com', 'www.xyj.com', '
全家人一起去捧场');
```

用类似的方法向留言表 board 中再添加几条记录，以便在后续的操作中使用这些记录。

⑩ 在命令行中输入命令显示管理员表 admin 和留言表 board 中的记录，如图 6-17 所示。命令如下：

```
SELECT * FROM admin;
SELECT * FROM board;
```

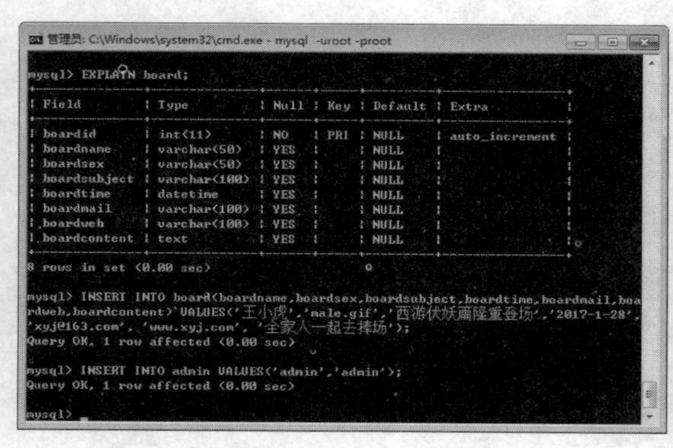

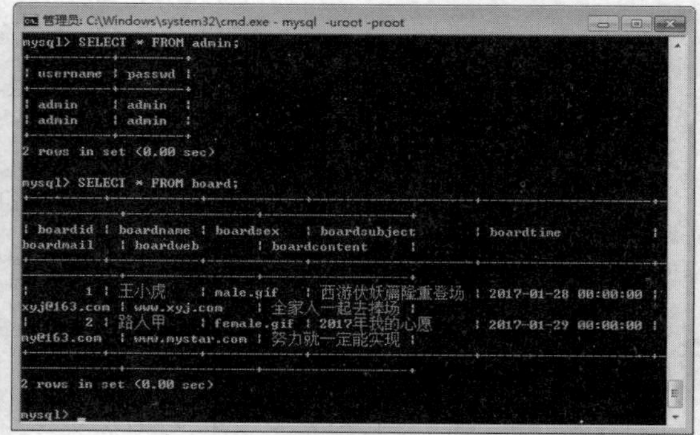

图 6-16　向表中插入记录　　　　图 6-17　显示表中的记录

⑪ 在命令行中输入命令修改留言表 board 中第 1 条记录的字段 boardname 的值，将“王小虎”改为“王老虎”，如图 6-18 所示。命令如下：

```
UPDATE board SET boardname='王老虎' WHERE boardname='王小虎';
```

⑫ 在命令行中输入命令删除留言表 board 中字段 boardname 的值为“路人甲”的记录，如图 6-19 所示。命令如下：

```
DELETE FROM board WHERE boardname='路人甲';
```

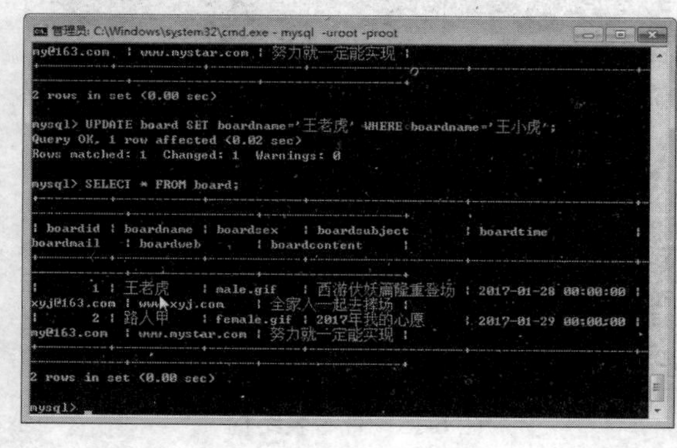

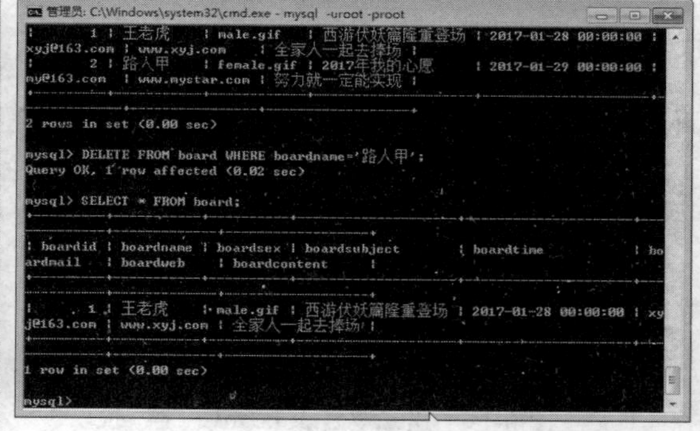

图 6-18　修改表记录　　　　图 6-19　删除表记录

有关删除数据表和数据库的操作，这里不再演示，读者可试着自己练习。

【案例说明】如果插入的记录中包含中文内容，例如，本例中插入的留言记录，要注意将 MySQL 服务器的默认字符集设置为“gb2312”简体中文编码，否则将出现不能插入记录的错误。读者可参考本书第 2 章中设置 MySQL 服务器默认字符集的操作。

5．备份与还原数据库

备份数据库就是要保存数据的完整性，防止因非法关机、断电、病毒感染等情况导致的数据丢失；还原数据库就是当数据库出现错误或者是崩溃后不能继续使用时，将原来的数据恢复回来。

（1）备份数据库

备份数据库有以下两种方法。

方法一：复制数据库文件到备份盘。

数据库的存放位置位于 D:\phpStudy\MySQL\data 中，将该文件夹下的数据库文件夹（如 guest）复制到目标位置即可。

方法二：命令备份法。

命令备份数据库的语法是：

mysqldump -u 用户名 -p 密码 --opt 数据库名>.sql 文件

备份生成的.sql 文件默认的存储位置是当前目录。

首先，打开 DOS 命令窗口。在命令窗口中，将文件夹切换到 MySQL 的主程序文件夹，例如，D:\phpStudy\MySQL\bin，执行命令如图 6-20 所示。代码如下：

```
mysqldump -uroot -proot --opt guest>D:\guest.sql
```

```
管理员: C:\Windows\system32\cmd.exe
Microsoft Windows [版本 6.1.7601]
版权所有 (c) 2009 Microsoft Corporation。保留所有权利。

C:\Users\Administrator>d:

D:\>cd\phpStudy\MySQL\bin

D:\phpStudy\MySQL\bin>mysqldump -uroot -proot --opt guest>D:\guest.sql

D:\phpStudy\MySQL\bin>
```

图 6-20　命令备份数据库

命令执行后，将在 D 盘根目录生成备份文件 guest.sql，用记事本打开该文件后，内容如图 6-21 所示。

```
guest.sql - 记事本
文件(F) 编辑(E) 格式(O) 查看(V) 帮助(H)
-- MySQL dump 10.13  Distrib 5.5.40, for Win32 (x86)
--
-- Host: localhost    Database: guest
-- ------------------------------------------------------
-- Server version	5.5.40

/*!40101 SET @OLD_CHARACTER_SET_CLIENT=@@CHARACTER_SET_CLIENT */;
/*!40101 SET @OLD_CHARACTER_SET_RESULTS=@@CHARACTER_SET_RESULTS */;
/*!40101 SET @OLD_COLLATION_CONNECTION=@@COLLATION_CONNECTION */;
/*!40101 SET NAMES utf8 */;
/*!40103 SET @OLD_TIME_ZONE=@@TIME_ZONE */;
/*!40103 SET TIME_ZONE='+00:00' */;
/*!40014 SET @OLD_UNIQUE_CHECKS=@@UNIQUE_CHECKS, UNIQUE_CHECKS=0 */;
/*!40014 SET @OLD_FOREIGN_KEY_CHECKS=@@FOREIGN_KEY_CHECKS, FOREIGN_KEY_CHECKS=0 */;
/*!40101 SET @OLD_SQL_MODE=@@SQL_MODE, SQL_MODE='NO_AUTO_VALUE_ON_ZERO' */;
/*!40111 SET @OLD_SQL_NOTES=@@SQL_NOTES, SQL_NOTES=0 */;

--
-- Table structure for table `admin`
--
```

图 6-21　备份文件 guest.sql 的内容

（2）还原数据库

还原数据库有以下两种方法。

方法一：将使用第一种备份方法备份的数据库，直接复制到 MySQL 的数据库文件夹 D:\phpStudy\MySQL\data 中。

方法二：命令还原法。

命令还原数据库的语法是：

mysql>SOURCE .sql 文件

注意：该命令结尾不带分号。

首先，进入 MySQL 管理控制台。在控制台中建立数据库（假设该数据库事先不存在），打开数据库，执行还原数据库命令，代码如下：

```
CREATE DATABASE guest;
USE guest;
SOURCE D:\guest.sql
```

上述操作中打开数据库这个步骤很关键，否则即使建立数据库，不打开数据库，仍旧不能还原数据。

6．MySQL 管理控制台的常用操作技巧

这里给读者介绍几个使用 MySQL 管理控制台的常用操作技巧。

（1）取消命令的输入

在 MySQL 命令行输入一条命令时，如果发现输入错误且命令处于未换行状态，可以按〈Esc〉键直接取消；如果命令处于换行状态，可以输入“\c”（小写字母 c）取消。

（2）使用 MySQL 命令帮助

在 MySQL 命令行输入以下命令：

```
mysql>?
```

命令执行后，打开命令帮助窗口，如图 6-22 所示。

（3）获取服务器信息

在 MySQL 命令行输入以下命令：

```
mysql>\s
```

命令执行后，打开服务器信息窗口，如图 6-23 所示。

```
管理员: C:\Windows\system32\cmd.exe - mysql  -uroot -proot
mysql> ?

For information about MySQL products and services, visit:
   http://www.mysql.com/
For developer information, including the MySQL Reference Manual, visit:
   http://dev.mysql.com/
To buy MySQL Enterprise support, training, or other products, visit:
   https://shop.mysql.com/

List of all MySQL commands:
Note that all text commands must be first on line and end with ';'
?         (\?) Synonym for `help'.
clear     (\c) Clear the current input statement.
connect   (\r) Reconnect to the server. Optional arguments are db and host.
delimiter (\d) Set statement delimiter.
ego       (\G) Send command to mysql server, display result vertically.
exit      (\q) Exit mysql. Same as quit.
go        (\g) Send command to mysql server.
help      (\h) Display this help.
notee     (\t) Don't write into outfile.
print     (\p) Print current command.
prompt    (\R) Change your mysql prompt.
quit      (\q) Quit mysql.
rehash    (\#) Rebuild completion hash.
```

图 6-22　命令帮助窗口

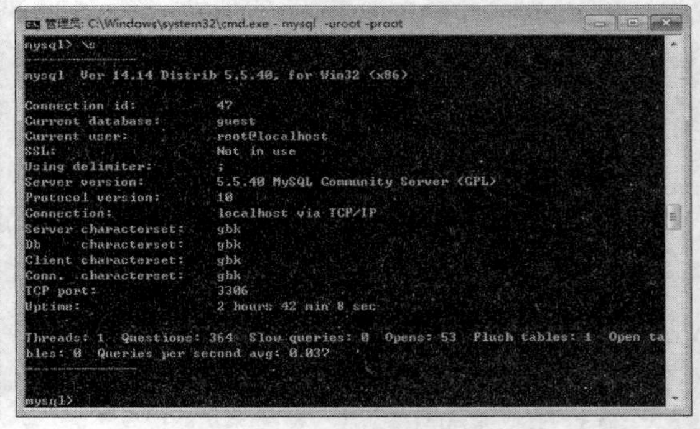

图 6-23　服务器信息窗口

6.3　使用 MySQL 数据库图形化界面管理工具 phpMyAdmin

6.3.1　phpMyAdmin 简介

MySQL 数据库和 PHP 的配合可以说是天衣无缝，但是由于 MySQL 是基于 Linux 环境开发出来的自由软件，其命令提示符的操作方式，让用惯了 Windows 图形环境的初学者很不适应。出于管理数据库的便利，使用命令提示符可能并不是最佳选择，而仅仅是有助于读者深入理解 MySQL 数据库。在 PHP 编程的过程中，使用 phpMyAdmin 来管理 MySQL 数据库是一种非常流行的方法，同时也是比较明智的选择。

PhpMyAdmin 提供了一个简洁的图形界面，该界面不同于普通的运行程序，而是以 Web 页面的形式体现，在相关的一系列 Web 页面中，完成对 MySQL 数据库的所有操作。从严格意义上说，phpMyAdmin 并不是程序，而是一个具有特定功能的网站，对 MySQL 数据库的操作主要是通过 PHP 代码实现，实现过程中使用了大量 SQL 语句。

6.3.2 登录 phpMyAdmin

在安装 phpStudy 的过程中，phpMyAdmin 已经成功安装，所以无须再重复安装。在 phpStudy 管理菜单中单击“phpMyAdmin”菜单项，如图 6-24 所示，打开 phpMyAdmin 的登录页面，输入登录名称“root”，密码“root”，如图 6-25 所示。

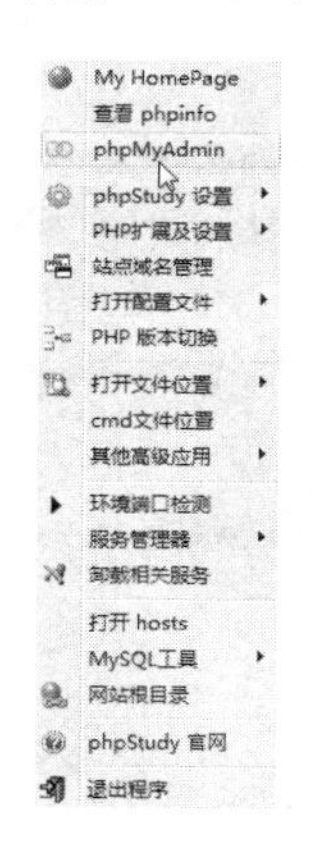

图 6-24 启动 phpMyAdmin

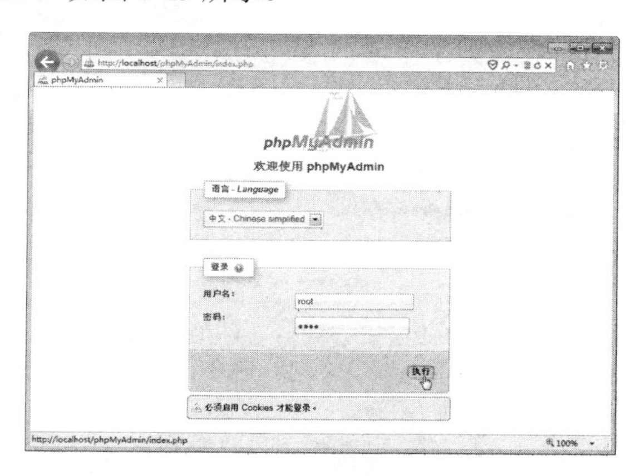

图 6-25 phpMyAdmin 的登录页面

单击“执行”按钮，打开 phpMyAdmin 图形化管理界面，如图 6-26 所示。

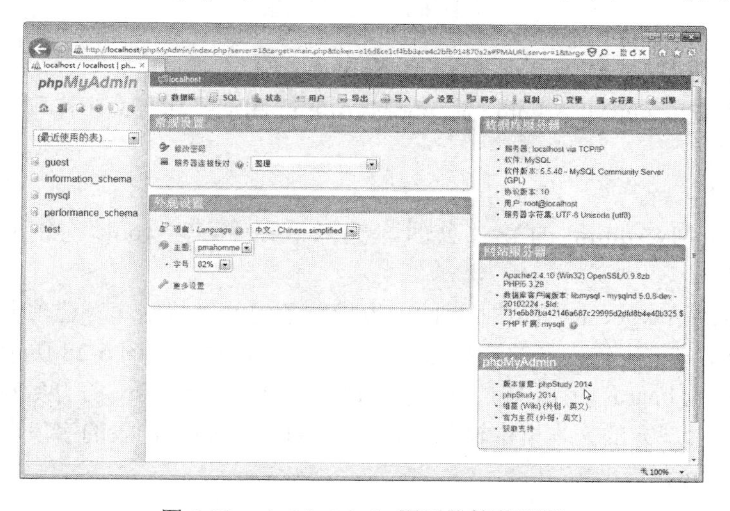

图 6-26 phpMyAdmin 图形化管理界面

在 phpMyAdmin 的主界面中，采用框架的形式把整个窗口分为三大部分。左边是选择数据库的窗口，用户创建的所有数据库都将出现在此窗口中；中间的窗口是常规设置和外观设置；右边的窗口显示出数据库服务器、网站服务器的基本配置信息以及 phpMyAdmin 的版本。

6.4 实训

【实训综述】在 phpMyAdmin 图形操作界面中建立留言板系统的数据库、数据表，并在此基础上，练习使用数据库和数据表的基本操作。

【实训展示】留言板系统数据库名称为 myguest，包含留言表 board，表的结构和演练 6-1 中留言表的结构完全相同，如图 6-27 所示。

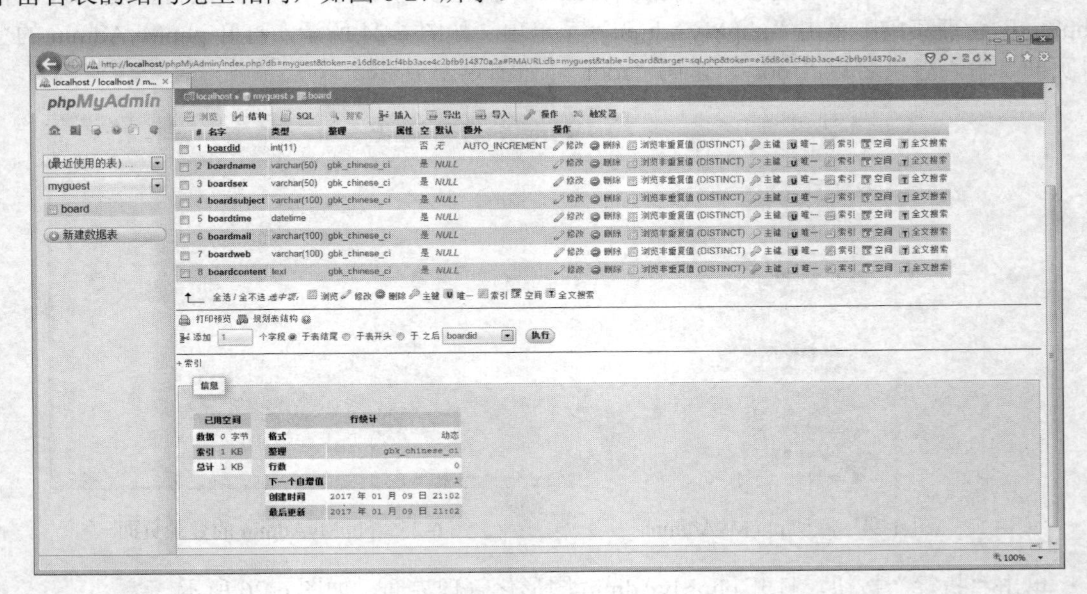

图 6-27　表的结构

【实训目标】使用 phpMyAdmin 管理 MySQL 数据库。

【知识要点】登录 phpMyAdmin，在 phpMyAdmin 图形操作界面中实现 MySQL 数据库和数据表的基本操作。

操作步骤如下。

① 打开 phpMyAdmin 的登录页面，输入登录名称“root”，密码“root”，登录 phpMyAdmin。

② 创建数据库 myguest。单击主界面上方导航条中的“数据库”选项卡，在“新建数据库”提示下方的文本框中输入新建数据库的名称“myguest”，如图 6-28 所示。

③ 创建数据表 board。单击左侧导航中新建的数据库 myguest，打开数据库管理页面，在“新建数据表”提示下方的文本框中输入新建表的名称“board”，表的字段个数文本框中输入“8”，如图 6-29 所示。

图 6-28　新建数据库

图 6-29　新建数据表

单击“执行”按钮，打开表管理页面，定义留言表 board 的结构如图 6-30 所示。其中，要注意将 boardid 字段定义为主键（索引设置为 PRIMARY），且自动增量（勾选 A_I）。

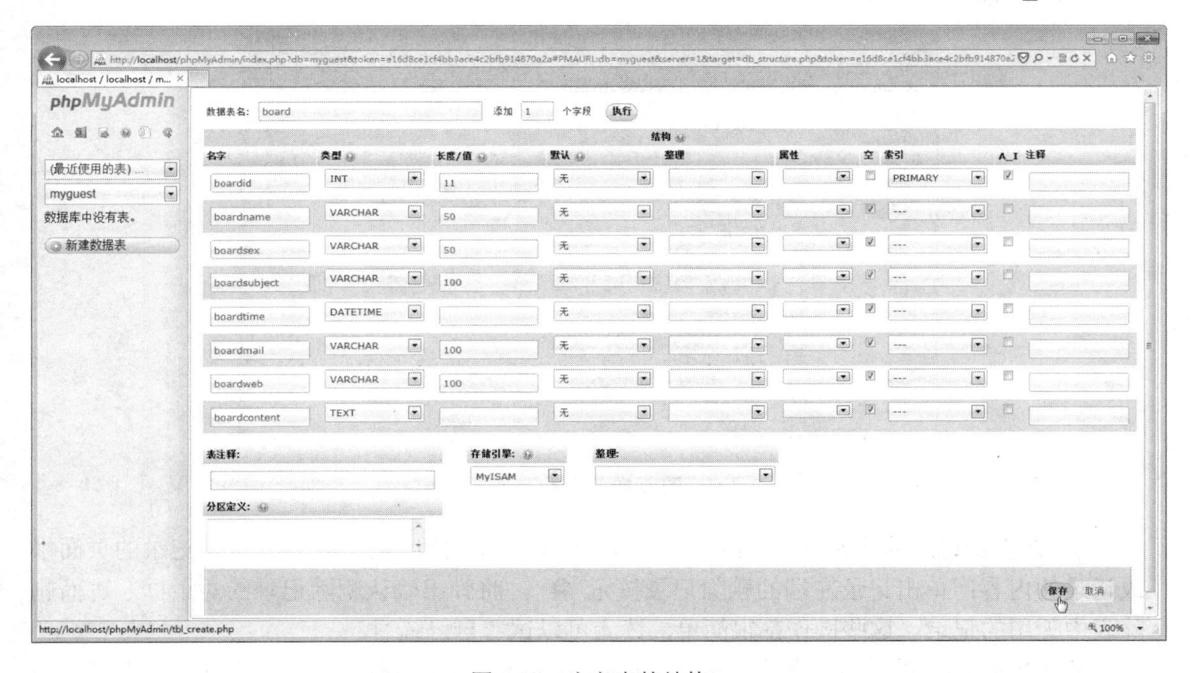

图 6-30　定义表的结构

④ 单击“保存”按钮，然后单击左侧导航中新建的表 board，打开显示表结构的页面，如图 6-27 所示。

⑤ 在显示表结构的页面中单击“插入”选项卡，向留言表 board 中插入一条记录，如图 6-31 所示。注意，由于主键 boardid 设置为自动增量，因此不必输入该字段的值，系统将自动向下增量赋值。

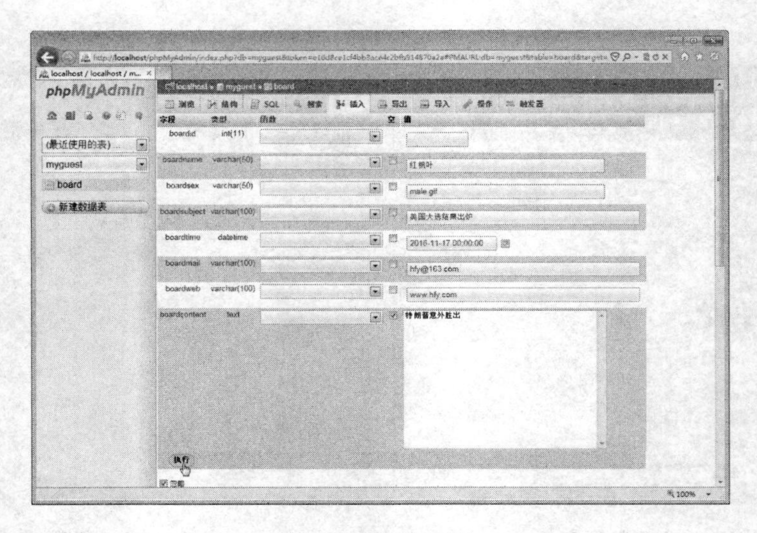

图 6-31　插入记录

⑥ 单击“执行”按钮，插入记录完成，返回到管理表的页面，单击“浏览”选项卡就能够查看到新插入的记录，如图 6-32 所示。

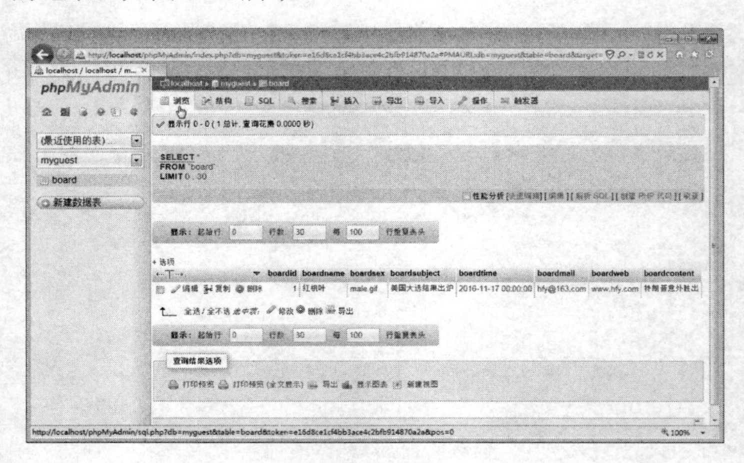

图 6-32　查看记录

⑦ 在查看记录的状态下，单击记录左端的编辑记录按钮 ，将打开编辑记录的页面修改记录的内容；单击记录左端的删除记录按钮 ，将弹出确认删除记录的对话框，进而删除表中无用的记录。这些操作都很简单，读者可以试着自己练习。

phpMyAdmin 的功能很强大，限于篇幅，不可能详尽地进行介绍，有兴趣的读者可以参考其他资料进一步学习 phpMyAdmin 的使用方法。

6.5　习题

1．在 Web 开发中使用数据库有何优点？简答数据库系统的构成。

2．常见的关系型数据库管理系统有哪些？什么是 SQL 语言？SQL 语言的功能有哪些？

3．简述 MySQL 数据库的特点和数据类型。

4．启动和关闭 MySQL 数据库服务的命令分别是什么？

5．在命令行状态下，进入 MySQL 管理控制台的命令是什么？

6．在 MySQL 管理控制台中以命令行的方式建立新闻管理系统数据库 news，包含管理员表 admins 和新闻表 newsdata 共两个表。admins 表的结构如图 6-33 所示，newsdata 表的结构如图 6-34 所示。在此基础上，练习使用数据库和数据表的基本操作命令。

Field	Type	Null	Key	Default	Extra
username	char(10)	NO		NULL	
password	varchar(10)	NO		NULL	

图 6-33　admin 表的结构

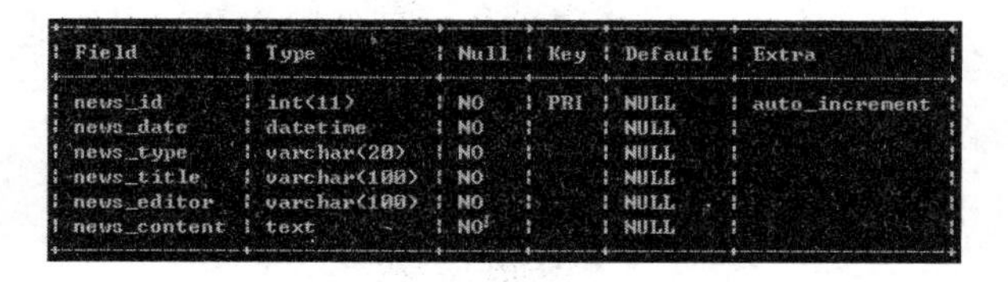

Field	Type	Null	Key	Default	Extra
news_id	int(11)	NO	PRI	NULL	auto_increment
news_date	datetime	NO		NULL	
news_type	varchar(20)	NO		NULL	
news_title	varchar(100)	NO		NULL	
news_editor	varchar(100)	NO		NULL	
news_content	text	NO		NULL	

图 6-34　newsdata 表的结构

7．在 phpMyAdmin 图形操作界面中建立新闻管理系统数据库 news，包含管理员表 admins 和新闻表 newsdata 共两个表（表的结构同上）。在此基础上，练习使用数据库和数据表的基本操作命令。

第 7 章　制作 PHP 动态页面

Dreamweaver 的优势在于使用户能够在没有编程语言使用经验的情况下创建动态 Web 站点。Dreamweaver 的可视化工具使用户可以轻松地开发动态 Web 站点，而不必亲手编写制作动态页面所必需的复杂编程逻辑。

7.1　建立网站数据库连接

Web 应用程序是一个包含多个页面的 Web 站点，这些页面存储在 Web 服务器上。只有用当户请求 Web 服务器中的某个网页时，才能确定该网页的最终内容。因为网页的最终内容基于用户的操作，随请求的不同而变化，所以这种网页称为动态网页。用户如果计划建立动态 Web 应用程序，可以从建立网站数据库连接开始着手。

如果用户要将数据库与 Web 应用程序一起使用，必须首先连接到该数据库。如果没有数据库连接，应用程序将不知道在何处找到数据库或如何与之连接。用户可通过提供应用程序与数据库建立联系所需的信息或“参数”，在 Dreamweaver 中创建数据库连接。

7.1.1　PHP 程序连接到 MySQL 数据库服务器的原理

从根本上来说，PHP 是通过预先写好的一系列函数来与 MySQL 数据库进行通信，向数据库发送指令、接收返回数据等都是通过函数来完成。图 7-1 给出了一个普通 PHP 程序与 MySQL 进行通信的基本原理示意图。

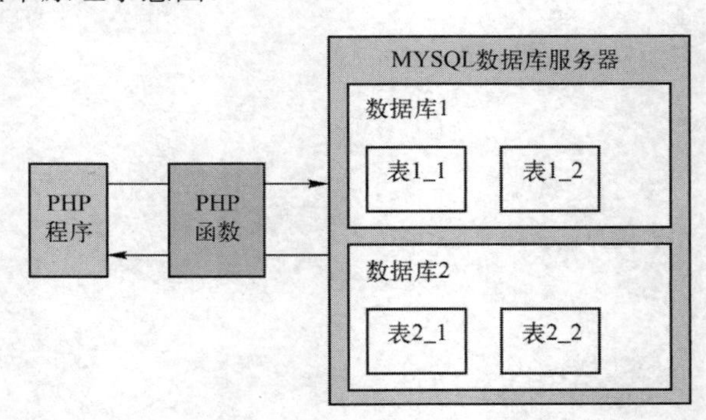

图 7-1　PHP 程序与 MySQL 进行通信的基本原理

可以看出，PHP 通过调用自身的专门用来处理 MySQL 数据库连接的函数，来实现与 MySQL 通信。而且，PHP 并不是直接操作数据库中的数据，而是把要执行的操作以 SQL 语句的形式发送给 MySQL 服务器，由 MySQL 服务器执行这些指令，并将结果返回给 PHP 程序。MySQL 数据库服务器可以比作一个数据“管家”。其他程序需要这些数据时，只需要向“管家”提出请求，“管家”就会根据要求进行相关的操作或返回相应的数据。

7.1.2 PHP 网页中建立 MySQL 数据库连接

在 PHP 网页中建立 MySQL 数据库连接非常简单，用户只需要简单的几个操作步骤就可以实现。以下讲述一个实例来说明如何使用 Dreamweaver 建立 PHP 网页连接 MySQL 数据库。

【演练 7-1】在 Dreamweaver 中建立 MySQL 数据库连接及生成连接脚本。

【案例展示】在前面章节中建立的留言板数据库 guest 的基础上，建立数据库的连接，如图 7-2 所示，连接脚本如图 7-3 所示。

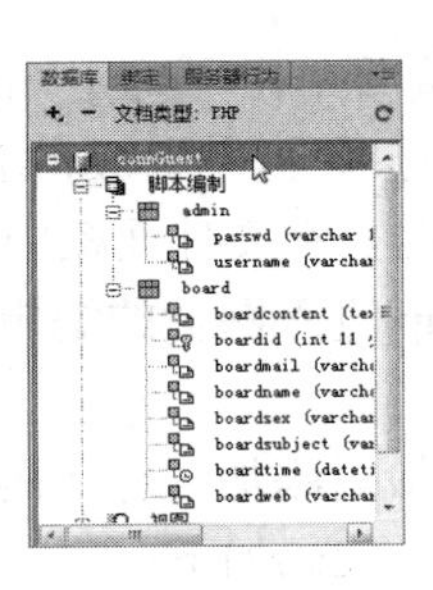

图 7-2　建立数据库的连接

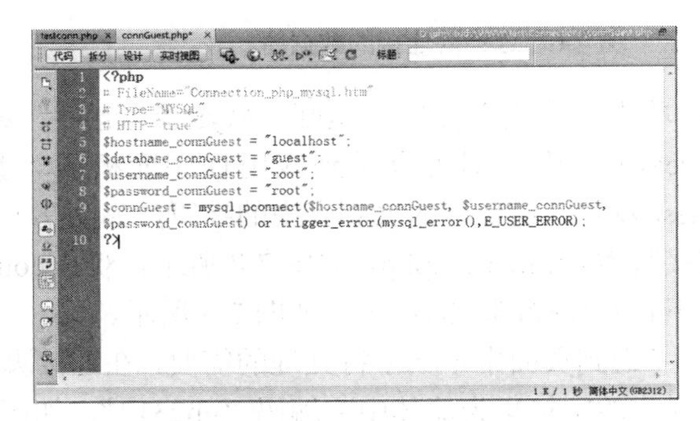

图 7-3　数据库连接脚本

【学习目标】在 Dreamweaver 中建立 MySQL 数据库连接。

【知识要点】MySQL 数据库连接，连接脚本。

操作步骤如下。

① 打开前面建立的站点 sample，对应的本地物理文件夹为 D:\phpStudy\WWW\test。

② 在文件面板的本地站点下新建一个空白网页文档，默认的文件名是 untitled.php，修改网页文件名为 testconn.php。

③ 双击网页 testconn.php 进入网页的编辑状态。在应用程序面板的“数据库”选项卡中单击“+”按钮，弹出选择数据库连接的菜单，如图 7-4 所示。

在弹出的菜单中选择“MySQL 连接”命令，打开“MySQL 连接”对话框，如图 7-5 所示。在对话框中输入自定义的连接名称“connGuest”，MySQL 服务器的地址“localhost”，用户名“root”，密码“root”。

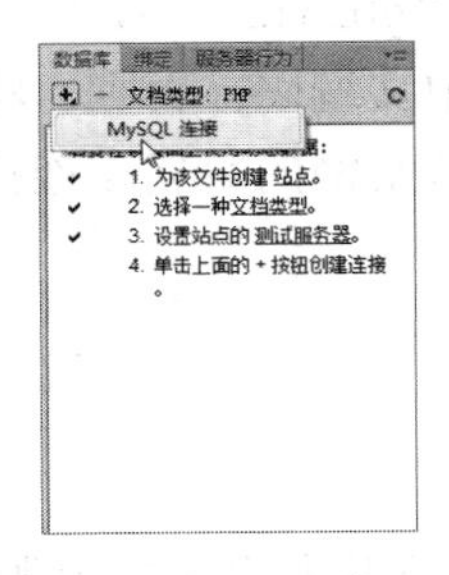

图 7-4　选择数据库连接的菜单

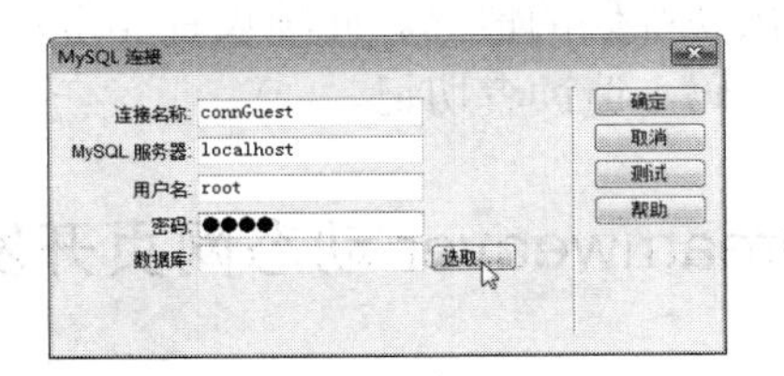

图 7-5　“MySQL 连接”对话框

单击“选取”按钮，打开“选择数据库”对话框，选择要连接的数据库“guest”，如图 7-6 所示。单击“确定”按钮，返回“MySQL 连接”对话框。

④ 最后要测试一下生成的连接是否成功。单击“测试”按钮，如果连接成功，将打开如图 7-7 所示的对话框，显示“成功创建连接脚本”的提示信息。

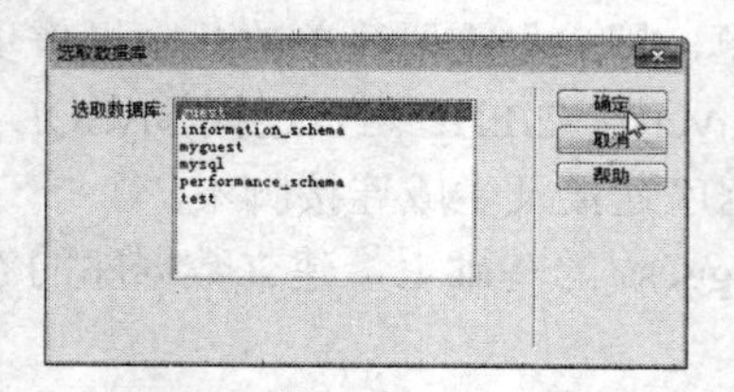

图 7-6 选择要连接的数据库

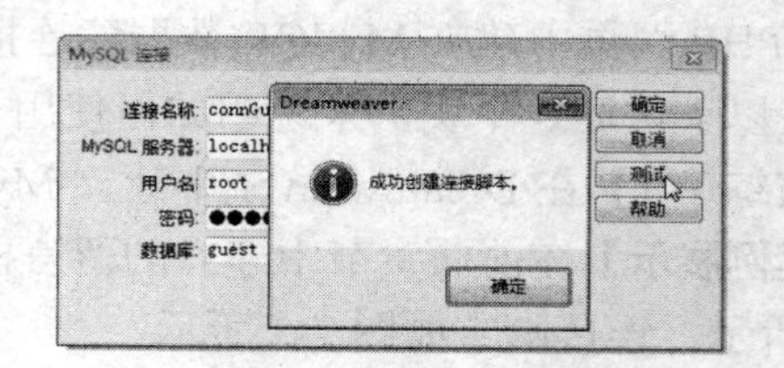

图 7-7 成功创建连接脚本

⑤ 单击“确定”按钮，返回“MySQL 连接”对话框。接着单击“确定”按钮，返回 Dreamweaver。用户即可查看到应用程序面板的“数据库”选项卡中生成的数据库连接 connGuest 及展开后包含的表和表中的字段，如图 7-2 所示。同时，在文件面板中生成的数据库的连接脚本 connGuest.php，如图 7-8 所示。双击 connGuest.php 进入网页的编辑状态，在代码视图下查看连接脚本的代码，如图 7-3 所示。

⑥ 考虑到页面中中文字符处理的需要，在连接脚本代码的最后添加一行代码，用来设置数据库操作的字符集为简体中文编码“gb2312”，如图 7-9 所示。代码如下：

```
mysql_query("SET CHARACTER SET gb2312");
```

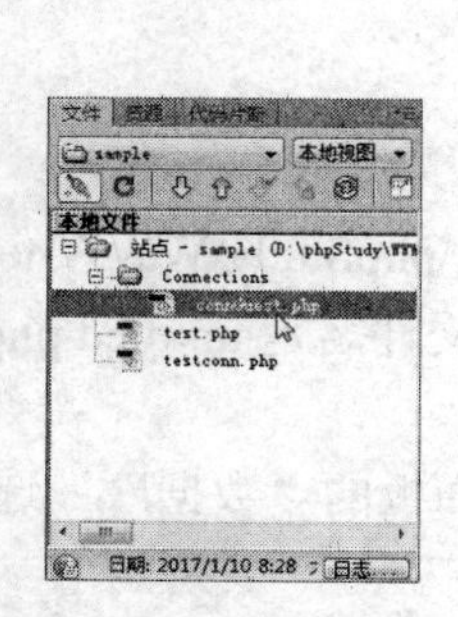

图 7-8 连接脚本文件

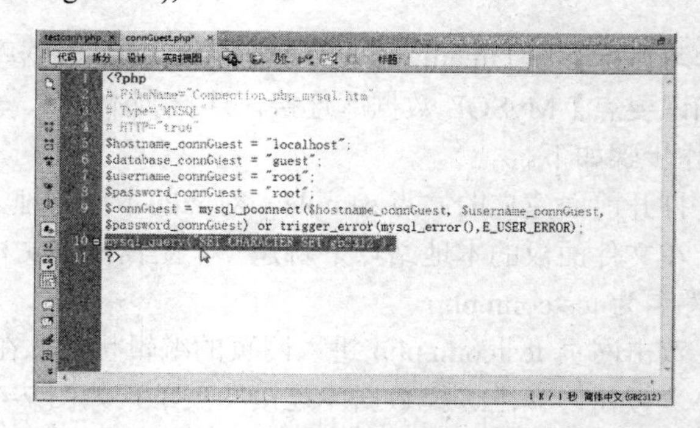

图 7-9 设置数据库操作的字符集

至此，在 Dreamweaver 中建立 MySQL 数据库连接及生成连接脚本的操作全部结束。

【案例说明】设置数据库操作的字符集为简体中文编码“gb2312”后，将使所有和数据库相关的操作（查询、插入、修改、删除等）都能支持简体中文编码；否则，将会出现处理中文数据时出现乱码的情况。此项设置非常重要，在后面章节案例的数据库连接设置中，都要添加这行代码，请读者切记。

7.2 Dreamweaver 动态网页开发环境

Dreamweaver 动态网页开发环境主要包括动态网页开发面板和动态内容源。

7.2.1 动态网页开发面板

在进行动态网页开发之前，用户必须先熟悉一下“数据”选项卡和“应用程序”面板，才能使开发的过程更加高效。

1．“数据”选项卡

单击“插入”面板中的“数据”选项卡，显示如图 7-10 所示的菜单项，使用户能够将动态内容和服务器行为添加到页面中。

显示的菜单项的数量和类型取决于在“文档”窗口中打开的文档类型。选项卡中包括可将下列项添加到页面中的菜单项。

- 记录集。
- 动态数据。
- 重复区域。
- 显示区域。
- 插入记录。
- 更新记录。
- 删除记录。
- 用户身份验证。

图 7-10　“数据”选项卡

2．“应用程序”面板

“应用程序”面板包括 3 个面板：“数据库”面板、“绑定”面板、“服务器行为”面板，如图 7-11 所示。这些面板的联合使用使开发动态 Web 站点非常简捷。

（1）“数据库”面板

如果用户需要创建数据库连接，可以选择“窗口”→“数据库”，出现“数据库”面板。在上一节中已经详细地讲解了“数据库”面板的使用方法。

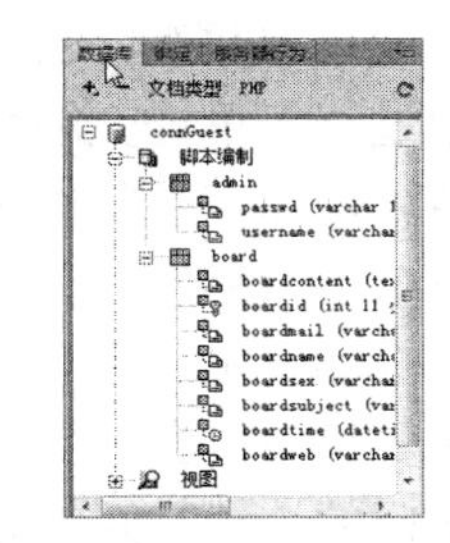

图 7-11　“应用程序”面板

（2）“绑定”面板

如果用户需要为页面定义动态内容的源，并将该内容添加到页面中，可以选择“窗口”→“绑定”，出现“绑定”面板。

（3）“服务器行为”面板

如果用户需要向动态页添加服务器端逻辑，可以选择“窗口”→“服务器行为”，出现“服务器行为”面板。服务器行为是在设计时插入到动态页中的指令组，这些指令运行时在服务器上执行。

7.2.2　动态内容源

动态内容源是一个显示在 Web 页中使用的动态内容的信息存储区，不仅包括存储在数据库中的信息，还包括通过 HTML 表单提交的值、服务器对象中包含的值以及其他内容源。

Dreamweaver 允许使用数据库、请求变量、URL 变量、服务器变量、表单变量、预存过程以及其他动态内容源。在 Dreamweaver 中定义的任何动态内容源都被添加到“绑定”面板的内容源列表中，然后用户可以将内容源插入当前选定的页面。

下面讲解 Dreamweaver 中常用的几个动态内容源。

1．记录集

记录集是数据库查询的结果，它提取请求的特定信息，并允许在指定页面内显示该信息。将数据库用作动态网页的内容源时，必须首先创建一个要在其中存储检索数据的记录集。记录集在存储内容的数据库和生成页面的应用程序服务器之间起一种桥梁作用。记录集由数据库查询返回的数据组成，并且临时存储在应用程序服务器的内存中，以便进行快速数据检索。当服务器不再需要记录集时，就会将其丢弃。

记录集可以包括完整的数据库表，也可以包括表的行和列的子集，这些行和列通过在记录集中定义的数据库查询进行检索。数据库查询是用结构化查询语言（SQL）编写的，使用 Dreamweaver 附带的 SQL 生成器，用户可以轻松地创建简单查询。不过，如果想创建复杂的 SQL 查询，则需要手动编写 SQL 语句。

2．URL 参数

URL 参数用于存储用户输入的检索信息，并且将用户提供的信息从浏览器传递到服务器。如果要定义 URL 参数，需要建立使用 GET 方法提交数据的表单或超文本链接。用户提交的信息附加到所请求页面的 URL 后面并传送到服务器。

URL 参数是附加到 URL 上的一个名称-值对。参数以问号“？”开始，采用 name = value 的格式。如果存在多个 URL 参数，则参数之间用“&”符号隔开。

例如，下面显示带有两个名称-值对的 URL 参数：

```
http://localhost/test/blogSearch.php?Year=2011&Month=09
```

3．表单参数

表单参数存储包含在网页的 HTTP 请求中的检索信息。如果创建使用 POST 方法的表单，则通过该表单提交的数据将传递到服务器。将表单参数定义为内容源后，即可在页面中使用其值。例如，在制作在线邮寄结果页面时，就采用了这种技术。

4．会话变量

会话变量提供了一种机制，通过这种机制，将用户的信息存储下来，供 Web 应用程序所使用。通常，会话变量存储信息（通常是由用户提交的表单或 URL 参数），并使该信息在用户访问的持续时间中对应用程序的所有页都可用。

例如，当用户登录一个 Web 门户（从该门户可访问电子邮件、股票报价、天气预报和每日新闻）之后，Web 应用程序会将登录信息存储在一个会话变量中，该变量在所有站点页面中标识该用户。这样，当用户浏览整个站点时，可以只看到已经选中的内容类型。

会话变量还可以提供一种超时形式的安全机制，这种机制在用户账户长时间不活动的情况下，终止该用户的会话。如果用户忘记从 Web 站点注销，这种机制还会释放服务器内存和处理资源。在 Dreamweaver 中，会话变量也称为阶段变量。

7.3 动态网页设计工作流程

本节主要讲述在 Dreamweaver 中设计动态页所必须遵循的几个关键步骤。

1．设计页面

在设计任何 Web 站点（无论是静态还是动态的）时的一个关键步骤是页面视觉效果的设计。当向网页中添加动态元素时，页面的设计对于其可用性至关重要。

将动态内容合并到 Web 页的常用方法是创建一个显示内容的表格，然后将动态内容导入该表格的一个或多个单元格中。利用此方法，可以用一种结构化的格式表示各种类型的信息。

2．创建动态内容源

动态 Web 站点需要一个内容源，在将数据显示在网页上之前，动态 Web 站点需要从该内容源提取这些数据。在 Dreamweaver 中，这些数据源可以是数据库、请求变量、服务器变量、表单变量或预存过程。

在 Web 页中使用这些内容源之前，必须执行以下操作。

- 创建动态内容源（如数据库）与处理该页面的应用程序服务器之间的连接。
- 指定要显示数据库中信息。
- 使用 Dreamweaver 的指向并单击界面选择动态内容元素并将其插入到选定页面。

3．向 Web 页添加动态内容

定义记录集或其他数据源并将其添加到“绑定”面板后，用户可以将该记录集所代表的动态内容插入到页面中。菜单型界面使得添加动态内容元素非常简单，只需从“绑定”面板中选择动态内容源，然后将其插入到当前页面内的适当文本、图像或表单对象中即可。

将动态内容元素或其他服务器行为插入到页面中时，Dreamweaver 会将一段服务器端脚本插入到该页面的源代码中。该脚本指示服务器从定义的数据源中检索数据，然后将数据呈现在该网页中。

4．增强动态页的功能

除了添加动态内容外，用户还可以通过使用服务器行为轻松地将复杂的应用程序逻辑合并到网页中。“服务器行为”是预定义的服务器端代码片段，这些代码向 Web 页添加应用程序逻辑，从而提供更强的交互性能和功能。

如果要向页面添加服务器行为，用户可以从“插入”栏的“数据”选项卡或“服务器行为”面板中选择它们。

Dreamweaver 提供指向并单击界面，这种界面使得将动态内容和复杂行为应用到页面就像插入文本元素和设计元素一样简单。可使用的服务器行为如下所述。

- 定义来自现有数据库的记录集。所定义的记录集随后存储在“绑定”面板中。
- 在一个页面上显示多条记录。可以选择整个表、包含动态内容的各个单元格或各行，并指定要在每个页面视图中显示的记录数。
- 创建动态表并将其插入到页面中，然后将该表与记录集相关联。以后可以分别使用“属性”面板和“重复区域服务器行为”来修改表的外观和重复区域。
- 在页面中插入动态文本对象。插入的文本对象是来自预定义记录集的项，可以对其应用任何 Dreamweaver 数据格式。
- 创建记录导航和状态控件、主/详细页面以及用于更新数据库中信息的表单。
- 显示来自数据库记录的多条记录。
- 创建记录集导航链接，允许用户查看来自数据库记录的前面或后面的记录。
- 添加记录计数器，帮助用户跟踪返回记录的个数及它们在返回结果中所处的位置。

此外，用户还可以通过编写自己的服务器行为，或者安装由第三方编写的服务器行为来扩展 Dreamweaver 的服务器行为。

5．测试和调试页

在 Web 上使用动态页或整个 Web 站点之前，需要测试其功能。在将站点上传到服务器并声明其可供浏览之前，建议用户先在本地对其进行测试。

7.4 以可视化方式生成动态网页

在 Dreamweaver 中，用户可以通过可视化的操作生成动态网页，包括查询、插入、删除和更新数据库的记录、显示主要信息和详细信息以及限制某些用户进行访问的页面。

本节主要讲述如何通过简单的操作快速地生成 PHP 动态网页，让读者了解动态网页生成的原理，为后面各章节案例的制作打好基础。

7.4.1 网页中绑定记录集

网页中如果要使用数据库的资源，在创建数据库的连接之后必须创建记录集才能进行相关的记录操作。记录集的实质就是将数据库中的表按照自己的要求筛选、排序整理出来的记录。用户可以在“绑定”面板中执行新建记录集的操作。

下面讲述在数据库连接 connGuest 的基础上如何新建记录集。

【演练 7-2】 建立显示留言信息的记录集并绑定在网页中。

【案例展示】 新建名为 RecBoard 的记录集，如图 7-12 所示，测试结果如图 7-13 所示。

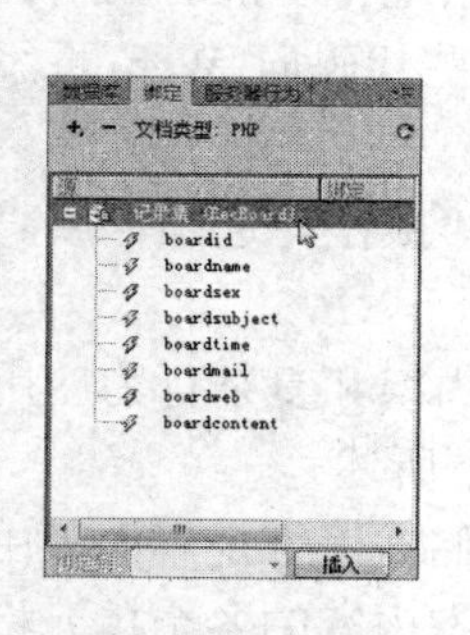

图 7-12 显示留言信息的记录集

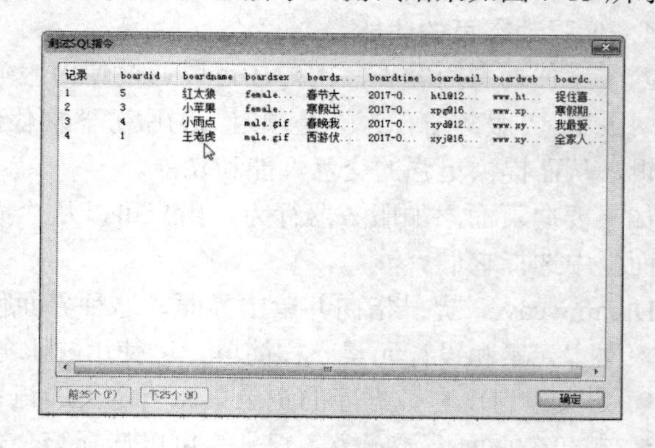

图 7-13 记录集的测试结果

【学习目标】 新建记录集并绑定在网页中。

【知识要点】 新建记录集，绑定记录集，测试记录集。

操作步骤如下。

① 启动 Dreamweaver，在“文档”窗口中打开要使用记录集的页面 testconn.php。

② 选择“窗口”→“绑定”以显示“绑定”面板。

③ 在“绑定”面板中，单击“+”按钮并从下拉菜单中选择“记录集（查询）”，如图 7-14 所示。弹出简单的“记录集”对话框，如图 7-15 所示。

- 在“名称”文本框中，输入记录集的名称。例如，输入“RecBoard”。
- 从“连接”下拉菜单中选取已经建立的连接，例如，“connGuest”。如果列表中未出现连接，可以单击“定义”创建连接。
- 在“表格”下拉菜单中，选取为记录集提供数据的数据库表。例如，选择表“board”。
- 要使记录集中只包括某些表列，单击“选定的”按钮，然后按〈Ctrl〉键并单击列表中的列，选择所需列。这里选择“全部”按钮包括表中所有的列。

- 要使记录集中只包括表的某些记录，可以设置“筛选”实现。
- 要对记录进行排序，可以选取要作为排序依据的列，然后指定是按升序还是按降序对记录进行排序。这里选择列 boardtime 降序排列。

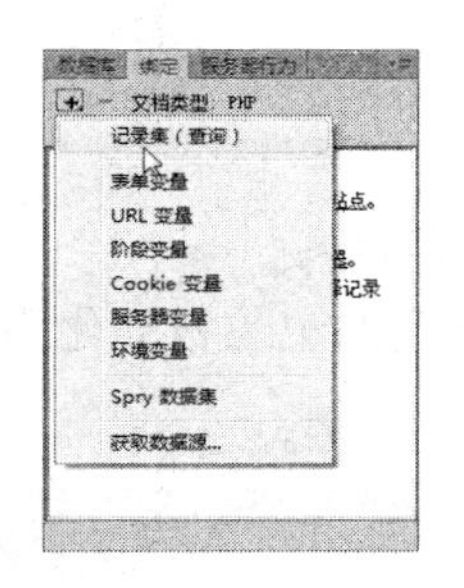

图 7-14　选择“记录集（查询）”

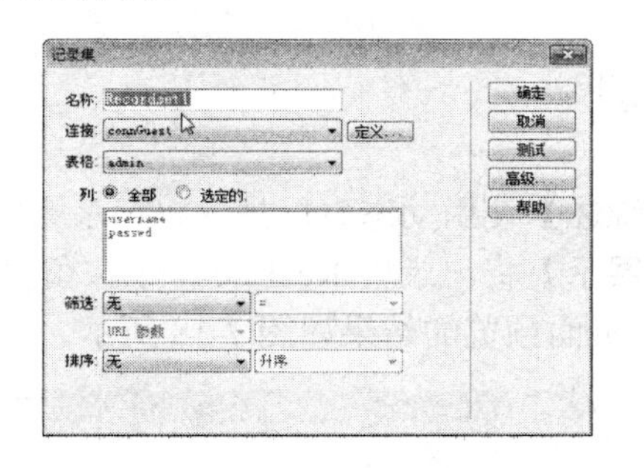

图 7-15　“记录集”对话框

以上设置完成后，“记录集”对话框的参数如图 7-16 所示。如果用户需要创建复杂的 SQL 查询，可以单击“高级”按钮切换到高级“记录集”对话框，在 SQL 文本框中可以看见用户所做设置生成的 SQL 语句，如图 7-17 所示。

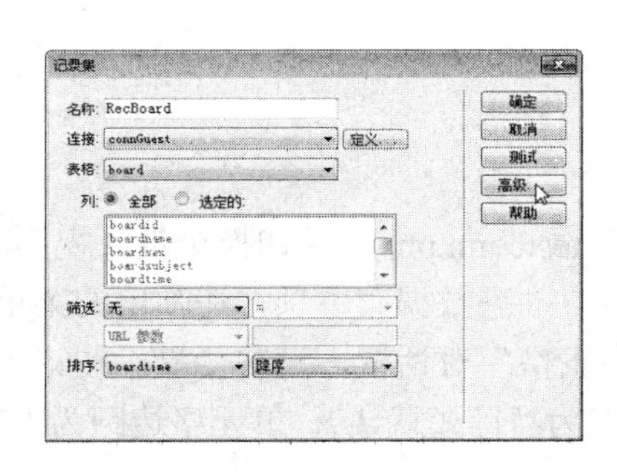

图 7-16　“记录集”对话框

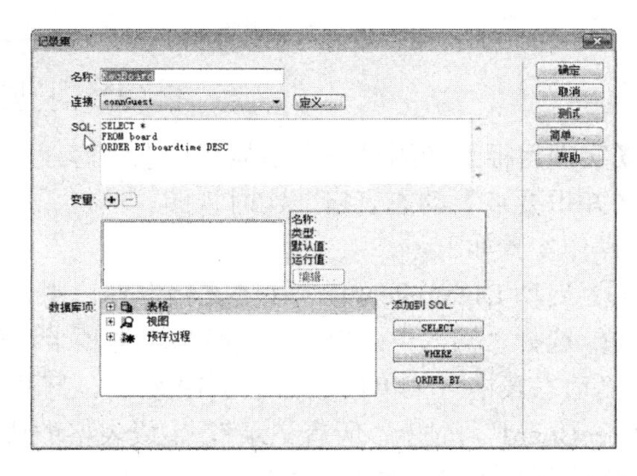

图 7-17　高级“记录集”对话框

④ 单击“测试”按钮执行查询，并确保该查询检索到自己想要的信息。记录集实例创建成功时，将出现一个显示从该记录集中提取的数据的表格。每行包含一条记录，而每列表示该记录中的一个域，如图 7-13 所示。

⑤ 单击“确定”按钮，返回到“记录集”对话框。在“记录集”对话框中，单击“确定”按钮，将该记录集添加到“绑定”面板的可用内容源列表中，如图 7-12 所示。

【案例说明】以上操作只是利用 Dreamweaver 附带的 SQL 创建器，用户可以在不太深入了解 SQL 的情况下创建简单查询。如果用户想创建复杂的 SQL 查询，则需要使用高级 SQL 创建器手动编写复杂的 SQL 语句。

7.4.2　动态表格的使用

记录集建立好之后，用户就可以将该记录集所代表的动态内容插入到页面中，在动态页中显示数据库中的数据。Dreamweaver 提供了许多显示动态内容的方法，还提供了若干内置的服务器行为增强动态内容的显示。

在显示动态内容的方法中，最简单快捷的方法是使用动态表格，动态表格就是将绑定的记录集自动化为表格并显示在页面上。

7.5 实训

【实训综述】使用动态表格技术将记录集中的记录显示在网页中。

【实训展示】将记录集 RecBoard 中按留言发布时间降序排列的记录自动化为表格并显示在页面上，页面预览的结果如图 7-18 所示。

http://localhost/test/testconn.php

无标题文档

boardid	boardname	boardsex	boardsubject	boardtime	boardmail	boardweb	boardcontent
5	红太狼	female.gif	春节大礼包	2017-01-30 00:00:00	htl@126.com	www.htl.com	捉住喜羊羊
3	小苹果	female.gif	寒假出行计划	2017-01-29 00:00:00	xpg@163.com	www.xpg.com	寒假期间，我要去五大连池欣赏美景
4	小雨点	male.gif	春晚我最喜欢的节目	2017-01-29 00:00:00	xyd@126.com	www.xyd.com	我最爱看小品
1	王老虎	male.gif	西游伏妖篇隆重登场	2017-01-28 00:00:00	xyj@163.com	www.xyj.com	全家人一起去捧场

图 7-18 页面预览结果

【实训目标】使用动态表格显示动态内容。

【知识要点】动态表格，实时视图。

操作步骤如下。

① 启动 Dreamweaver，在“文档”窗口中打开页面 testconn.php，并切换至设计视图。

② 选择“插入”面板中的“数据”选项卡，单击 动态数据菜单项，在弹出的菜单中选择“动态表格”菜单项，如图 7-19 所示。打开“动态表格”对话框，设置要显示的记录集为“RecBoard”，显示“所有记录”，生成表格的边框粗细为“1”（默认），单元格边距为“3”，单元格间距为“3”，如图 7-20 所示。

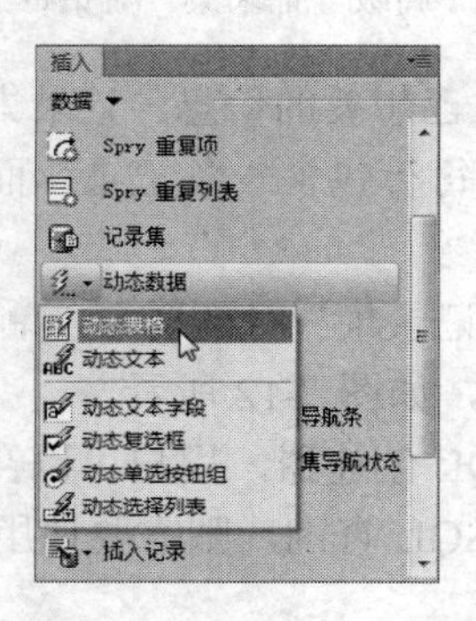

图 7-19 选择“动态表格”菜单项

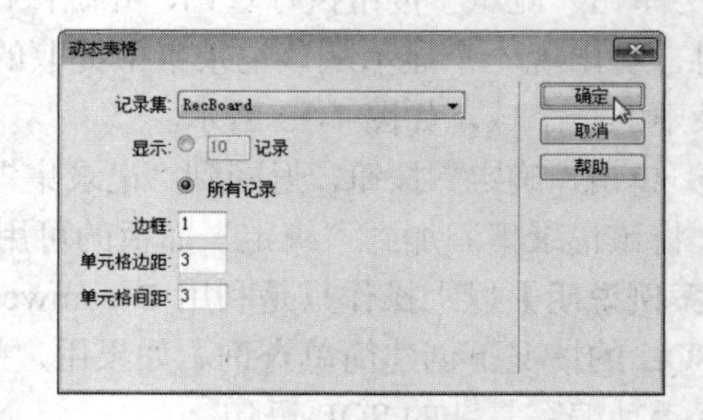

图 7-20 “动态表格”对话框

③ 单击“确定”按钮，程序会自动地在页面中插入一个表格，Dreamweaver 已经自动将记录集中的数据以 PHP 代码的方式显示在表格中，如图 7-21 所示。

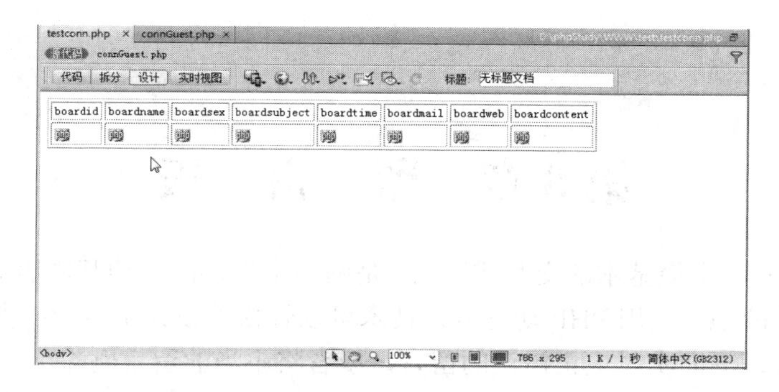

图 7-21　记录集中的数据以 PHP 代码的方式显示在表格中

④ 用户一定很想看到表格中显示的留言记录，马上就能看到这种效果。单击文档工具栏中的“实时视图”按钮，进入实时视图显示方式。用户就可以直接在文档窗口中看到表格中显示的一条条留言记录，如图 7-22 所示。

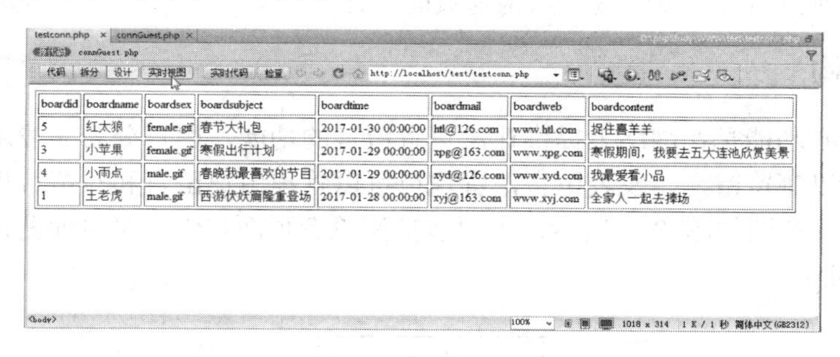

图 7-22　实时视图

⑤ 执行“文件”→“保存全部”命令，将页面保存，按〈F12〉键预览网页。

7.6　习题

1．简述 PHP 程序连接到 MySQL 数据库服务器的原理。

2．Dreamweaver 允许使用的动态内容源有哪些？动态网页设计的工作流程是什么？

3．建立一个测试数据库连接的页面，连接新闻系统数据库 news，并生成测试脚本。

4．在新闻系统数据库连接的基础上建立显示新闻信息的记录集并绑定在网页中。

5．使用动态表格技术将新闻信息记录集中的记录显示在网页中，页面预览的结果如图 7-23 所示。

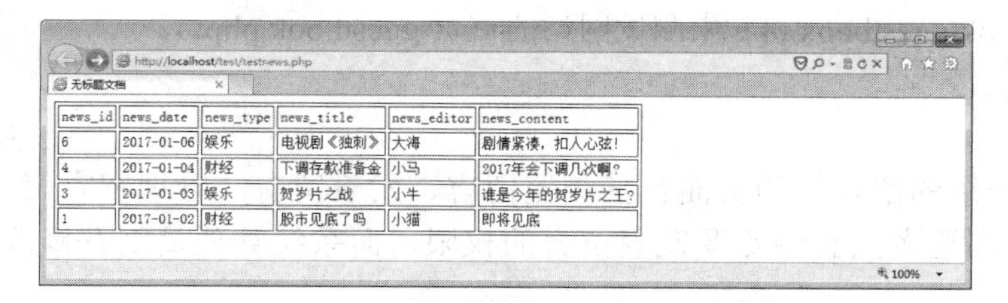

图 7-23　页面预览的结果

第8章　留　言　板

留言板是Internet上最基本的交互式网页，是网络上提供的一项基本服务，也是一个和浏览者交流、沟通的园地。利用PHP动态网站技术可以轻松地设计出专业的留言板，管理员可以随时登录后台管理界面实时更正错误的留言，或者将不当的留言删除。

8.1　网站的规划

本章将引导读者建立一个功能完整的留言板，包括添加、修改、删除数据库中的数据等功能。下面将分别介绍留言板的网站结构与页面设计。

8.1.1　网站结构

留言板的核心功能是在网络上提供让浏览者留言的功能。用户分为一般用户和管理员用户，一般用户可以浏览留言、发表留言，管理员可以管理用户留言和对留言板进行设置。留言板的网站结构示意图如图8-1所示，主要包括浏览者页面与管理员页面两部分，网站主页面为guestbook.php。

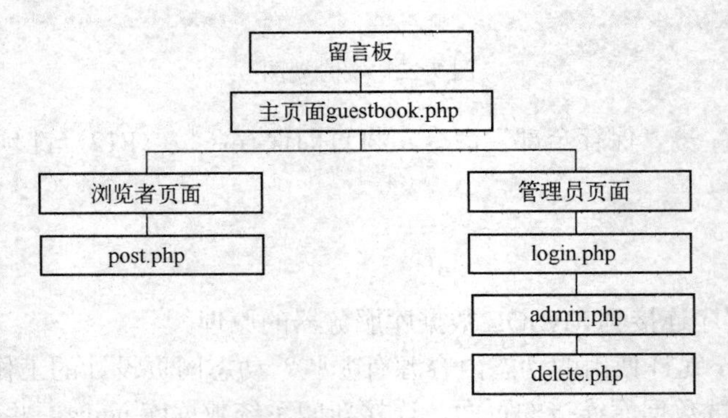

图8-1　网站结构示意图

本案例的本地站点和测试站点都架设在本地服务器。用户既可以在Dreamweaver CS6动态网站环境下按〈F12〉键预览网页，也可以在启动IE浏览器后输入网站地址http://localhost/guestbook/guestbook.php来测试网站的首页guestbook.php。

8.1.2　页面设计

本案例所介绍的留言板的页面包括浏览留言、发表留言、管理留言等5个页面，见表8-1。其中，浏览者只有浏览及发表留言的权限，而系统管理员则有修改、删除留言信息等权限。

表 8-1　留言板的页面文件

文件名称	功能说明
guestbook.php	留言板主页面（含浏览留言功能）
post.php	发表留言页面
login.php	系统管理员登录页面
admin.php	系统管理员管理主页面（含更新留言的功能）
delete.php	确认删除留言页面

8.2　数据库设计

留言板程序中用到的数据库采用复制数据库文件夹的方法还原数据库到 MySQL 的数据库文件夹下。

8.2.1　还原数据库

1．复制数据库文件夹到 MySQL 的数据库文件夹

打开案例所在的文件夹，将数据库文件夹 guest 复制到 MySQL 的数据库文件夹 data 下，如图 8-2 所示，即完成了数据库的还原。

2．在 phpMyAdmin 中查看数据库中的表

登录 phpMyAdmin，在 phpMyAdmin 主界面的左侧导航中显示出已经还原的数据库 guest，如图 8-3 所示。

图 8-2　复制数据库文件夹到目标位置

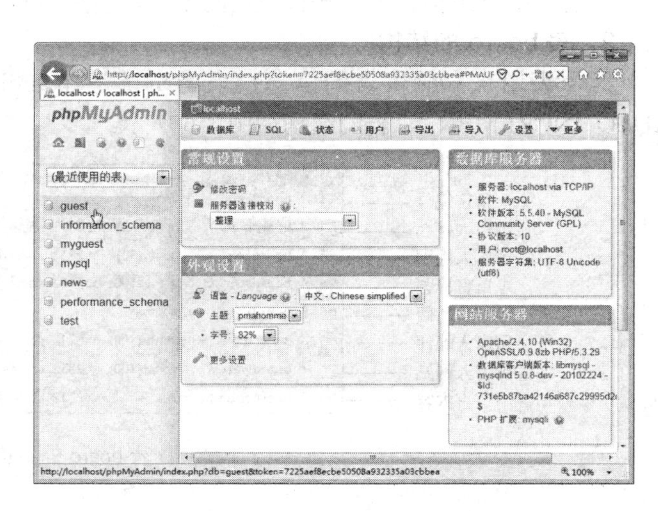

图 8-3　已经还原的数据库

单击数据库 guest 的链接，打开数据库管理界面，显示出其中包含的数据表 admin 和 board，如图 8-4 所示。

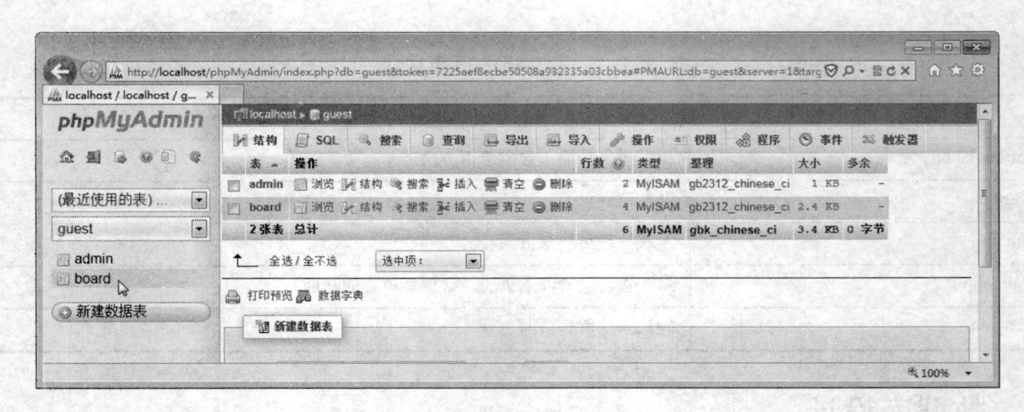

图 8-4　数据库中包含的数据表

8.2.2 数据表的结构

在图 8-4 中，单击某个数据表将打开表的管理页面，默认显示的是表的结构。

1．表 admin 的结构

这个表用来存储管理页面的账号和密码，表的结构如图 8-5 所示。

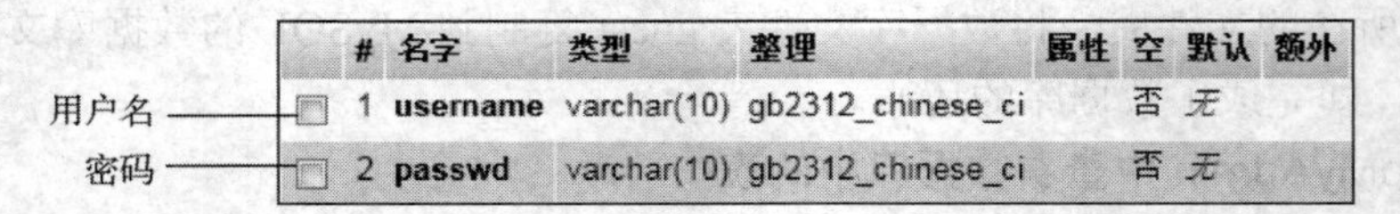

	#	名字	类型	整理	属性	空	默认	额外
用户名	1	username	varchar(10)	gb2312_chinese_ci		否	无	
密码	2	passwd	varchar(10)	gb2312_chinese_ci		否	无	

图 8-5　表 admin 的结构

当前表中已经预存了一条管理员的记录，用户名和密码的值都是“admin”。

2．表 board 的结构

这个表用来存储留言的信息，表的主键是 boardid（留言编号），并设置为自动编号 AUTO_INCREMENT，表的结构如图 8-6 所示。

	#	名字	类型	整理	属性	空	默认	额外
留言编号	1	boardid	int(11)			否	无	AUTO_INCREMENT
留言人姓名	2	boardname	varchar(50)	gb2312_chinese_ci		是	NULL	
留言人性别	3	boardsex	varchar(50)	gb2312_chinese_ci		是	NULL	
留言标题	4	boardsubject	varchar(100)	gb2312_chinese_ci		是	NULL	
留言时间	5	boardtime	datetime			是	NULL	
留言人邮件	6	boardmail	varchar(100)	gb2312_chinese_ci		是	NULL	
留言人网站	7	boardweb	varchar(100)	gb2312_chinese_ci		是	NULL	
留言内容	8	boardcontent	text	gb2312_chinese_ci		是	NULL	

图 8-6　表 board 的结构

8.3　定义网站与设置数据库连接

接下来要在 Dreamweaver 中定义一个 PHP 网站，设置本地文件夹、测试服务器和数据库的连接，见表 8-2。

表 8-2　定义网站

参　数	设　置　值
站点名称	PHP 留言板
本地文件夹	D:\phpStudy\WWW\guestbook
测试服务器	D:\phpStudy\WWW\guestbook
网站测试地址	http://localhost/guestbook/
MySQL 服务器地址	localhost:3306
MySQL 服务器管理账号/密码	root/root
数据库名称	guest
数据表名称	admin、board

1．复制网页源文件

本书所附的素材文件中的 guestbook 文件夹包含此案例所需的全部原始文件（静态页面），用户可以将其全部复制到网站的根目录 D:\phpStudy\WWW 下。

2．定义网站

（1）建立本地站点

打开 Dreamweaver，执行“站点”→“新建站点”命令，打开“站点设置对象”对话框，新建一个名称为“PHP 留言板”的本地站点，使用的本地文件夹为 D:\phpStudy\WWW\guestbook，如图 8-7 所示。

（2）建立测试服务器

将分类切换到“服务器”类别，设置服务器名称为“guestbook”，连接方法为“本地/网络”，服务器文件夹为 D:\phpStudy\WWW\guestbook，Web URL 为 http://localhost/guestbook，如图 8-8 所示。然后，单击“高级”选项卡，设置服务器模型为“PHP MySQL”。

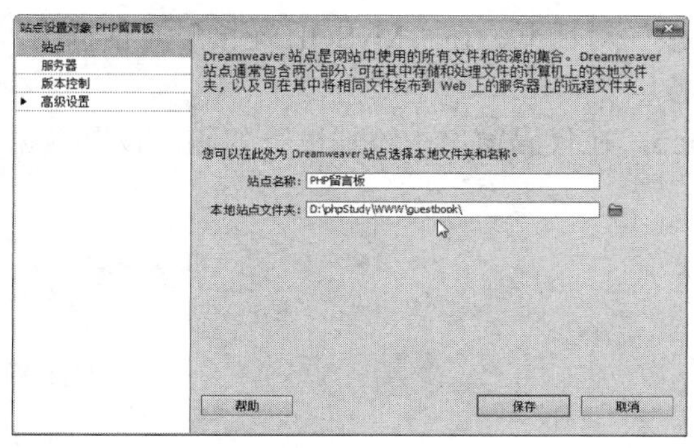

图 8-7　建立本地站点

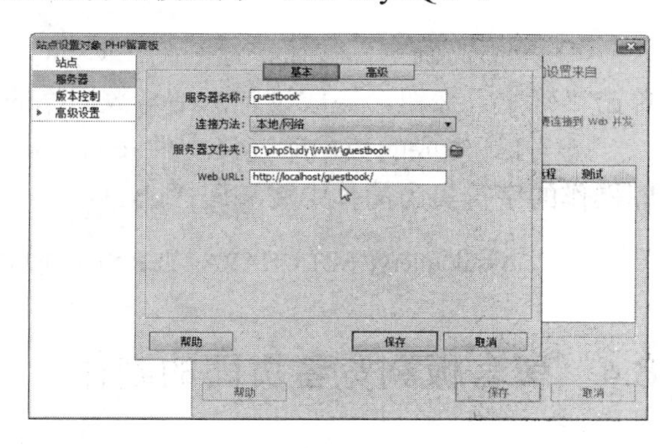

图 8-8　建立测试服务器

完成设置后，单击“保存”按钮，返回到“站点设置对象”对话框。勾选“测试”复选框，单击“保存”按钮，完成网站的定义。

3．设置数据库连接

完成了网站的定义后，需要设置网站与数据库的连接，才能在此基础上制作出动态页面。操作步骤如下：

① 打开网页 guestbook.php，在“应用程序”面板的“数据库”选项卡中单击“+”按钮，弹出选择数据库连接的菜单，如图 8-9 所示。

② 在弹出的菜单中选择“MySQL 连接”命令，打开“MySQL 连接”对话框，如图 8-10 所示。接下来，参照表 8-3 中的参数进行数据库连接设置。

表 8-3　设置数据库连接参数

参　数	设　置　值
连接名称	connGuest
MySQL 服务器	localhost
用户名	root
密码	root
数据库	guest

③ 单击“测试”按钮测试是否与 MySQL 数据库连接成功。如果连接成功，将打开如图 8-11 所示的对话框，显示“成功创建连接脚本”的提示信息。

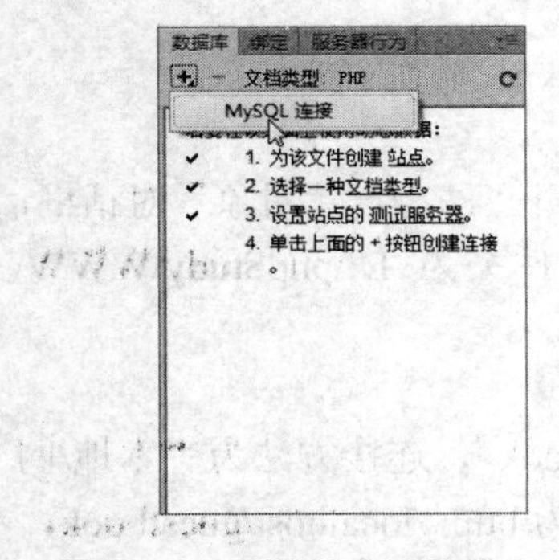

图 8-9　选择数据库连接的菜单

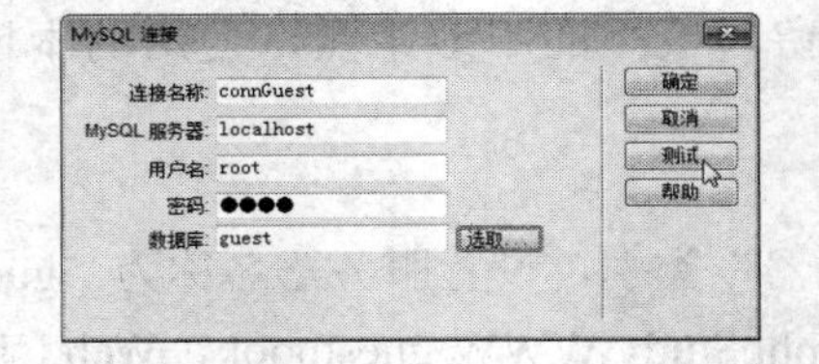

图 8-10　“MySQL 连接”对话框

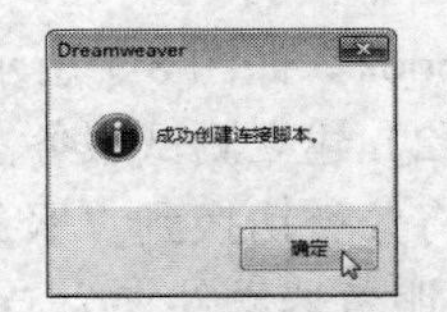

图 8-11　连接成功

④ 单击“确定”按钮，返回到“MySQL 连接”对话框。在“MySQL 连接”对话框中，单击“确定”按钮，完成设置网站与数据库的连接。

⑤ 打开生成的数据库连接文件 connGuest.php，在代码窗口中添加以下代码，设置数据库操作的字符集为简体中文编码“gb2312”：

```
mysql_query("SET CHARACTER SET gb2312");
```

8.4　留言板浏览者页面的制作

在 Dreamweaver 中定义网站，建立与 MySQL 数据库的连接后，就可以开始设计 PHP 页面了。留言板浏览者页面包含了浏览留言页面及发表留言页面。

8.4.1　浏览留言页面的制作

浏览留言页面 guestbook.php 用于显示网站所有留言的信息，一般用户可以选择发表留言的链接进入发表留言页面，管理员可以选择登录管理的链接进入管理页面。

1. 绑定记录集 guestlist

记录集可根据当前网页的需要选取所需的字段，甚至进一步筛选或排列信息内容。在建立与 MySQL 数据库的连接后，就可以利用“绑定”面板，将所需要的字段链接至网页中。

guestbook.php 所使用的数据表是 board，绑定这个数据表字段的操作步骤如下。

① 打开“绑定”面板，单击“+”按钮，从弹出的菜单中选择“记录集（查询）”命令。

② 打开“记录集”对话框，参照表 8-4 中的参数进行记录集的设置，如图 8-12 所示，完成后单击“确定”按钮。

表 8-4　绑定记录集 guestlist 的参数设置

参　　数	设　置　值
名称	guestlist
连接	connGuest
表格	board
列	全部
排序	以 boardtime 降序排列

③ 绑定记录集后，将记录集中的字段拖动至 guestbook.php 网页的适当位置，如图 8-13 所示。

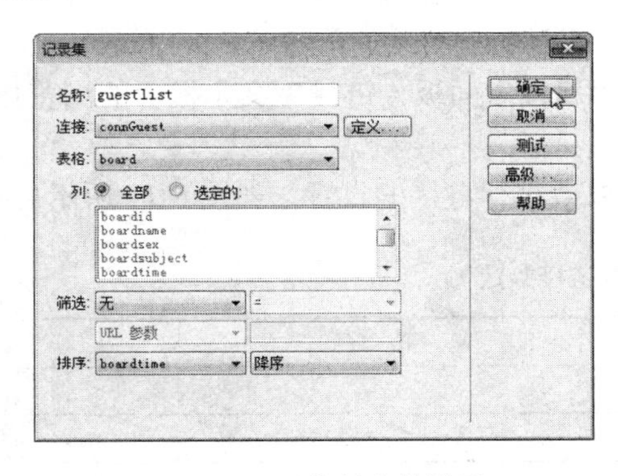

图 8-12　记录集的参数设置

图 8-13　将记录集的字段拖动至 guestbook.php 网页

其中，留言者的图标、电子邮件、个人网站这 3 个字段的设置方式与其他字段不同，分别说明如下。

2. 设置留言者的头像

在留言板中，每个留言都可以选取自己的头像。留言者的头像是用图标来显示的，在表单中性别字段提交的是图片的文件名，这里就是要设置按字段的值的变化显示图片。

① 选取留言者头像图标，如图 8-14 所示。单击“属性”面板“源文件”文本框后的浏览按钮 。

② 打开“选取图像源文件”对话框，参照表 8-5 中的参数进行链接的设置，如图 8-15 所示。需要说明的是，头像文件存储在网站的 images 文件夹中，因此需要在 URL 文本框中的字段之前加上“images/”。

表 8-5　设置留言者头像图标的链接参数

参　　数	设　置　值
选取文件自	数据源
域	boardsex
URL	在最前面加上 images/

③ 单击“确定”按钮，完成留言者头像的设置。

图 8-14　选取留言者头像图标

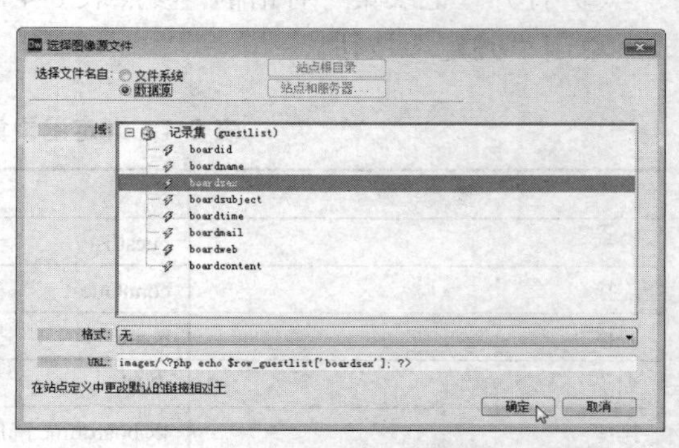

图 8-15　“选取图像源文件”对话框

3．设置留言者的个人网站链接

留言者的个人网站字段除了添加字段的链接外，还要加上网站的前导符—— http://。

① 选取个人网站字段，如图 8-16 所示。单击“属性”面板“链接”文本框后的浏览按钮 。

② 打开“选择文件”对话框，参照表 8-6 中的参数进行链接的设置，如图 8-17 所示。

表 8-6　设置个人网站的链接参数

参　　数	设　置　值
选取文件自	数据源
域	boardweb
URL	在最前面加上 http://

③ 单击“确定”按钮，完成留言者个人网站的设置。

图 8-16　选取个人网站字段

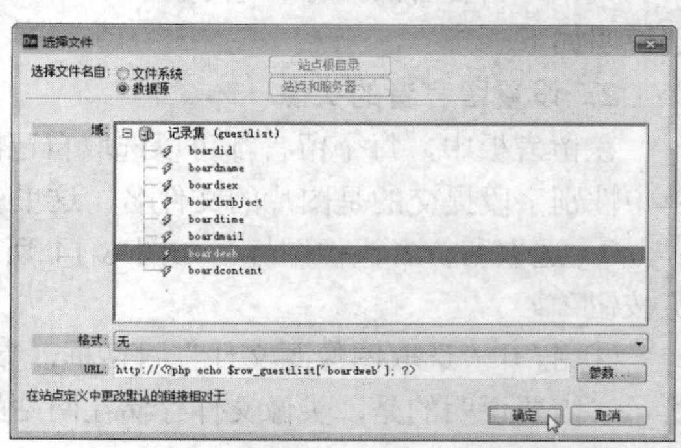

图 8-17　“选择文件”对话框

4．设置留言者的电子邮件链接

留言者的电子邮件字段除了添加字段的链接外，还要加上电子邮件链接的前导符——mailto:。

① 选取电子邮件字段，如图 8-18 所示。单击“属性”面板“链接”文本框后的浏览按钮 。

② 打开“选择文件”对话框，参照表 8-7 中的参数进行链接的设置，如图 8-19 所示。

表 8-7　设置电子邮件的链接参数

参　　数	设　置　值
选取文件自	数据源
域	boardmail
URL	在最前面加上 mailto:

③ 单击“确定”按钮，完成留言者电子邮件的设置。

图 8-18　选取电子邮件字段

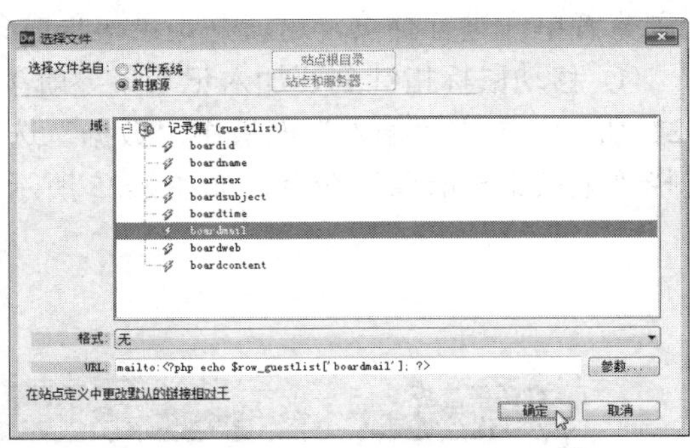

图 8-19　“选择文件”对话框

5．设置重复区域

由于要在 guestbook.php 页面中显示数据库中的所有记录，而当前的设置只能显示数据库的第一条记录，所以需要设置“重复区域”服务器行为将数据一一读取并显示出来。操作步骤如下。

① 选取 guestbook.php 页面中的数据行，如图 8-20 所示。

② 打开“服务器行为”面板，单击“+”按钮，从弹出的菜单中选择“重复区域”命令，如图 8-21 所示。

图 8-20　选取数据行

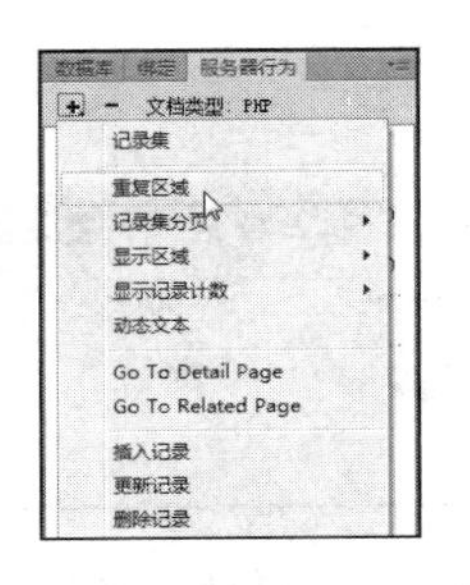

图 8-21　选择“重复区域”命令

③ 打开“重复区域”对话框，设置每页显示的记录数。例如，设置为 2 条记录，如图 8-22 所示。

④ 单击“确定”按钮返回到设计窗口，会发现所选取要重复的区域的左上角出现了一个“重复”的灰色标签，表示已经完成设置，如图 8-23 所示。

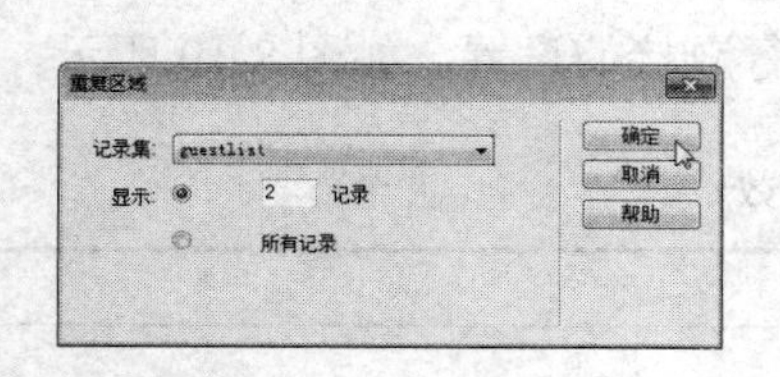

图 8-22 “重复区域”对话框

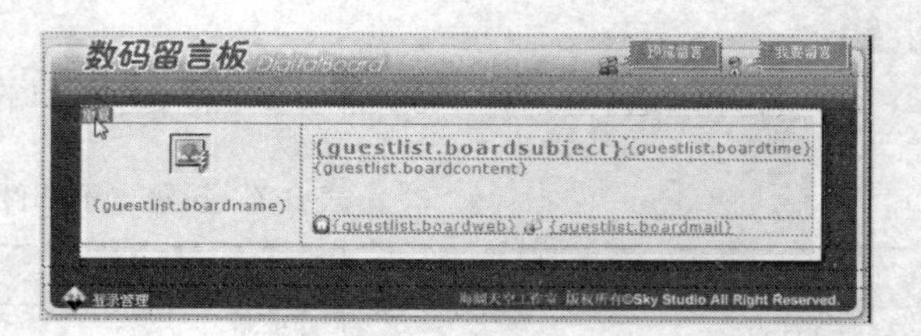

图 8-23 重复区域的灰色标签

6. 加入记录集导航条

当记录集超过一页时，就必须设置上一页、下一页、第一页、最后一页的按钮或文字，让浏览者单击进行翻页，这就是记录集导航条的功能。

① 移动鼠标指针到要加入记录集导航条的位置，位于本页面最下方右边的单元格，如图 8-24 所示。单击“插入”面板中“数据”选项卡中的记录集分页按钮 ，在弹出的菜单中选择“记录集导航条”命令，如图 8-25 所示。

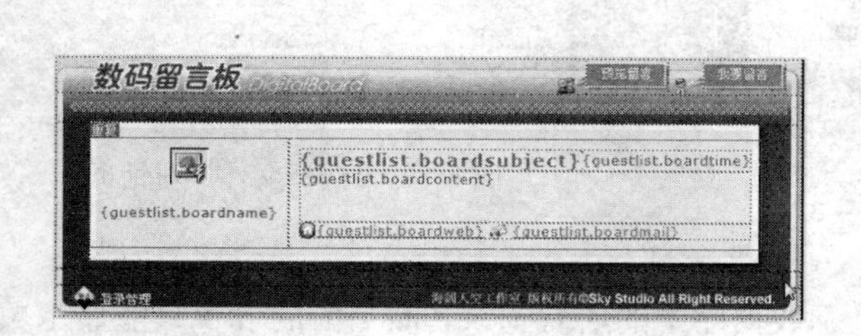

图 8-24 定位记录集导航条的位置

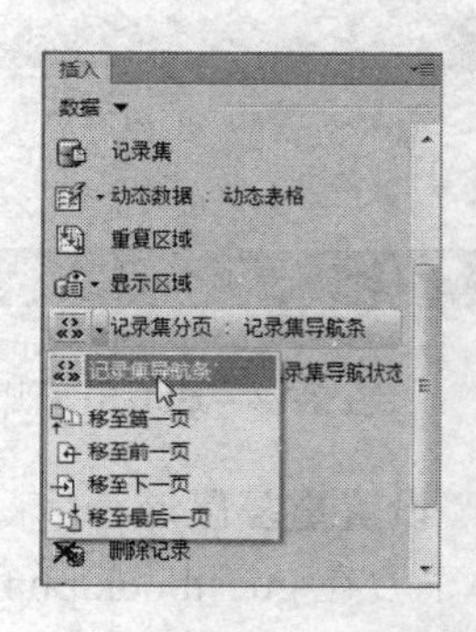

图 8-25 “记录集导航条”命令

② 打开“记录集导航条”对话框，设置导航条的显示方式为默认的“文本”方式，如图 8-26 所示。

③ 单击“确定”按钮返回到设计窗口，会发现页面中出现该记录集的导航条，如图 8-27 所示。

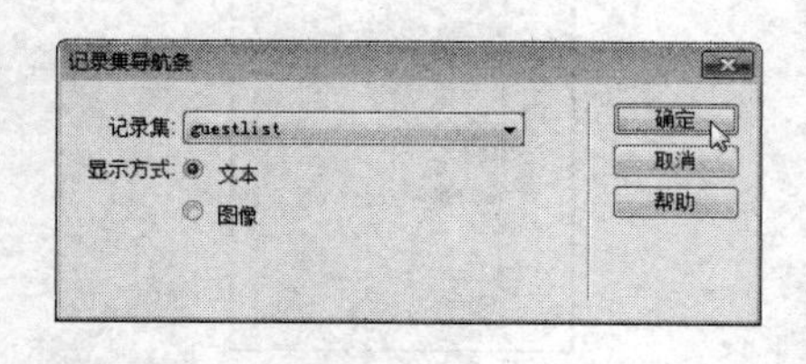

图 8-26 “记录集导航条”对话框

图 8-27 加入记录集导航条后的效果

7. 加入记录集导航状态

如果要进一步显示记录集的总记录数及当前是第几条记录，就必须加入记录集导航状态。

① 将鼠标指针移至要加入记录集导航状态的位置，位于本页面最下方左边的单元格，如图 8-28 所示。单击“插入”面板中“数据”选项卡中的显示记录计数按钮 ，在弹出的菜单中选择“记录集导航状态”命令，如图 8-29 所示。

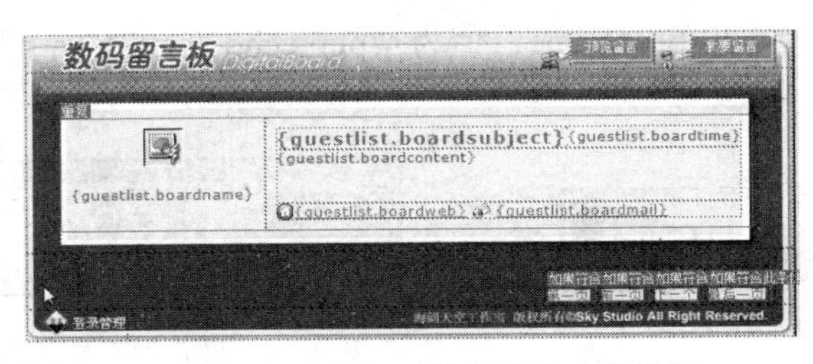

图 8-28 定位记录集导航状态的位置

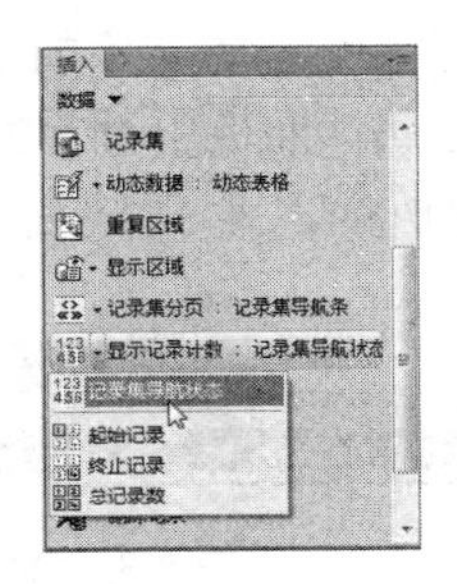

图 8-29 “记录集导航状态”命令

② 打开“记录集导航状态”对话框，选取要显示导航状态的记录集，如图 8-30 所示。

③ 单击“确定”按钮返回到设计窗口，会发现页面中出现该记录集的导航状态，如图 8-31 所示。

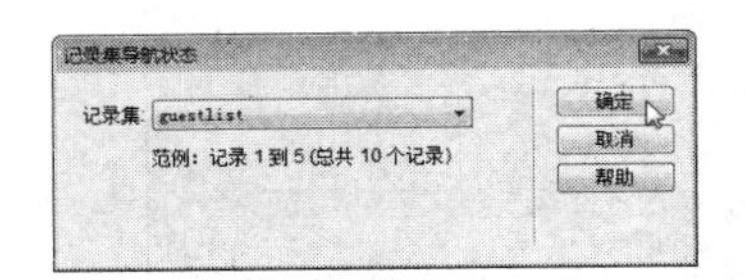

图 8-30 “记录集导航状态”对话框

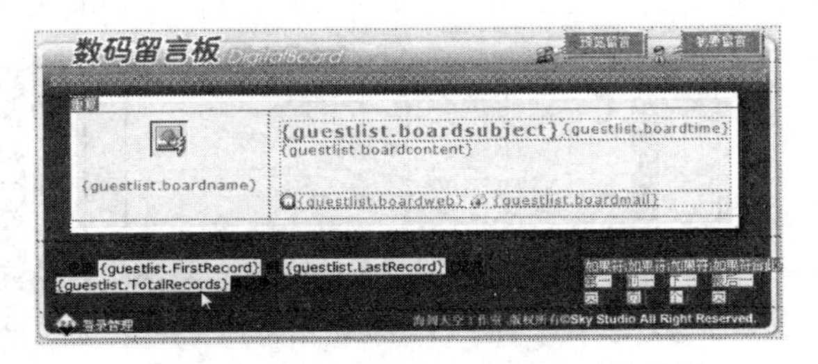

图 8-31 加入记录集导航状态后的效果

8.4.2 发表留言页面的制作

本节讲解的是制作发表留言页面 post.php，如图 8-32 所示。该页面包含一个用于提供留言内容的表单，主要功能是将页面的表单数据添加到网站的数据库中。

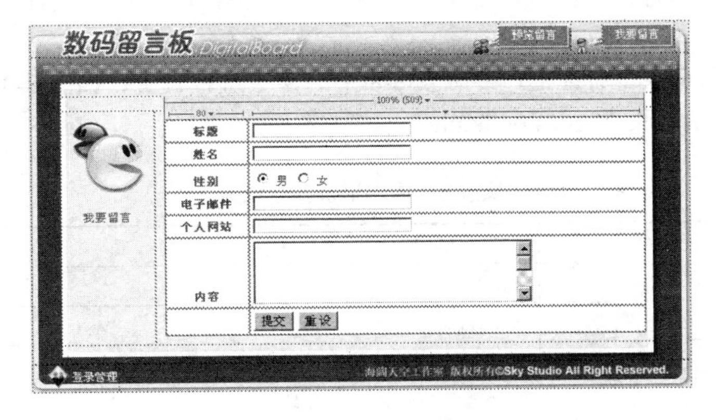

图 8-32 发表留言页面

1. 发表留言表单的设置

在网页设计时通常使用表单来添加网站数据库的记录。在页面 post.php 中，除了设置表单字段之外，还可以通过隐藏域将发表留言时间字段 boardtime 设置为自动取得系统日期。操作步骤如下：

① 将鼠标定位于表单中的任何位置，例如，定位在“重设”按钮的右侧。单击“插入”面板中“表单”选项卡中的隐藏域 按钮，在文本框右侧插入一个隐藏域，如图 8-33 所示。

② 在属性面板中设置隐藏域的名称为 boardtime，值为<?php echo date("Y-m-d H:i:s")?>，如图 8-34 所示。

图 8-33 插入隐藏域

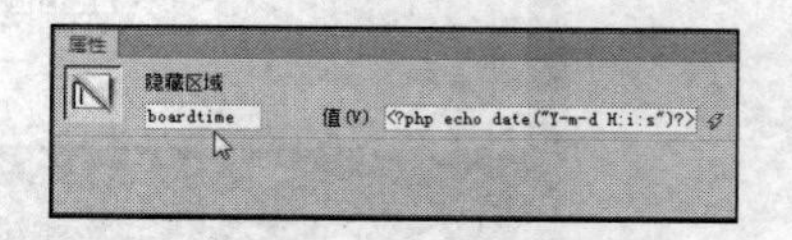

图 8-34 设置隐藏域的名称和值

另外，要注意性别字段的设置。如果希望在显示时留言者头像时随性别不同而显示不同的图标，可以使用<images>文件夹中的 male.gif 和 female.gif 分别代表男生的头像和女生的头像。打开属性面板，将两个性别单选按钮 boardsex 的字段值分别设置为 male.gif 和 female.gif，如图 8-35 所示，这样用户选择后就可以将性别的表单值提交到网站数据库中。

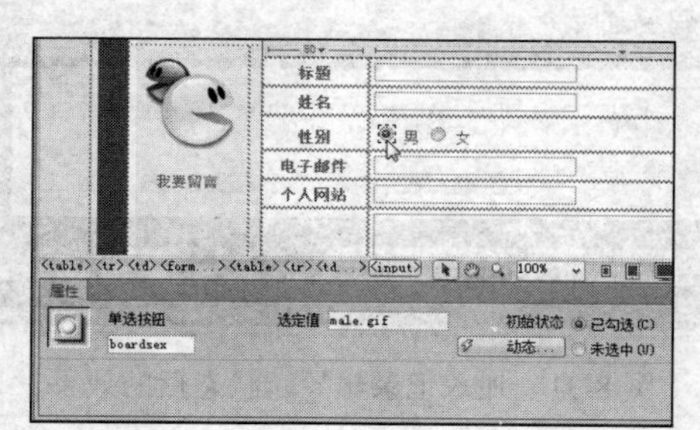

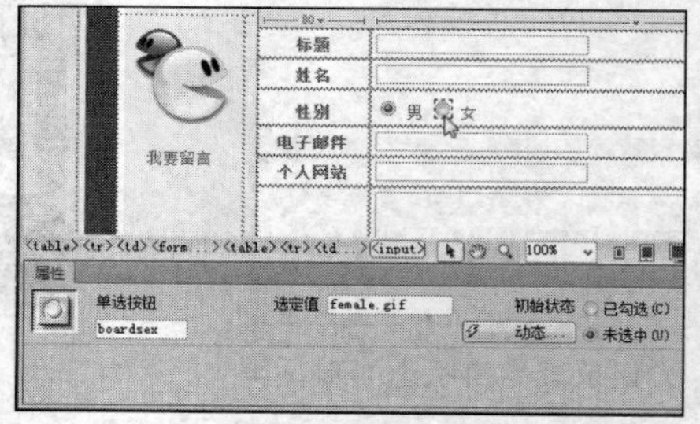

图 8-35 设置性别单选按钮的字段值

最后，将表单中的其他字段的名称都设置为对应的数据表字段的名称。

2. 加入插入记录服务器行为

① 打开“服务器行为”面板，单击“+”按钮，从弹出的菜单中选择“插入记录”命令，如图 8-36 所示。

② 打开“插入记录”对话框，参照表 8-8 中的参数进行设置，如图 8-37 所示，并设置添加数据后转到浏览留言页面 guestbook.php。

表 8-8 插入记录参数设置

参 数	设 置 值
提交值，自	form1
连接	connGuest
插入表格	board
列	参照数据表字段与表单字段
插入后，转到	guestbook.php

③ 单击“确定”按钮，完成插入记录操作。

图 8-36　选择“插入记录”命令

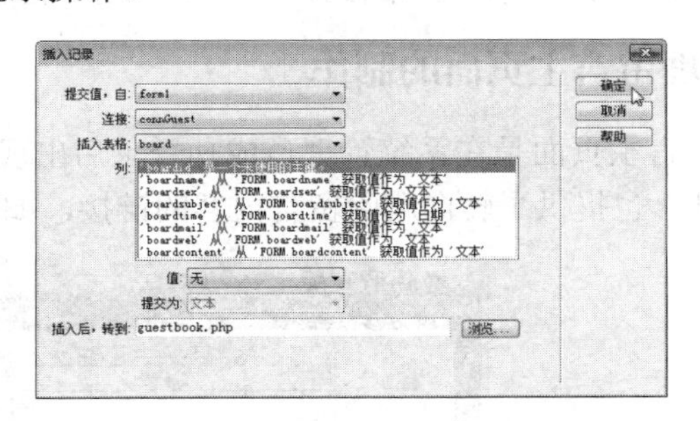

图 8-37　“插入记录”对话框

8.5　留言板管理页面的制作

系统管理页面对于留言板来说非常重要，管理员可以通过这些页面添加、修改或者删除留言的内容，使网站的留言秩序有条不紊。

8.5.1　管理员登录页面的制作

由于管理页面是不允许普通浏览者进入的，所以必须受到权限管理。可以利用登录账号与密码来判断是否有适当的权限进入管理页面。操作步骤如下：

① 打开管理员登录页面 login.php，如图 8-38 所示。

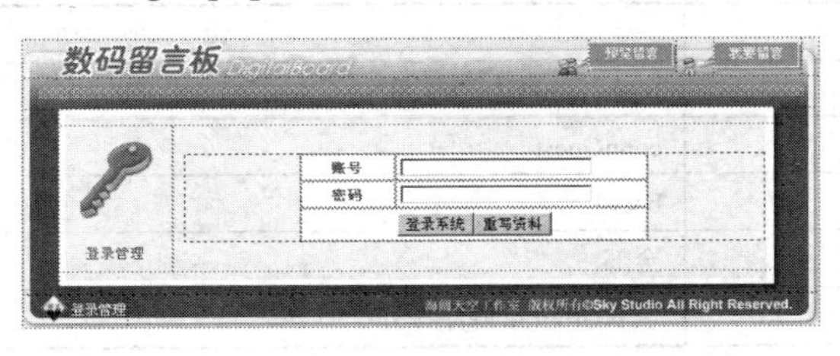

图 8-38　管理员登录页面

② 打开“服务器行为”面板，单击“+”按钮，从弹出的菜单中选择“用户身份验证”→“登录用户”命令，如图 8-39 所示。打开“登录用户”对话框，参照图 8-40 所示设置相关参数。

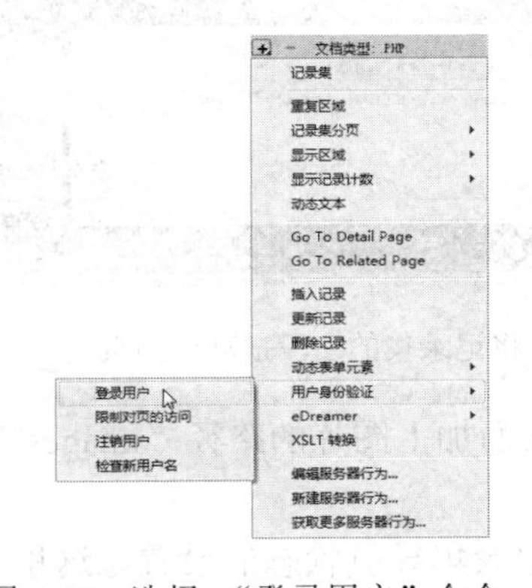

图 8-39　选择 “登录用户”命令

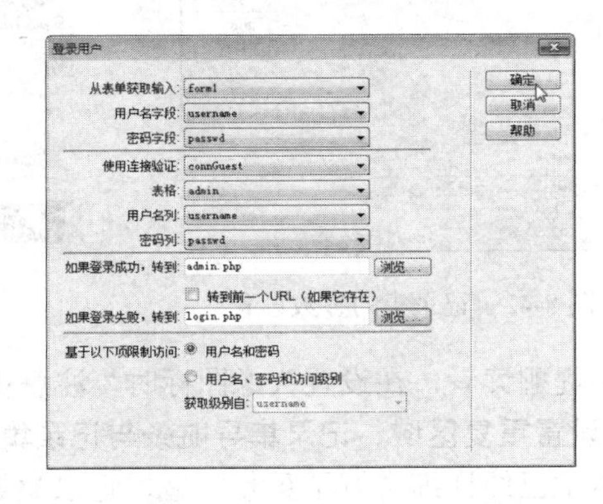

图 8-40　“登录用户”对话框

③ 单击“确定”按钮返回到设计窗口，完成管理员登录页面的制作。

8.5.2 管理留言主页面的制作

管理留言主页面是在系统管理员成功登录后出现的页面。页面中除了能够直接修改留言内容，另外，也提供了转向删除留言内容的链接，如图 8-41 所示。

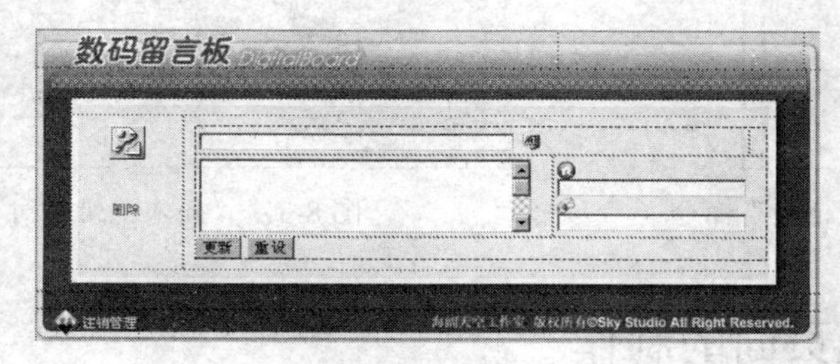

图 8-41　管理留言主页面

1. 绑定记录集 boardadmin

admin.php 所使用的数据表是 board，绑定这个数据表字段的操作步骤如下：

① 打开“绑定”面板，单击“+”按钮，从弹出的菜单中选择“记录集（查询）”命令。

② 打开“记录集”对话框，参照表 8-9 中的参数进行记录集的设置，如图 8-42 所示，完成后单击“确定”按钮即可。

表 8-9　绑定记录集 boardadmin 的参数设置

参　　数	设　置　值
名称	boardadmin
连接	connGuest
表格	board
列	全部
排序	以 boardtime 降序排列

③ 绑定记录集后，将记录集的字段拖动至 admin.php 网页的适当位置，如图 8-43 所示。

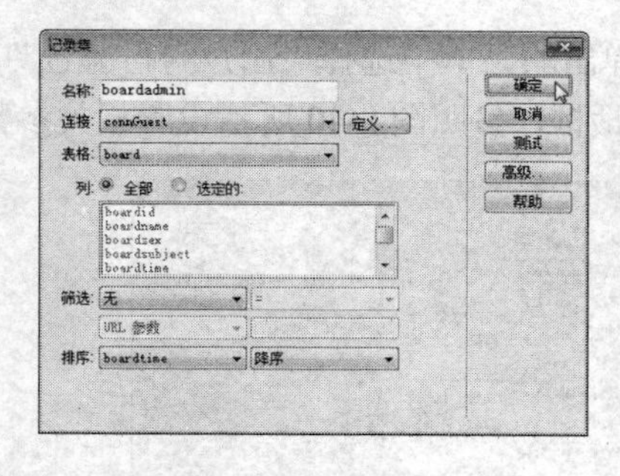

图 8-42　记录集的参数设置

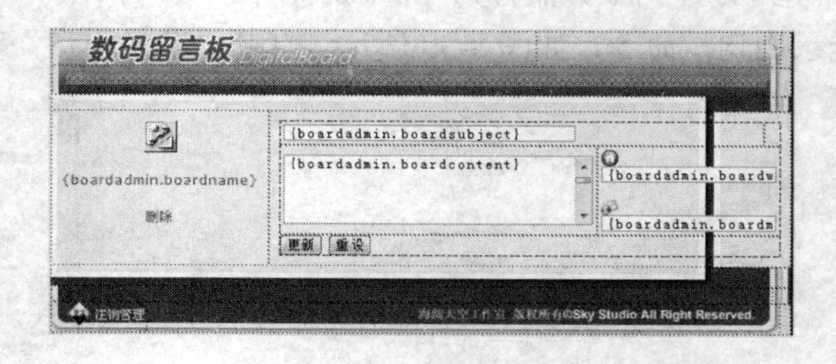

图 8-43　将记录集的字段拖动至网页

这里提醒读者，在设置头像图标时，注意在数据源前面加上图片的路径“images/”。

2. 设置重复区域、记录集导航条与记录集导航状态

在本章已经详细讲解了重复区域、记录集导航条与记录集导航状态的设置，这里不再赘

述，最后的设置结果如图 8-44 所示。

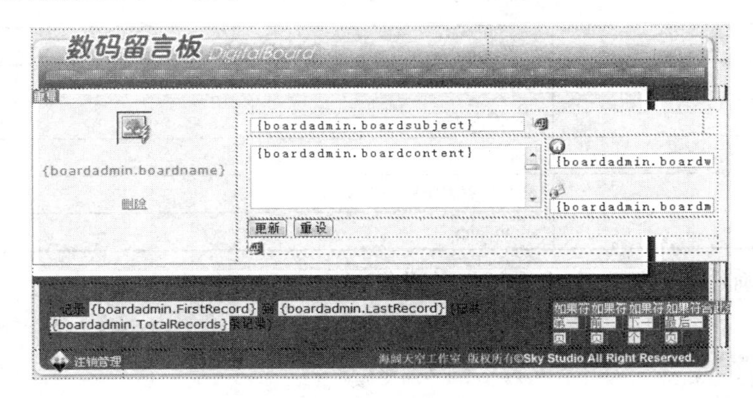

图 8-44　显示区域的设置效果

3．设置更新记录的唯一标识

在使用更新记录服务器行为之前，要特别讲解一下更新记录唯一标识的设置方法，需要在更新记录的表单中添加隐藏域并绑定记录集中的 boardid 主键，作为更新某条记录的唯一标识。操作步骤如下：

① 在表单的任意位置添加一个隐藏域 boardid，例如，留言标题右侧文本框的右边。选中该隐藏域，在属性面板中单击“值”文本框右侧的的闪电标 （该闪电标用于将隐藏域绑定到数据源），如图 8-45 所示。打开“动态数据”对话框，选中需要绑定的字段 boardid，如图 8-46 所示。

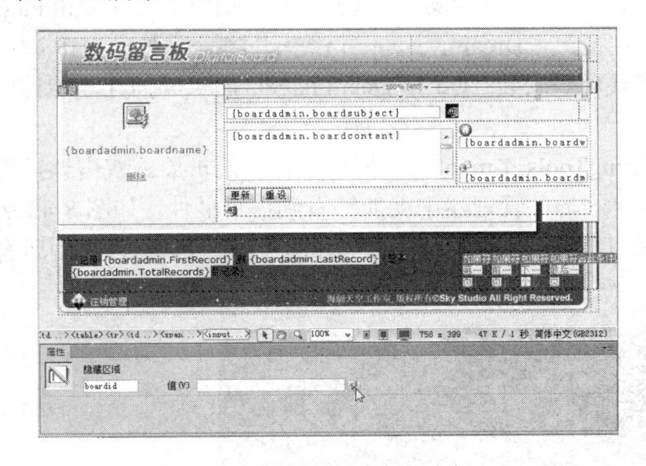

图 8-45　属性面板中的闪电标

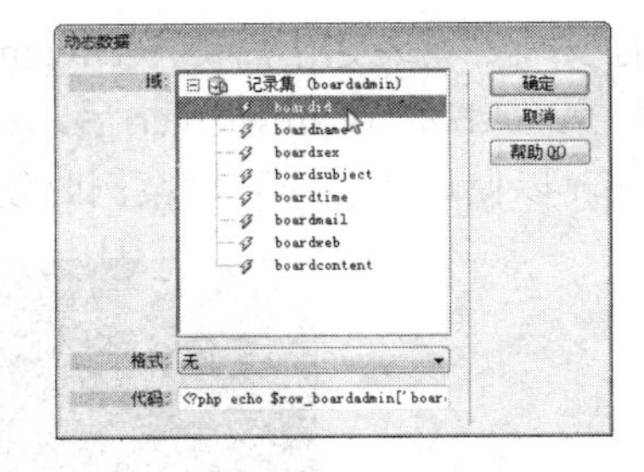

图 8-46　选中需要绑定的字段

② 单击“确定”按钮，完成将隐藏域绑定到数据源的操作。

4．加入更新记录服务器行为

① 打开“服务器行为”面板，单击“+”按钮，从弹出的菜单中选择“更新记录”命令，如图 8-47 所示。

② 打开“更新记录”对话框，参照表 8-10 中的参数进行设置，如图 8-48 所示，并设置更新数据后转到系统管理主页面 admin.php。

表 8-10　更新记录参数设置

参　　数	设　置　值
提交值，自	form1
连接	connGuest
更新表格	board
列	参照数据表字段与表单字段
在更新后，转到	admin.php

③ 单击“确定”按钮，完成更新记录操作。

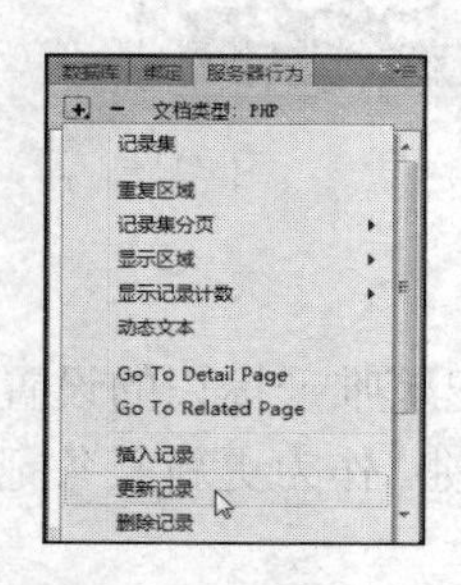

图 8-47　选择“更新记录”命令

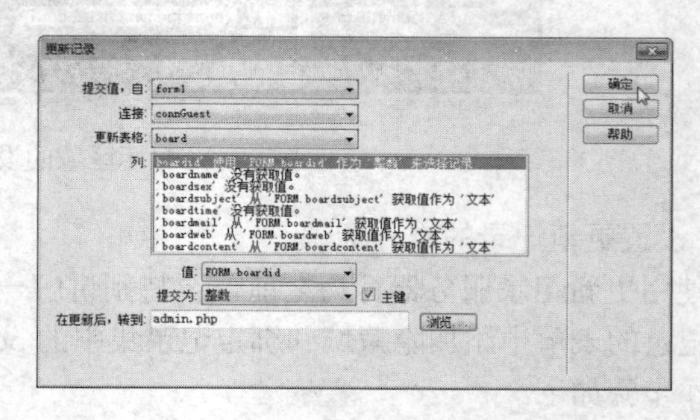

图 8-48　“更新记录”对话框

5. 设置转到详细页面

管理页面还要为管理员提供链接至删除页面，当管理员单击欲删除记录的链接时，转至详细内容页面阅读其中的内容，以便确认是否进行删除操作，这就需要使用“Go To Detail Page（转到详细页面）”服务器行为。这里特别指出，Dreamweaver 并没有直接提供支持 PHP 程序的“Go To Detail Page”服务器行为，需要用户安装“Go To Detail Page”的扩展插件才能使用这一功能。

素材包中为用户提供了 FXPHPMissingTools11.mxp 这一插件进行功能扩展。双击该插件进行安装，安装完毕后，在 Dreamweaver 的插件管理器中就能够看到这个插件，如图 8-49 所示。重新启动 Dreamweaver 后，这个插件就可以使用了。用类似的方法安装素材包中的所有插件，以便后面制作其他案例时使用。

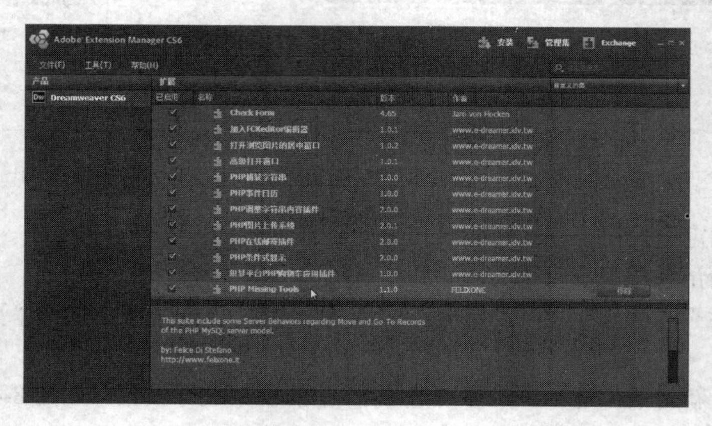

图 8-49　安装“Go To Detail Page”扩展插件

下面讲解如何实现转到详细页面，操作步骤如下。

① 选取文本“删除”，打开“服务器行为”面板，单击“+”按钮，从弹出的菜单中选择“Go To Detail Page”命令，如图 8-50 所示。

② 打开“Go To Detail Page”对话框，设置详细信息页为删除留言信息页面 delete.php，设置结果如图 8-51 所示。

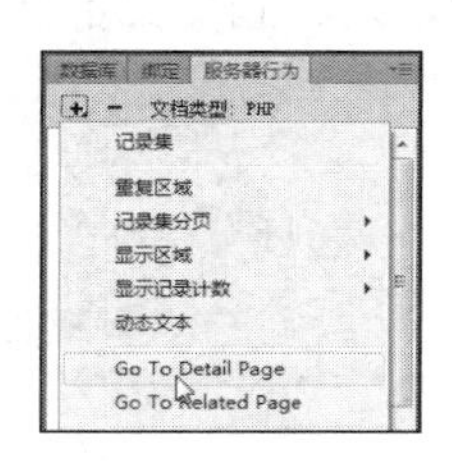

图 8-50　选择“Go To Detail Page”命令

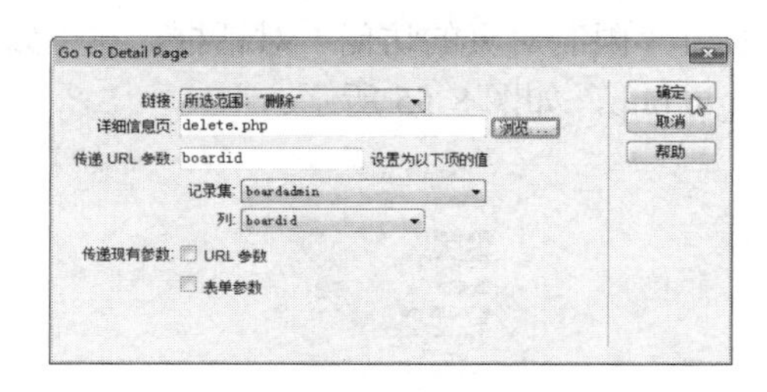

图 8-51　“Go To Detail Page”对话框

③ 单击“确定”按钮，完成转到详细页面的设置。

在“Go To Detail Page”对话框中，最为重要的设置是“传递 URL 参数”。这个参数关系要到传送哪一个值才能在详细内容页面中调出该记录的详细资料。在设计表结构的时候都会为表设置一个主键，每条记录主键列的数据是唯一的，所以这一列的值就是最好的选择。

这里不特别设置“传递 URL 参数”，因为程序会自动获取所设置列名为参数名，如果没有特殊的修改，建议可以直接使用。

6．设置注销用户服务器行为

用户直接单击管理页面中的“注销管理”图标来退出管理是非常不安全的，因为服务器并未消除用户登录时生成的身份信息。如果要真正的退出管理页面，必须使用“注销用户”服务器行为来实现。

① 选取页面左下角的“注销管理”图标，打开“服务器行为”面板，单击“+”按钮，从弹出的菜单中选择“用户身份验证”→“注销用户”命令，如图 8-52 所示。

② 打开“注销用户”对话框，在“在完成后，转到”文本框中设置转向页面为 guestbook.php，如图 8-53 所示。

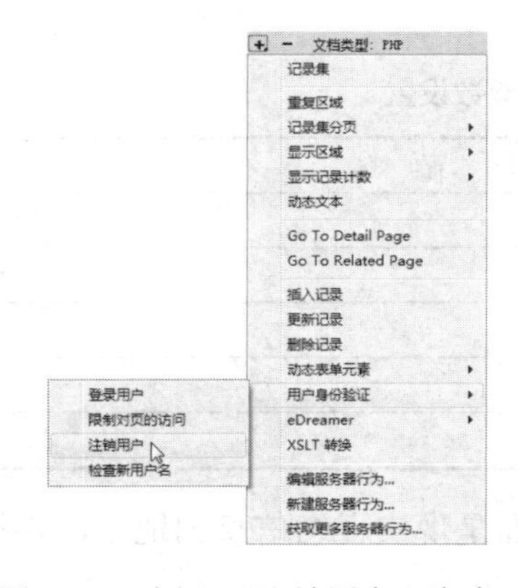

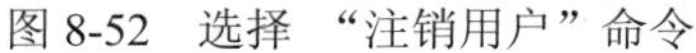

图 8-52　选择 “注销用户” 命令

图 8-53　“注销用户”对话框

③ 单击“确定”按钮，完成注销用户的设置。

7. 设置限制对页的访问服务器行为

为了保护注册用户信息安全的需要，限制一般浏览者试图绕过管理员登录页面而直接进入管理页面，可以在所有的管理页面中使用“限制对页的访问”服务器行为实现这一功能。

① 打开“服务器行为”面板，单击“+”按钮，从弹出的菜单中选择“用户身份验证”→“限制对页的访问”命令，如图 8-54 所示。

② 打开“限制对页的访问”对话框，在“如果访问被拒绝，则转到”文本框中设置转向页面为 login.php，如图 8-55 所示。

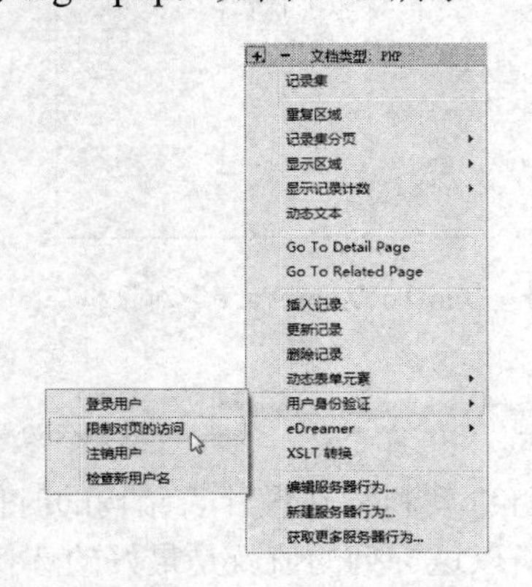

图 8-54 选择 “限制对页的访问”命令

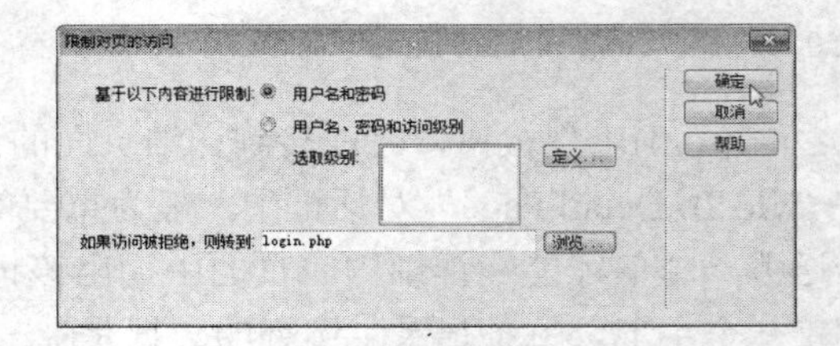

图 8-55 “限制对页的访问”对话框

③ 单击“确定”按钮，完成限制对页的访问的设置。

8.5.3 删除留言页面的制作

对于不合适的用户留言，管理员应经过审核后再执行删除操作。接下来设计删除留言的页面 delete.php，此页面的主要功能是将表单中的数据从网站数据库中删除。

1. 绑定记录集 boarddel

① 打开“绑定”面板，单击“+”按钮，从弹出的菜单中选择“记录集（查询）”命令。

② 打开“记录集”对话框，参照表 8-11 中的参数进行记录集的设置，如图 8-56 所示，完成后单击“确定”按钮。

表 8-11 绑定记录集 boarddel 的参数设置

参　数	设 置 值
名称	boarddel
连接	connGuest
表格	board
列	全部
筛选	boardid = URL 参数 boardid

这个对话框中最重要的设置是“筛选”，因为这个页面是现实详细信息的地方，并不是每条记录都要显示，而是只显示根据前一页传递的参数筛选出的记录。

③ 绑定记录集后，将记录集的字段拖动至 delete.php 网页的适当位置，如图 8-57 所示。

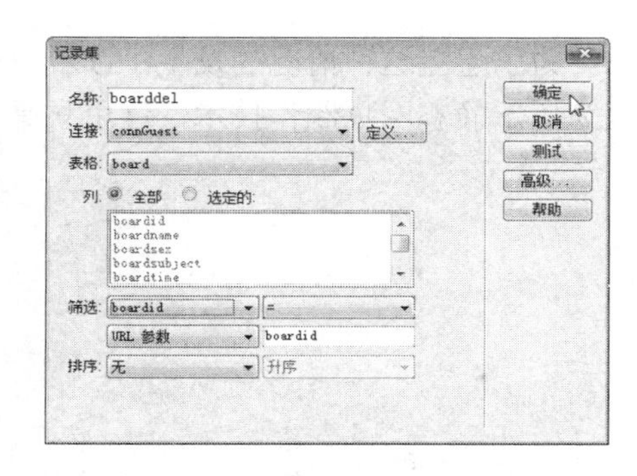

图 8-56 记录集的参数设置

图 8-57 将记录集的字段拖动至网页

2．设置删除记录的判断值和唯一标识

在下方表单区中有两个隐藏域，如图 8-58 所示。第一个隐藏域是“delsure”，值为“true”，如图 8-59 所示。这是删除操作的判断值，程序收到这个值后执行删除操作。

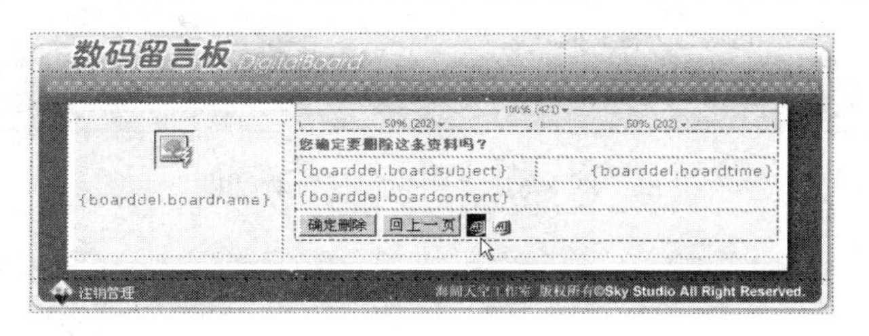

图 8-58 表单中的隐藏域

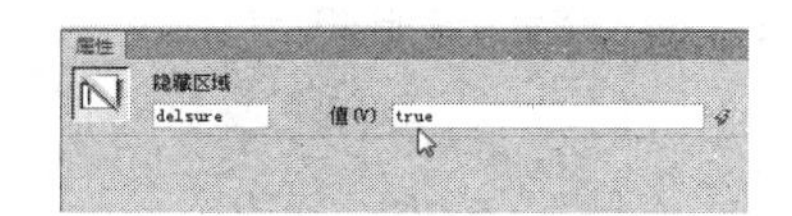

图 8-59 隐藏域 delsure

第二个隐藏域是 boardid，作为删除某条记录的唯一标识。将记录集中的 boardid 字段绑定至这个隐藏域即可，这里不再赘述。

3．加入删除记录服务器行为

① 打开“服务器行为”面板，单击“+”按钮，从弹出的菜单中选择“删除记录”命令，如图 8-60 所示。

② 打开“删除记录”对话框，参照表 8-12 中的参数进行设置，如图 8-61 所示，并设置删除数据后转到系统管理主页面 admin.php。

表 8-12 删除记录参数设置

参 数	设 置 值
首先检查是否已定义变量	表单变量 delsure
连接	connGuest
表格	board
主键列	boardid
主键值	URL 参数 boardid
删除后，转到	admin.php

③ 单击“确定”按钮，完成删除记录操作。

至此，留言板的所有页面全部制作完毕。

需要补充说明的是，在发表留言的页面 post.php 中，如果浏览者什么资料都没有填写就直接提交表单，将会在数据库中多出一条空的留言记录。为了避免这种情况的发生，读者可以加入“检查表单”行为来解决这个问题。因为这种行为属于静态网页制作技术，这里只是给读者一个提示，不再讲解有关的操作。

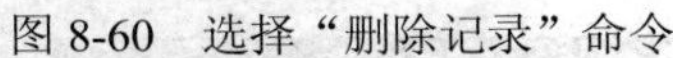
图 8-60　选择“删除记录”命令

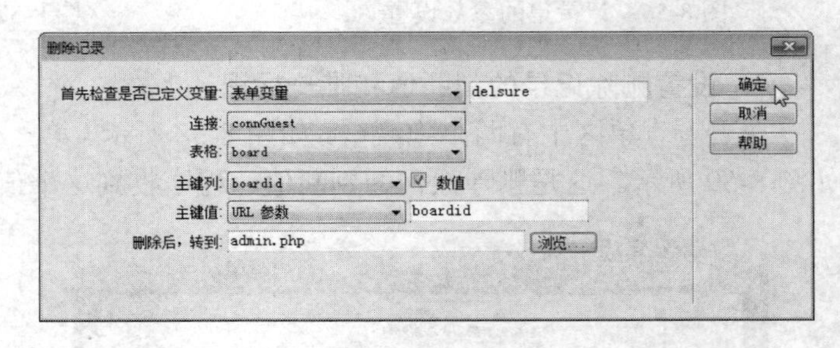

图 8-61　“删除记录”对话框

8.6　作品预览

选取首页 guestbook.php，按〈F12〉键预览网页。

8.6.1　一般页面的使用

预览网页 guestbook.php，显示出所有的留言信息，如图 8-62 所示。单击“我要留言”链接即会打开发表留言页面 post.php，浏览者可以输入留言信息，如图 8-63 所示。

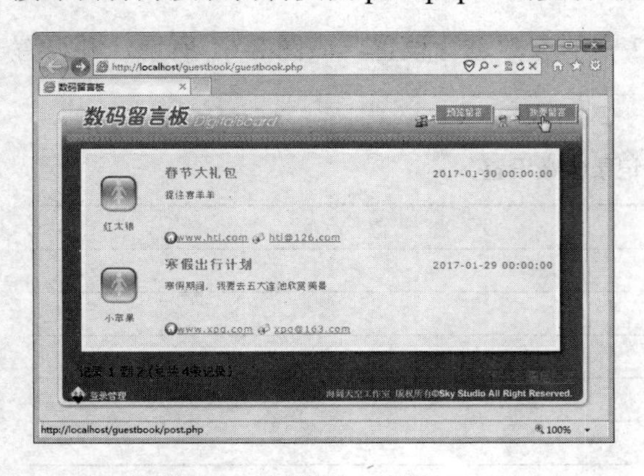

图 8-62　浏览留言页面

图 8-63　发表留言页面

单击“提交”按钮后，返回到浏览留言页面，可以看到最新发表的留言信息，如图 8-64 所示。单击“下一页”按钮，可以看到翻页后的留言信息，如图 8-65 所示。

图 8-64　最新发表的留言信息

图 8-65　翻页后的留言信息

8.6.2　管理页面的使用

1．登录留言管理页面

单击“登录管理”链接，打开登录页面 login.php，输入登录账号和密码，如图 8-66 所示。单击“登录系统”按钮，如果登录成功，则打开留言管理页面 admin.php，如图 8-67 所示。

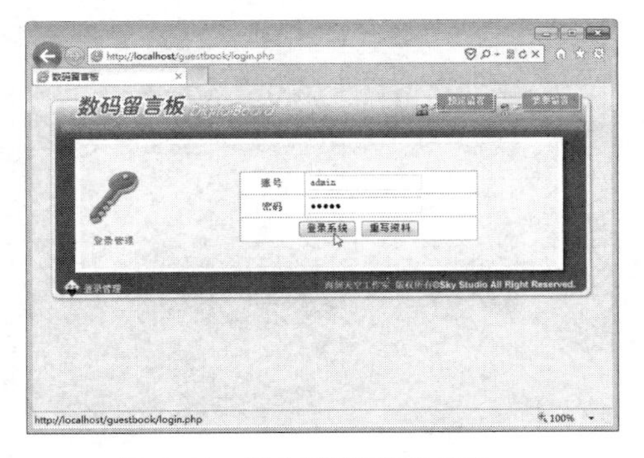

图 8-66　留言管理登录页面

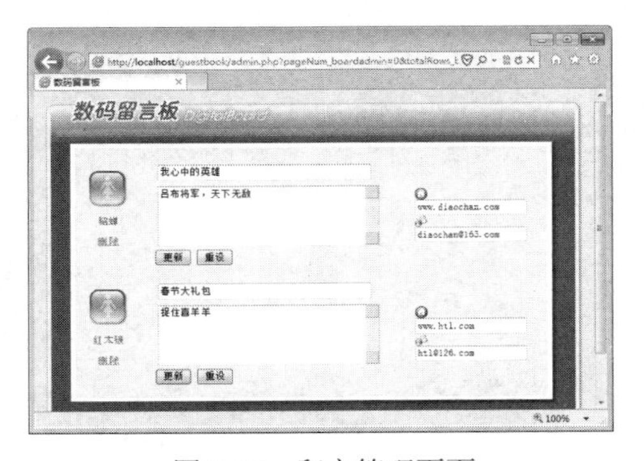

图 8-67　留言管理页面

2．修改留言内容

任意选择一条留言，修改其中的内容。单击留言管理页面中的“更新”按钮，即可修改当前操作的留言内容，如图 8-68 所示。单击页面左下角的“注销管理”链接，注销用户后转向浏览留言页面，读者就可以看到修改后的留言内容，如图 8-69 所示。

图 8-68　修改留言内容

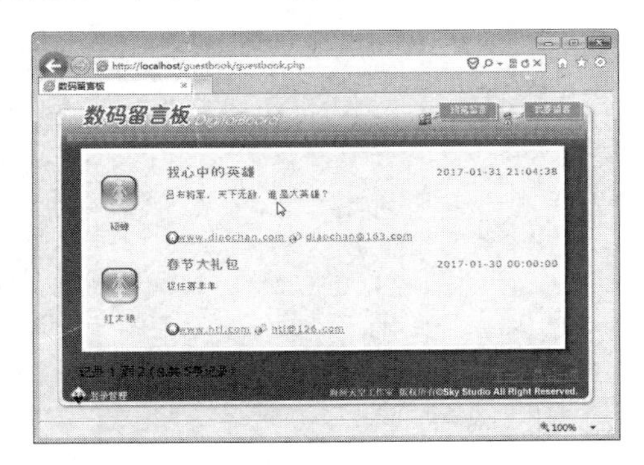

图 8-69　修改后的留言内容

3．删除留言信息

由于上面的操作已经退出系统管理页面，这里再次登录系统管理页面。单击留言管理页面中的“删除”链接，打开 delete.php 页面，如图 8-70 所示。如果确定要删除这条留言，单击“确定删除”按钮，然后转向留言管理页面，读者可以看到新添加的留言已经被删除掉了，如图 8-71 所示。

图 8-70　删除留言信息

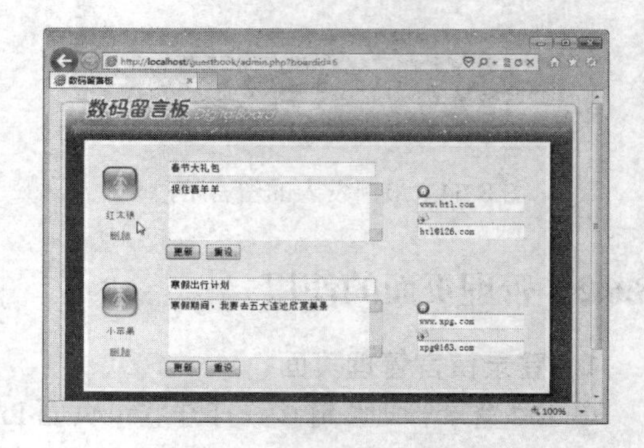

图 8-71　删除后的页面结果

第 9 章　网络投票系统

随着网络应用的快速发展，网络投票系统已经成为 Internet 开发应用中比较常见的功能模块，无论是在新闻发布网站还是其他大型门户网点，网络投票系统都发挥着它强大而又不可替代的作用，它可以将用户和网站很好地联系起来，进而达到互联网资源共享的目的。

9.1　网站的规划

本章将引导读者建立一个功能完整的网络投票系统，包括浏览、添加、修改、删除数据库中的数据等功能。下面将分别介绍网络投票系统的网站结构与页面设计。

9.1.1　网站结构

网络投票系统的网站结构示意图如图 9-1 所示，主要包括浏览者页面与管理员页面两部分，网站主页面为 vote.php。

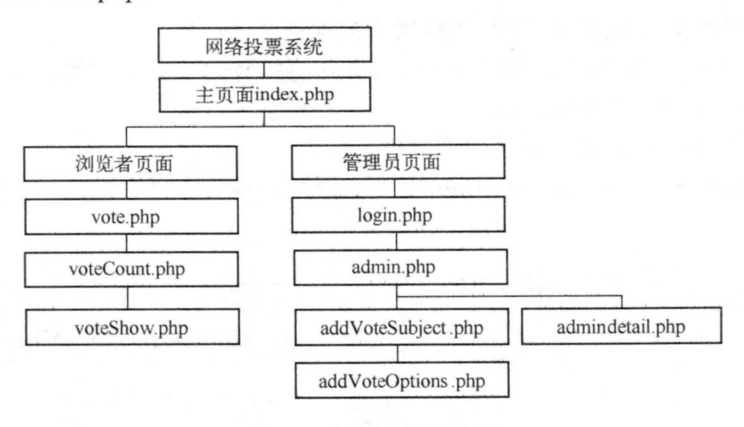

图 9-1　网站结构示意图

本案例的本地站点和测试站点都架设在本地服务器。用户既可以在 Dreamweaver CS6 动态网站环境下按〈F12〉键预览网页，也可以在启动 IE 浏览器后输入网站地址 http://localhost/vote/index.php 来测试网站的首页 index.php。

9.1.2　页面设计

本案例所介绍的网络投票系统的页面包括浏览投票、参加投票、查看投票结果、管理投票等 9 个页面。用户分为一般用户和管理员用户，一般用户只有浏览投票、参加投票、查看投票结果的权限，而管理员则有新增、修改、删除投票等权限。

表 9-1　网络投票系统的页面文件

文 件 名 称	功 能 说 明
index.php	网络投票系统主页面（含浏览投票的功能）
vote.php	参加投票页面
voteCount.php	统计投票数量页面
voteShow.php	查看投票结果页面
login.php	管理员登录页面
admin.php	管理员管理主页面（含删除投票的功能）
addVoteSubject.php	管理员新增投票主题页面
addVoteOptions.php	管理员新增投票选项页面
admindetail.php	管理员修改投票主题及选项页面

9.2　数据库设计

网络投票系统程序中用到的数据库采用复制数据库文件夹的方法还原数据库到 MySQL 的数据库文件夹下。

9.2.1　还原数据库

1．复制数据库文件夹到 MySQL 的数据库文件夹

打开案例所在的文件夹，将数据库文件夹 votedb 复制到 MySQL 的数据库文件夹 data 下，如图 9-2 所示，即完成了数据库的还原。

2．在 phpMyAdmin 中查看数据库中的表

登录 phpMyAdmin，在 phpMyAdmin 主界面的左侧导航中显示出已经还原的数据库 votedb，如图 9-3 所示。

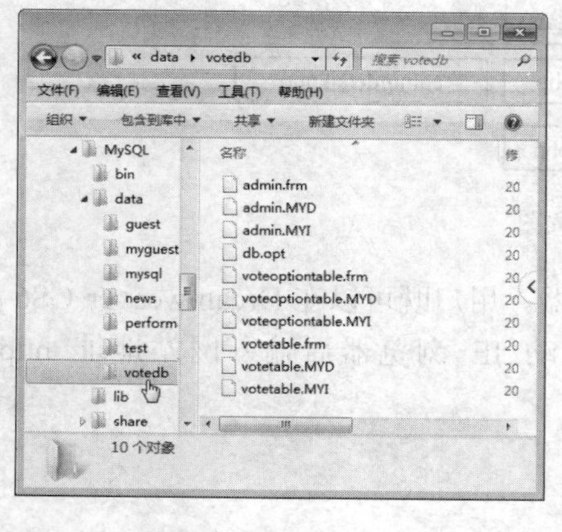

图 9-2　复制数据库文件夹到目标位置

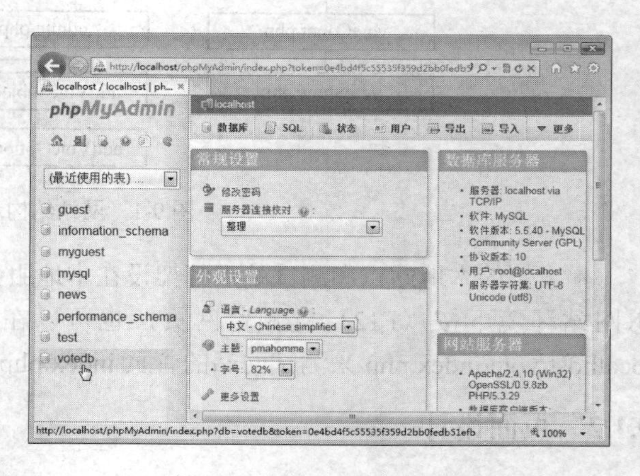

图 9-3　已经还原的数据库

单击数据库 votedb 的链接，打开数据库管理界面，显示出其中包含的数据表 admin、votetable 和 voteoptiontable，如图 9-4 所示。

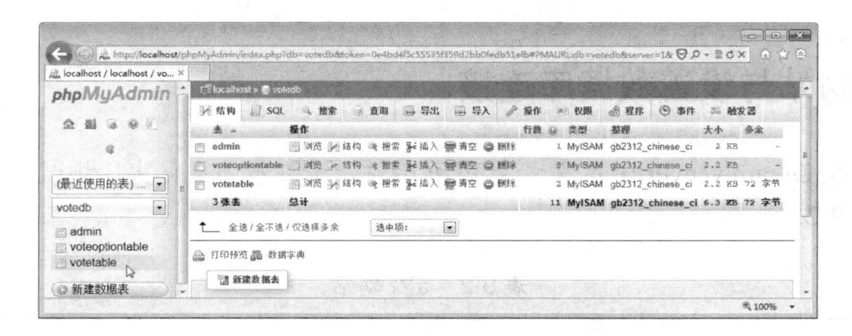

图 9-4　数据库中包含的数据表

9.2.2　数据表的结构

在图 9-4 中，单击某个数据表将打开表的管理页面，默认显示的是表的结构。

1．表 admin 的结构

这个表用来存储管理页面的账号和密码，表的主键是 adminID（管理员编号），并设置为自动编号 AUTO_INCREMENT，表的结构如图 9-5 所示。

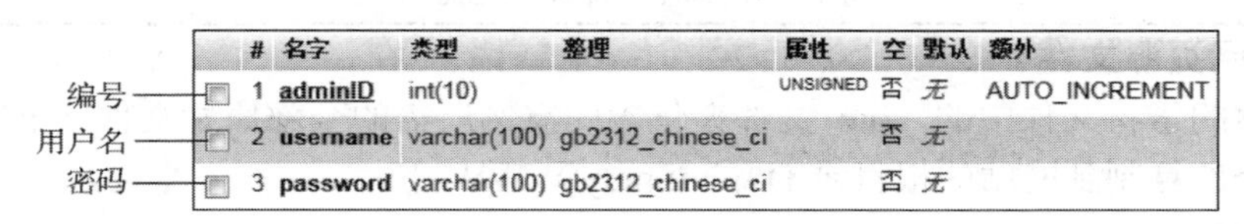

说明	#	名字	类型	整理	属性	空	默认	额外
编号	1	adminID	int(10)		UNSIGNED	否	无	AUTO_INCREMENT
用户名	2	username	varchar(100)	gb2312_chinese_ci		否	无	
密码	3	password	varchar(100)	gb2312_chinese_ci		否	无	

图 9-5　表 admin 的结构

当前表中已经预存了一条管理员的记录，用户名和密码的值都是“admin”。

2．表 votetable 的结构

这个表用来存储投票主题，表的主键是 voteID（投票编号），并设置为自动编号 AUTO_INCREMENT，表的结构如图 9-6 所示。

说明	#	名字	类型	整理	属性	空	默认	额外
投票编号	1	voteID	int(10)		UNSIGNED	否	无	AUTO_INCREMENT
投票名称	2	voteName	varchar(200)	gb2312_chinese_ci		否	无	
建立时间	3	voteBTime	datetime			否	无	

图 9-6　表 votetable 的结构

3．表 voteoptiontable 的结构

这个表用来存储投票选项，表的主键是 optionID（选项编号），并设置为自动编号 AUTO_INCREMENT，表的结构如图 9-7 所示。

说明	#	名字	类型	整理	属性	空	默认	额外
选项编号	1	optionID	int(10)		UNSIGNED	否	无	AUTO_INCREMENT
投票编号	2	voteID	int(10)		UNSIGNED	否	无	
选项内容	3	optionContent	varchar(200)	gb2312_chinese_ci		否	无	
选项票数	4	voteCount	int(10)		UNSIGNED	是	0	

图 9-7　表 voteoptiontable 的结构

9.3 定义网站与设置数据库连接

接下来要在 Dreamweaver 中定义一个 PHP 网站，设置本地文件夹、测试服务器和数据库的连接，见表 9-2。

表 9-2 定义网站

参　数	设　置　值
站点名称	PHP 网络投票系统
本地文件夹	D:\phpStudy\WWW\vote
测试服务器	D:\phpStudy\WWW\vote
网站测试地址	http://localhost/vote/
MySQL 服务器地址	localhost:3306
MySQL 服务器管理账号/密码	root/root
数据库名称	votedb
数据表名称	admin、votetable、voteoptiontable

1. 复制网页源文件

本书所附的素材文件中的 vote 文件夹包含此案例所需的全部原始文件（静态页面），用户可以将其全部复制到网站的根目录 D:\phpStudy\WWW 下。

2. 定义网站

（1）建立本地站点

打开 Dreamweaver，执行“站点”→“新建站点”命令，打开“站点设置对象”对话框，新建一个名称为“PHP 网络投票系统”的本地站点，使用的本地文件夹为 D:\phpStudy\WWW\vote，如图 9-8 所示。

（2）建立测试服务器

将分类切换到“服务器”类别，设置服务器名称为“vote”，连接方法为“本地/网络”，服务器文件夹为 D:\phpStudy\WWW\vote，Web URL 为 http://localhost/vote，如图 9-9 所示。然后，单击“高级”选项卡，设置服务器模型为“PHP MySQL”。

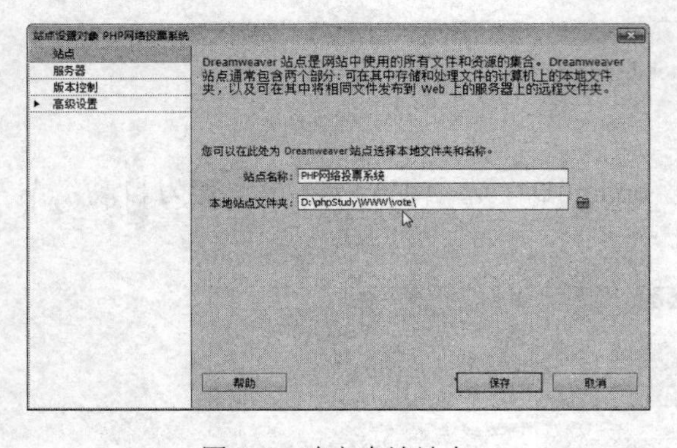

图 9-8 建立本地站点

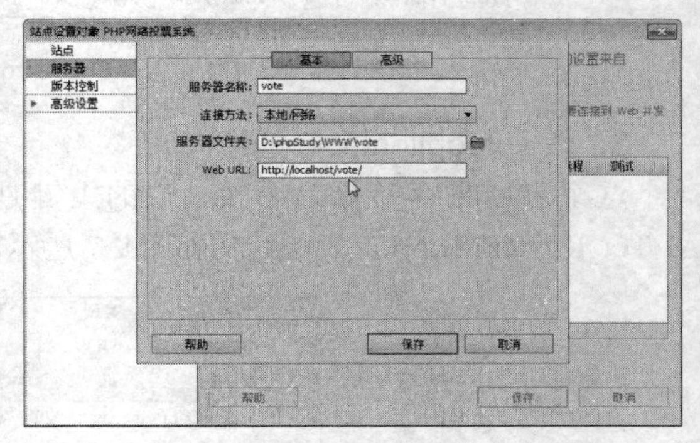

图 9-9 建立测试服务器

完成设置后，单击“保存”按钮，返回到“站点设置对象”对话框。勾选“测试”复选框，单击“保存”按钮，完成网站的定义。

3. 设置数据库连接

完成了网站的定义后，需要设置网站与数据库的连接，才能在此基础上制作出动态页面。操作步骤如下：

① 打开网页 index.php，在“应用程序”面板的“数据库”选项卡中单击“+”按钮，弹出选择数据库连接的菜单，如图 9-10 所示。

② 在弹出的菜单中选择“MySQL 连接”命令，打开“MySQL 连接”对话框，如图 9-11 所示。接下来，参照表 9-3 中的参数进行数据库连接设置。

表 9-3 设置数据库连接参数

参 数	设 置 值
连接名称	connVote
MySQL 服务器	localhost
用户名	root
密码	root
数据库	votedb

③ 单击“测试”按钮测试是否与 MySQL 数据库连接成功。如果连接成功，将打开如图 9-12 所示的对话框，显示“成功创建连接脚本”的提示信息。

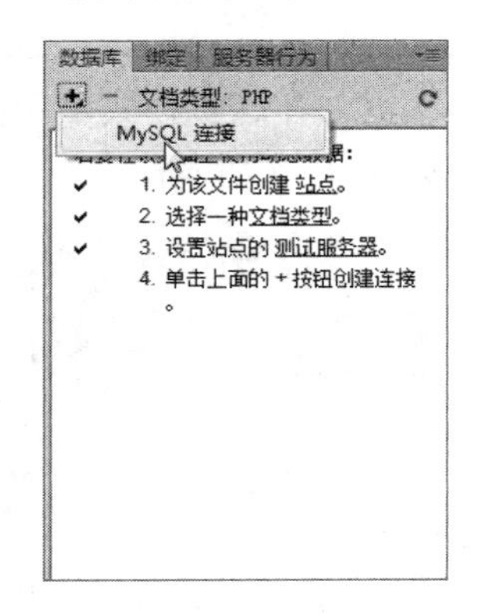

图 9-10 选择数据库连接的菜单

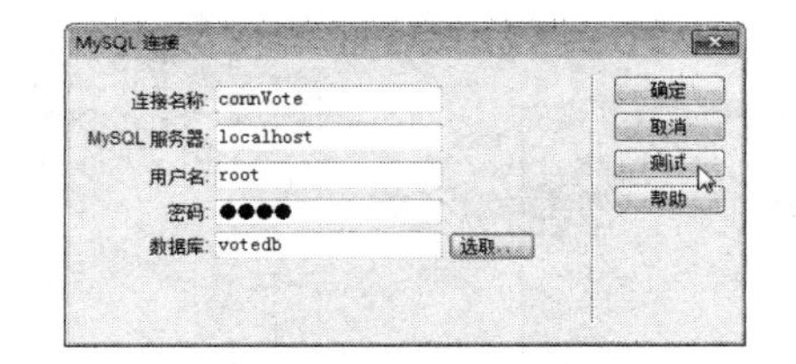

图 9-11 “MySQL 连接”对话框

图 9-12 连接成功

④ 单击“确定”按钮，返回到“MySQL 连接”对话框。在“MySQL 连接”对话框中，单击“确定”按钮，完成设置网站与数据库的连接。

⑤ 打开生成的数据库连接文件 connVote.php，在代码窗口中添加以下代码，设置数据库操作的字符集为简体中文编码“gb2312”。

```
mysql_query("SET CHARACTER SET gb2312");
```

9.4 网络投票系统浏览者页面的制作

在 Dreamweaver 中定义网站，建立与 MySQL 数据库的连接后，就可以开始设计 PHP 页面了。网络投票系统浏览者页面包含了浏览投票、参加投票、统计投票数和查看投票结果页面。

9.4.1 浏览投票页面的制作

浏览投票页面 index.php 用于显示网站所有投票主题的信息，一般用户可以单击投票主题的链接进入参加投票页面，管理员可以选择登录管理的链接进入管理页面。

1. 绑定记录集 vote

在首页 index.php 中，除了要显示投票的主题信息以外，还要统计出该主题的总票数。因此，需要绑定的记录集同时会用到投票主题表 votetable 和投票选项表 voteoptiontable，并且需要通过 SQL 语句将这两个表使用 INNER JOIN 内部连接关联起来。

绑定这个记录集的操作步骤如下。

① 打开“绑定”面板，单击“+”按钮，从弹出的菜单中选择“记录集（查询）”命令。

② 打开“记录集”对话框，参照表 9-4 中的参数进行记录集的设置，如图 9-13 所示。

表 9-4 绑定记录集 vote 的参数设置

参　数	设　置　值
名称	vote
连接	connVote
表格	votetable
列	全部
排序	以 voteBTime 降序排列

③ 单击对话框中的“高级...”按钮，对话框切换到“高级”模式。在这种模式下，用户可以在“SQL”文本框中输入关联操作等更为复杂的 SQL 语句，如图 9-14 所示。

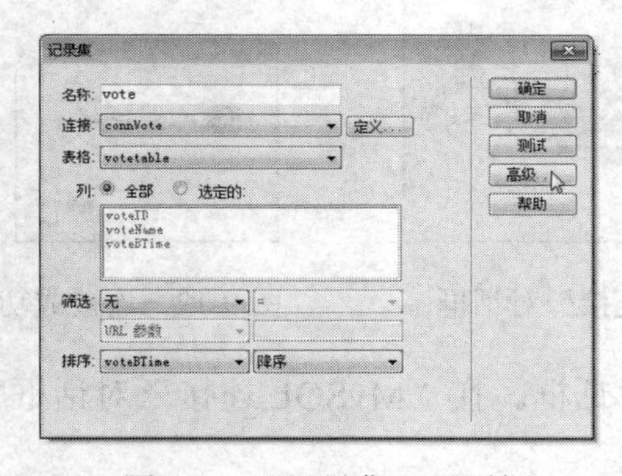

图 9-13 “记录集”对话框

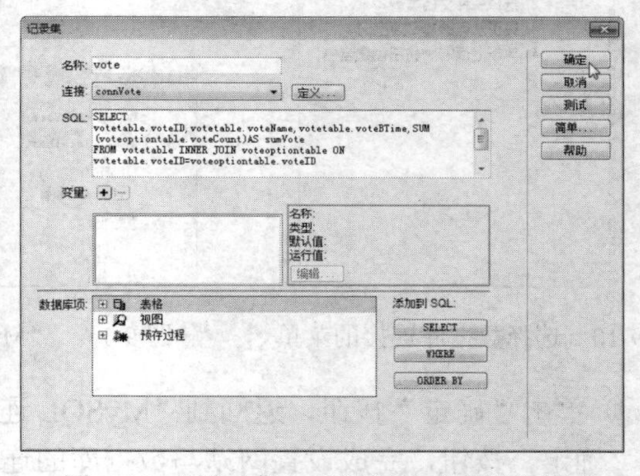

图 9-14 “记录集”对话框的“高级”模式

代码如下：

```
SELECT votetable.voteID,votetable.voteName,votetable.voteBTime,
          SUM(voteoptiontable.voteCount)AS sumVote
FROM votetable INNER JOIN voteoptiontable ON votetable.voteID=voteoptiontable.voteID
GROUP BY votetable.voteID
ORDER BY votetable.voteBTime DESC
```

④ 单击“确定”按钮，完成记录集的设置。

⑤ 绑定记录集后，将记录集中的字段拖动至 index.php 网页的适当位置，如图 9-15 所示。

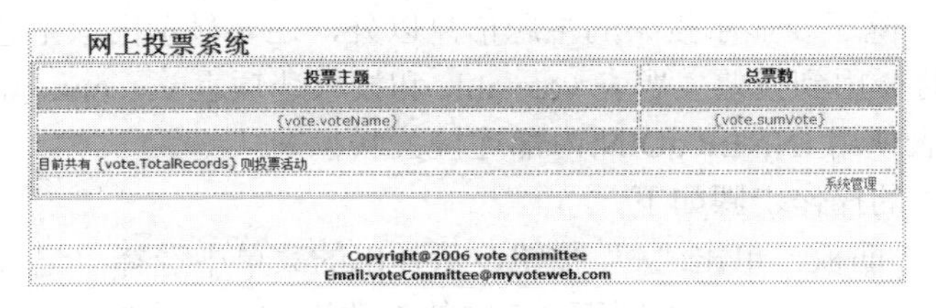

图 9-15　将记录集的字段拖动至网页中

2．设置重复区域

选取页面中的数据行和分隔行共两行，设置重复区域，“重复区域”对话框的设置如图 9-16 所示，设置结果如图 9-17 所示。

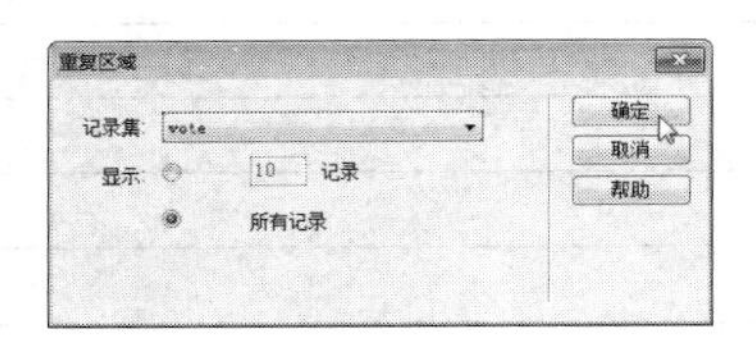

图 9-16 “重复区域”对话框

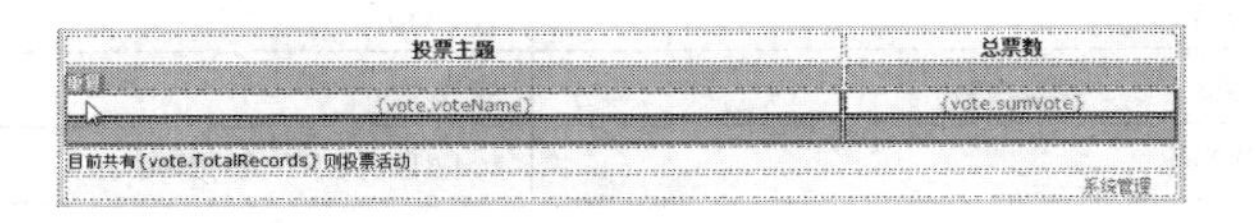

图 9-17　重复区域的设置结果

3．设置转到详细页面

① 选取投票主题的标题，如图 9-18 所示。

② 打开“服务器行为”面板，单击“+”按钮，从弹出的菜单中选择“Go To Detail Page”命令。打开“Go To Detail Page”对话框，设置详细信息页为“vote.php”，如图 9-19 所示。

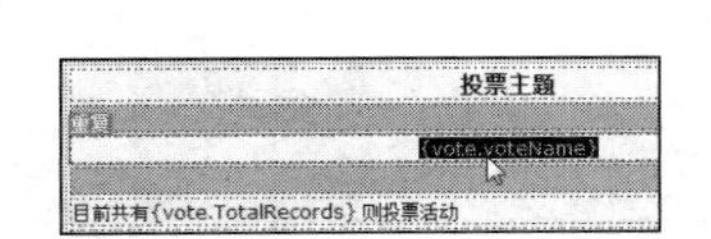

图 9-18　选取投票主题的标题

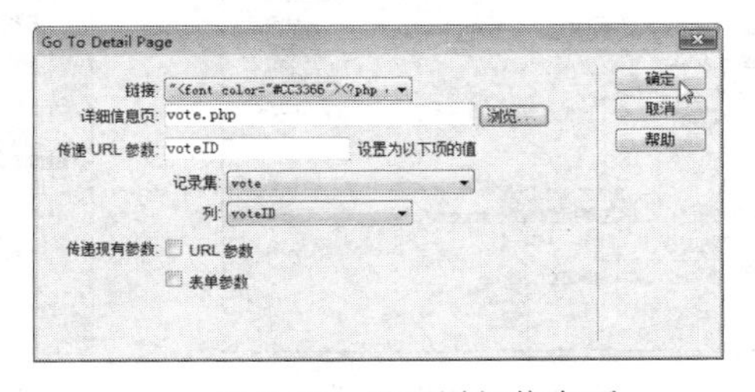

图 9-19　设置详细信息页

③ 单击“确定”按钮，完成转到详细页面的设置。

9.4.2　投票页面的制作

本节讲解的是制作投票页面 vote.php，如图 9-20 所示。该页面包含一个用于提供投票选项的表单，主要功能是将投票的选项提交到统计投票数页面进行计数。

图 9-20　投票页面 vote.php

1. 绑定记录集 voteA

在 vote.php 中，除了要显示投票的主题信息以外，还要显示出该主题的选项。因此，需要绑定的记录集同时会用到投票主题表 votetable 和投票选项表 voteoptiontable，并且需要通过 SQL 语句将这两个表使用 INNER JOIN 内部连接关联起来。

绑定这个记录集的操作步骤如下。

① 打开“绑定”面板，单击“+”按钮，从弹出的菜单中选择“记录集（查询）”命令。

② 打开“记录集”对话框，参照表 9-5 中的参数进行记录集的设置，如图 9-21 所示。

表 9-5 绑定记录集 voteA 的参数设置

参　数	设　置　值
名称	voteA
连接	connVote
表格	votetable
列	全部
筛选	voteID = URL 参数 voteID

③ 单击对话框中的“高级...”按钮，对话框切换到“高级”模式。在这种模式下，用户可以在 SQL 文本框中输入关联操作等更为复杂的 SQL 语句，如图 9-22 所示。

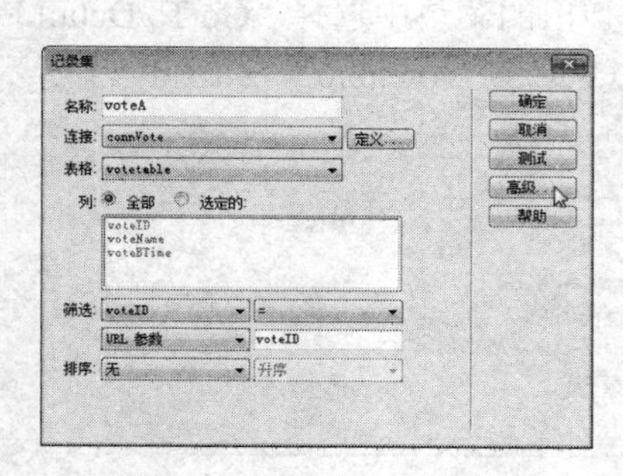

图 9-21 “记录集”对话框

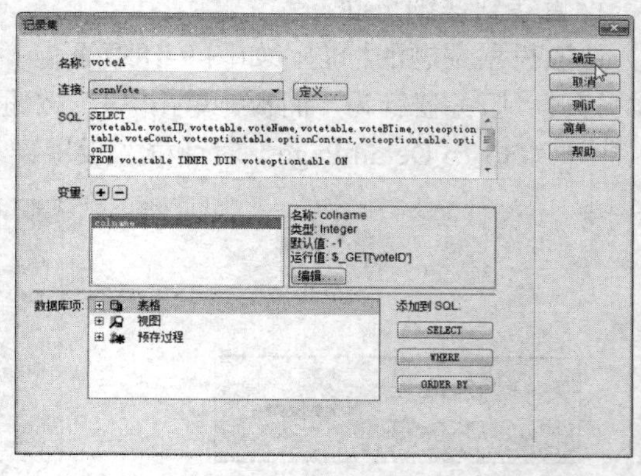

图 9-22 “记录集”对话框的“高级”模式

代码如下：

```
SELECT votetable.voteID,votetable.voteName,votetable.voteBTime,voteoptiontable.voteCount,
    voteoptiontable.optionContent,voteoptiontable.optionID
FROM votetable INNER JOIN voteoptiontable ON votetable.voteID=voteoptiontable.voteID
WHERE votetable.voteID=colname
```

④ 单击“确定”按钮，完成记录集的设置。

⑤ 绑定记录集后，将记录集中的字段拖动至 vote.php 网页的适当位置，如图 9-23 所示。

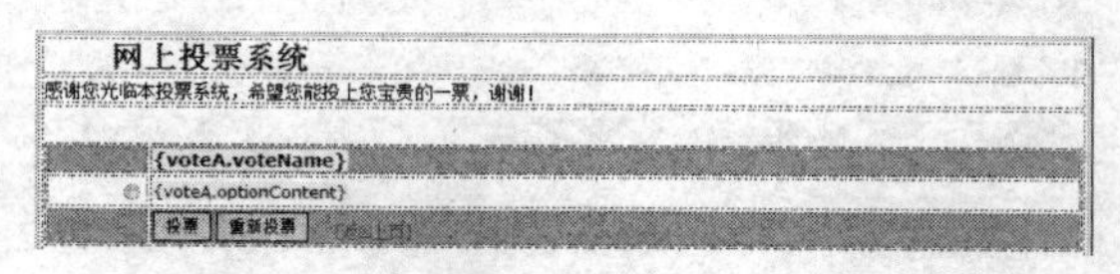

图 9-23 将记录集中的字段拖动至网页

这里需要特别讲解的是，怎样将选项的编号 optionID 绑定至表单中单选按钮的选定值，进而通过提交表单将编号 optionID 通过 URL 参数传递给统计投票数页面 voteCount.php。之所以是 URL 传递参数，是因为本页面表单的提交方式是默认（即 GET 提交）。操作方法如下。

选中表单中的单选按钮，将记录集中的 optionID 字段拖动至此即可，如图 9-24 所示。之后，就可以在属性面板中看到单选按钮被绑定的选定值了，如图 9-25 所示。

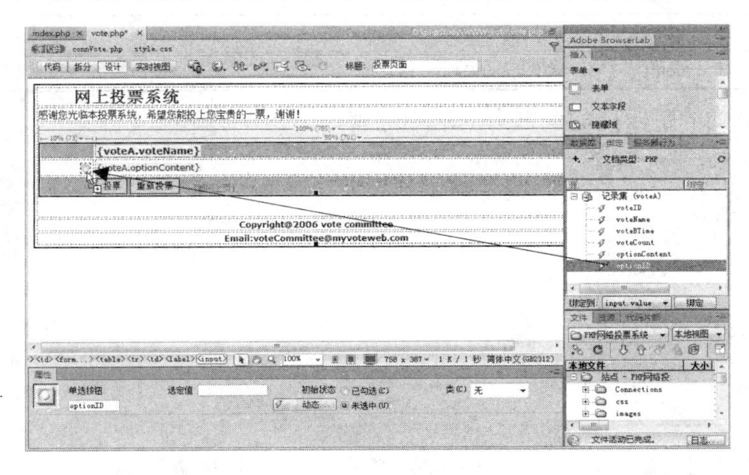

图 9-24　将记录集中的 optionID 字段拖动至单选按钮

图 9-25　单选按钮的选定值

2．设置重复区域

选取页面中的数据行，设置重复区域，“重复区域”对话框的设置如图 9-26 所示，设置结果如图 9-27 所示。

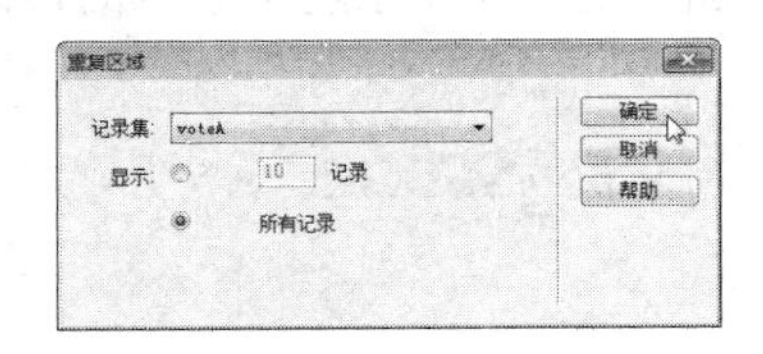

图 9-26　“重复区域”对话框

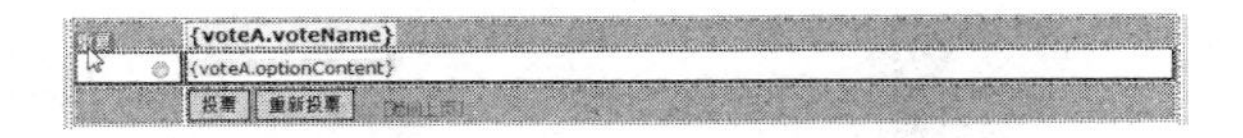

图 9-27　重复区域的设置结果

9.4.3　统计投票数页面的制作

本节讲解的是制作统计投票数页面 voteCount.php，该页面的设计难点是接收页面 vote.php 传递过来的 URL 参数（选项编号 optionID），然后以隐藏的方式实现该投票选项的票数在已有票数的基础上加 1。

1．绑定记录集 VOption

在 voteCount.php 中，显示投票选项的内容和统计投票数需要绑定记录集 VOption，使用数据表是 voteoptiontable。

① 打开“绑定”面板，单击“+”按钮，从弹出的菜单中选择“记录集（查询）”命令。

② 打开“记录集”对话框，参照表 9-6 中的参数进行记录集的设置，如图 9-28 所示，完成后单击“确定”按钮即可。

表 9-6　绑定记录集 VOption 的参数设置

参　数	设　置　值
名称	VOption
连接	connVote
表格	voteoptiontable
列	全部
筛选	optionID = URL 参数 optionID

③ 绑定记录集后，将记录集的字段拖动至网页的适当位置，如图 9-29 所示。

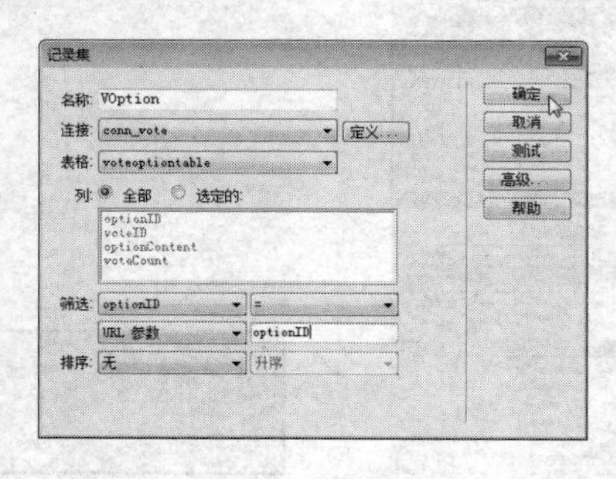

图 9-28 “记录集”对话框

图 9-29 将记录集的字段拖动至网页

2．更新投票选项的票数

本页面接收页面 vote.php 传递过来的 URL 参数 optionID 后，需要使用“更新记录”服务器行为以隐藏的方式实现该投票选项的票数在已有的基础上加 1。

切换至代码视图，在定义记录集 VOption 的代码后面添加实现更新投票选项票数的代码，如图 9-30 所示。

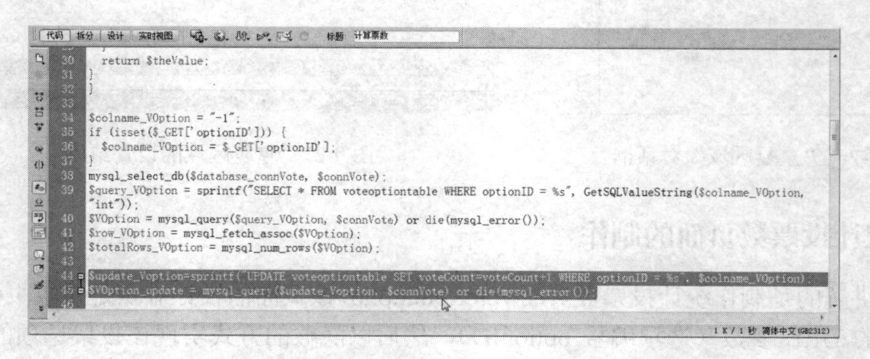

图 9-30 添加实现更新投票选项票数的代码

代码如下：

```
$update_Voption=sprintf("UPDATE voteoptiontable SET voteCount=voteCount+1 WHERE optionID
                = %s", $colname_VOption);
$VOption_update = mysql_query($update_Voption, $connVote) or die(mysql_error());
```

其中，$colname_VOption 是来自于定义记录集 VOption 的筛选操作生成的变量，其值就是 vote.php 传递过来的 URL 参数 optionID 的值。在这条语句中，$colname_VOption 的值作为更新 SQL 语句中 WHERE 条件的赋值，实现了投票选项的票数在已有的基础上加 1。

3．设置转到详细页面

① 选取文字“查看目前投票结果”，如图 9-31 所示。

② 打开“服务器行为”面板，单击“+”按钮，从弹出的菜单中选择“Go To Detail Page”命令。打开“Go To Detail Page”对话框，设置详细信息页为“vote.php”，记录集的列设置为“voteID”，传递 URL 参数也随着列的切换自动设置为与列同名的参数值“voteID”，如图 9-32 所示。

图 9-31　选取文字

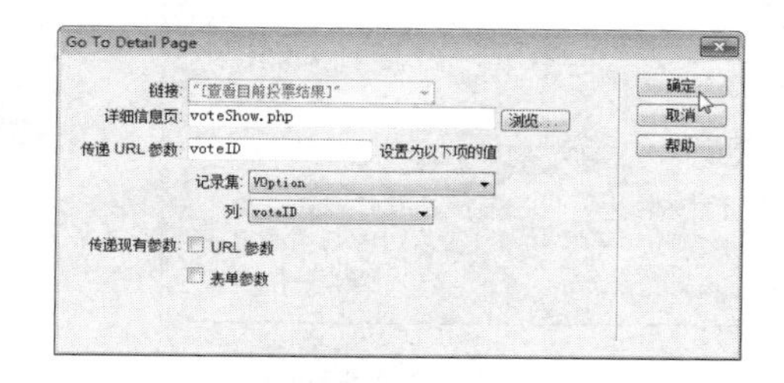

图 9-32　设置详细信息页

③ 单击“确定”按钮，完成转到详细页面的设置。

9.4.4　查看投票结果页面的制作

本节讲解的是制作查看投票结果页面 voteShow.php，如图 9-33 所示。该页面的制作难点是使用柱状图显示投票结果的方法。

图 9-33　查看投票结果页面

1．绑定记录集 RecResult

在 voteCount.php 中，显示投票主题的总票数和最高票数需要绑定记录集 RecResult，使用数据表是 voteoptiontable。

① 打开“绑定”面板，单击“+”按钮，从弹出的菜单中选择“记录集（查询）”命令。

② 打开“记录集”对话框，参照表 9-7 中的参数进行记录集的设置，如图 9-34 所示。

表 9-7　绑定记录集 RecResult 的参数设置

参　　数	设　置　值
名称	RecResult
连接	connVote
表格	voteoptiontable
列	全部
筛选	voteID = URL 参数 voteID

③ 单击对话框中的“高级...”按钮，对话框切换到“高级”模式。在这种模式下，用户可以在 SQL 文本框中输入关联操作等更为复杂的 SQL 语句，如图 9-35 所示。

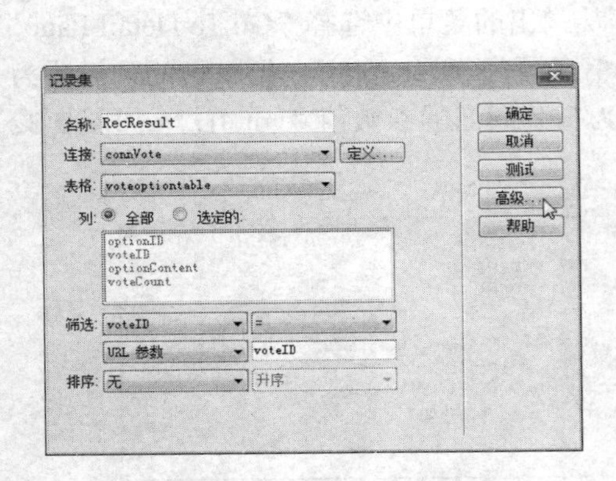

图 9-34 “记录集”对话框

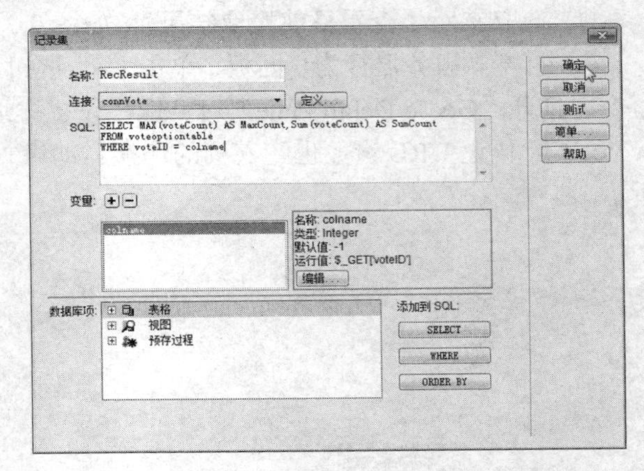

图 9-35 “记录集”对话框的“高级”模式

代码如下：

```
SELECT MAX(voteCount) AS MaxCount,Sum(voteCount) AS SumCount
FROM voteoptiontable
WHERE voteID = colname
```

④ 单击“确定”按钮，完成记录集的设置。

⑤ 绑定记录集后，将记录集中的字段拖动至网页的适当位置，如图 9-36 所示。

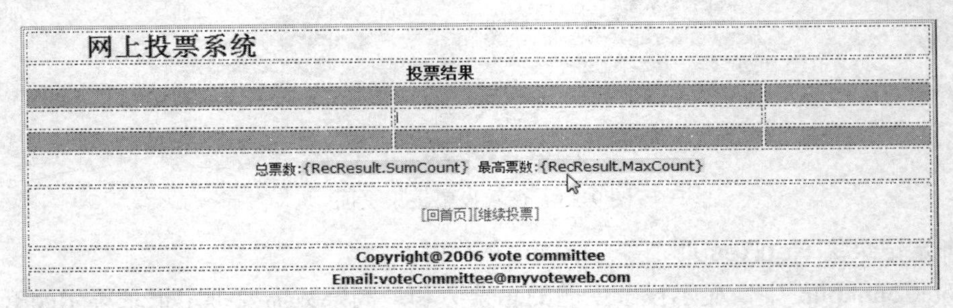

图 9-36 将记录集中的字段拖动至网页

2. 绑定记录集 voteT

在 voteShow.php 中，除了要显示投票主题的名称以外，还要显示出该主题的选项及每个选项所得的总票数。因此，需要绑定的记录集同时会用到投票主题表 votetable 和投票选项表 voteoptiontable，并且需要通过 SQL 语句将这两个表使用 INNER JOIN 内部连接关联起来。

绑定这个记录集的操作步骤如下。

① 打开“绑定”面板，单击“+”按钮，从弹出的菜单中选择“记录集（查询）”命令。

② 打开“记录集”对话框，参照表 9-8 中的参数进行记录集的设置，如图 9-37 所示。

表 9-8　绑定记录集 voteT 的参数设置

参　　数	设　置　值
名称	voteT
连接	connVote
表格	votetable
列	全部
筛选	voteID = URL 参数 voteID

③ 单击对话框中的“高级...”按钮，对话框切换到“高级”模式。在这种模式下，用户可以在 SQL 文本框中输入关联操作等更为复杂的 SQL 语句，如图 9-38 所示。

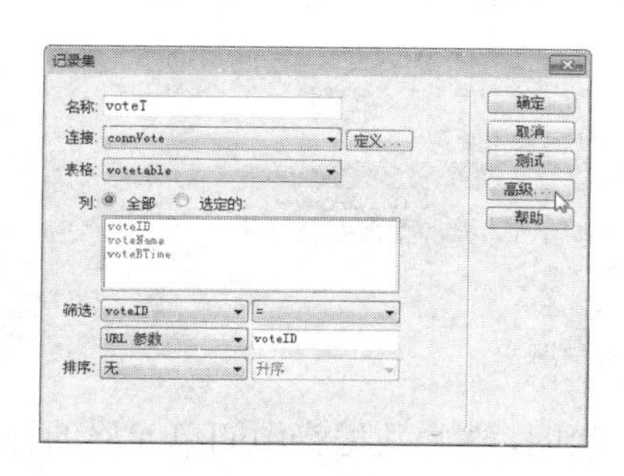

图 9-37　“记录集”对话框

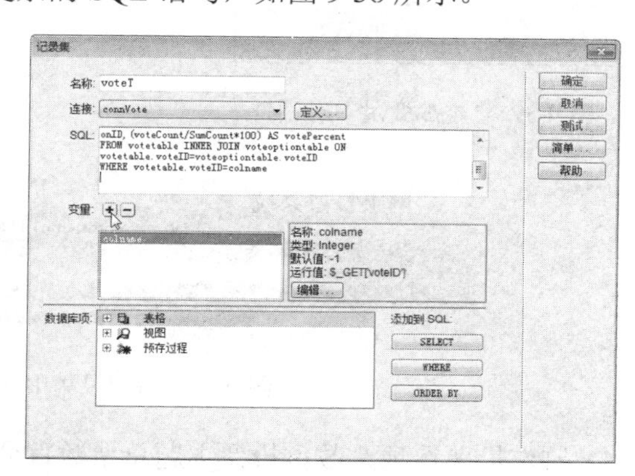

图 9-38　“记录集”对话框的“高级”模式

代码如下：

```
SELECT votetable.voteID,votetable.voteName,votetable.voteBTime,voteoptiontable.voteCount,
voteoptiontable.optionContent,voteoptiontable.optionID,(voteCount/SumCount*100) AS votePercent
FROM votetable INNER JOIN voteoptiontable ON votetable.voteID=voteoptiontable.voteID
WHERE votetable.voteID=colname
```

④ 添加变量 SumCount，用于引用记录集 RecResult 中的显示投票主题总票数的虚拟字段 SumCount，以便计算投票结果中每个投票选项票数占投票主题总票数的百分比。

单击“记录集”对话框中“变量”右侧的“+”按钮，打开“添加变量”对话框。输入名称为 SumCount，类型为 Integer，默认值为 1，运行时值为$row_RecResult['SumCount']，如图 9-39 所示。单击“确定”按钮，返回“记录集”对话框，SumCount 显示在变量列表中，如图 9-40 所示。

⑤ 单击“确定”按钮，完成记录集的设置。

⑥ 绑定记录集后，将记录集中的字段拖动至网页的适当位置，如图 9-41 所示。

这里需要特别讲解的是，当引用其他记录集中的字段生成当前的记录集时，例如，定义记录集 voteT 时引用了记录集 RecResult 中的字段 SumCount（即$row_RecResult['SumCount']），会出现绑定面板中记录集无法展开的问题。这是 Dreamweaver CS6 软件本身的一个漏洞，并不代表生成的记录集是错误的。如果出现这种情况，用户可以切换到代码窗口，定位到需要绑定记录集字段的位置，以手动输入代码的方式引用记录集中的字段。

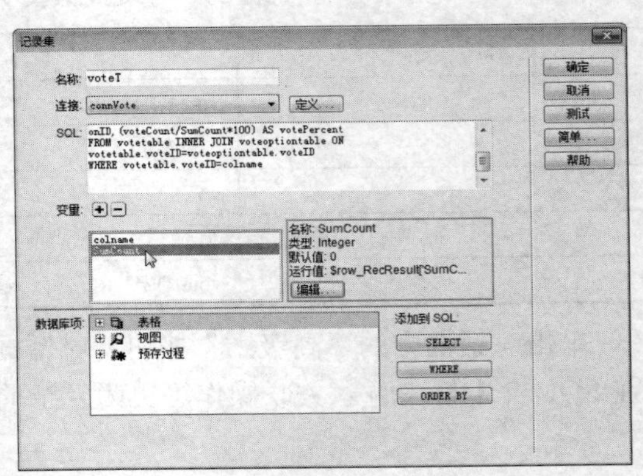

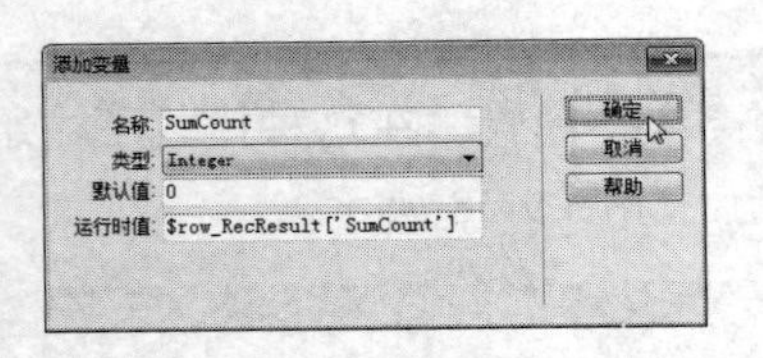

图 9-39 “添加变量”对话框

图 9-40 SumCount 显示在变量列表

图 9-41 将记录集中的字段拖动至网页

⑦ 制作投票选项票数占投票主题总票数百分比的柱状图。选中数据行中间单元格的柱状图小图标 vote.gif，切换到代码窗口，将其 width 属性值设置为记录集 voteT 中的 votePercent 字段，如图 9-42 所示。其含义是将图片宽度绑定到一个决定图片显示宽度的字段 votePercent，该字段在记录集 voteT 中的定义是(voteCount/SumCount*100) AS votePercent，表示(投票选项票数/投票主题总票数*100)，用这个结果作为柱状图显示宽度的像素数。

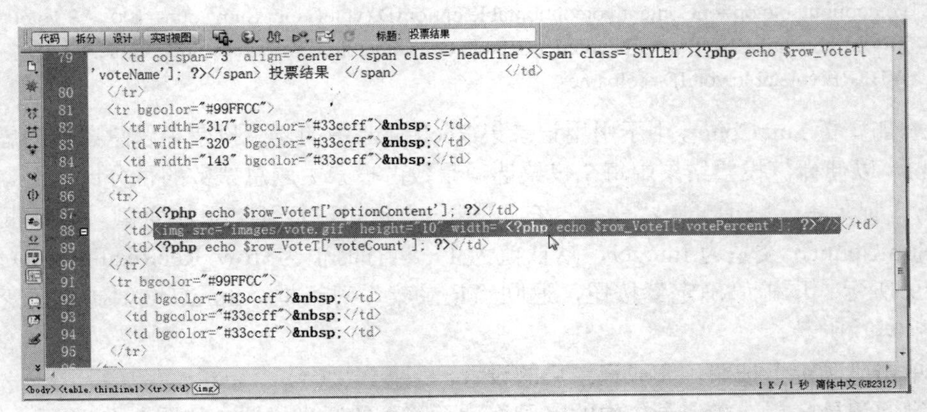

图 9-42 设置柱状图小图标的 width 属性

3. 设置重复区域

选取页面中的数据行和分隔行共两行，设置重复区域，“重复区域”对话框的设置如图 9-43 所示，设置结果如图 9-44 所示。

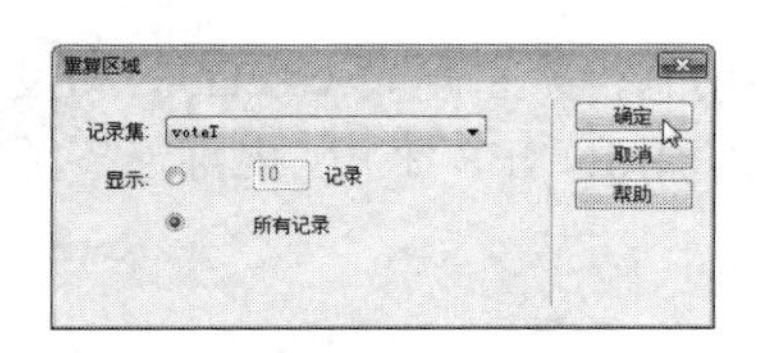

图 9-43 “重复区域”对话框

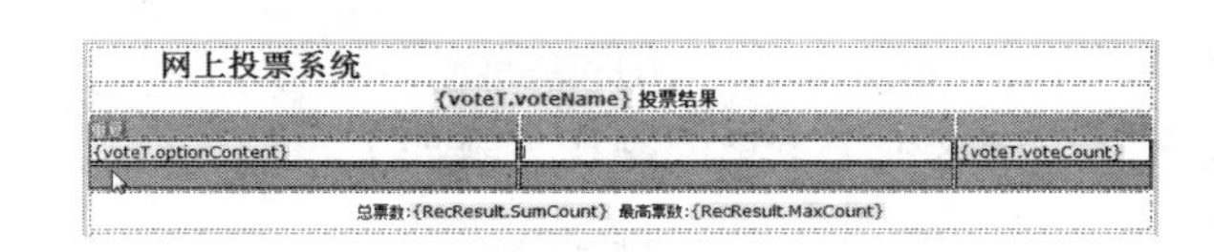

图 9-44 重复区域的设置结果

至此，网络投票系统前台页面全部制作完毕。

9.5 网络投票系统管理页面的制作

管理页面对于网络投票系统的维护非常重要，管理员可以随时新增投票主题、修改投票主题或选项内容，还可以删除过期的投票活动。

9.5.1 管理员登录页面的制作

由于管理页面是不允许普通浏览者进入的，所以必须受到权限管理。可以利用登录账号与密码来判断是否有适当的权限进入管理页面。操作步骤如下：

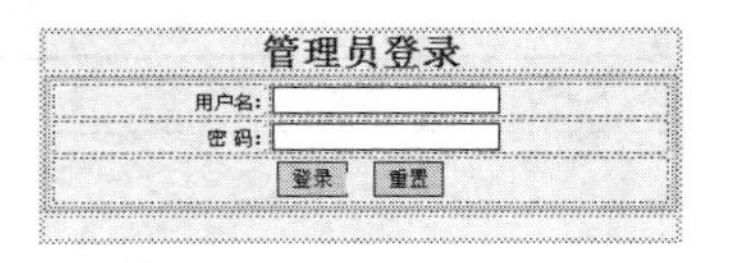

图 9-45 管理员登录页面

① 打开管理员登录页面 login.php，如图 9-45 所示。

② 打开“服务器行为”面板，单击“+”按钮，从弹出的菜单中选择“用户身份验证”→“登录用户”命令，如图 9-46 所示。打开“登录用户”对话框，参照图 9-47 所示设置相关参数。

图 9-46 选择 “登录用户”命令

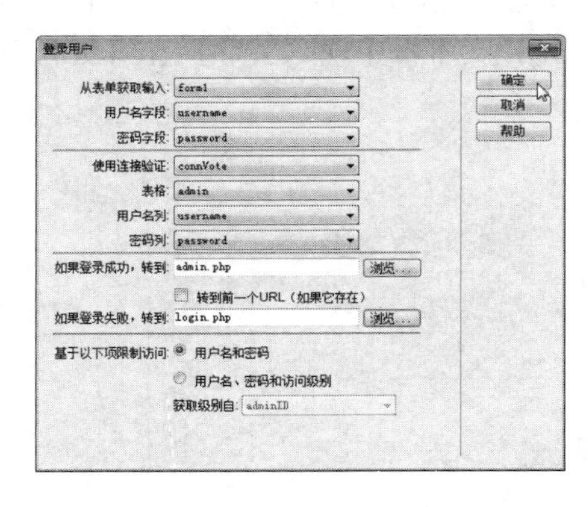

图 9-47 “登录用户”对话框

③ 单击“确定”按钮返回到设计窗口，完成管理员登录页面的制作。

9.5.2 管理投票主页面的制作

管理投票主页面是在系统管理员成功登录后出现的页面。页面中除了能够新建投票活动，还提供了修改投票活动的链接以及直接删除投票活动的链接，如图 9-48 所示。

1. 绑定记录集 vote

在 admin.php 中，除了要显示投票主题的名称以外，还要显示出该主题的总票数以及当前系统中投票主题的个数。因此，需要绑定的记录集同时会用到投票主题表 votetable 和投票选项表 voteoptiontable，并且需要通过 SQL 语句将这两个表使用 INNER JOIN 内部连接关联起来。绑定这个记录集的操作步骤如下。

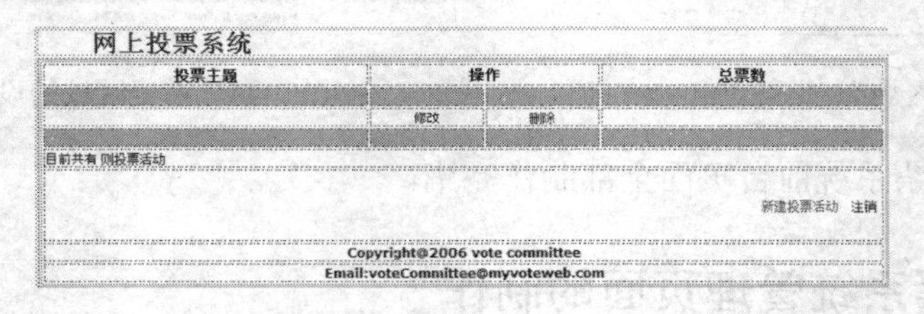

图 9-48　管理投票主页面

① 打开“绑定”面板，单击“+”按钮，从弹出的菜单中选择“记录集（查询）”命令。

② 打开“记录集”对话框，参照表 9-9 中的参数进行记录集的设置，如图 9-49 所示。

表 9-9　绑定记录集 voteT 的参数设置

参　　数	设　置　值
名称	vote
连接	connVote
表格	votetable
列	全部
排序	以 voteBTime 降序排列

③ 单击对话框中的“高级...”按钮，对话框切换到“高级”模式。在这种模式下，用户可以在 SQL 文本框中输入关联操作等更为复杂的 SQL 语句，如图 9-50 所示。

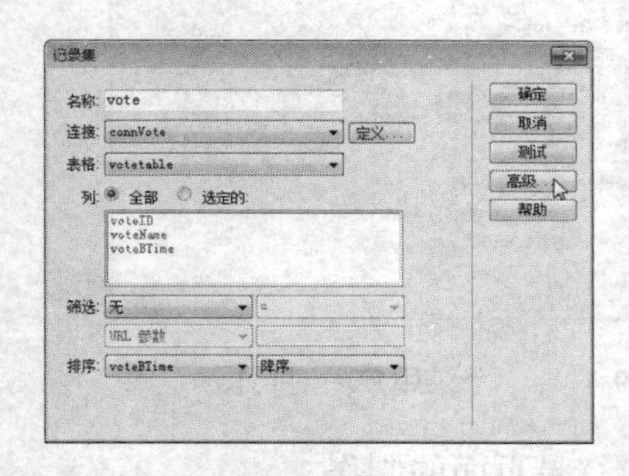

图 9-49　“记录集”对话框

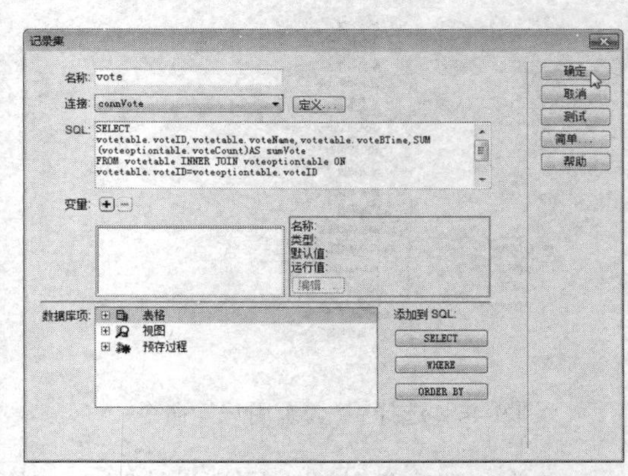

图 9-50　“记录集”对话框的“高级”模式

代码如下：

```
SELECT votetable.voteID,votetable.voteName,votetable.voteBTime,
        SUM(voteoptiontable.voteCount)AS sumVote
FROM votetable INNER JOIN voteoptiontable ON votetable.voteID=voteoptiontable.voteID
GROUP BY votetable.voteID
ORDER BY votetable.voteBTime DESC
```

④ 单击“确定”按钮，完成记录集的设置。

⑤ 绑定记录集后，将记录集中的字段拖动至网页的适当位置，如图 9-51 所示。

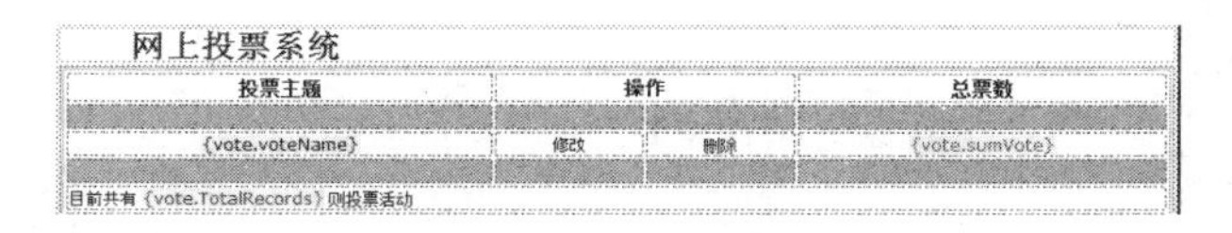

图 9-51　将记录集中的字段拖动至网页

2. 设置转到详细页面

① 选取文字“修改”，如图 9-52 所示。

② 打开“服务器行为”面板，单击“+”按钮，从弹出的菜单中选择“Go To Detail Page”命令。打开“Go To Detail Page”对话框，设置详细信息页为“admindetail.php”，如图 9-53 所示。

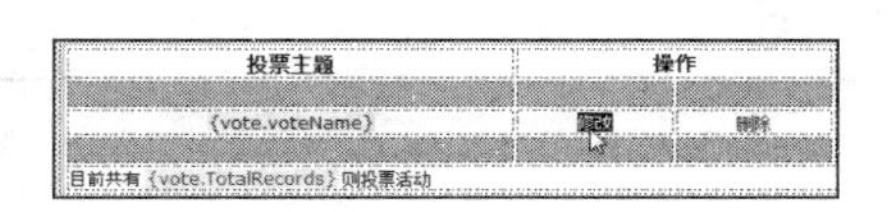

图 9-52　选取文字“修改”

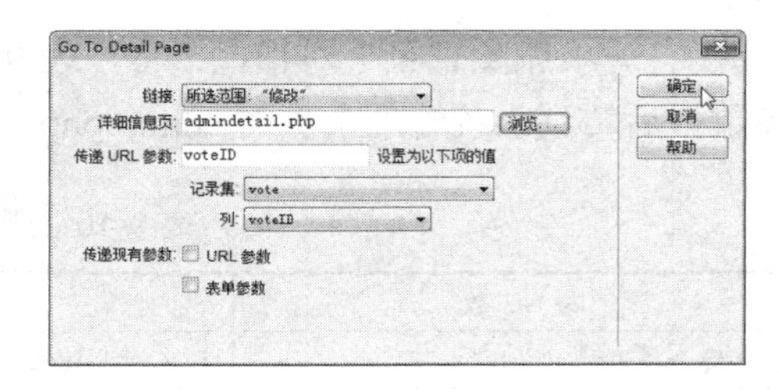

图 9-53　设置详细信息页

③ 单击“确定”按钮，完成转到详细页面的设置。

3. 设置重复区域

选取页面中的数据行和分隔行共两行，设置重复区域，“重复区域”对话框的设置如图 9-54 所示，设置结果如图 9-55 所示。

图 9-54　“重复区域”对话框

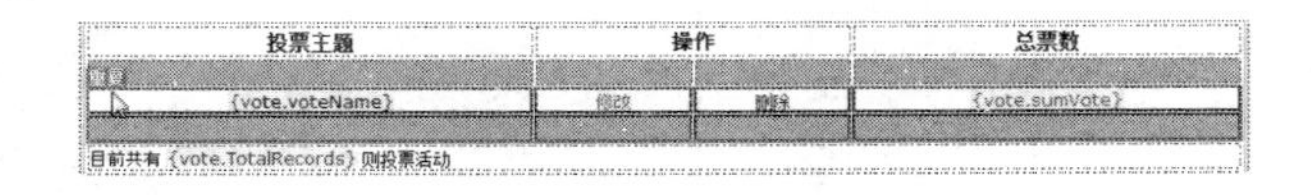

图 9-55　重复区域的设置结果

4. 当前页直接删除投票记录的实现

在上一章讲解制作删除留言记录的页面时，是通过设置“转到详细页面”将欲删除记录的主键传递给详细页面，管理员在详细页面确认这条记录确实可以删除时，再执行删除记录操作。这样做的优点是可以防止误删除记录，缺点是页面之间反复切换，比较烦琐。这里讲解一下在当前页面中单击“删除”链接后，直接删除该记录的方法。

① 选取文字“删除”，切换到代码视图，为文字“删除”添加链接代码，如图 9-56 所示。

代码如下：

```
<a href="admin.php?delete=true&voteID=<?php echo $row_vote['voteID']; ?>">删除</a>
```

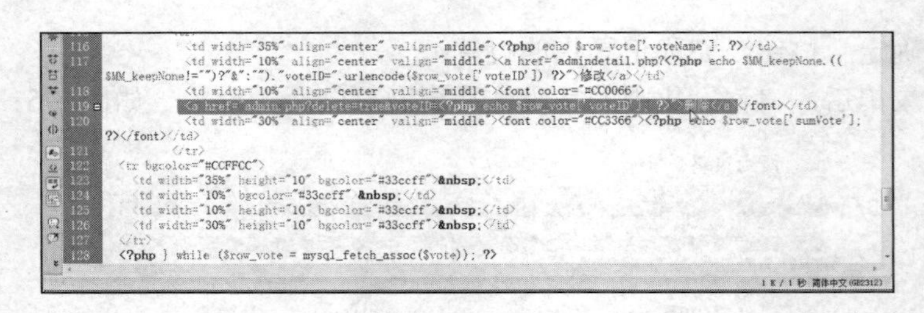

图 9-56　为文字“删除”添加链接代码

这段代码的含义是当用户单击“删除”链接时，将删除记录的判断值 delete 和唯一标识 voteID 通过 URL 参数传递给当前页面 admin.php，进而实现本页面内的删除记录操作。其中，delete 的传递值为 TRUE，voteID 的传递值为<?php echo $row_vote['voteID']; ?>。

② 打开“服务器行为”面板，单击“+”按钮，从弹出的菜单中选择“删除记录”命令，如图 9-57 所示。

③ 打开“删除记录”对话框，参照表 9-10 中的参数进行设置，如图 9-58 所示，并设置删除数据后转到系统管理主页面 admin.php。

表 9-10　删除记录参数设置

参　　数	设　置　值
首先检查是否已定义变量	URL 参数 delete
连接	connVote
表格	votetable
主键列	voteID
主键值	URL 参数 voteID
删除后，转到	admin.php

图 9-57　选择“删除记录”命令

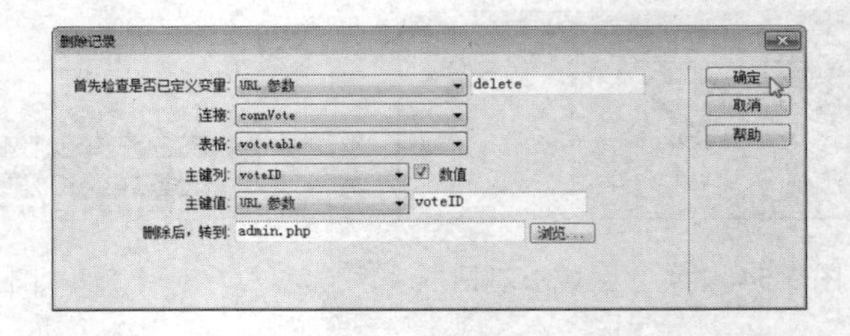

图 9-58　“删除记录”对话框

④ 单击“确定”按钮，完成删除记录操作，服务器行为面板中将显示出“删除记录”行为，如图 9-59 所示。

⑤ 完成删除设置后，操作并没有结束，因为程序会带着原参数返回原页面，这个删除操作会一直循环不停。这里要改变重定向的设置，切换到代码视图，找到重定向代码的位置，将这段代码加上注释，如图 9-60 所示，这段代码将不再执行。由于修改了系统自动生成的代码，导致“删除记录”行为在服务器行为面板中消失，如图 9-61 所示，但这种变化不影响程序的正常运行。

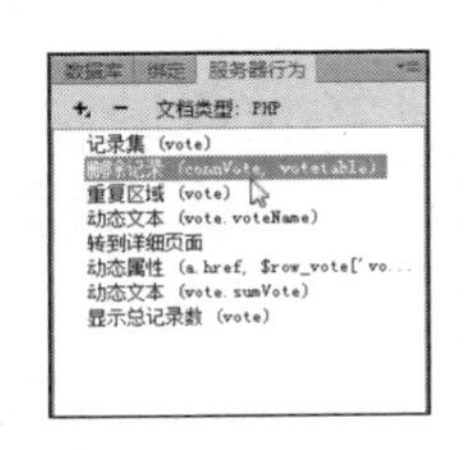

图 9-59 “删除记录”行为

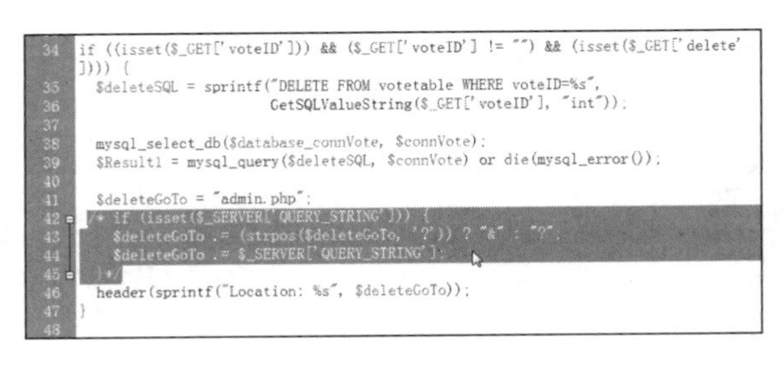

图 9-60 注释重定向代码

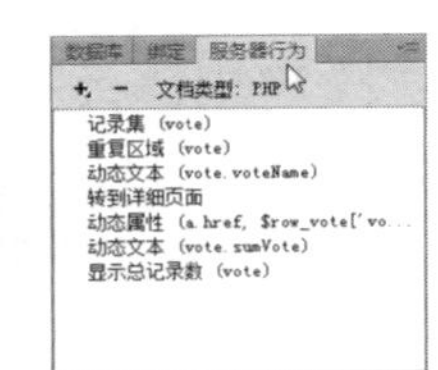

图 9-61 “删除记录”消失

⑥ 上面的删除记录操作用来删除投票主题记录，但其对应的投票选项并未从数据库中删除。因此，需要编写代码实现在删除投票主题的同时删除其对应的选项。

在定义删除投票主题$deleteSQL 语句的下方定位光标，输入定义删除投票选项的语句，如图 9-62 所示。

代码如下：

```
//新增删除投票选项,定义删除 SQL 语句
$deleteSQL2=sprintf("DELETE FROM voteoptiontable WHERE voteID=%s",
                    GetSQLValueString($_GET['voteID'], "int"));
```

在执行删除投票主题$Result1 语句的下方定位光标，输入执行删除投票选项的语句，如图 9-63 所示。

代码如下：

```
//新增删除投票选项，执行删除操作
$Result2 = mysql_query($deleteSQL2, $connVote) or die(mysql_error());
```

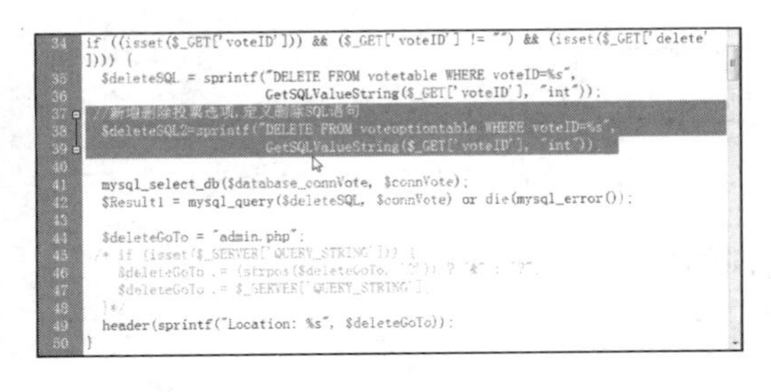

图 9-62 输入删除投票选项的语句

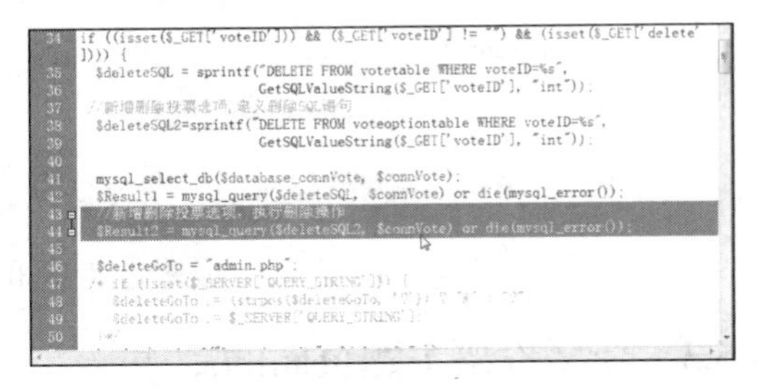

图 9-63 输入执行删除投票选项的语句

至此，当前页直接删除投票记录的操作完成。

5. 设置注销用户服务器行为

① 选取页面右下角的“注销”文字，打开“服务器行为”面板，单击“+”按钮，从弹出的菜单中选择“用户身份验证”→“注销用户”命令，如图 9-64 所示。

② 打开“注销用户”对话框，在“在完成后，转到”文本框中设置转向页面为 index.php，如图 9-65 所示。

③ 单击“确定”按钮，完成注销用户的设置。

6. 设置限制对页的访问服务器行为

① 打开“服务器行为”面板，单击“+”按钮，从弹出的菜单中选择“用户身份验证”

→“限制对页的访问”命令，如图 9-66 所示。

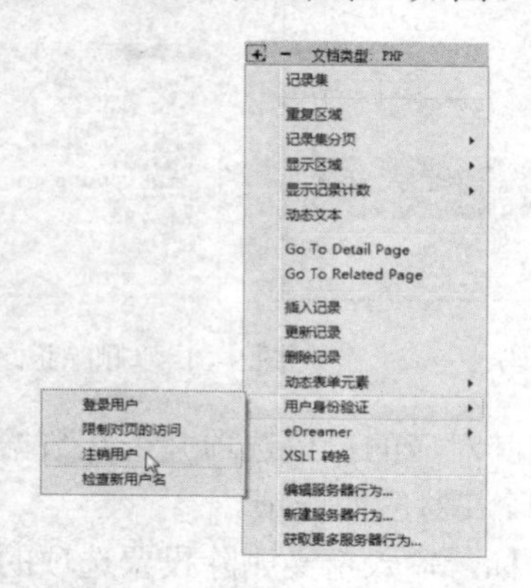

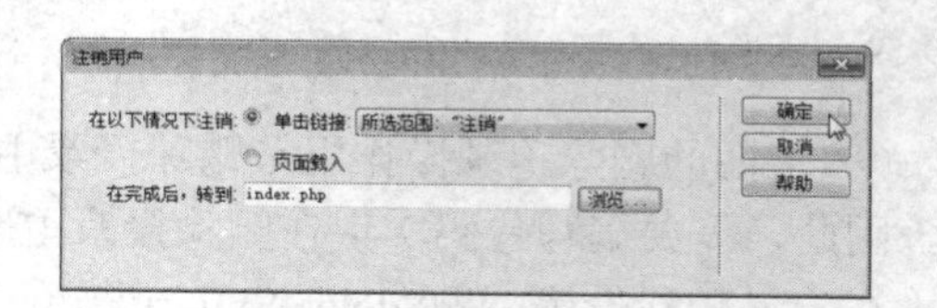

图 9-64 选择 “注销用户”命令　　　　图 9-65 “注销用户”对话框

② 打开“限制对页的访问”对话框，在“如果访问被拒绝，则转到”文本框中设置转向页面为 login.php，如图 9-67 所示。

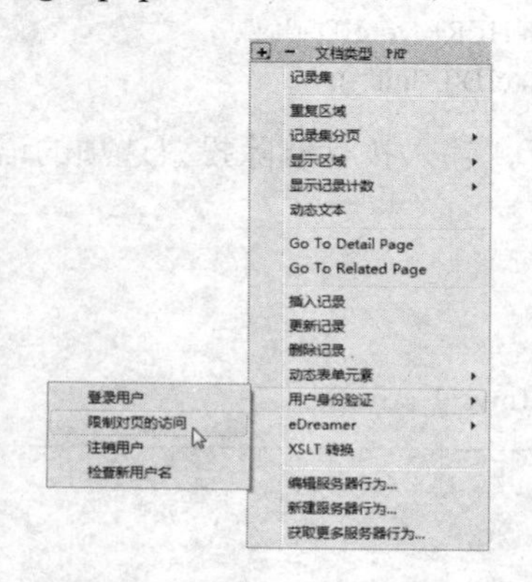

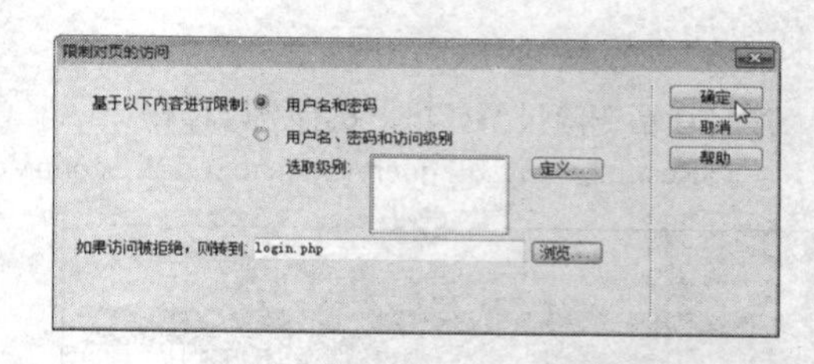

图 9-66 选择 “限制对页的访问”命令　　　　图 9-67 “限制对页的访问”对话框

③ 单击“确定”按钮，完成限制对页的访问的设置。

9.5.3 新增投票主题页面的制作

接下来要制作新增投票主题页面 addVoteSubject.php，如图 9-68 所示，其主要功能是将管理员新增的投票主题数据添加到网站的 votetable 表中。

图 9-68 新增投票主题页面

1. 新增投票主题表单的设置

在页面 addVoteSubject.php 中，除了设置表单字段之外，还可以通过隐藏域将新增投票主题的时间字段 voteBTime 设置为自动取得系统日期。操作步骤如下：

① 将鼠标定位于表单中的任何位置，例如，定位在“下一步”按钮的左侧。单击“插入”面板中“表单”选项卡中的隐藏域 按钮，在按钮的左侧插入一个隐藏域，如图 9-69 所示。

② 在属性面板中设置隐藏域的名称为 voteBTime，值为<?php echo date("Y-m-d H:i:s")?>，如图 9-70 所示。

图 9-69　插入隐藏域

图 9-70　设置隐藏域的名称和值

最后，将表单中的其他字段的名称都设置为对应的数据表字段的名称。

2．加入插入记录服务器行为

① 打开“服务器行为”面板，单击“+”按钮，从弹出的菜单中选择“插入记录”命令，如图 9-71 所示。

② 打开“插入记录”对话框，参照表 9-11 中的参数进行设置，如图 9-72 所示，并设置添加数据后转到新增投票选项页面 addVoteOptions.php。

表 9-11　插入记录参数设置

参　　数	设　置　值
提交值，自	form1
连接	connVote
插入表格	votetable
列	参照数据表字段与表单字段
插入后，转到	addVoteOptions.php

③ 单击“确定”按钮，完成插入记录操作。

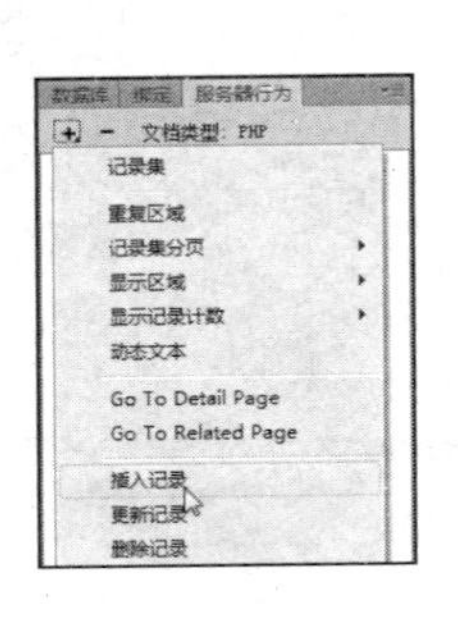

图 9-71　选择“插入记录”命令

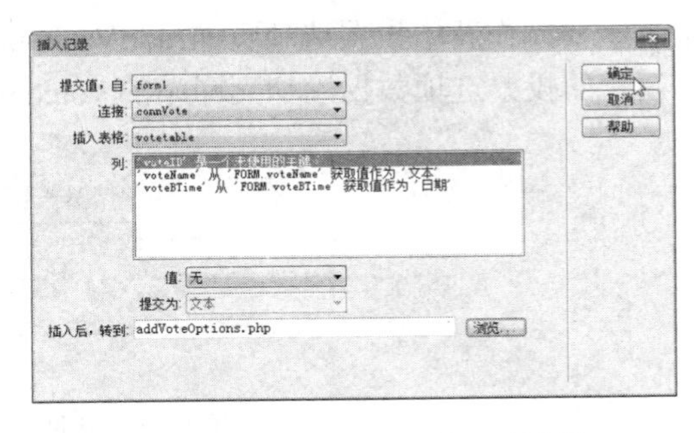

图 9-72　“插入记录”对话框

④ 上面的插入记录操作用来向投票主题表 votetable 中插入新的投票，之后页面转向新增投票选项页面。因此，需要将本页面插入记录后生成的最新的投票主题编号以 URL 参数的形式传递给新增投票选项页面 addVoteOptions.php，以便在 addVoteOptions.php 页面获取该参数值后，在执行插入投票选项操作时，将最新的投票主题编号写入投票选项表 voteoptiontable 中的投票主题编号字段。

切换至代码视图，将鼠标定位在插入记录行为的重定位语句之前的空白处，输入获取最新投票主题编号的代码，如图 9-73 所示。

代码如下：

```
//获取最新投票主题编号
$query_NewID="SELECT Max(voteID)AS NewID FROM votetable";
$Result2 = mysql_query($query_NewID, $connVote) or die(mysql_error());
$row_Result2=mysql_fetch_assoc($Result2);
$totalRows_Result2=mysql_num_rows($Result2);
```

接下来，将光标定位在插入记录行为的重定位语句，修改其代码，添加传递最新投票主题编号 voteID 的代码，如图 9-74 所示。

代码如下：

```
$insertGoTo = "addVoteOptions.php?voteID=".$row_Result2['NewID'];
```

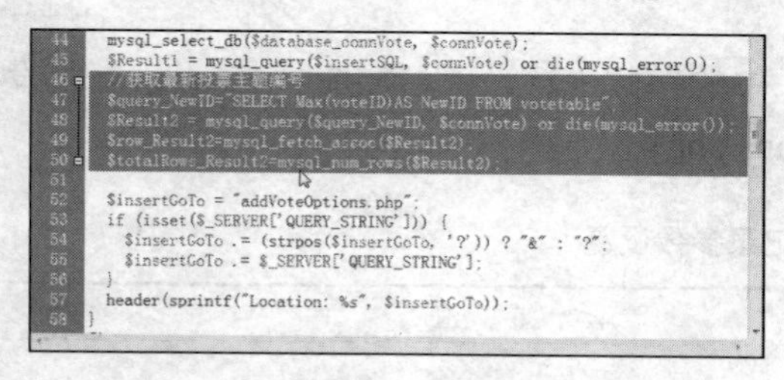

图 9-73　输入获取最新投票主题编号的代码

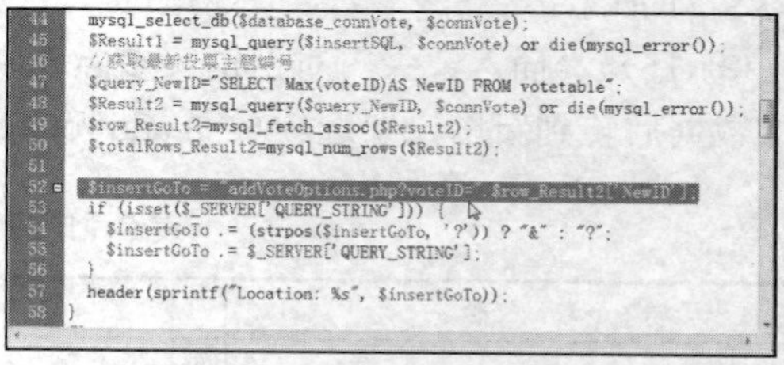

图 9-74　修改重定位语句

由于修改了系统自动生成的代码，导致“插入记录”行为在服务器行为面板中消失，但这种变化不影响程序的正常运行。

9.5.4　新增投票选项页面的制作

接下来要制作新增投票选项页面 addVoteOptions.php，如图 9-75 所示，其主要功能是将管理员新增的投票选项数据添加到网站的 voteoptiontable 表中。

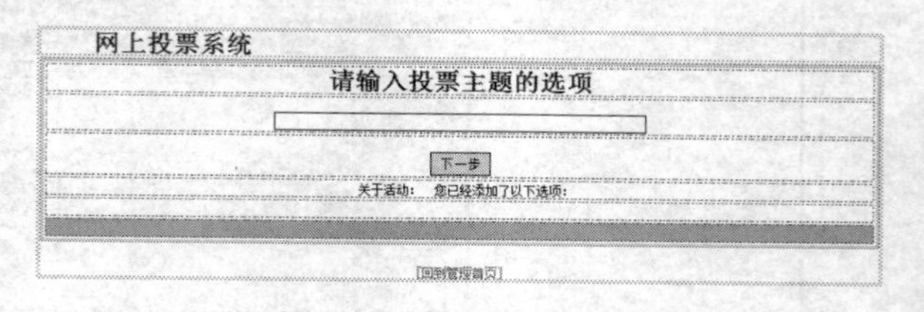

图 9-75　新增投票选项页面

1．绑定记录集 voteI

在 addVoteOptions.php 中，显示投票主题的名称需要绑定记录集 voteI，使用数据表是 votetable。

① 打开“绑定”面板，单击“+”按钮，从弹出的菜单中选择“记录集（查询）”命令。

② 打开“记录集”对话框，参照表 9-12 中的参数进行记录集的设置，如图 9-76 所示，完成后单击“确定”按钮即可。

表 9-12　绑定记录集 voteI 的参数设置

参　数	设　置　值
名称	voteI
连接	connVote
表格	votetable
列	全部
筛选	voteID = URL 参数 voteID

③ 绑定记录集后，将记录集的字段拖动至网页的适当位置，如图 9-77 所示。

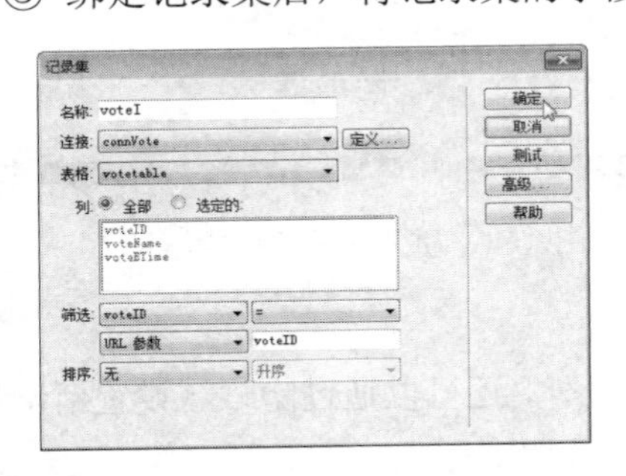

图 9-76 “记录集”对话框

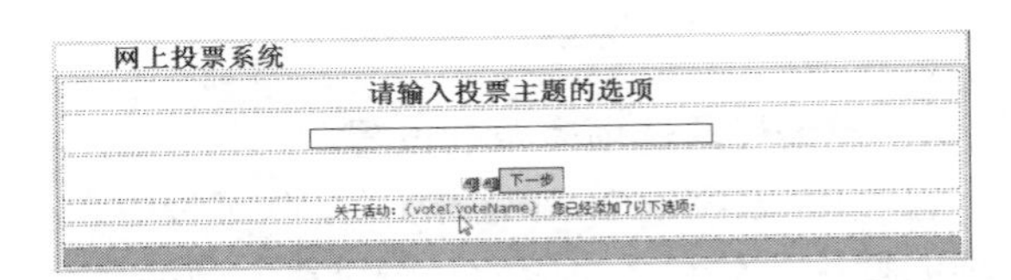

图 9-77　将记录集的字段拖动至网页

2. 绑定记录集 Option

在 addVoteOptions.php 中，显示投票选项的名称需要绑定记录集 Option，使用数据表是 voteoptiontable。

① 打开“绑定”面板，单击“+”按钮，从弹出的菜单中选择“记录集（查询）”命令。

② 打开“记录集”对话框，参照表 9-13 中的参数进行记录集的设置，如图 9-78 所示，完成后单击“确定”按钮即可。

表 9-13　绑定记录集 Option 的参数设置

参　数	设　置　值
名称	Option
连接	connVote
表格	voteoptiontable
列	全部
筛选	voteID = URL 参数 voteID

③ 绑定记录集后，将记录集的字段拖动至网页的适当位置，如图 9-79 所示。

3. 设置重复区域

选取页面中的数据行和分隔行共两行，设置重复区域，“重复区域”对话框的设置如图 9-80 所示，设置结果如图 9-81 所示。

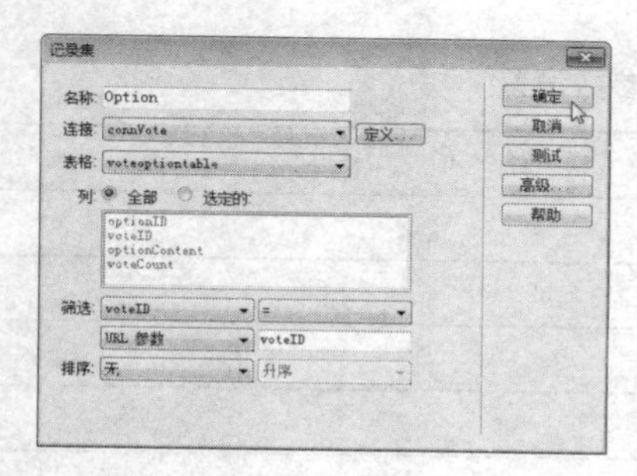

图 9-78 “记录集”对话框

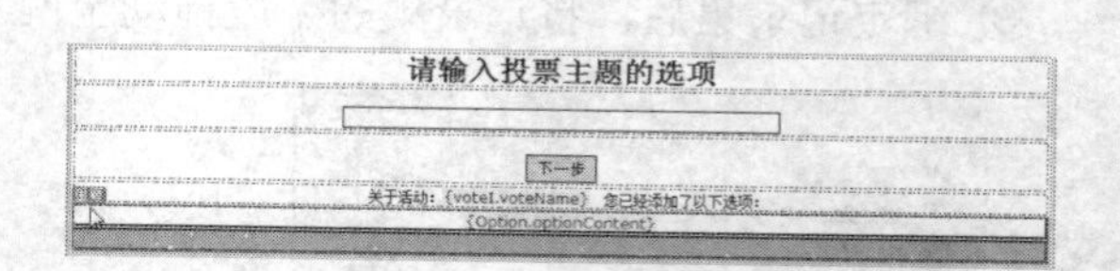

图 9-79 将记录集的字段拖动至网页

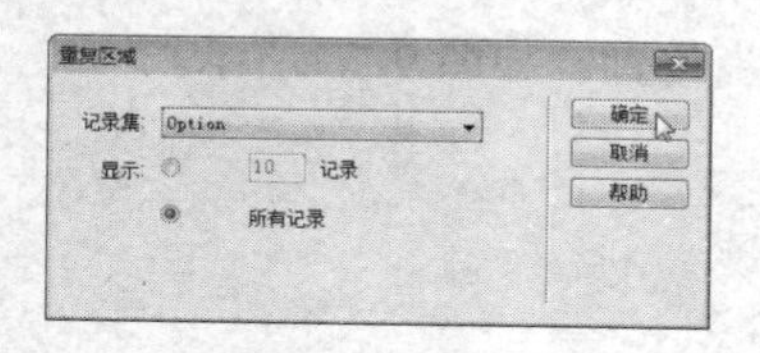

图 9-80 “重复区域”对话框

图 9-81 重复区域的设置结果

4. 新增投票选项表单的设置

在页面 addVoteOptions.php 中，除了设置表单字段之外，还可以通过隐藏域设置新增投票选项的默认票数和其对应的最新投票主题编号。操作步骤如下：

① 将鼠标定位于表单中的任何位置，例如，定位在“下一步”按钮的左侧。单击“插入”面板中“表单”选项卡中的隐藏域按钮，在按钮的左侧插入一个隐藏域。

② 在属性面板中设置隐藏域的名称为 voteID，选中该隐藏域，单击“值”文本框右侧的闪电图标，如图 9-82 所示。打开“动态数据”对话框，选中需要绑定的字段 voteID，如图 9-83 所示。单击“确定”按钮，完成动态数据的绑定。

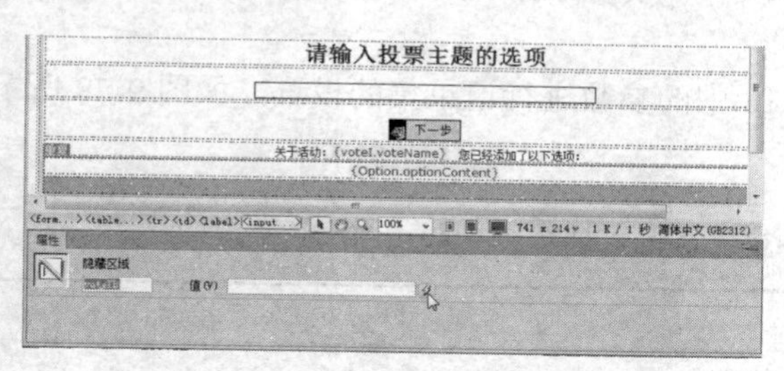

图 9-82 单击闪电图标

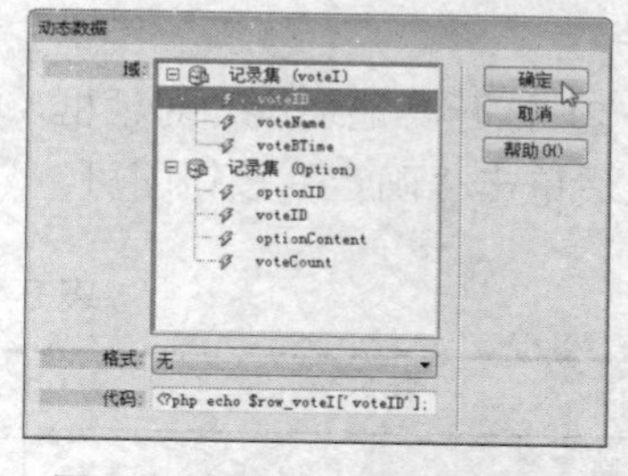

图 9-83 选中需要绑定的字段

③ 将鼠标定位在隐藏域 voteID 的左侧，单击“插入”面板中“表单”选项卡中的隐藏域按钮，在隐藏域 voteID 的左侧插入一个隐藏域，如图 9-84 所示。

④ 在属性面板中设置隐藏域的名称为 voteCount，选中该隐藏域，在“值”文本框中输入投票选项的默认票数为 0，如图 9-85 所示。

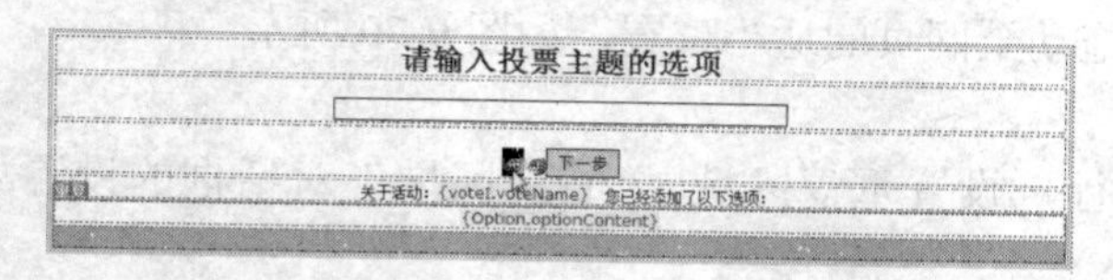

图 9-84 插入隐藏域

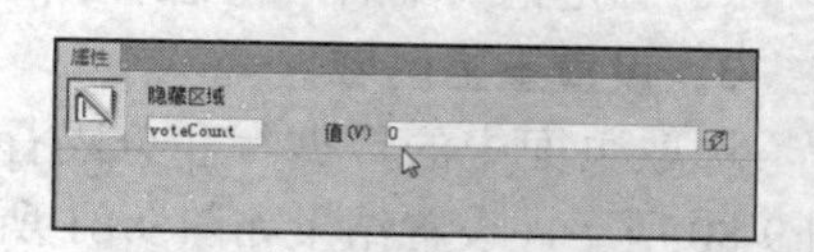

图 9-85 设置隐藏域的名称和值

最后，将表单中的其他字段的名称都设置为对应的数据表字段的名称。

5. 加入插入记录服务器行为

① 打开“服务器行为”面板，单击“+”按钮，从弹出的菜单中选择“插入记录”命令，如图 9-86 所示。

② 打开“插入记录”对话框，参照表 9-14 中的参数进行设置，如图 9-87 所示，并设置添加数据后转到新增投票选项页面 addVoteOptions.php。

表 9-14 插入记录参数设置

参数	设置值
提交值，自	form1
连接	connVote
插入表格	voteoptiontable
列	参照数据表字段与表单字段
插入后，转到	addVoteOptions.php

③ 单击“确定”按钮，完成插入记录操作。

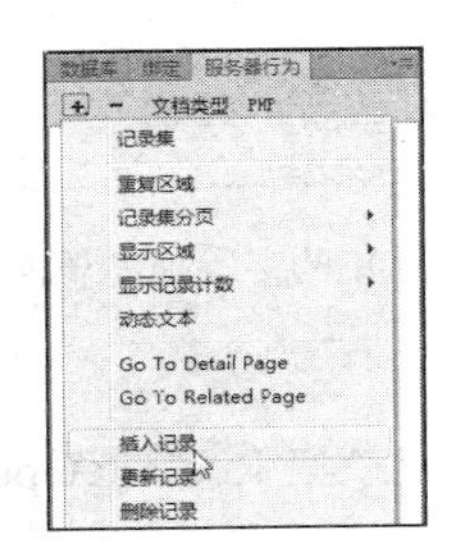

图 9-86 选择“插入记录”命令

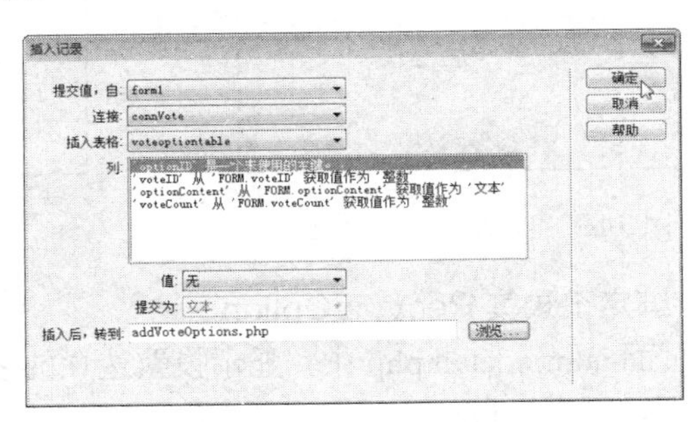

图 9-87 “插入记录”对话框

9.5.5 修改投票页面的制作

接下来要制作修改投票页面 admindetail.php，如图 9-88 所示，管理员可以修改投票主题或选项的名称、删除选项，当删除某个主题的所有选项之后，还可以删除这个主题。

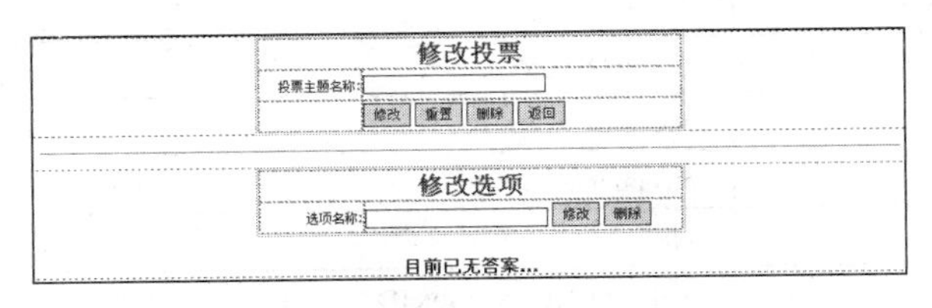

图 9-88 修改投票页面

1. 绑定记录集 RecVote

在页面 admindetail.php 中，显示投票主题的名称需要绑定记录集 RecVote，使用数据表是 votetable。

① 打开“绑定”面板，单击“+”按钮，从弹出的菜单中选择“记录集（查询）”命令。

② 打开“记录集”对话框，参照表 9-15 中的参数进行记录集的设置，如图 9-89 所示，完成后单击“确定”按钮即可。

表 9-15　绑定记录集 RecVote 的参数设置

参　　数	设　置　值
名称	RecVote
连接	connVote
表格	votetable
列	全部
筛选	voteID = URL 参数 voteID

③ 绑定记录集后，将记录集的字段拖动至网页的适当位置，如图 9-90 所示。

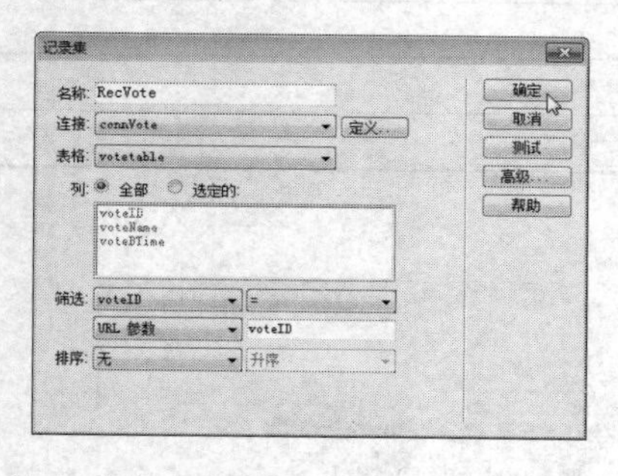

图 9-89 “记录集”对话框

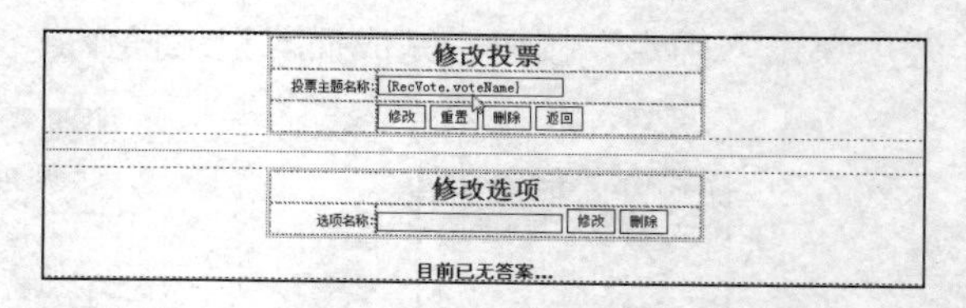

图 9-90　将记录集的字段拖动至网页

2．绑定记录集 RecVoteOption

在页面 admindetail.php 中，显示投票选项的名称需要绑定记录集 RecVoteOption，使用数据表是 voteoptiontable。

① 打开“绑定”面板，单击“+”按钮，从弹出的菜单中选择“记录集（查询）”命令。

② 打开“记录集”对话框，参照表 9-16 中的参数进行记录集的设置，如图 9-91 所示，完成后单击“确定”按钮即可。

表 9-16　绑定记录集 RecVoteOption 的参数设置

参　　数	设　置　值
名称	RecVoteOption
连接	connVote
表格	voteoptiontable
列	全部
筛选	voteID = URL 参数 voteID

③ 绑定记录集后，将记录集的字段拖动至网页的适当位置，如图 9-92 所示。

3．设置更新记录的唯一标识

在更新记录的表单中添加隐藏域并绑定记录集中主键，作为更新某条记录的唯一标识。操作步骤如下。

① 在修改投票主题的表单 form1 中添加一个隐藏域 voteID，绑定记录集 RecVote 的主键

voteID，如图 9-93 所示。

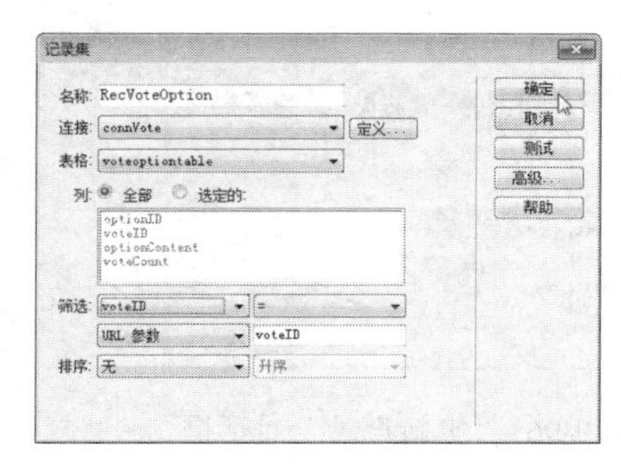

图 9-91 “记录集”对话框

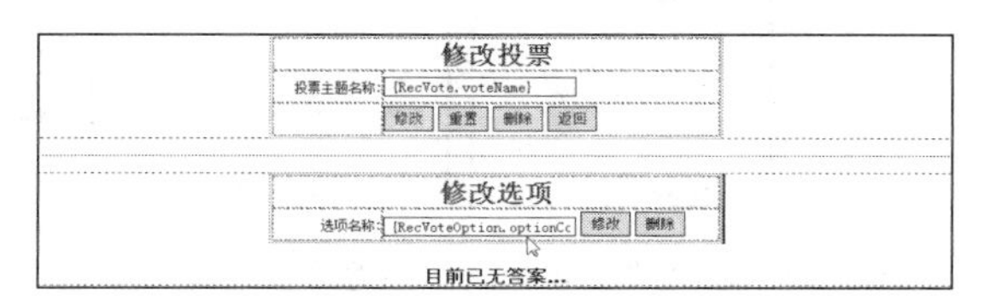

图 9-92 将记录集的字段拖动至网页

② 在修改投票选项的表单 form2 中添加一个隐藏域 optionID，绑定记录集 RecVoteOption 的主键 optionID，如图 9-94 所示。

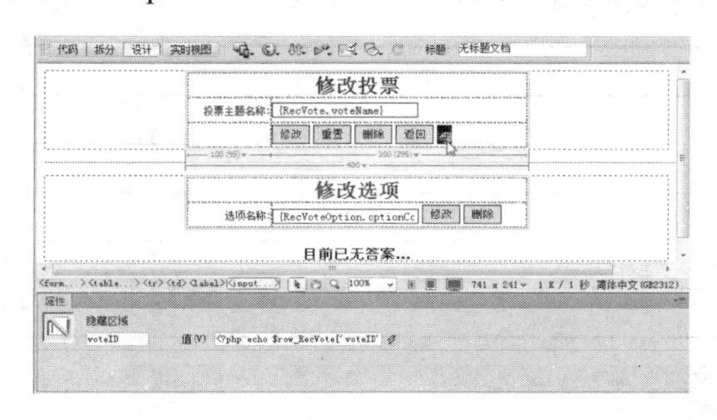

图 9-93 隐藏域 voteID

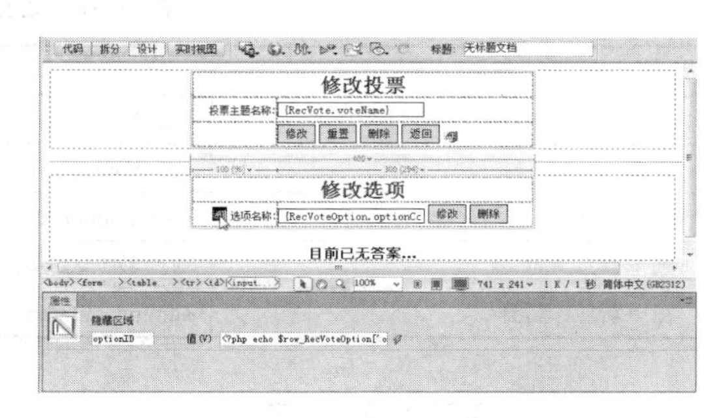

图 9-94 隐藏域 optionID

4. 更新投票主题

① 打开“服务器行为”面板，单击“+”按钮，从弹出的菜单中选择“更新记录”命令，如图 9-95 所示。

② 打开“更新记录”对话框，参照表 9-17 中的参数进行设置，如图 9-96 所示，并设置更新数据后转到修改投票页面 admindetail.php。

表 9-17 更新记录参数设置

参　　数	设　置　值
提交值，自	form1
连接	connVote
更新表格	votetable
列	参照数据表字段与表单字段
在更新后，转到	admindetail.php

③ 单击“确定”按钮，完成更新记录操作。

5. 更新投票选项

① 打开“服务器行为”面板，单击“+”按钮，从弹出的菜单中选择“更新记录”命令，如图 9-97 所示。

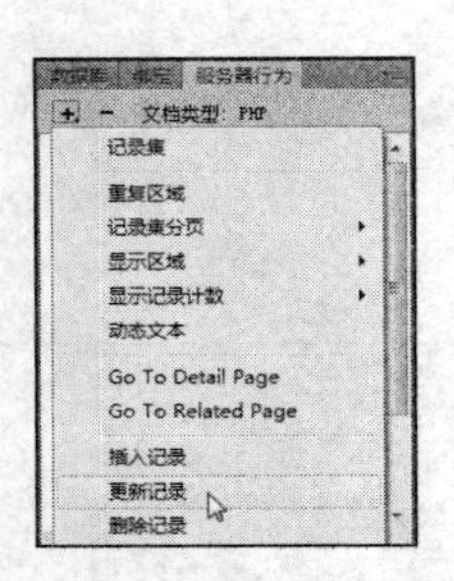

图 9-95　选择“更新记录”命令

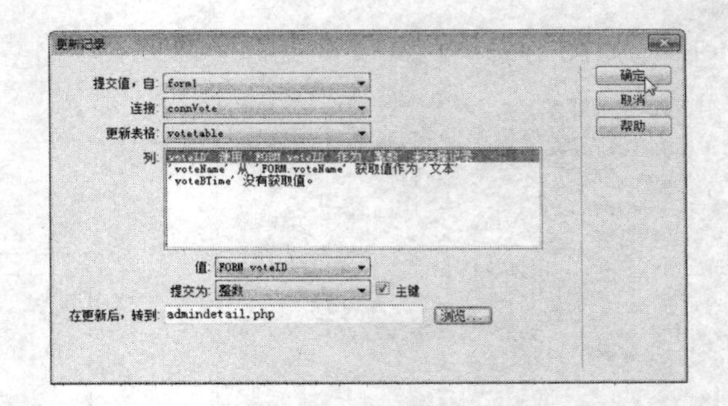

图 9-96　“更新记录”对话框

② 打开“更新记录”对话框，参照表 9-18 中的参数进行设置，如图 9-98 所示，并设置更新数据后转到修改投票页面 admindetail.php。

表 9-18　更新记录参数设置

参　　数	设　置　值
提交值，自	form2
连接	connVote
更新表格	voteoptiontable
列	参照数据表字段与表单字段
在更新后，转到	admindetail.php

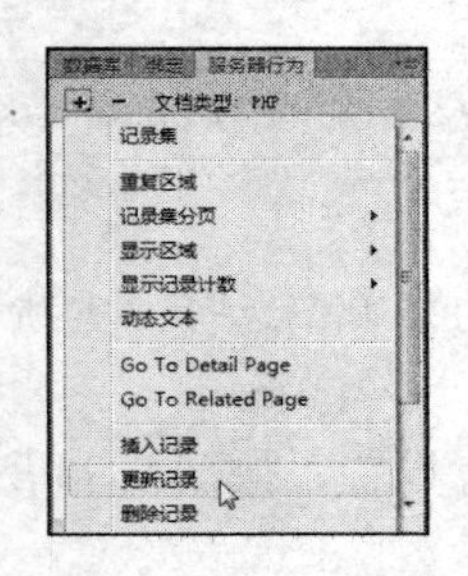

图 9-97　选择“更新记录”命令

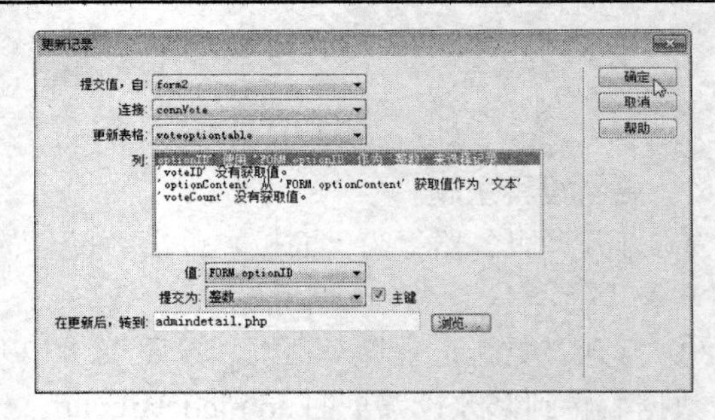

图 9-98　“更新记录”对话框

③ 单击“确定”按钮，完成更新记录操作。

6．删除投票选项

在当前页面中单击投票选项表单中的“删除”按钮后，将在本页面内直接删除该记录。

① 选取投票选项表单中的“删除”按钮，切换到代码视图，为“删除”按钮添加 onclick 事件代码，如图 9-99 所示。

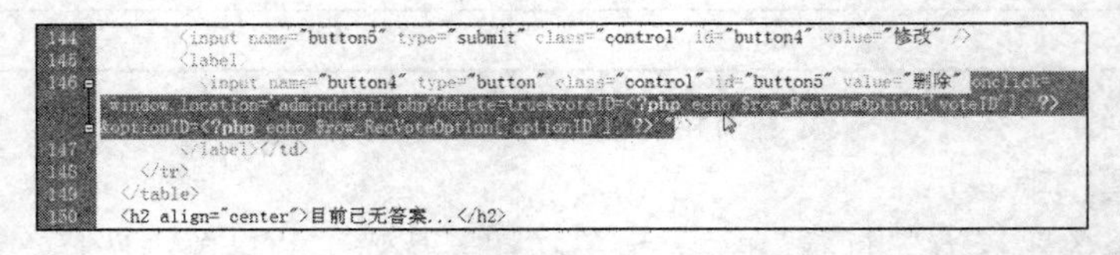

图 9-99　为“删除”按钮添加 onclick 事件代码

代码如下：

```
onclick="window.location='admindetail.php?delete=true&
        voteID=<?php echo $row_RecVoteOption['voteID']; ?>&
        optionID=<?php echo $row_RecVoteOption['optionID']; ?>'"
```

这段代码的含义是当用户单击“删除”按钮时，将删除记录的判断值 delete 和唯一标识 optionID（选项编号）通过 URL 参数传递给当前页面 admindetail.php，进而实现本页面内的删除记录操作，而传递参数 voteID（主题编号）则用于删除投票选项返回当前页时，记录集需要筛选出要显示哪个投票主题的其余选项。

② 打开“服务器行为”面板，单击“+”按钮，从弹出的菜单中选择“删除记录”命令，如图 9-100 所示。

③ 打开“删除记录”对话框，参照表 9-19 中的参数进行设置，如图 9-101 所示，并设置删除数据后转到修改投票页面 admindetail.php。

表 9-19　删除记录参数设置

参　　数	设　置　值
首先检查是否已定义变量	URL 参数 delete
连接	connVote
表格	voteoptiontable
主键列	optionID
主键值	URL 参数 optionID
删除后，转到	admindetail.php

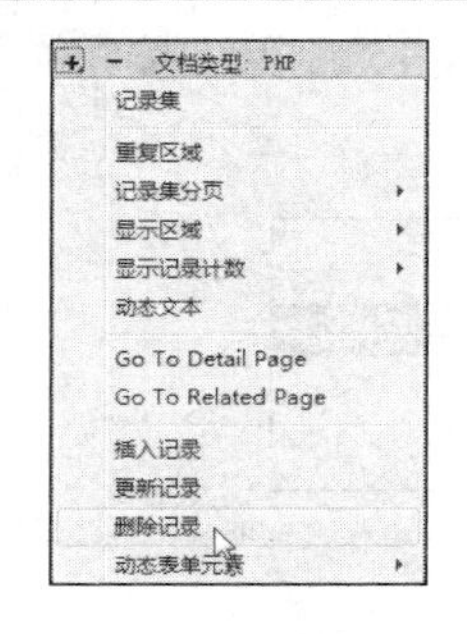

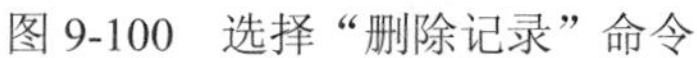
图 9-100　选择“删除记录”命令

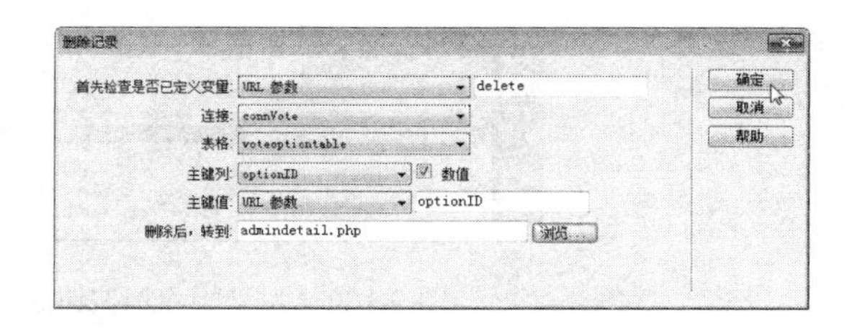

图 9-101　“删除记录”对话框

④ 单击“确定”按钮，完成删除记录操作，“服务器行为”面板中将显示出“删除记录”行为，如图 9-102 所示。

⑤ 完成删除设置后，要改变重定向的设置，切换到代码视图，找到重定向代码的位置，将这段代码加上注释，如图 9-103 所示，这段代码将不再执行。由于修改了系统自动生成的代码，导致“删除记录”行为在“服务器行为”面板中消失，如图 9-104 所示。

⑥ 删除行为还需要向当前页传递投票主题编号 voteID，当删除结束返回当前页时，记录集需要根据 voteID 的值筛选出要显示哪个投票主题的其余选项。将光标定位在重定向页面的语句，在原语句结尾添加传递参数的代码，如图 9-105 所示。

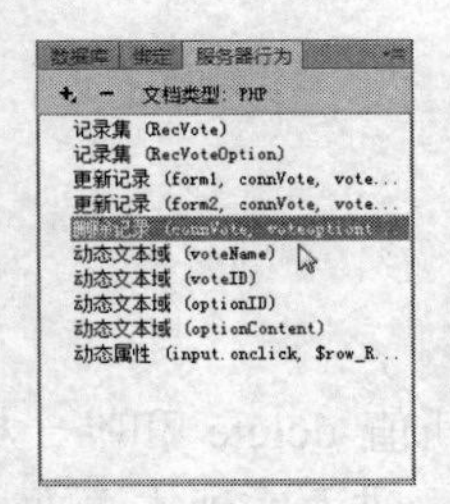

图 9-102 “删除记录”行为

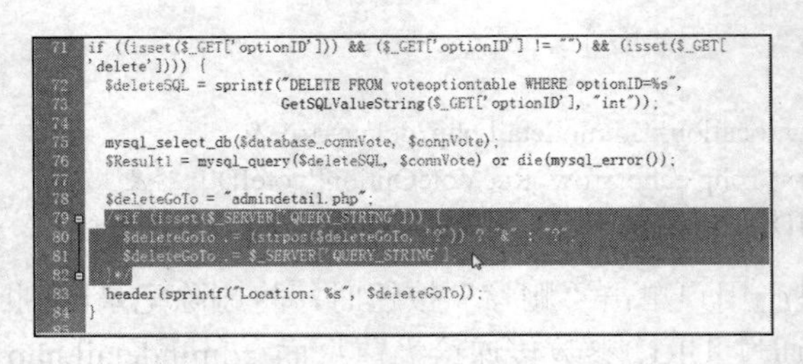

图 9-103 注释重定向代码

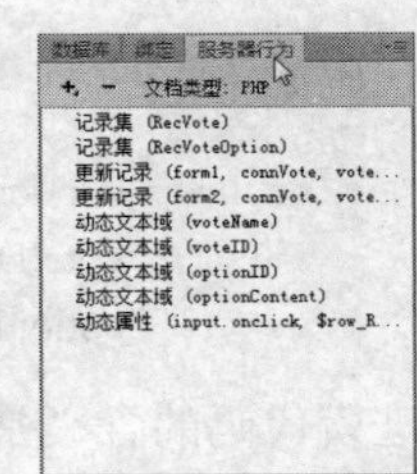

图 9-104 “删除记录”消失

代码如下：

```
$deleteGoTo = "admindetail.php?voteID=".$_GET['voteID'];
```

```
71 if ((isset($_GET['optionID'])) && ($_GET['optionID'] != "") && (isset($_GET[
   'delete']))) {
72   $deleteSQL = sprintf("DELETE FROM voteoptiontable WHERE optionID=%s",
73                        GetSQLValueString($_GET['optionID'], "int"));
74
75   mysql_select_db($database_connVote, $connVote);
76   $Result1 = mysql_query($deleteSQL, $connVote) or die(mysql_error());
77
78   $deleteGoTo = "admindetail.php?voteID=".$_GET['voteID'];
79   /*if (isset($_SERVER['QUERY_STRING'])) {
80     $deleteGoTo .= (strpos($deleteGoTo, '?')) ? "&" : "?";
81     $deleteGoTo .= $_SERVER['QUERY_STRING'];
82   }*/
83   header(sprintf("Location: %s", $deleteGoTo));
84 }
```

图 9-105 添加传递参数的代码

7. 删除投票主题

投票主题表单中的“删除”按钮平时是不显示的，只有当该主题的所有选项全部删除之后，这个按钮才显示出来，使用的是“显示区域”服务器行为实现这一功能的。

① 选取投票主题表单中的“删除”按钮，切换到代码视图，为“删除”按钮添加 onclick 事件代码，如图 9-106 所示。

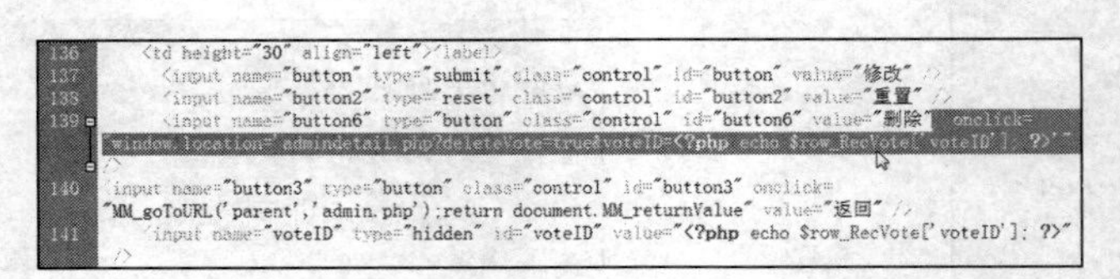

图 9-106 为“删除”按钮添加 onclick 事件代码

代码如下：

```
onclick="window.location='admindetail.php?deleteVote=true&
        voteID=<?php echo $row_RecVote['voteID']; ?>'"
```

这段代码的含义是当用户单击“删除”按钮时，将删除记录的判断值 deleteVote 和唯一标识 voteID（主题编号）通过 URL 参数传递给当前页面 admindetail.php，进而实现本页面内的删除记录操作。

② 打开“服务器行为”面板，单击“+”按钮，从弹出的菜单中选择“删除记录”命令，如图 9-107 所示。

③ 打开“删除记录”对话框，参照表 9-20 中的参数进行设置，如图 9-108 所示，并设置

删除数据后转到管理投票页面 admin.php。

表 9-20　删除记录参数设置

参　　数	设　置　值
首先检查是否已定义变量	URL 参数 deleteVote
连接	connVote
表格	votetable
主键列	voteID
主键值	URL 参数 voteID
删除后，转到	admin.php

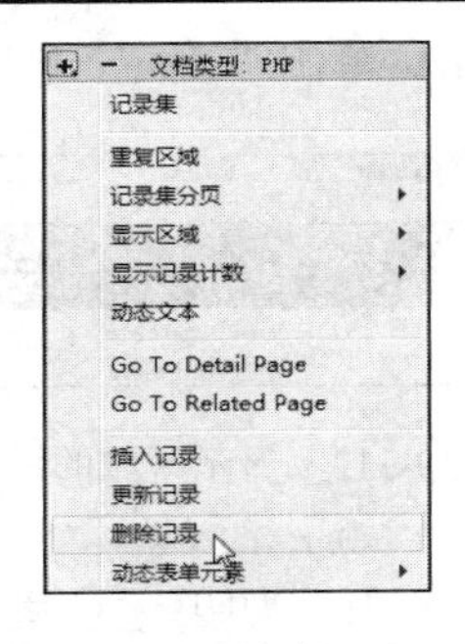

图 9-107　选择“删除记录”命令

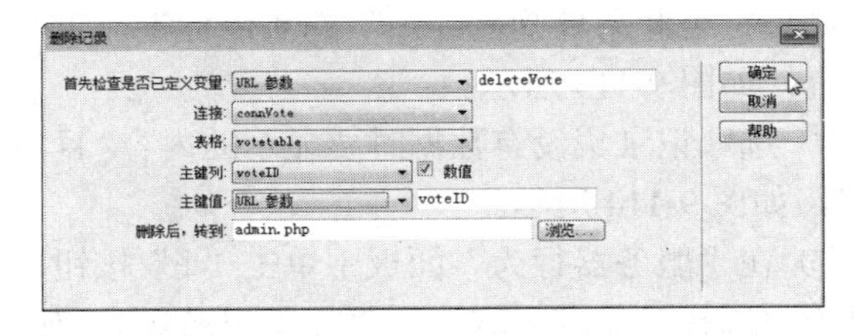

图 9-108　“删除记录”对话框

④ 单击“确定”按钮，完成删除记录操作。

需要说明的是，这里的删除记录操作之所以没有将重定向代码加上注释，是因为删除记录操作完成之后返回的不是本页面，而是转向了 admin.php，因此不存在删除操作一直在本页面执行死循环的可能。只有删除记录操作完成之后返回的是本页面时，才需要将重定向代码加上注释。

8．设置重复区域

由于投票主题所对应的选项不止一个，因此需要对投票选项表单中的数据进行重复显示。选取投票选项表单 form2，设置重复区域，“重复区域”对话框的设置如图 9-109 所示，设置结果如图 9-110 所示。

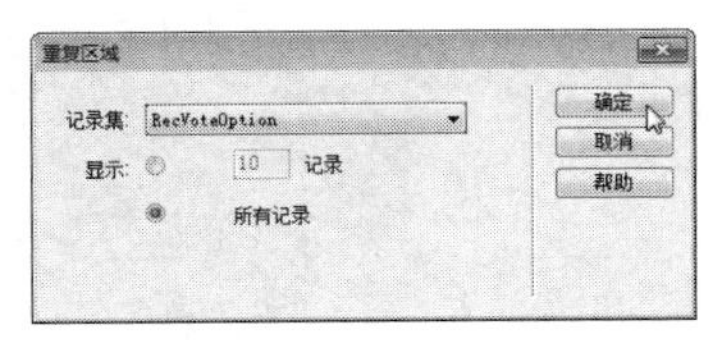

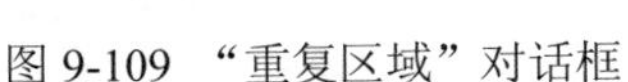

图 9-109　“重复区域”对话框

图 9-110　重复区域的设置结果

需要注意的是，在选择重复区域对象时，一定要选取表单重复，不要选择表单中的表格重复。如果选择表格重复，那么所有的表单元素将会位于同一个表单中，只有一个“修改”提交按钮能用，其余的都将失效。

9．设置显示区域

如果根据记录集的状况或条件来判断是否要显示网页中的某些区域，这就是显示区域的设置。例如，当投票选项中已经没有任何数据时，则希望显示没有任何答案的说明文字。操作步骤如下。

① 选取记录集有数据时要显示的投票选项表格，如图 9-111 所示。

② 打开“服务器行为”面板，单击“+”按钮，从弹出的菜单中选择“显示区域”→“如果记录集不为空则显示”命令，打开“如果记录集不为空则显示”对话框，如图 9-112 所示。

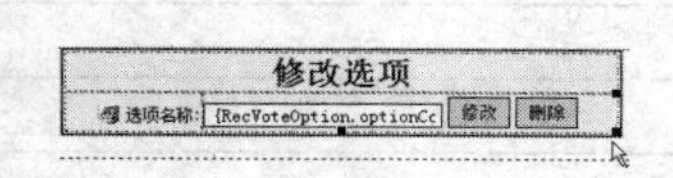

图 9-111　选取投票选项表格

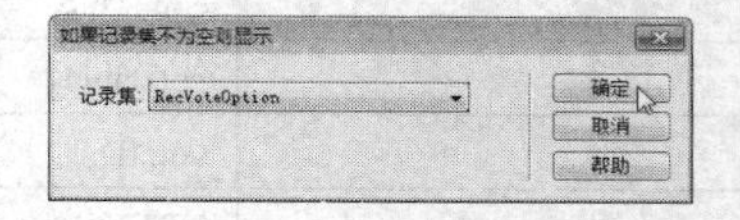

图 9-112　“如果记录不为空则显示”对话框

③ 选择需要判断的记录集，这里选择记录集 RecVoteOption。单击“确定”按钮返回到设计窗口，会发现所选取要显示的区域的左上角出现了一个“如果符合此条件则显示...”的灰色标签，表示已经完成设置，如图 9-113 所示。

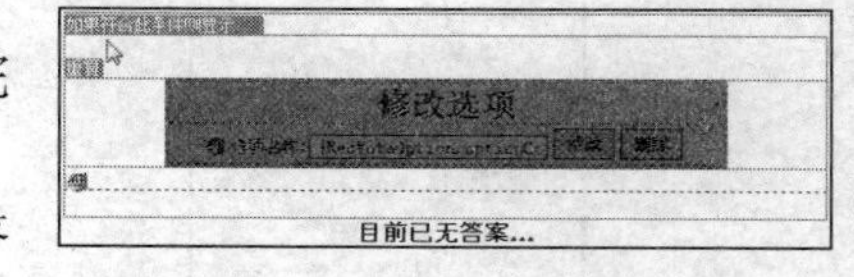

图 9-113　显示区域的设置效果

④ 选取记录集没有数据时要显示的内容“目前已无答案...”，如图 9-114 所示。

⑤ 在“服务器行为”面板中单击“+”按钮，从弹出的菜单中选择“显示区域”→“如果记录集为空则显示”命令，打开“如果记录集为空则显示”对话框，如图 9-115 所示。

⑥ 单击“确定”按钮返回到设计窗口，会发现所选取要显示的区域的左上角出现了一个“如果符合此条件则显示...”的灰色标签，表示已经完成设置，如图 9-116 所示。

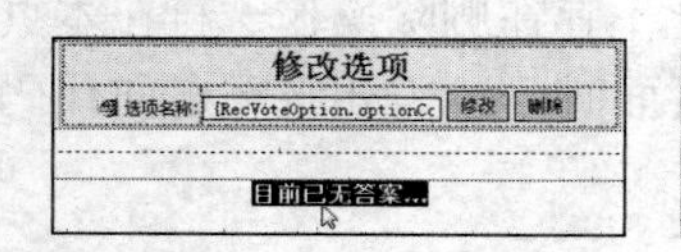

图 9-114　选取投票选项表格

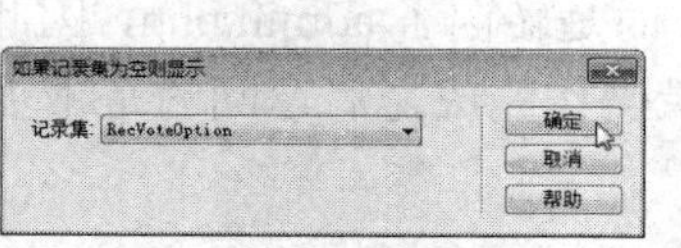

图 9-115　对话框

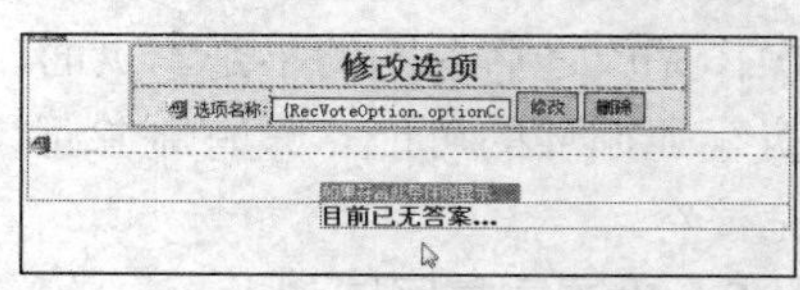

图 9-116　显示区域的设置效果

用同样的方法设置投票主题表单中“删除”按钮的显示区域，设置显示条件为如果记录集 RecVoteOption 为空则显示，这里不再赘述。

至此，网络投票系统的所有页面全部制作完毕。

9.6　作品预览

选取首页 index.php，按〈F12〉键预览网页。

9.6.1　一般页面的使用

预览网页 index.php，显示出所有的投票信息，如图 9-117 所示。单击投票主题的标题链接即会打开参加投票页面 vote.php，浏览者可以选择投票选项，单击“投票”按钮完成本次投票，如图 9-118 所示。

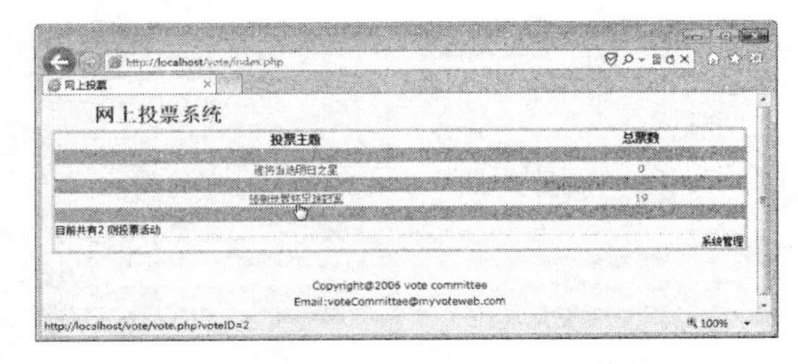

图 9-117　浏览投票页面

图 9-118　参加投票页面

单击“投票”按钮后，转向显示本次投票内容的页面 voteCount.php，如图 9-119 所示。单击“查看目前投票结果”链接，转向显示投票结果的页面 voteShow.php，以柱状图的对比效果显示出投票结果，如图 9-120 所示。

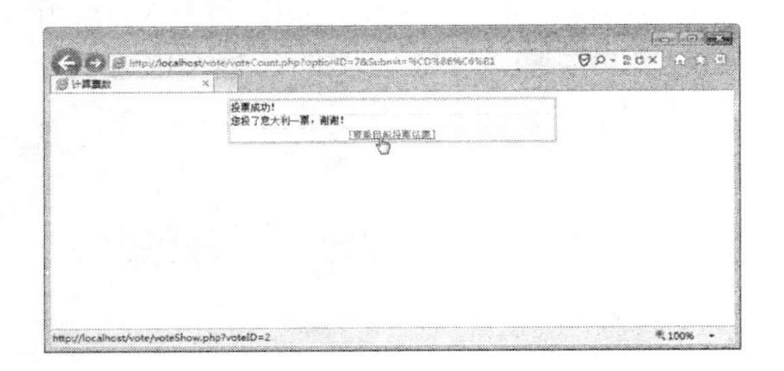

图 9-119　显示本次投票内容

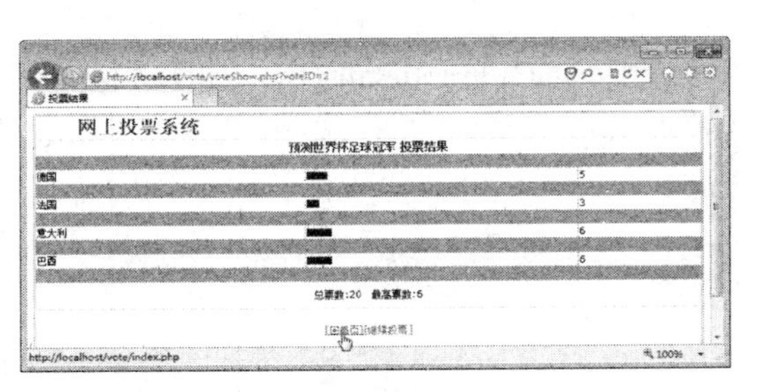

图 9-120　显示投票结果页面

接下来，浏览者可以选择返回首页或者继续投票。

9.6.2　管理页面的使用

1．登录投票管理页面

返回首页，单击“系统管理”链接，打开登录页面 login.php，输入登录账号和密码，如图 9-121 所示。单击“登录”按钮，如果登录成功，则打开投票管理页面 admin.php，如图 9-122 所示。

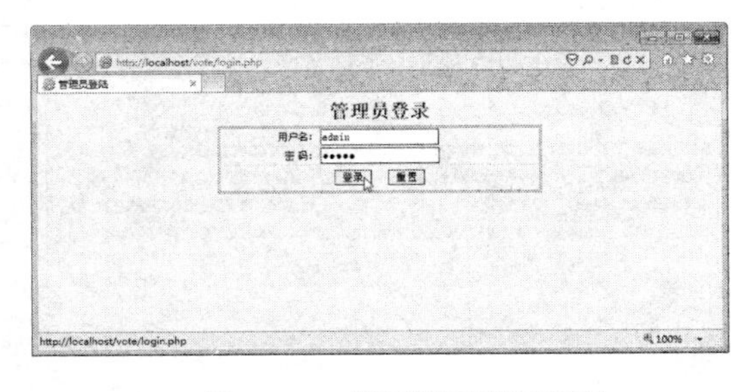

图 9-121　投票管理登录页面

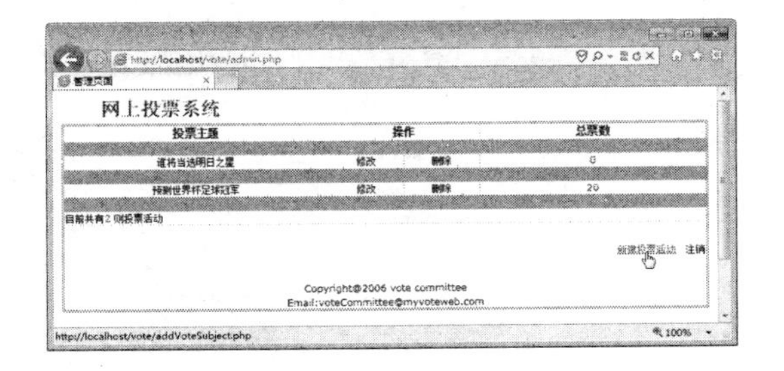

图 9-122　投票管理页面

2．新增投票活动页面

在管理页面单击“新增投票活动”链接，打开新增投票主题页面 addVoteSubject.php，在文本框中输入新增投票主题的名称，如图 9-123 所示。单击“下一步”按钮，转向新增投票选项页面 addVoteOptions.php，在文本框中输入新增投票选项的名称，如图 9-124 所示。

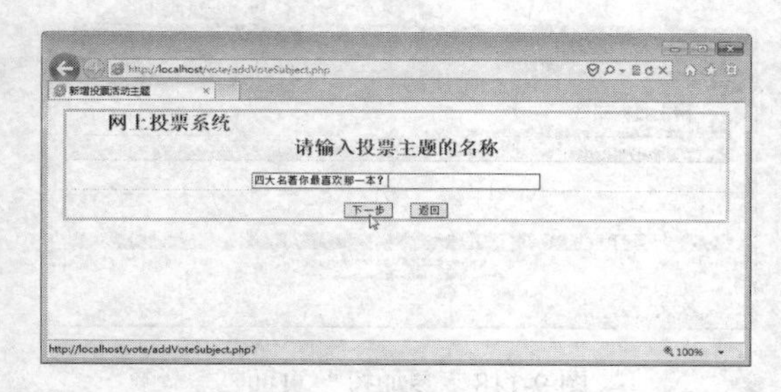

图 9-123　新增投票主题页面

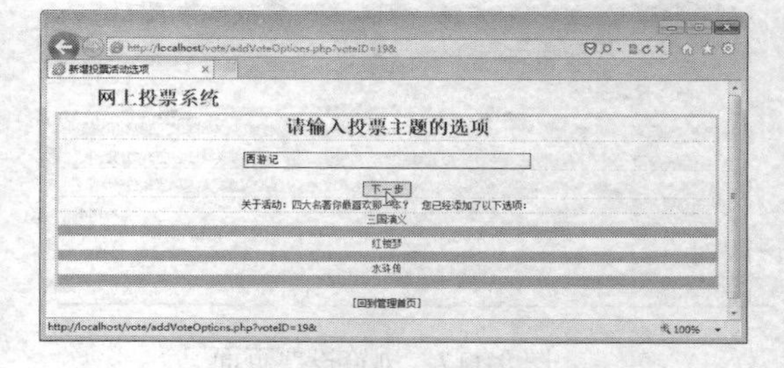

图 9-124　新增投票选项页面

完成以上操作后，用户可以单击“回到管理首页”链接返回管理页面。

3．修改投票页面

返回管理页面后，任意选择一条投票主题，单击“修改”链接，如图 9-125 所示。打开修改投票页面 admindetail.php，如图 9-126 所示。这里既可以修改投票主题的名称，也可以修改投票选项的名称，还可以删除某个投票选项，当删除所有投票选项后，最后可以删除投票主题。

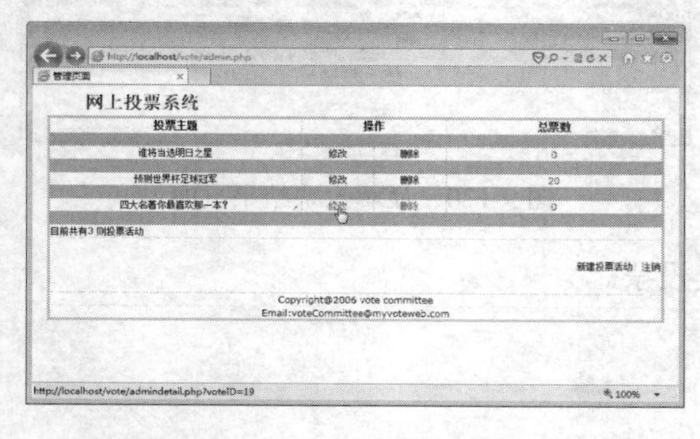

图 9-125　单击“修改”链接

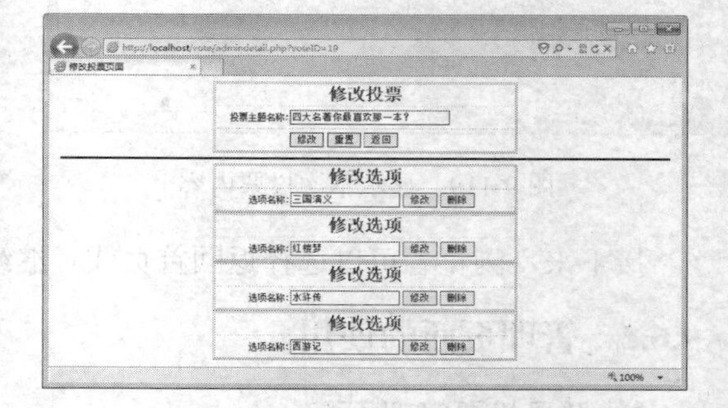

图 9-126　修改投票页面

分别修改投票主题和投票选项文本框中的内容，如图 9-127 所示。修改后返回管理首页，可以看到投票主题的名称改变了，如图 9-128 所示。

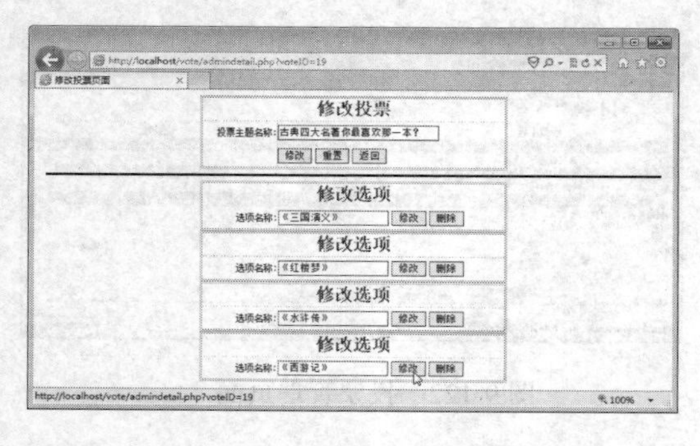

图 9-127　修改投票主题和投票选项

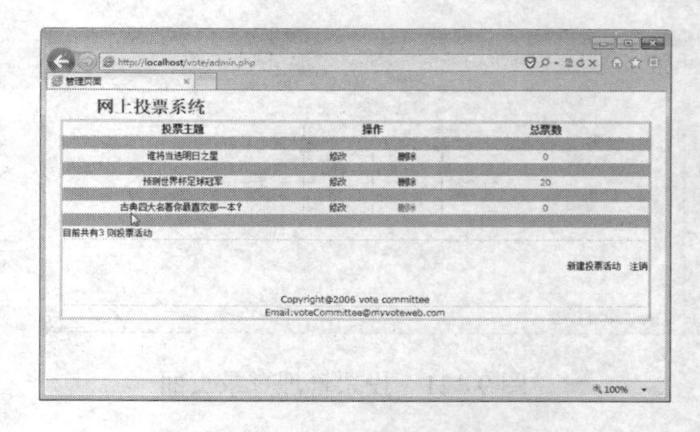

图 9-128　投票主题名称的改变结果

单击该投票主题的“修改”链接，再次进入修改投票页面，可以看到投票选项的内容也改变了，如图 9-129 所示。单击某个同选项右侧的“删除”按钮，可以直接在本页面内完成删除操作，如图 9-130 所示。

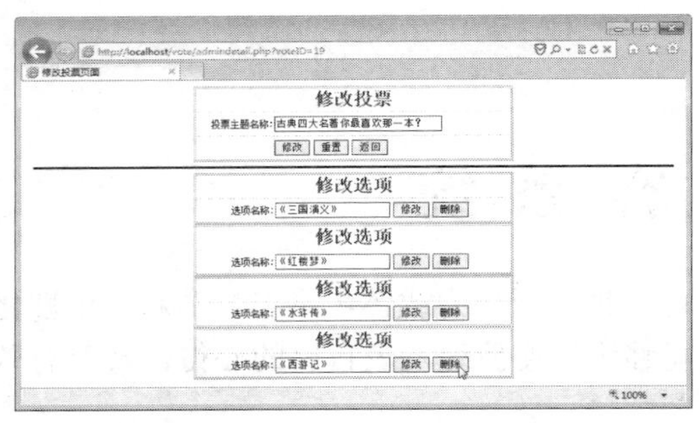

图 9-129　投票选项名称的改变结果

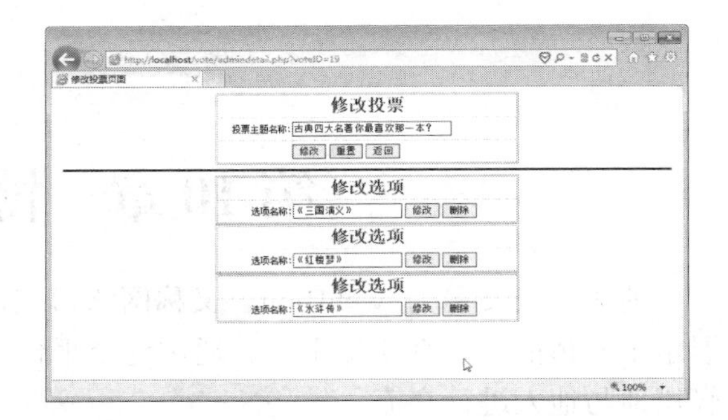

图 9-130　删除投票选项

逐条删除其余的投票选项之后，投票主题表单中的“删除”按钮就显示出来，如图 9-131 所示。单击“删除”按钮，则删除投票主题，返回管理首页，该投票在管理首页消失了，如图 9-132 所示。

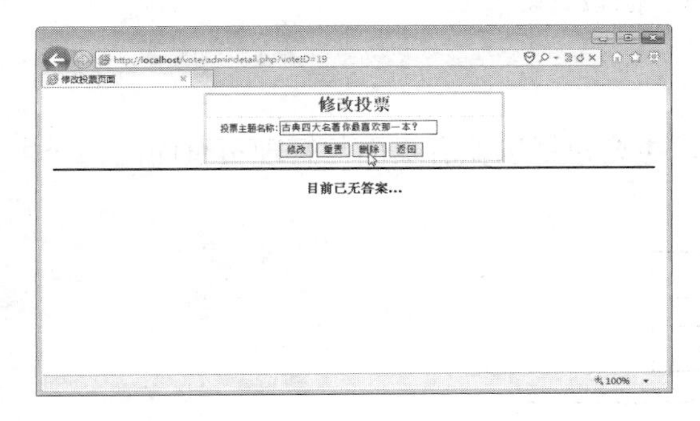

图 9-131　投票主题表单中的“删除”按钮

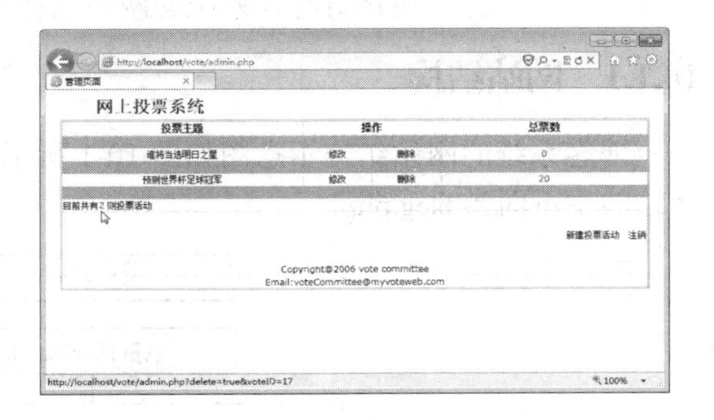

图 9-132　删除投票主题的结果

4．管理首页直接删除投票

当某个投票活动已经过期无效时，可以在管理首页单击“删除”链接直接删除该投票，如图 9-133 所示。该操作将投票主题和投票选项从数据库中一并删除掉，结果如图 9-134 所示。

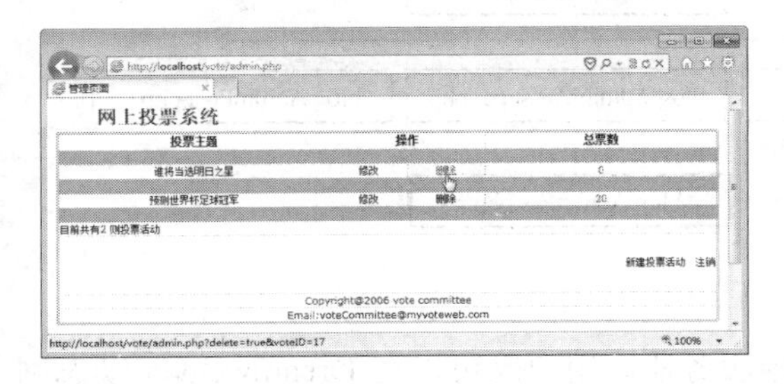

图 9-133　单击管理首页的“删除”链接

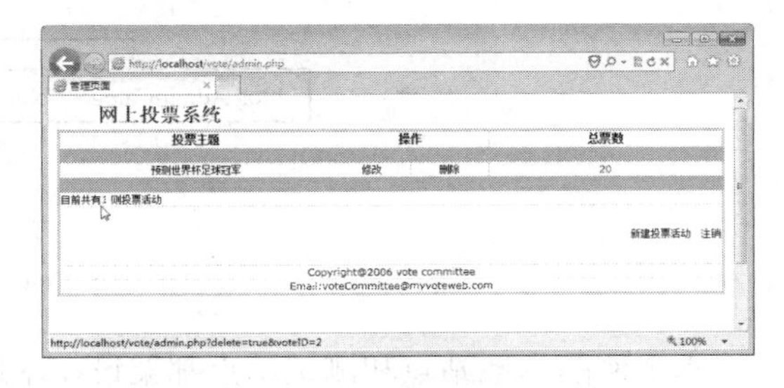

图 9-134　删除后的页面结果

第 10 章　博 客 系 统

博客的英文名为 webBlog，又称网络日记，是一种以网络为载体，集丰富多彩的个性化展示于一体的综合性交流平台。通过这个平台，能够迅速便捷地发表自己的心得，及时有效轻松地与他人进行交流。

10.1　网站的规划

本章重点讲解建立一个具备查询、添加、修改、删除数据库中的数据等功能的博客系统的方法。下面将分别介绍博客系统的网站结构与页面设计。

10.1.1　网站结构

博客系统的网站结构示意图如图 10-1 所示，主要包括浏览者页面与管理员页面两部分，网站的主页面为 blog.php。

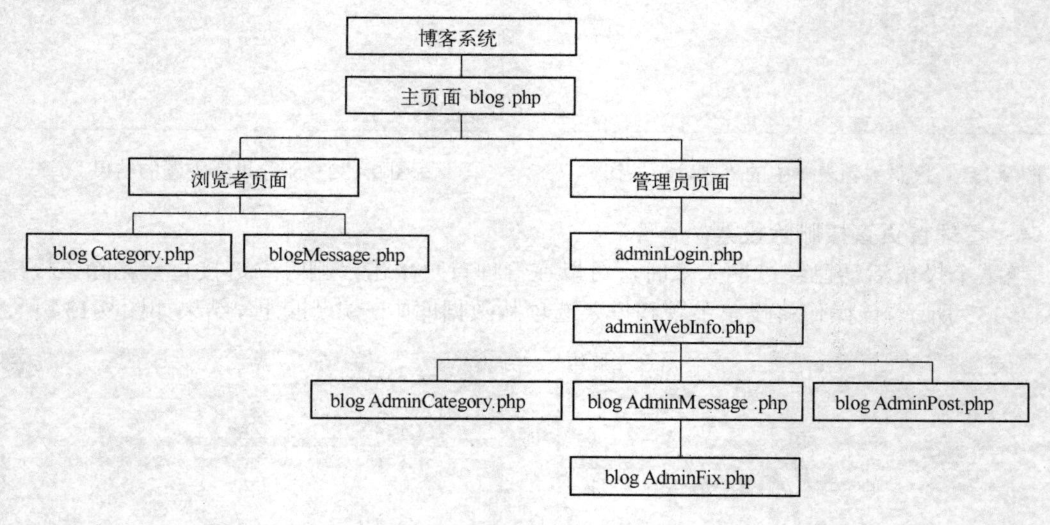

图 10-1　网站结构示意图

本案例的本地站点和测试站点都架设在本地服务器。用户既可以在 Dreamweaver 动态网站环境下按〈F12〉键预览网页，也可以在启动 IE 浏览器后输入网站地址 http://localhost/dwBlog/blog.php 来测试网站的首页 blog.php。

10.1.2　页面设计

本案例所介绍的博客系统的页面包括浏览文章、发表评论、管理文章分类及管理文章等 11 个页面，见表 10-1。其中，浏览者只有浏览文章、发表评论的权限，而系统管理员则有管理文章分类及管理文章等权限。

表 10-1　博客系统的页面文件

文　件　名　称	功　能　说　明
blog.php	博客系统主页面（含浏览文章的功能）
blogCategory.php	博客系统分类显示页面
blogMessage.php	博客系统文章详细资料页面
blogSearch.php	博客系统按日期搜索文章页面
blogInfo.php	博客系统网站信息页面
adminLogin.php	系统管理员管理主页面
adminWebInfo.php	网站信息管理页面
blogAdminCategory.php	管理文章分类页面
blogAdminMessage.php	管理文章列表及分类查询文章页面
blogAdminPost.php	添加文章页面
blogAdminFix.php	管理文章内容及回复页面

10.2　数据库设计

博客系统程序中用到的数据库采用复制数据库文件夹的方法还原数据库到 MySQL 的数据库文件夹下。

10.2.1　还原数据库

1．复制数据库文件夹到 MySQL 的数据库文件夹

打开案例所在的文件夹，将数据库文件夹 weblog 复制到 MySQL 的数据库文件夹 data 下，如图 10-2 所示，即完成了数据库的还原。

2．在 phpMyAdmin 中查看数据库中的表

登录 phpMyAdmin，在 phpMyAdmin 主界面的左侧导航中显示出已经还原的数据库 weblog，如图 10-3 所示。

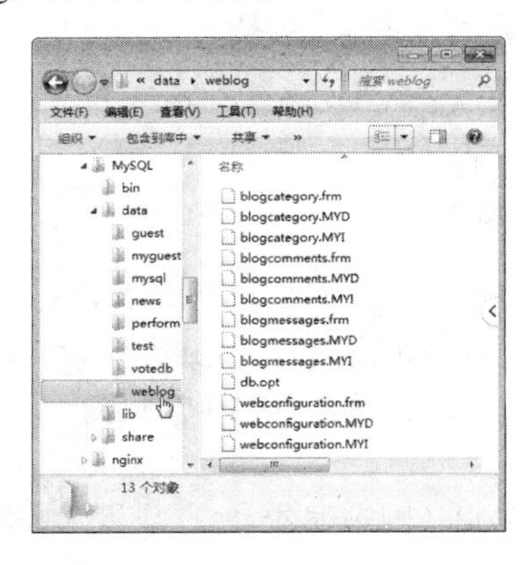

图 10-2　复制数据库文件夹到目标位置

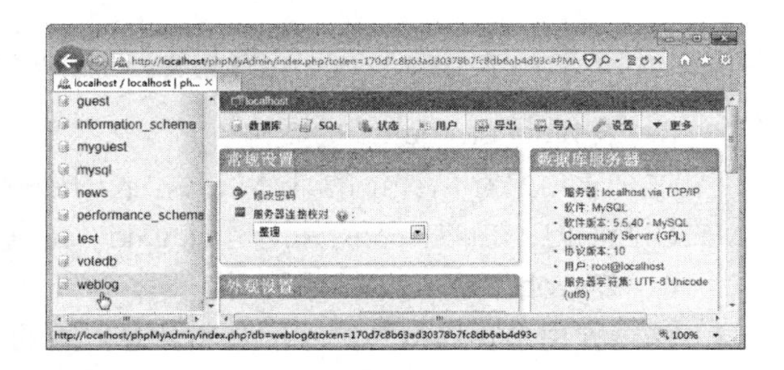

图 10-3　已经还原的数据库

单击数据库 weblog 的链接，打开数据库管理界面，显示出其中包含的数据表 blogcategory、blogcomments、blogmessages 和 webconfiguration，如图 10-4 所示。

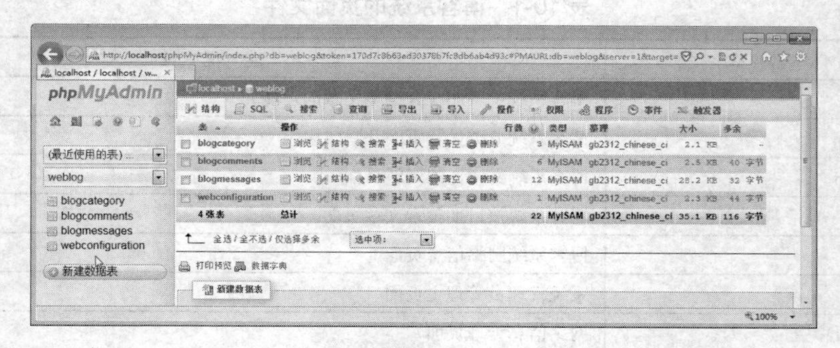

图 10-4　数据库中包含的数据表

10.2.2　数据表的结构

在图 10-4 中，单击某个数据表将打开表的管理页面，默认显示的是表的结构。

1．表 blogcategory 的结构

这个表用来存储文章的分类编号和分类名称，表的主键是 ca_id（分类编号），并设置为自动编号 AUTO_INCREMENT，表的结构如图 10-5 所示。

	#	名字	类型	整理	属性	空	默认	额外
分类编号	1	ca_id	int(11)		UNSIGNED	否	无	AUTO_INCREMENT
分类名称	2	ca_name	varchar(255)	gb2312_chinese_ci		是	NULL	

图 10-5　表 blogcategory 的结构

2．表 blogmessages 的结构

这个表用来存储文章的具体信息，表的主键是 blog_id（文章编号），并设置为自动编号 AUTO_INCREMENT，表的外键是 ca_id（分类编号），表的结构如图 10-6 所示。

	#	名字	类型	整理	属性	空	默认	额外
文章编号	1	blog_id	int(11)		UNSIGNED	否	无	AUTO_INCREMENT
分类名称	2	ca_id	int(11)		UNSIGNED	是	NULL	
建立时间	3	blog_date	datetime			是	NULL	
文章标题	4	blog_title	varchar(255)	gb2312_chinese_ci		是	NULL	
文章内容	5	blog_message	text	gb2312_chinese_ci		是	NULL	

图 10-6　表 blogmessages 的结构

3．表 blogcomments 的结构

这个表用来存储评论的具体信息，表的主键是 co_id（评论编号），并设置为自动编号 AUTO_INCREMENT，表的外键是 blog_id（文章编号），表的结构如图 10-7 所示。

4．表 webconfiguration 的结构

这个表用来存储网站配置的基本信息，表的主键是 id（网站编号），并设置为自动编号 AUTO_INCREMENT，表的结构如图 10-8 所示。

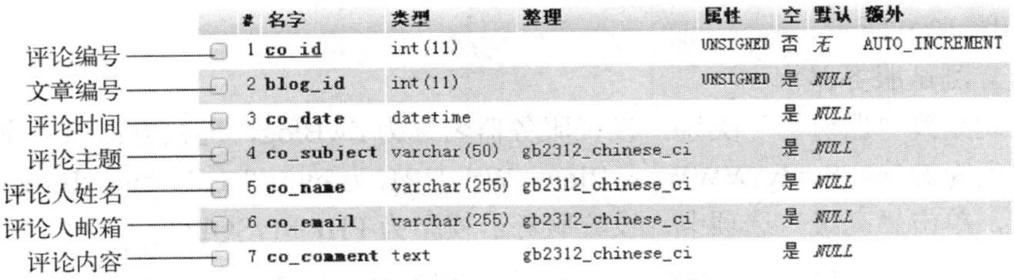

说明	#	名字	类型	整理	属性	空	默认	额外
评论编号	1	co_id	int(11)		UNSIGNED	否	无	AUTO_INCREMENT
文章编号	2	blog_id	int(11)		UNSIGNED	是	NULL	
评论时间	3	co_date	datetime			是	NULL	
评论主题	4	co_subject	varchar(50)	gb2312_chinese_ci		是	NULL	
评论人姓名	5	co_name	varchar(255)	gb2312_chinese_ci		是	NULL	
评论人邮箱	6	co_email	varchar(255)	gb2312_chinese_ci		是	NULL	
评论内容	7	co_comment	text	gb2312_chinese_ci		是	NULL	

图 10-7　表 blogcomments 的结构

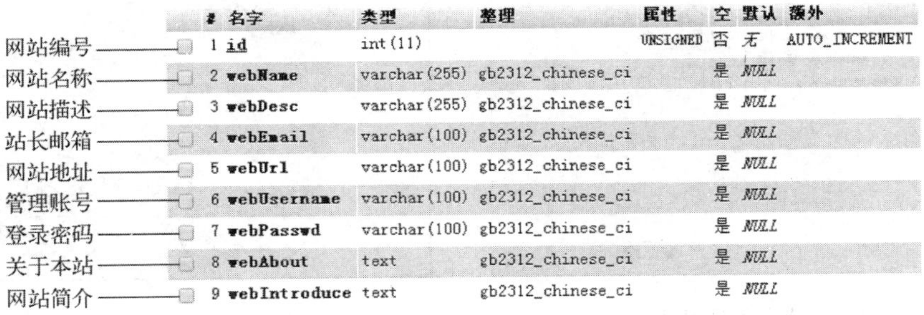

说明	#	名字	类型	整理	属性	空	默认	额外
网站编号	1	id	int(11)		UNSIGNED	否	无	AUTO_INCREMENT
网站名称	2	webName	varchar(255)	gb2312_chinese_ci		是	NULL	
网站描述	3	webDesc	varchar(255)	gb2312_chinese_ci		是	NULL	
站长邮箱	4	webEmail	varchar(100)	gb2312_chinese_ci		是	NULL	
网站地址	5	webUrl	varchar(100)	gb2312_chinese_ci		是	NULL	
管理账号	6	webUsername	varchar(100)	gb2312_chinese_ci		是	NULL	
登录密码	7	webPasswd	varchar(100)	gb2312_chinese_ci		是	NULL	
关于本站	8	webAbout	text	gb2312_chinese_ci		是	NULL	
网站简介	9	webIntroduce	text	gb2312_chinese_ci		是	NULL	

图 10-8　表 webconfiguration 的结构

10.3　定义网站与设置数据库连接

接下来要在 Dreamweaver 中定义一个 PHP 网站，设置本地文件夹、测试服务器和数据库的连接，见表 10-2。

表 10-2　定义网站

参　数	设　置　值
站点名称	PHP 博客系统
本地文件夹	D:\phpStudy\WWW\dwBlog
测试服务器	D:\phpStudy\WWW\dwBlog
网站测试地址	http://localhost/dwBlog/
MySQL 服务器地址	localhost:3306
MySQL 服务器管理账号/密码	root/root
数据库名称	weblog
数据表名称	blogcategory、blogcomments、blogmessages 和 webconfiguration

1. 复制网页源文件

本书所附的素材文件中的 dwBlog 文件夹包含此案例所需的全部原始文件（静态页面），用户可以将其全部复制到网站的根目录 D:\phpStudy\WWW 下。

2. 定义网站

（1）建立本地站点

打开 Dreamweaver，执行“站点”→“新建站点”命令，打开“站点设置对象”对话框，新建一个名称为“PHP 博客系统”的本地站点，使用的本地文件夹为 D:\phpStudy\WWW\

dwBlog，如图 10-9 所示。

（2）建立测试服务器

将分类切换到“服务器”类别，设置服务器名称为 dwBlog，连接方法为“本地/网络”，服务器文件夹为 D:\phpStudy\WWW\dwBlog，Web URL 为 http://localhost/dwBlog，如图 10-10 所示。然后，单击“高级”选项卡，设置服务器模型为 PHP MySQL。

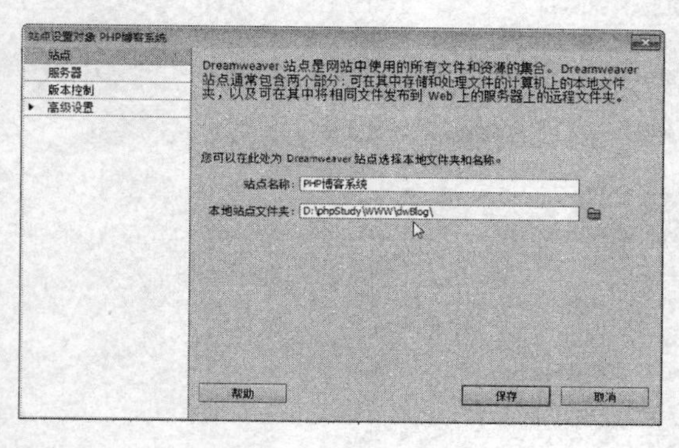

图 10-9　建立本地站点

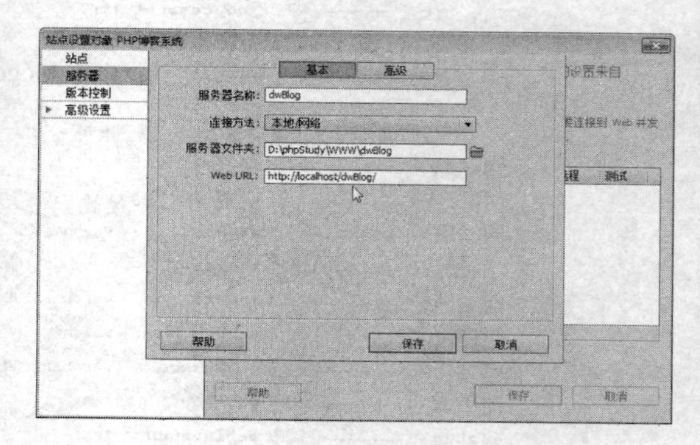

图 10-10　建立测试服务器

完成设置后，单击“保存”按钮，返回到“站点设置对象”对话框。勾选“测试”复选框，单击“保存”按钮，完成网站的定义。

3. 设置数据库连接

完成了网站的定义后，需要设置网站与数据库的连接，才能在此基础上制作出动态页面。操作步骤如下：

① 打开网页 blog.php，在“应用程序”面板的“数据库”选项卡中单击“+”按钮，弹出选择数据库连接的菜单，如图 10-11 所示。

② 在弹出的菜单中选择“MySQL 连接”命令，打开“MySQL 连接”对话框，如图 10-12 所示。接下来，参照表 10-3 中的参数进行数据库连接设置。

表 10-3　设置数据库连接参数

参　数	设　置　值
连接名称	connBlog
MySQL 服务器	localhost
用户名	root
密码	root
数据库	weblog

③ 单击“测试”按钮测试是否与 MySQL 数据库连接成功。如果连接成功，将打开如图 10-13 所示的对话框，显示“成功创建连接脚本”的提示信息。

④ 单击“确定”按钮，返回到“MySQL 连接”对话框。在“MySQL 连接”对话框中，单击“确定”按钮，完成设置网站与数据库的连接。

⑤ 打开生成的数据库连接文件 connBlog.php，在代码窗口中添加以下代码，设置数据库操作的字符集为简体中文编码“gb2312”。

```
mysql_query("SET CHARACTER SET gb2312");
```

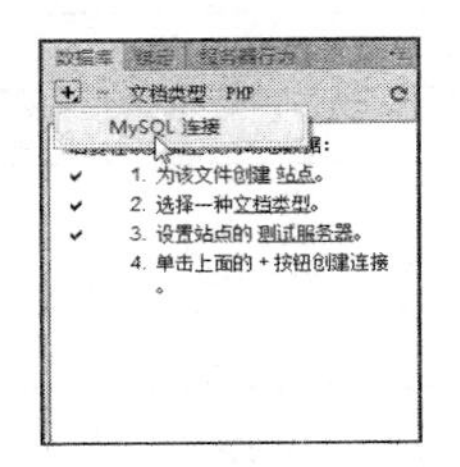

图 10-11 选择数据库连接的菜单

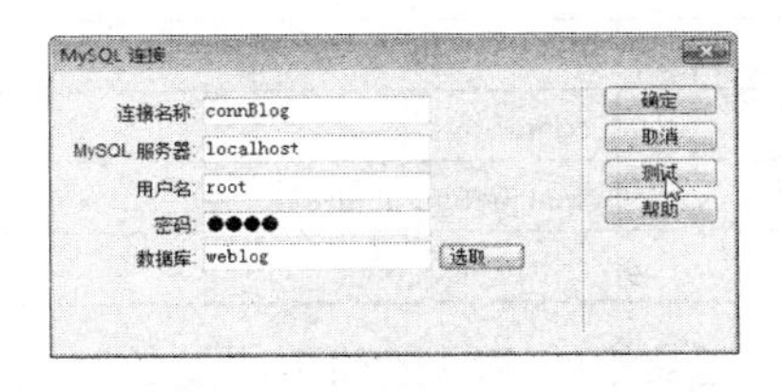

图 10-12 “MySQL 连接”对话框

图 10-13 连接成功

10.4 博客系统浏览者页面的制作

在 Dreamweaver 中定义网站，建立与 MySQL 数据库的连接后，就可以开始设计 PHP 页面了。博客系统浏览者页面包含了显示文章列表、分类显示文章、按日期搜索文章、查看文章详细信息及评论页面。

10.4.1 博客首页的制作

博客首页 blog.php 用于显示发布在网站上的文章列表、文章分类、最新文章及评论，用户可以单击要阅读的文章标题链接至文章详细信息页面，管理员可以单击进入管理页面的链接，如图 10-14 所示。

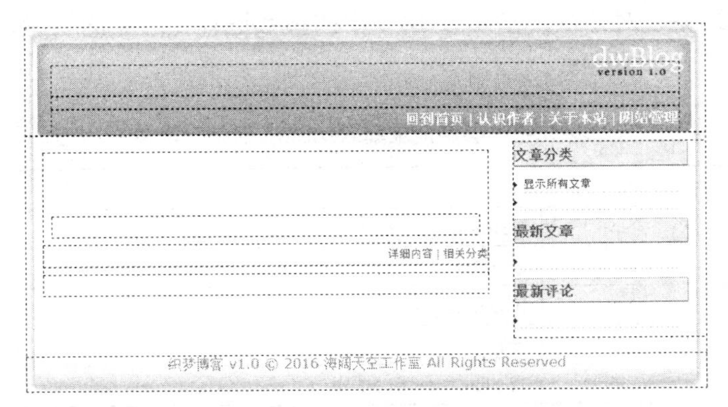

图 10-14 博客首页 blog.php

本页面要设计的区域较多，包括网站信息、文章列表、文章分类、最新文章、最新评论和博客日历。

1．网站信息区域

在 blog.php 中，显示网站信息需要绑定记录集 RecWebInfo，使用表是 webconfiguration。

① 打开“绑定”面板，单击“+”按钮，从弹出的菜单中选择“记录集（查询）”命令。

② 打开“记录集”对话框，参照表 10-4 中的参数进行记录集的设置，如图 10-15 所示，完成后单击“确定”按钮即可。

表 10-4　绑定记录集 RecWebInfo 的参数设置

参　数	设　置　值
名称	RecWebInfo
连接	connBlog
表格	webconfiguration
列	全部

③ 绑定记录集后，将记录集的字段拖动至网页的适当位置，如图 10-16 所示。

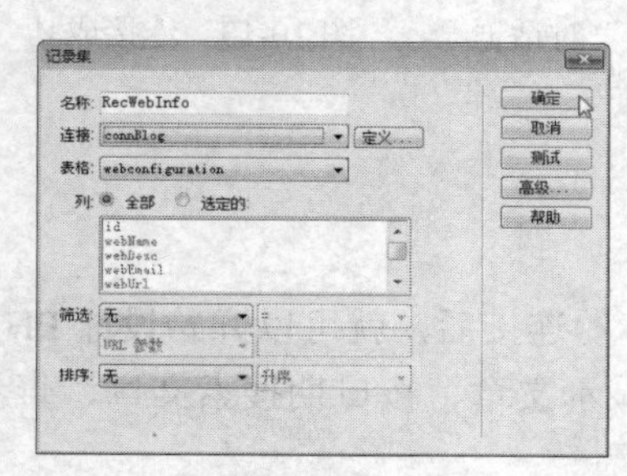

图 10-15 “记录集”对话框

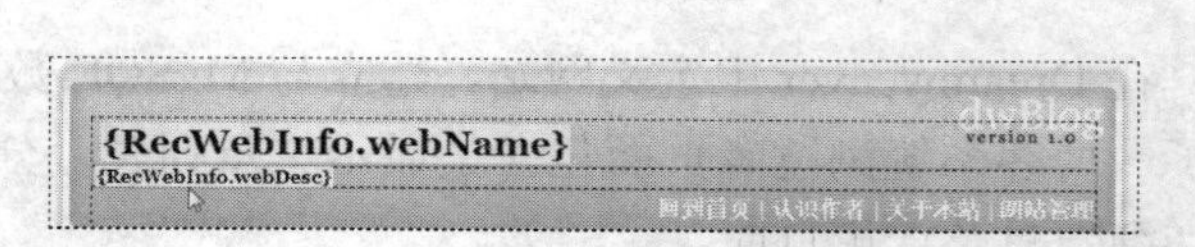

图 10-16　将记录集的字段拖动至网页

2．文章列表区域

（1）绑定记录集 RecBlog

在 blog.php 中，显示文章列表需要绑定记录集 RecBlog，使用表是 blogmessages。

① 打开“绑定”面板，单击“+”按钮，从弹出的菜单中选择“记录集（查询）”命令。

② 打开“记录集”对话框，参照表 10-5 中的参数进行记录集的设置，如图 10-17 所示，完成后单击“确定”按钮即可。

表 10-5　绑定记录集 RecBlog 的参数设置

参　数	设　置　值
名称	RecBlog
连接	connBlog
表格	blogmessages
列	全部
排序	以 blog_date 降序排列

③ 绑定记录集后，将记录集的字段拖动至网页的适当位置，如图 10-18 所示。

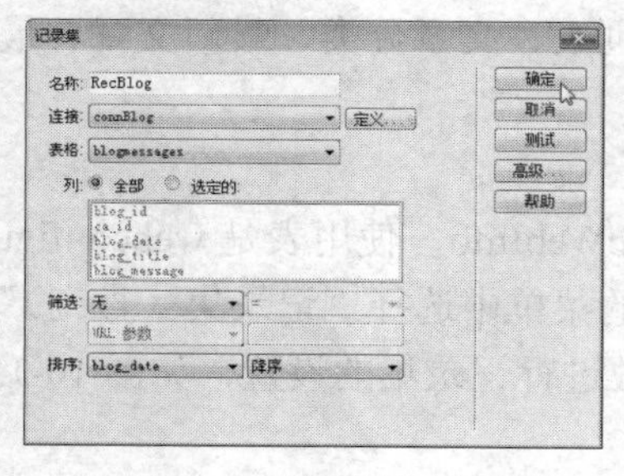

图 10-17 “记录集”对话框

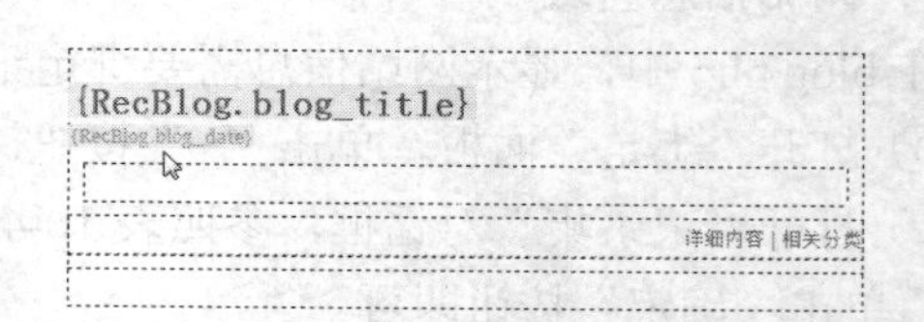

图 10-18　将记录集的字段拖动至网页

（2）截取显示文章内容

在文章列表区域，通常不全部显示文章内容，只显示文章开始的部分内容。这里讲解一下通过截取字符串技术实现文章部分内容的显示。

① 将光标定位到{RecBlog.blog_date}下方区域中插入文章内容的位置，打开“服务器行为”面板，单击“+”按钮，从弹出的菜单中选择“eDreamer”→“PHP 捕获字符串”命令，如图 10-19 所示。

② 打开“PHP 捕获字符串”对话框，选择数据集为 RecBlog，字段为 blog_message，显示的字数输入 200，如图 10-20 所示。

③ 单击“确定”按钮，完成“PHP 捕获字符串”操作，可以看到文章内容字段显示在网页中，如图 10-21 所示。

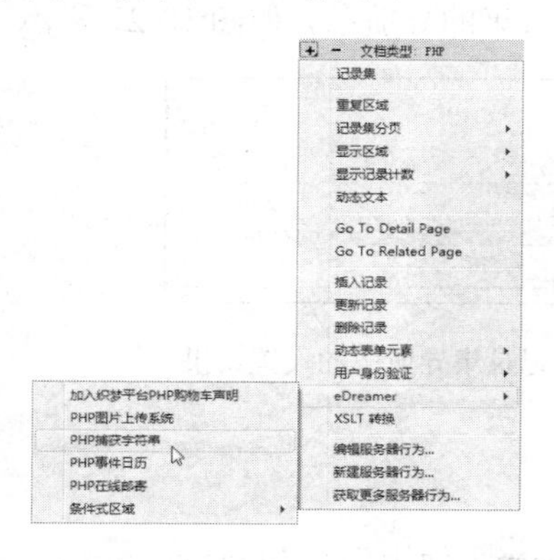

图 10-19 “PHP 捕获字符串”命令

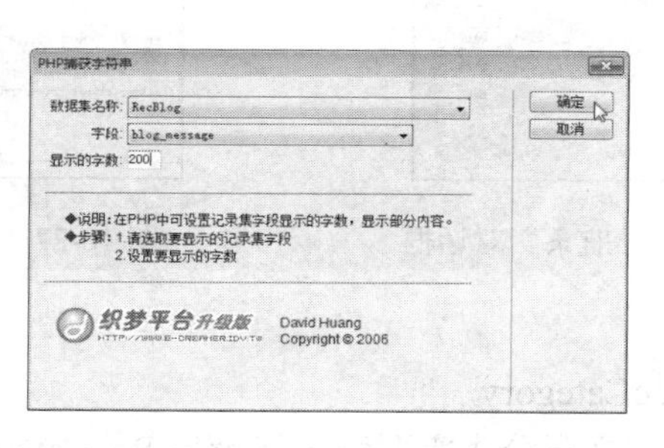

图 10-20 “PHP 捕获字符串”对话框

图 10-21 文章内容字段

（3）设置转到详细页面

① 选中文字“详细内容”，为其添加“转到详细页面”服务器行为，如图 10-22 所示。当浏览者单击“详细内容”链接，页面将转向 blogMessage.php，显示文章的详细内容。

② 选中文字“相关分类”，为其添加“转到详细页面”服务器行为，如图 10-23 所示。当浏览者单击“相关分类”链接，页面将转向 blogCategory.php，显示当前文章所在分类的所有文章列表。需要说明的是，页面 blogCategory.php 是通过制作 blog.php 之后复制修改生成的，该文件当前并不存在，用户需要在详细信息页文本框中输入文件名 blogCategory.php。

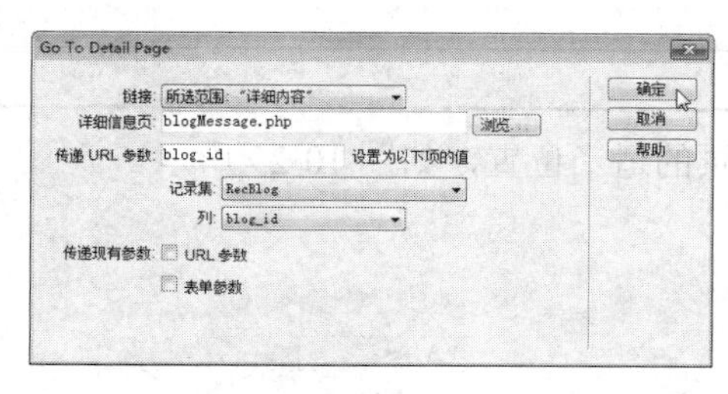

图 10-22 “详细内容”转到详细页面设置

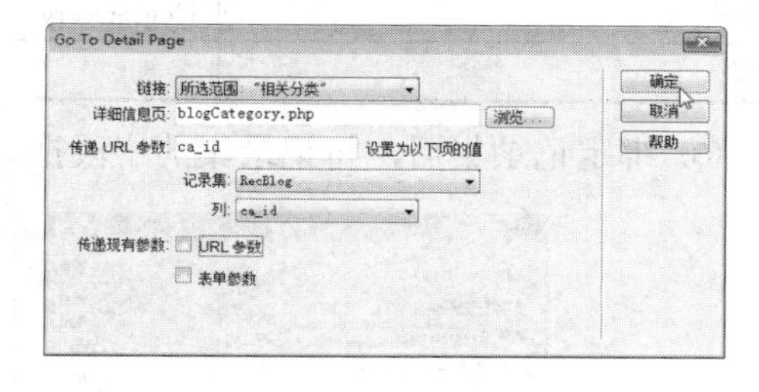

图 10-23 “相关分类”转到详细页面设置

（4）设置重复区域

选取标签<div#content>中的数据区域，设置重复区域，“重复区域”对话框的设置如图 10-24 所示，设置结果如图 10-25 所示。

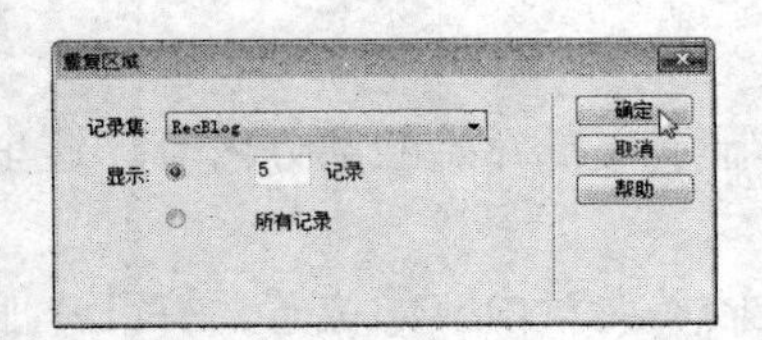

图 10-24 “重复区域”对话框

图 10-25 重复区域的设置结果

（5）设置记录集导航条

① 将光标定位在标签<div.pageCount>区域，单击“插入”面板中“数据”选项卡中的记录集分页按钮 ，在弹出的菜单中选择“记录集导航条”命令，打开“记录集导航条”对话框，设置导航条的显示方式为默认的“文本”方式，如图 10-26 所示。

② 单击“确定”按钮返回到设计窗口，页面中出现该记录集的导航条，如图 10-27 所示。

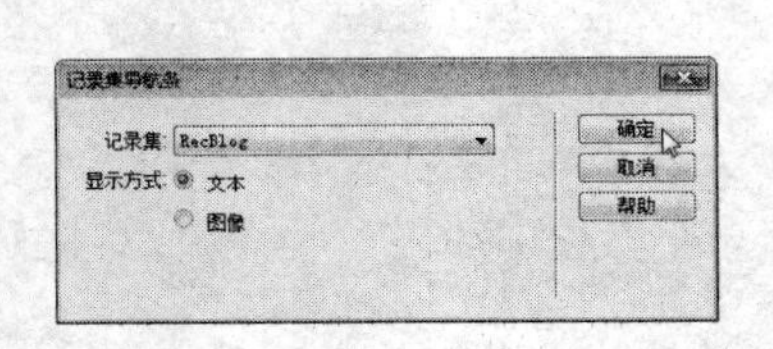

图 10-26 “记录集导航条”对话框

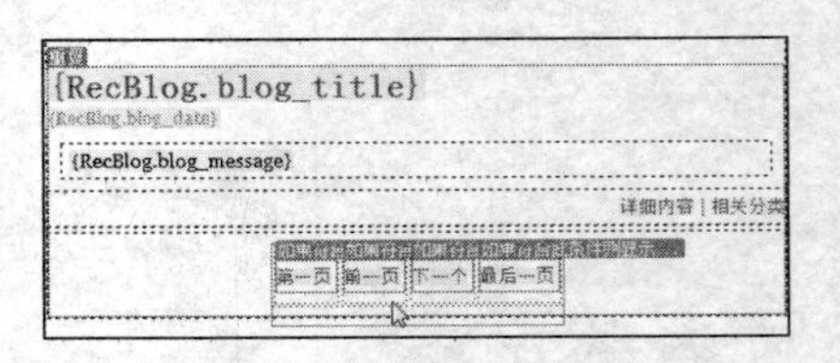

图 10-27 记录集导航条的设置结果

3．文章分类区域

（1）绑定记录集 RecCategory

在 blog.php 中，显示文章分类需要绑定记录集 RecCategory，使用表是 blogcategory。

① 打开“绑定”面板，单击“+”按钮，从弹出的菜单中选择“记录集（查询）”命令。

② 打开“记录集”对话框，参照表 10-6 中的参数进行记录集的设置，如图 10-28 所示，完成后单击“确定”按钮即可。

表 10-6 绑定记录集 RecCategory 的参数设置

参　数	设　置　值
名称	RecCategory
连接	connBlog
表格	blogcategory
列	全部

③ 绑定记录集后，将记录集的字段拖动至网页的适当位置，如图 10-29 所示。

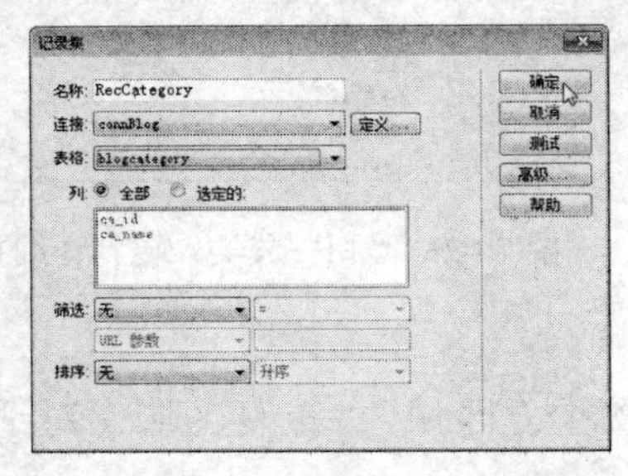

图 10-28 “记录集”对话框

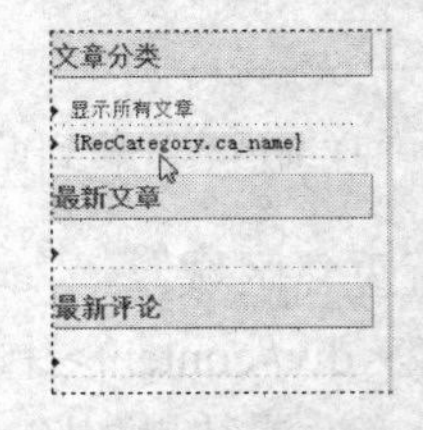

图 10-29 将记录集的字段拖动至网页

（2）设置转到详细页面

选中记录集字段{RecCotegory.ca_name}，如图 10-30 所示，为其添加“转到详细页面”服务器行为，如图 10-31 所示。当浏览者单击该链接时，页面将转向 blogCategory.php，显示该分类的所有文章列表。需要说明的是，页面 blogCategory.php 当前并不存在，用户需要在详细信息页文本框中输入文件名 blogCategory.php。

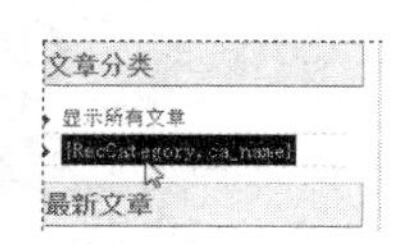

图 10-30　选中记录集字段

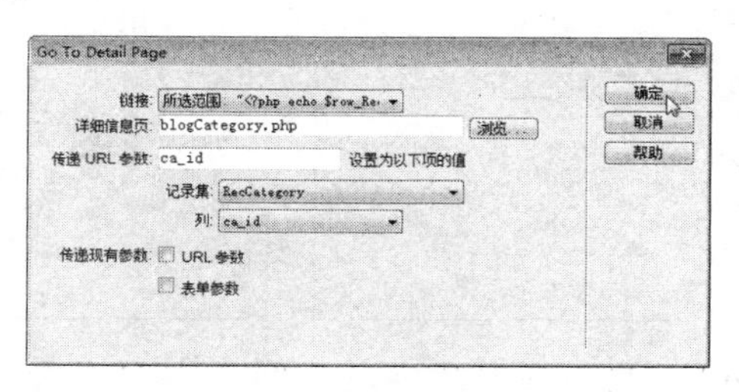

图 10-31　转到详细页面设置

（3）设置重复区域

选取文章分类区域的标签<li>，设置重复区域，“重复区域”对话框的设置如图 10-32 所示，设置结果如图 10-33 所示。

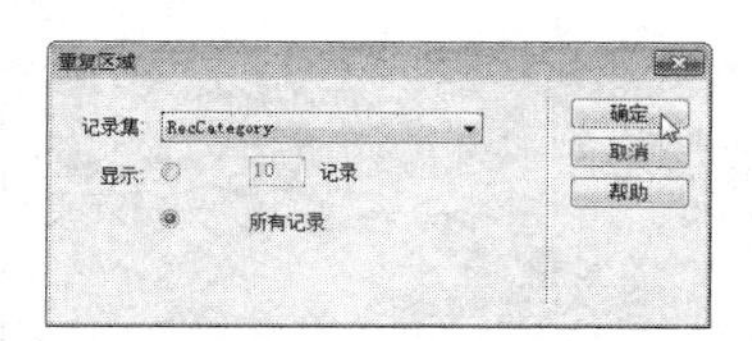

图 10-32　“重复区域”对话框

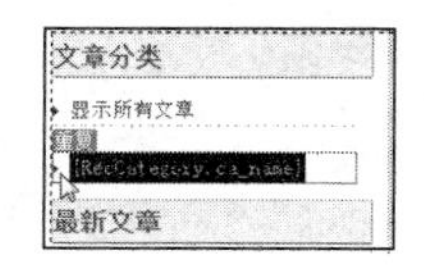

图 10-33　重复区域的设置结果

4．最新文章区域

（1）绑定记录集 RecNewPost

在 blog.php 中，显示最新发表的 5 篇文章需要绑定记录集 RecNewPost，使用表是 blogmessages。

① 打开“绑定”面板，单击“+”按钮，从弹出的菜单中选择“记录集（查询）”命令。

② 打开“记录集”对话框，参照表 10-7 中的参数进行记录集的设置，如图 10-34 所示。

表 10-7　绑定记录集 RecNewPost 的参数设置

参　　数	设　置　值
名称	RecNewPost
连接	connBlog
表格	blogmessages
列	全部
排序	以 blog_date 降序排列

③ 单击对话框中的“高级...”按钮，对话框切换到“高级”模式，输入实现显示最新发表的 5 篇文章的 SQL 语句，如图 10-35 所示。

④ 单击“确定”按钮，完成记录集的设置。

⑤ 绑定记录集后，将记录集的字段拖动至网页的适当位置，如图 10-36 所示。

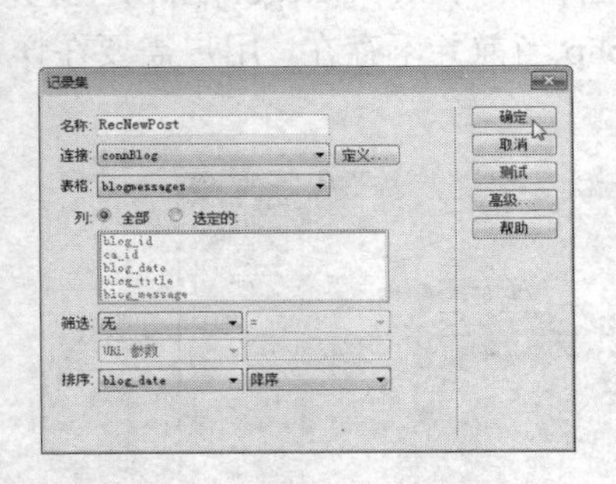

图 10-34 “记录集”对话框

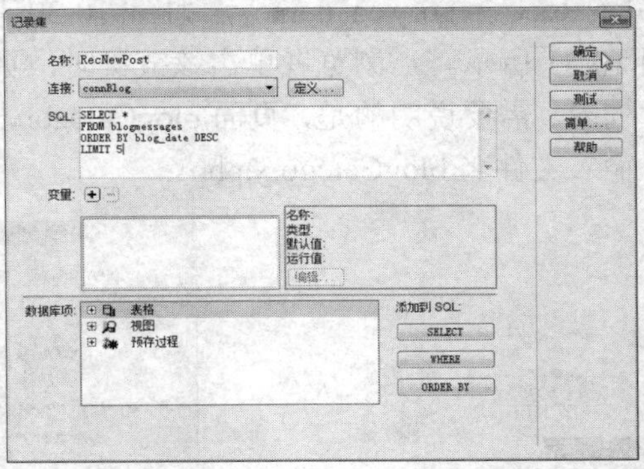

图 10-35 “高级”模式

图 10-36 绑定结果

（2）设置转到详细页面

选中记录集字段{RecNewPost.blog_title}，如图 10-37 所示，为其添加“转到详细页面”服务器行为，如图 10-38 所示。当浏览者单击该链接时，页面将转向 blogMessage.php，显示该文章的详细信息。

图 10-37 选中记录集字段

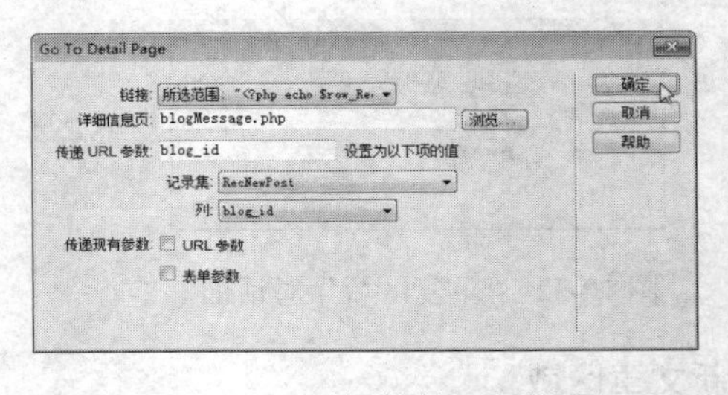

图 10-38 转到详细页面设置

（3）设置重复区域

选取最新文章区域的标签<li>，设置重复区域，“重复区域”对话框的设置如图 10-39 所示，设置结果如图 10-40 所示。

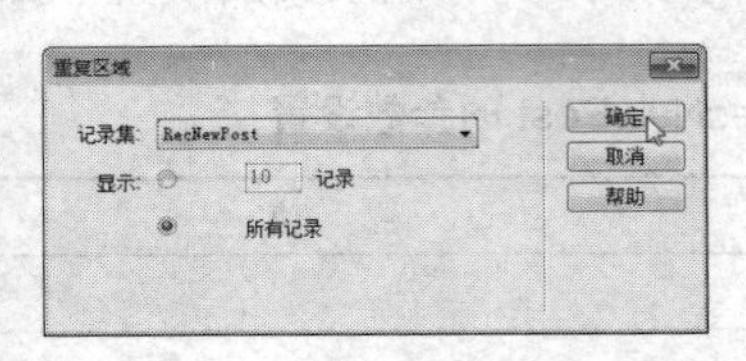

图 10-39 “重复区域”对话框

图 10-40 重复区域的设置结果

5. 最新评论区域

（1）绑定记录集 RecNewComment

在 blog.php 中，显示最新发表的 5 篇评论需要绑定记录集 RecNewComment，使用表是 blogcomments。

① 打开“绑定”面板，单击“+”按钮，从弹出的菜单中选择“记录集（查询）”命令。

② 打开“记录集”对话框，参照表 10-8 中的参数进行记录集的设置，如图 10-41 所示。

表 10-8　绑定记录集 RecNewComment 的参数设置

参　　数	设　置　值
名称	RecNewComment
连接	connBlog
表格	blogcomments
列	全部
排序	以 co_date 降序排列

③ 单击对话框中的“高级...”按钮，对话框切换到“高级”模式，输入实现显示最新发表的 5 篇评论的 SQL 语句，如图 10-42 所示。

④ 单击“确定”按钮，完成记录集的设置。

⑤ 绑定记录集后，将记录集的字段拖动至网页的适当位置，如图 10-43 所示。

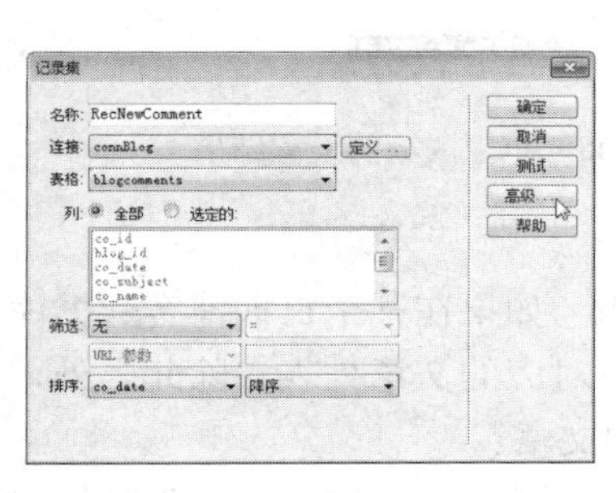

图 10-41　“记录集”对话框

图 10-42　“高级”模式

图 10-43　绑定结果

（2）设置转到详细页面

选中记录集字段{RecNewComment.co_subject}，如图 10-44 所示，为其添加“转到详细页面”服务器行为，如图 10-45 所示。当浏览者单击该链接时，页面将转向 blogMessage.php，显示该文章的评论信息。

图 10-44　选中记录集字段

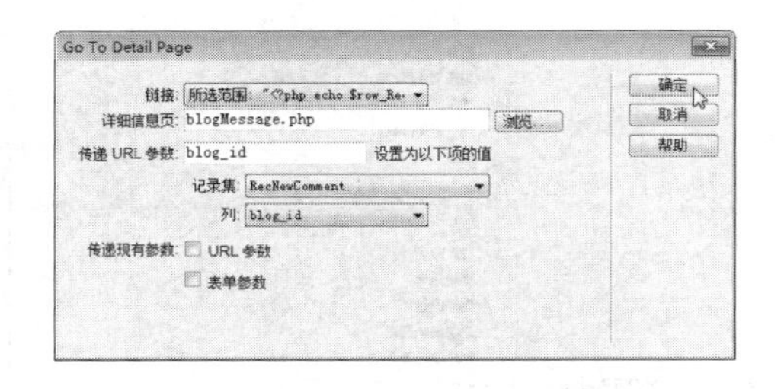

图 10-45　转到详细页面设置

需要注意的是，文章评论显示在文章的下方，在每个评论前放置锚记，且值为该评论的编号 co_id。因此，如果希望链接转至该页时，页面可以自动滚动至该评论，就必须在链接上设置锚记链接。选中记录集字段{RecNewComment.co_subject}，切换至代码视图，在原来的链接代码内容后再加上锚记链接代码，如图 10-46 所示。

```
304      <h2>最新评论</h2>
305        <ul>
306          <?php do { ?>
307            <li><a href="blogMessage.php?<?php echo $MM_keepNone.(($MM_keepNone!="")?"&":"")."blog_id=".
         urlencode($row_RecNewComment['blog_id']) ?>#<?php echo $row_RecNewComment['co_id'];?>"><?php echo
         $row_RecNewComment['co_subject']; ?></a></li>
308          <?php } while ($row_RecNewComment = mysql_fetch_assoc($RecNewComment)); ?></ul>
309      </div><div id="content">
```

图 10-46　添加锚记链接

添加的代码如下：

```
#<?php echo $row_RecNewComment['co_id'];?>
```

（3）设置重复区域

选取最新评论区域的标签<li>，设置重复区域，“重复区域”对话框的设置如图 10-47 所示，设置结果如图 10-48 所示。

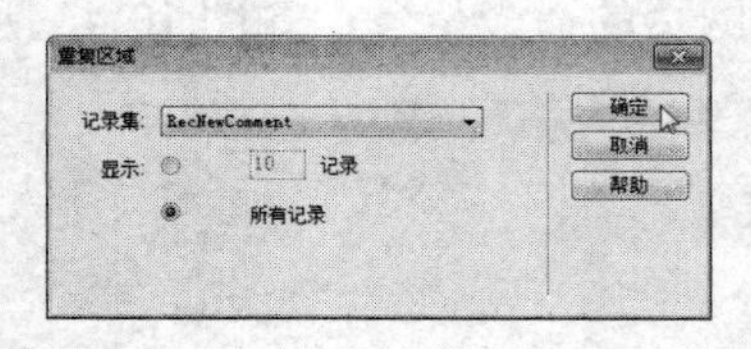

图 10-47　“重复区域”对话框

图 10-48　重复区域的设置结果

6．日历区域

许多博客都会在页面上显示一个日历，默认显示该月月历。如果在某个日期博客数据库有该日期的文章，就会显示链接，单击链接就会转到该日期所对应的文章列表。除此之外，还可以利用日历上的按钮切换不同的月份、年份来查阅相关的文章。

① 将光标定位至“文章分类”文字之前，打开“服务器行为”面板，单击“+”按钮，从弹出的菜单中选择“eDreamer”→“PHP 事件日历”命令，如图 10-49 所示。打开“PHP 事件日历”对话框，选择连接为 connBlog，表格为 blogmessages，计算时间列为 blog_date，首页为 blog.php，链接页为 blogSearch.php，如图 10-50 所示。

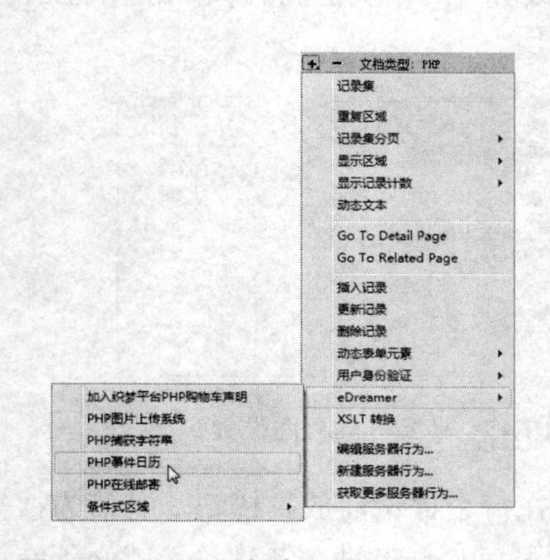

图 10-49　“PHP 事件日历”服务器行为

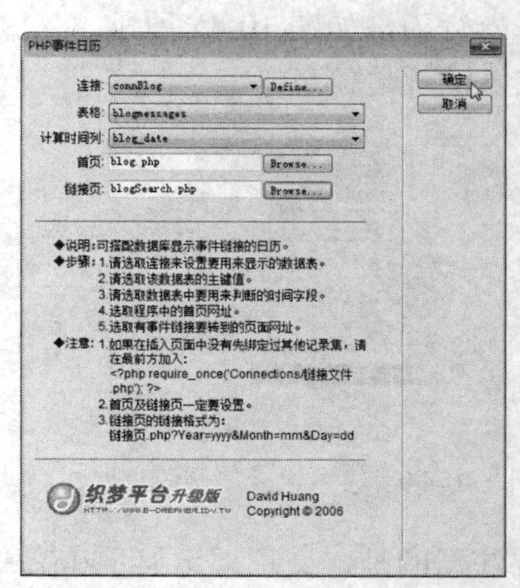

图 10-50　“PHP 事件日历”对话框

需要说明的是，页面 blogSearch.php 当前并不存在，用户需要在链接页文本框中输入文件名 blogSearch.php。

② 单击“确定”按钮，完成“PHP 事件日历”操作，可以看到文章分类之前显示出一个 PHP 图标，如图 10-51 所示。

③ 切换至实时视图，即可看到日历的外观，如图 10-52 所示。

图 10-51　生成的 PHP 图标

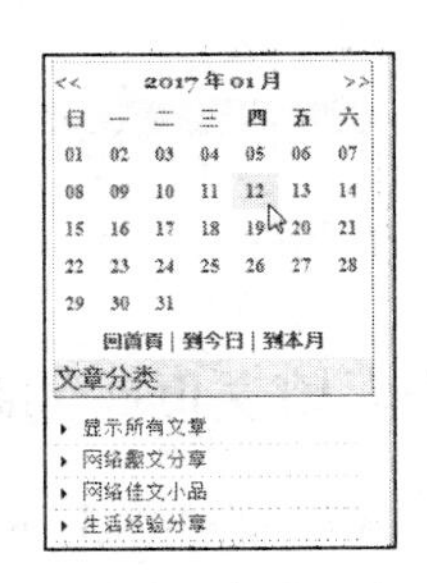

图 10-52　日历的外观

至此，博客首页制作完毕，保存文件，为制作后续类似的页面提供模板。

10.4.2　分类显示博文页面的制作

当浏览者单击“文章分类”链接或“相关分类”链接时，将转至分类显示博文页面 blogCategory.php。该页面的结构与首页 blog.php 几乎一致，只是记录集不同，需要筛选出按照前一页传递的分类编号 ca_id 对应的文章。

1. 复制页面

在“文件”面板中选取 blog.php，按两次〈Ctrl+D〉组合键复制两个新页面，如图 10-53 所示，修改这两个文件的名称分别为 blogCategory.php 和 blogSearch.php，如图 10-54 所示。

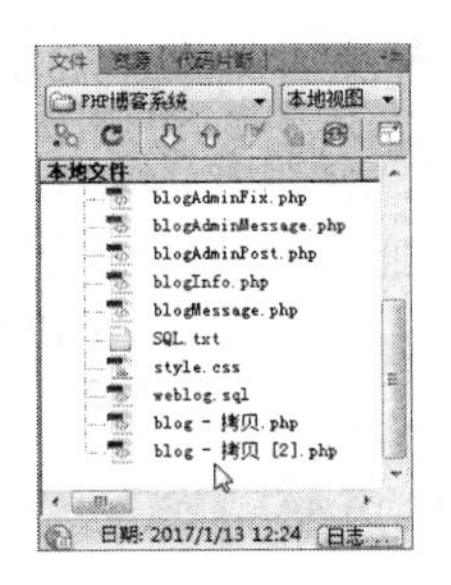

图 10-53　复制两个新页面

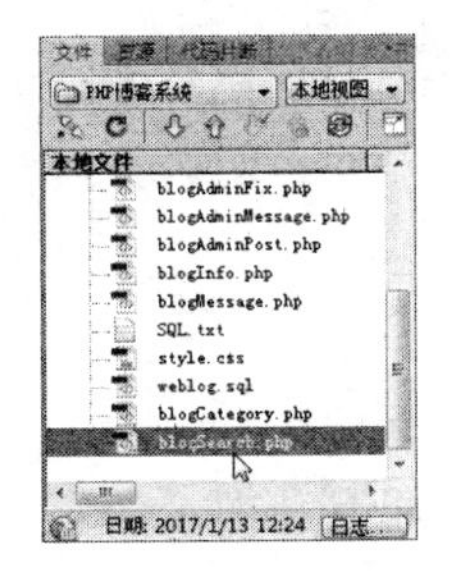

图 10-54　修改两个文件的名称

2. 修改分类显示博文页面的记录集

打开文件 blogCategory.php，在原来的 blog.php 中，记录集 RecBlog 只是从表 blogmessages 中取出全部文章信息按时间降序排列，但是在 blogCategory.php 中，要按照前一页传递的分类编号 ca_id 筛选出相关的资料。

① 在“绑定”面板中双击记录集 RecBlog，打开“记录集”对话框，RecBlog 之前的定义如图 10-55 所示。用户只需在这个基础上加上筛选 ca_id 的条件即可，如图 10-56 所示。

② 单击“确定”按钮，完成记录集的设置。

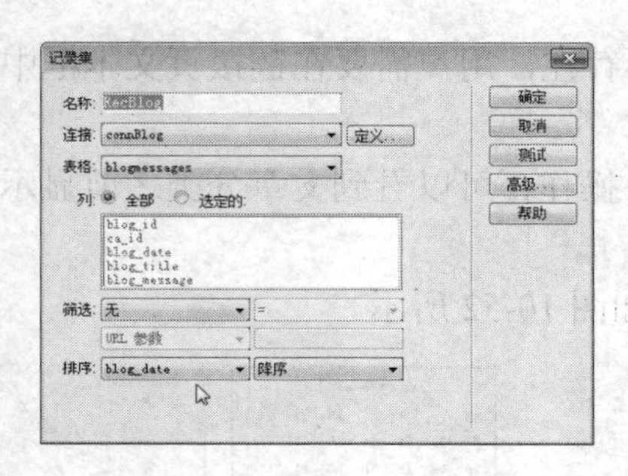

图 10-55　RecBlog之前的定义

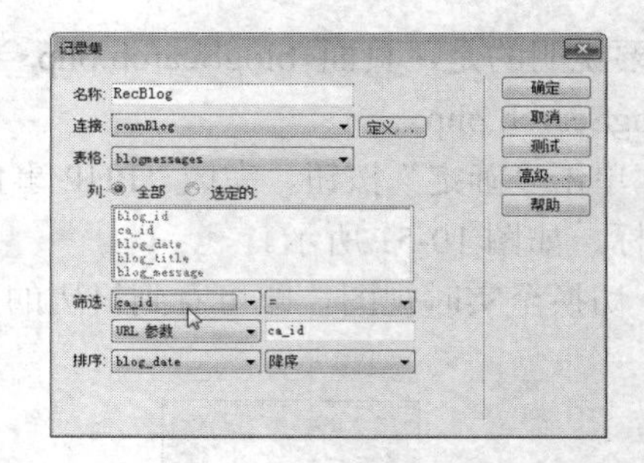

图 10-56　添加筛选条件

10.4.3　按时间搜索博文页面的制作

打开按时间搜索博文的页面blogSearch.php，所谓的按时间搜索指的是浏览者在单击“PHP事件日历”时会带着日期参数Year（年）、Month（月）、Day（日）到本页面，并筛选出属于这个指定日期的文章资料。

1．修改搜索博文页面的记录集

① 在“绑定”面板中双击记录集RecBlog，打开“记录集”对话框，用户只需在这个基础上加上筛选blog_date的条件即可，如图10-57所示。

② 单击对话框中的“高级…”按钮，对话框切换到“高级”模式，修改筛选日期参数的SQL语句，使用LIKE模糊查询实现这一功能，如图10-58所示。

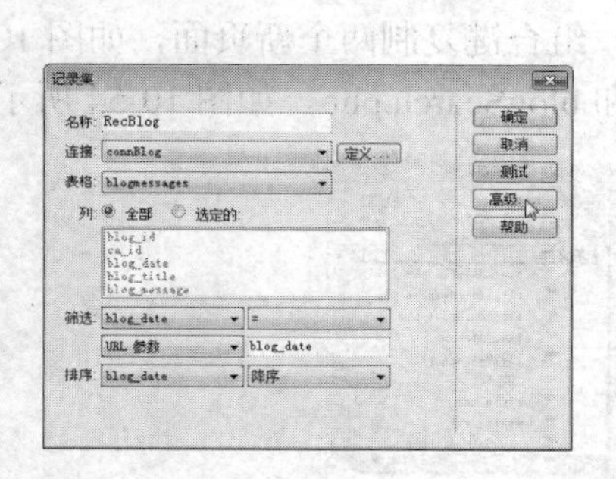

图 10-57　添加筛选条件

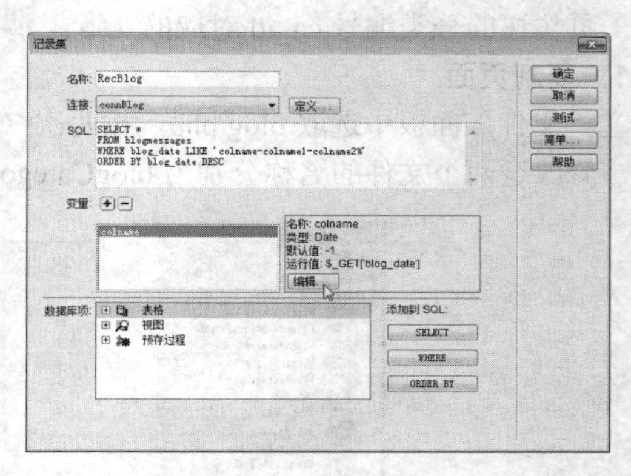

图 10-58　修改筛选日期参数

③ 在LIKE模糊查询语句中，定义了3个变量：colname、colname1、colname2，分别接收URL传递过来的Year（年）、Month（月）、Day（日）参数值。其中的变量colname是Where条件语句生成的，而另外两个变量colname1、colname2需要添加。

在对话框的“高级”模式中选中变量colname，单击右侧的“编辑”按钮，打开“编辑变量”对话框，修改变量类型为“Text”，默认值为“%”，运行时值为“$_GET['Year']”，如图10-59所示。单击“确定”按钮，完成变量的编辑。

接下来添加变量colname1，单击“变量”右侧的“+”号，打开“添加变量”对话框，设置变量类型为“Text”，默认值为“%”，运行时值为“$_GET['Month']”，如图10-60所示。单击“确定”按钮，完成变量的添加。

最后添加变量 colname2，单击“变量”右侧的“+”号，打开“添加变量”对话框，设置变量类型为“Text”，默认值为“%”，运行时值为“$_GET['Day']”，如图 10-61 所示。单击“确定”按钮，完成变量的添加。

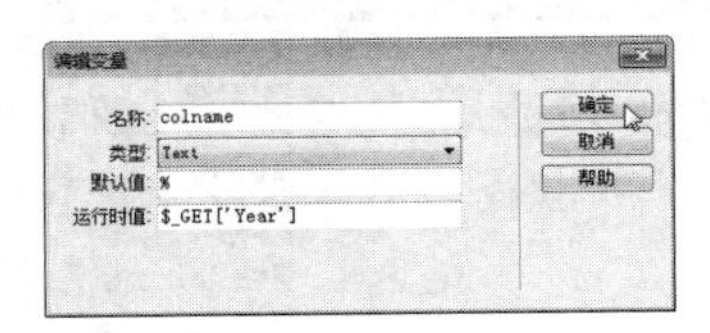

图 10-59　编辑变量 colname

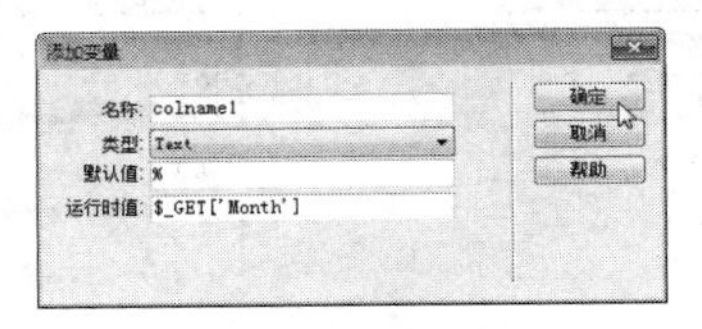

图 10-60　添加变量 colname1

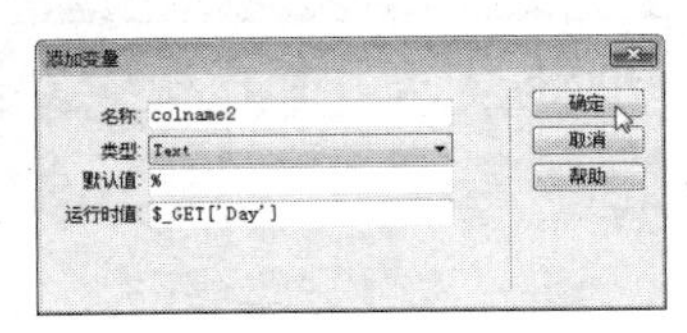

图 10-61　添加变量 colname2

④ 单击“确定”按钮，完成记录集的设置。

2. 修改代码实现模糊查询

切换到代码视图，将光标定位在实现模糊查询的 LIKE 语句处，如图 10-62 所示。

① 修改 LIKE 语句。LIKE 语句代码“'%s-%s-%s”在最后一个%s 后要添加“%%'”实现模糊查询。

② 修改 3 个变量值。去掉 3 个变量 colname、colname1 和 colname2 的 GetSQLValueString() 函数。因为在修改记录集的操作中已经将 3 个变量的类型定义为 Text，这里无需再次转换。

修改这段代码的最终结果如图 10-63 所示。

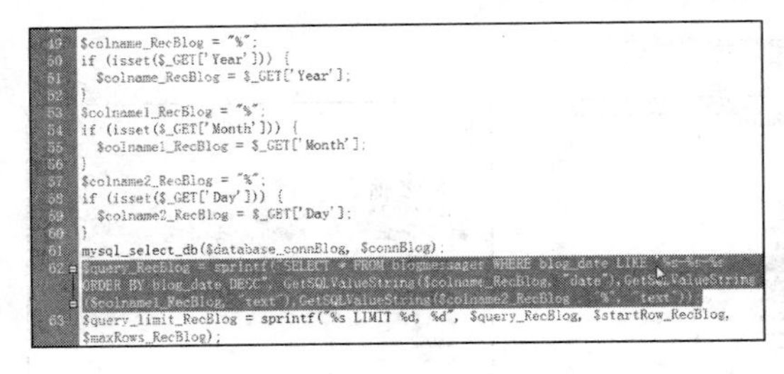

图 10-62　光标定位在 LIKE 语句处

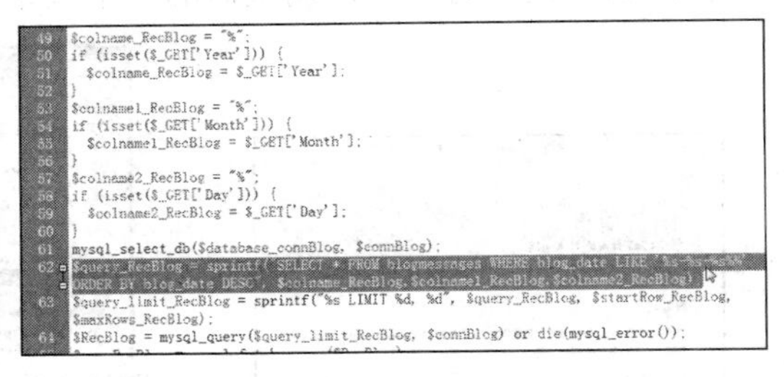

图 10-63　修改代码实现模糊查询

代码如下：

```
$query_RecBlog = sprintf("SELECT * FROM blogmessages WHERE blog_date LIKE '%s-%s-%s%%'
    ORDER BY blog_date DESC", $colname_RecBlog,$colname1_RecBlog,$colname2_RecBlog);
```

③ 保存文件，搜索博文页面制作完毕。

10.4.4　显示作者和网站信息页面的制作

当浏览者单击导航条上的“认识作者”或“关于本站”链接，页面将转向 blogInfo.php 并定位于“认识作者”或“关于本站”的位置。该页面的布局只有内容区域<div#content>与 blog.php 不同，其余区域完全相同。读者可以参考 blog.php 中关于这些区域的制作方法来制作本页面，这里不再赘述，结果如图 10-64 所示。

这里主要讲解将记录集 RecWebInfo 中的字段 webAbout（认识作者）和 webIntroduce（关于本站）绑定至页面的方法，以及调整字符串显示格式的方法。

1. 绑定记录集 RecWebInfo

打开“绑定”面板，展开记录集 RecWebInfo，将字段 webAbout 和 webIntroduce 拖动至

页面适当的位置，如图 10-65 所示。

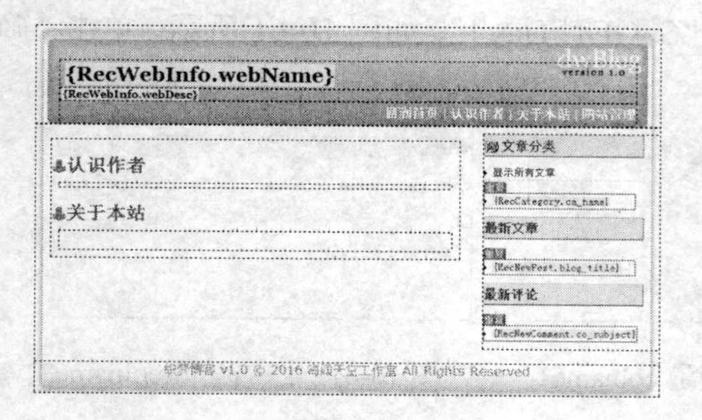

图 10-64　制作页面基础区域

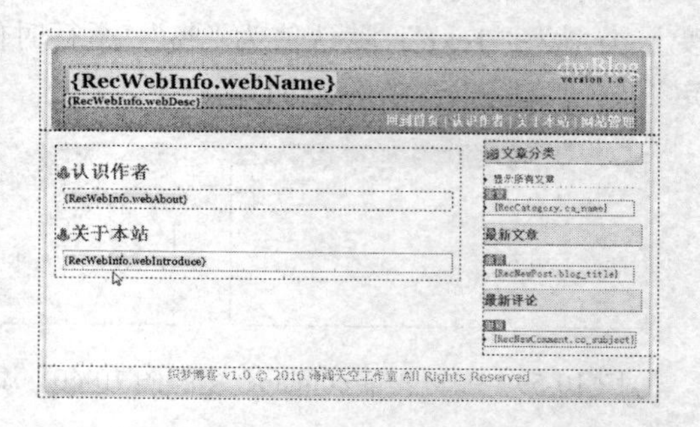

图 10-65　绑定网站信息字段

2. 调整字符串显示格式

保存文件，切换到实时视图，显示结果如图 10-66 所示。页面中关于作者简介的文字并未分行显示，可以使用调整字符串显示格式的方法解决这个问题。

切换到设计视图，选取页面中的记录集字段{RecWebInfo.webAbout}，打开“绑定”面板，在展开的记录集 RecWebInfo 中单击字段 webAbout 右侧的格式下拉菜单，从弹出的菜单中选择“eDreamer”→“调整字符串 - 调整全部”命令，如图 10-67 所示。

再次切换到实时视图，调整后的文字效果如图 10-68 所示。

图 10-66　调整前的文字格式

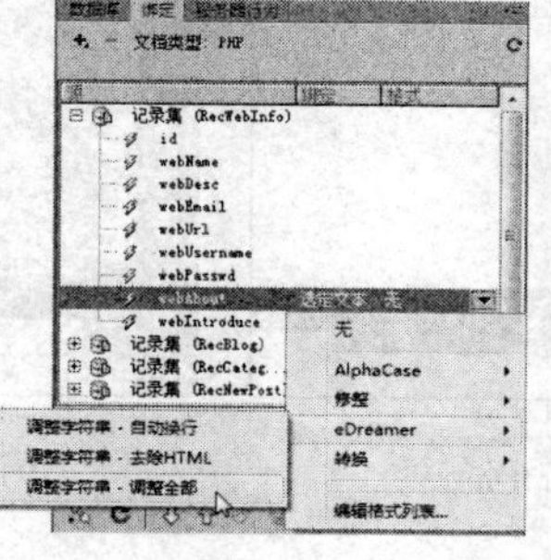

图 10-67　调整字符串

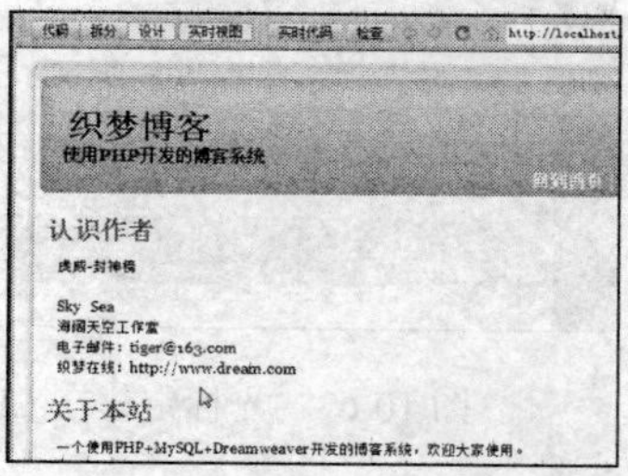

图 10-68　调整后的文字格式

用相同的方法调整 webIntroduce 字段，这里不再赘述。

10.4.5　显示文章内容及评论页面的制作

打开显示文章内容及评论的页面 blogMessage.php，该页面的布局只有内容区域<div#content>与 blog.php 不同，其余区域完全相同。读者可以参考 blog.php 中关于这些区域的制作方法来制作本页面，这里不再赘述，结果如图 10-69 所示。

这里主要讲解将内容区域的制作方法。

1. 绑定记录集 RecBlog

在 blogMessage.php 中，显示文章内容需要绑定记录集 RecBlog，使用表是 blogmessages。

① 打开“绑定”面板，单击“+”按钮，从弹出的菜单中选择“记录集（查询）”命令。

② 打开“记录集”对话框，参照表 10-9 中的参数进行记录集的设置，如图 10-70 所示，

完成后单击“确定”按钮即可。

表 10-9　绑定记录集 RecBlog 的参数设置

参　　数	设　置　值
名称	RecBlog
连接	connBlog
表格	blogmessages
列	全部
筛选	blog_id = URL 参数 blog_id

图 10-69　制作页面基础区域

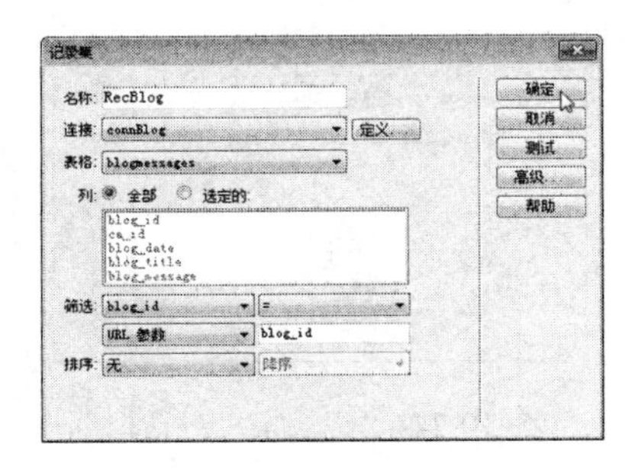

图 10-70　“记录集”对话框

③ 绑定记录集后，将记录集的字段拖动至网页的适当位置，如图 10-71 所示。

④ 选取记录集字段{RecBlog.blog_message}，打开“绑定”面板，在展开的记录集 RecBlog 中单击字段 blog_message 右侧的格式下拉菜单，从弹出的菜单中选择“eDreamer”→“调整字符串 - 调整全部”命令，如图 10-72 所示，调整后的结果如图 10-73 所示。

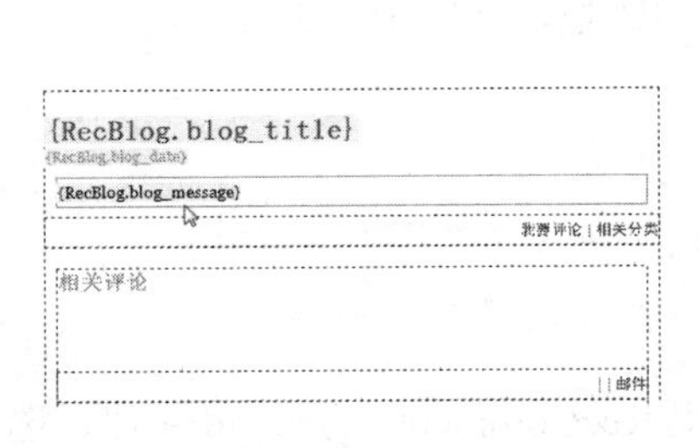

图 10-71　将记录集的字段拖动至网页

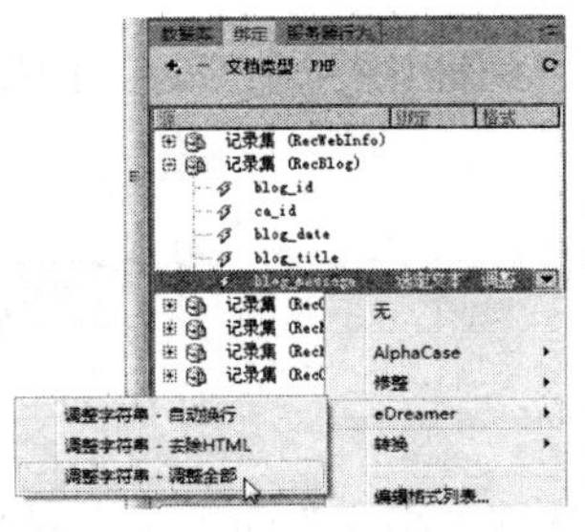

图 10-72　调整字符串

图 10-73　调整后的结果

2．绑定记录集 RecComments

在 blogMessage.php 中，显示文章评论内容需要绑定记录集 RecComments，使用表是 blogcomments。

① 打开“绑定”面板，单击“+”按钮，从弹出的菜单中选择“记录集（查询）”命令。

② 打开“记录集”对话框，参照表 10-10 中的参数进行记录集的设置，如图 10-74 所示，

完成后单击“确定”按钮即可。

表 10-10　绑定记录集 RecComments 的参数设置

参　　数	设　置　值
名称	RecComments
连接	connBlog
表格	blogcomments
列	全部
筛选	blog_id = URL 参数 blog_id
排序	以 co_date 降序排列

③ 绑定记录集后，将记录集的字段拖动至网页的适当位置，如图 10-75 所示。

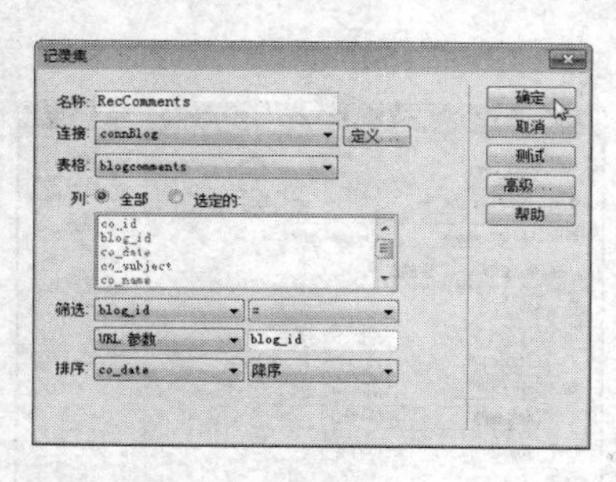

图 10-74　“记录集”对话框

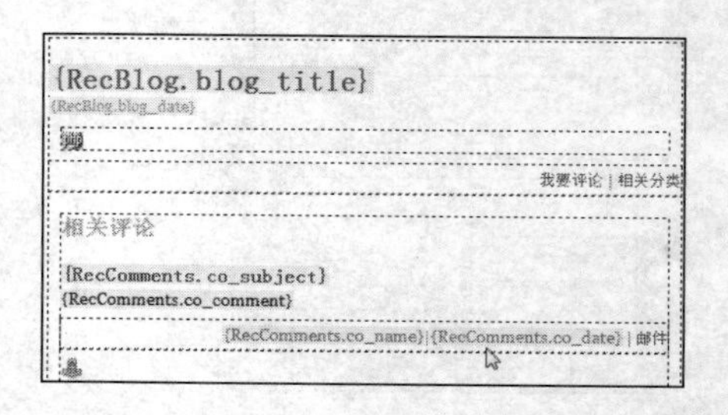

图 10-75　将记录集的字段拖动至网页

3. 插入评论前的锚记

接下来在评论前加上一个以字段 co_id 为值的锚记，当浏览者单击最新评论区域中的链接时，就可以直接定位到这条评论。操作步骤如下。

① 将光标定位在评论标题字段{RecComments.co_subject}之前，单击“插入”面板的“常用”选项卡中的“命名锚记”菜单项，打开“命名锚记”对话框，任意输入一个锚记名称，例如输入 abc，如图 10-76 所示。

② 单击“确定”按钮，即可看到评论标题字段前生成的锚记，如图 10-77 所示。

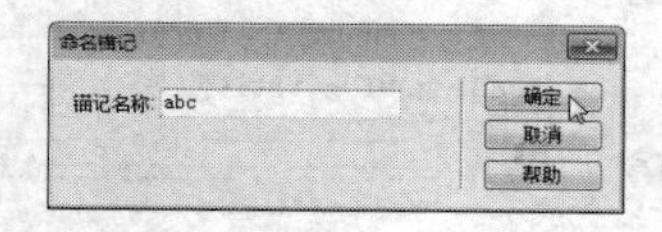

图 10-76　“命名锚记”对话框

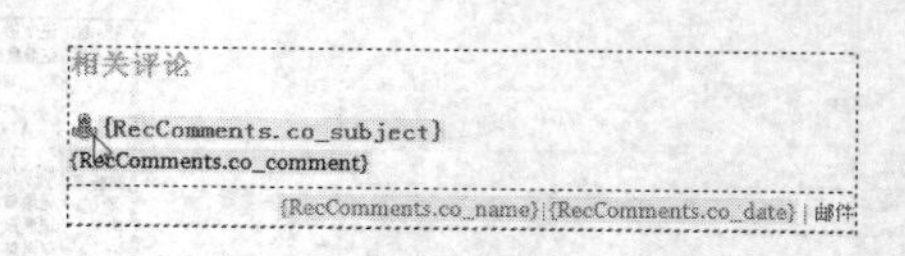

图 10-77　评论标题字段前生成的锚记

③ 选取刚才生成的锚记，再选择“绑定”面板中记录集 RecComments 的 co_id 字段，选择绑定到“a.name”，最后单击“绑定”按钮完成设置，如图 10-78 所示。

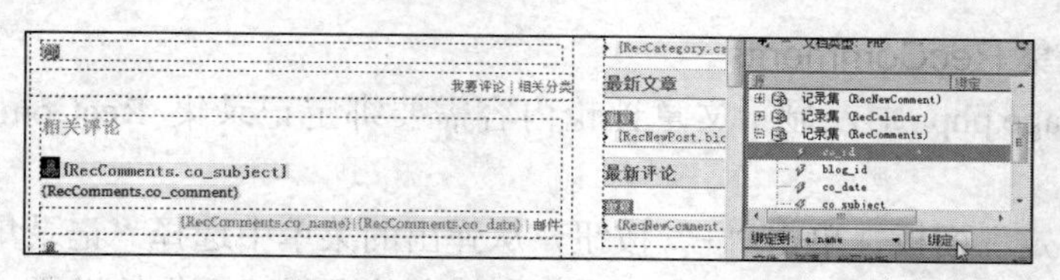

图 10-78　绑定锚记

4. 设置重复区域

选取评论区域的内容，设置重复区域，“重复区域”对话框的设置如图 10-79 所示，设置结果如图 10-80 所示。

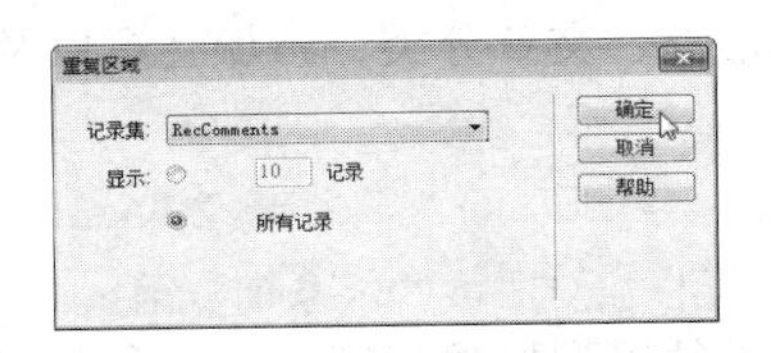

图 10-79 “重复区域”对话框

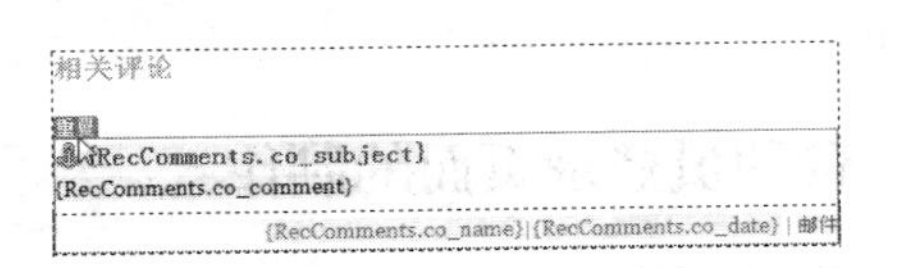

图 10-80 重复区域的设置结果

5. 设置文章评论的表单与插入记录

文章评论的表单包含隐藏域 blog_id 和隐藏域 co_date，如图 10-81 所示。这两个隐藏域将用于向评论表插入记录时提供文章的编号和评论的发表日期。

① 选取隐藏域 blog_id，绑定记录集 RecBlog 中的 blog_id 字段，如图 10-82 所示。

② 选取隐藏域 co_date，设置当前系统日期，如图 10-83 所示。

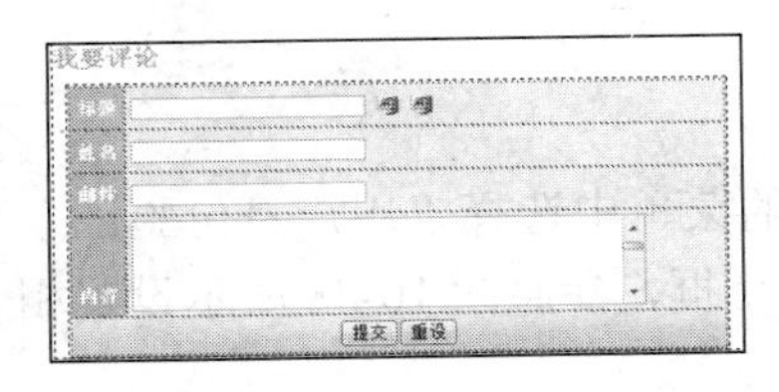

图 10-81 文章评论表单

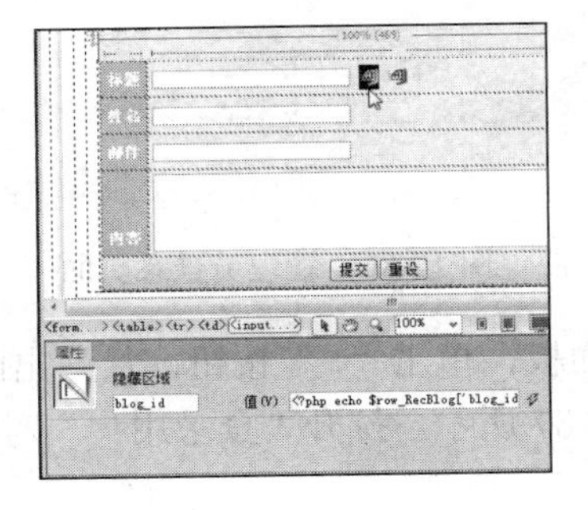

图 10-82 设置隐藏域 blog_id

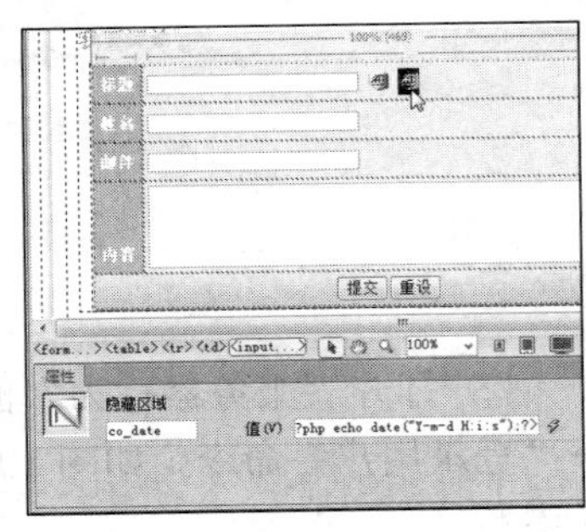

图 10-83 设置隐藏域 co_date

③ 拖动记录集 RecBlog 中的 blog_title 字段到表单中的 co_subject 字段，并在前方加上字符串“RE:”，如图 10-84 所示，使得每条评论前面自动加上提示“RE:”。

④ 打开“服务器行为”面板，单击“+”按钮，从弹出的菜单中选择“插入记录”命令。打开“插入记录”对话框，设置如图 10-85 所示。

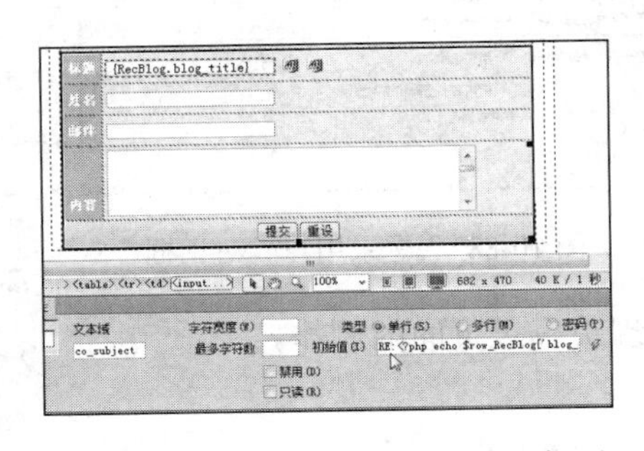

图 10-84 设置评论前面自动加上提示

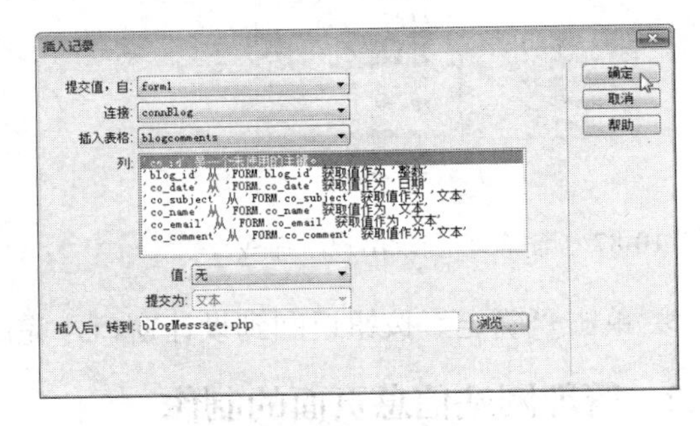

图 10-85 “插入记录”对话框

至此，显示文章内容及评论页面制作完毕。

10.5 博客管理页面的制作

在博客系统的管理页面中，管理员可以修改网站信息、文章分类、添加文章以及管理文章和评论。

10.5.1 管理员登录页面的制作

由于管理页面是不允许普通浏览者进入的，所以必须受到权限管理。可以利用登录账号与密码来判断是否有适当的权限进入管理页面。操作步骤如下。

① 打开管理员登录页面 adminLogin.php，如图 10-86 所示。

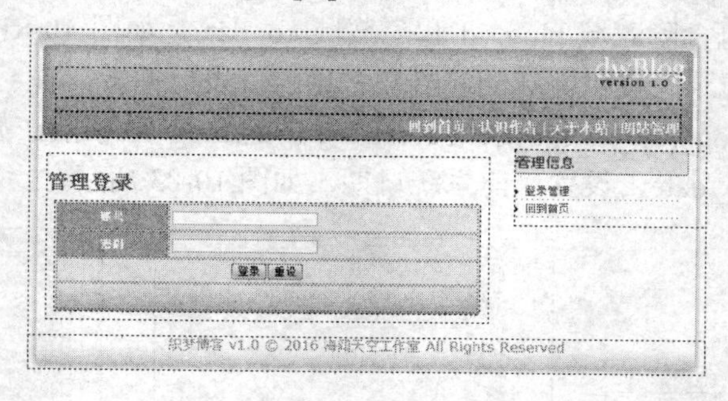

图 10-86 管理员登录页面

② 打开“服务器行为”面板，单击“+”按钮，从弹出的菜单中选择“用户身份验证”→“登录用户”命令，如图 10-87 所示。打开“登录用户”对话框，参照图 10-88 所示设置相关参数。

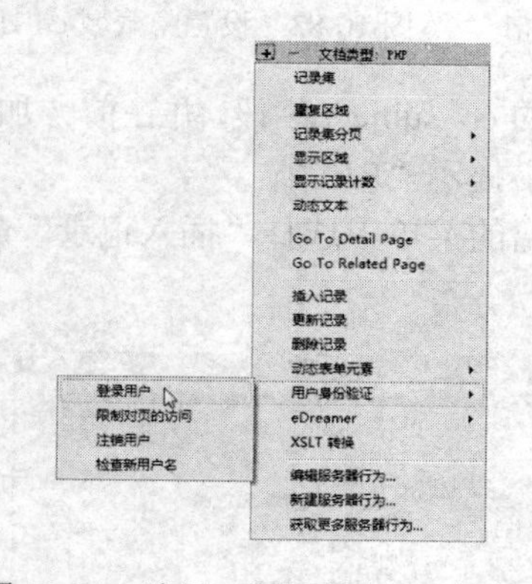

图 10-87 选择 “登录用户”命令

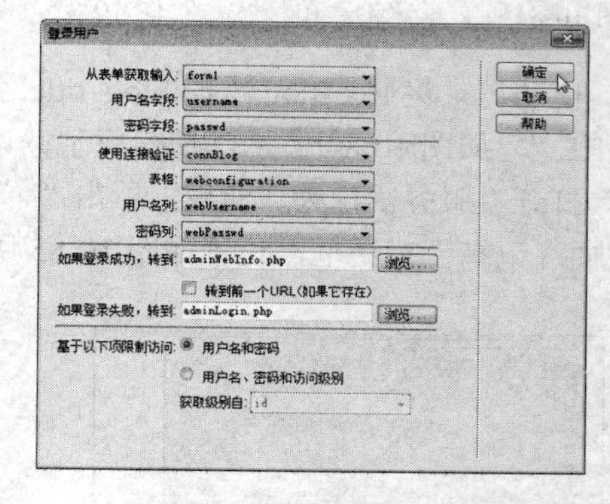

图 10-88 “登录用户”对话框

③ 单击“确定”按钮返回到设计窗口，完成管理员登录页面的制作。

10.5.2 管理网站信息页面的制作

管理网站信息页面是在系统管理员成功登录后出现的页面，页面中除了能够修改网站的基本信息之外，还提供了转向管理文章分类、文章及回复的链接，如图 10-89 所示。

图 10-89 管理网站信息页面

1. 绑定记录集 RecWebInfo

管理网站信息页面 adminWebInfo.php 所使用的数据表是 webconfiguration，绑定这个数据表字段的操作步骤如下：

① 打开“绑定”面板，单击“+”按钮，从弹出的菜单中选择“记录集（查询）”命令。

② 打开“记录集”对话框，参照表 10-11 中的参数进行记录集的设置，如图 10-90 所示，完成后单击“确定”按钮即可。

表 10-11 绑定记录集 webinfo 的参数设置

参　数	设　置　值
名称	RecWebInfo
连接	connBlog
表格	webconfiguration
列	全部

③ 绑定记录集后，将记录集的字段拖动至 adminWebInfo.php 网页中表单的对应位置，注意，将表单中的隐藏域 id 绑定记录集的字段 id，如图 10-91 所示。

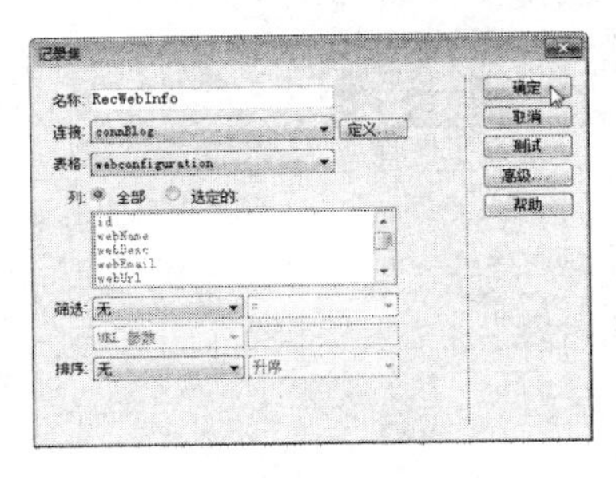

图 10-90 “记录集”对话框

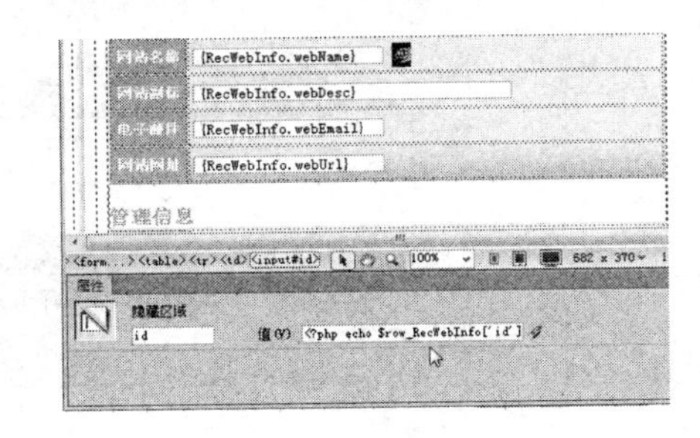

图 10-91 绑定记录集的结果

2. 加入更新记录服务器行为

① 打开“服务器行为”面板，单击“+”按钮，从弹出的菜单中选择“更新记录”命令，

如图 10-92 所示。

② 打开“更新记录”对话框，参照表 10-12 中的参数进行设置，如图 10-93 所示，并设置更新数据后转到管理网站信息页面 adminWebInfo.php。

表 10-12　更新记录参数设置

参　数	设　置　值
提交值，自	form1
连接	connBlog
更新表格	webconfiguration
列	参照数据表字段与表单字段
在更新后，转到	adminWebInfo.php

③ 单击“确定”按钮，完成更新记录操作。

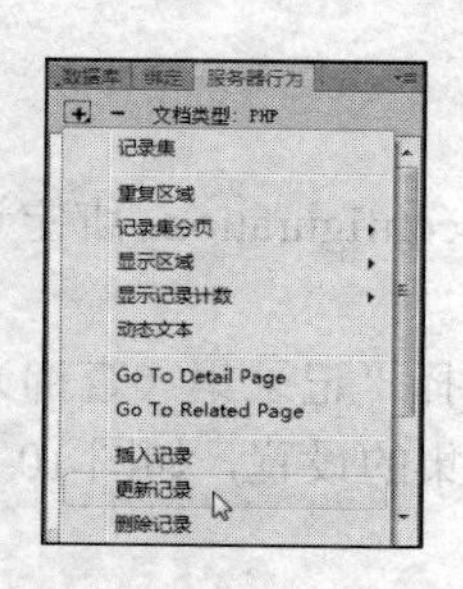

图 10-92　选择“更新记录”命令

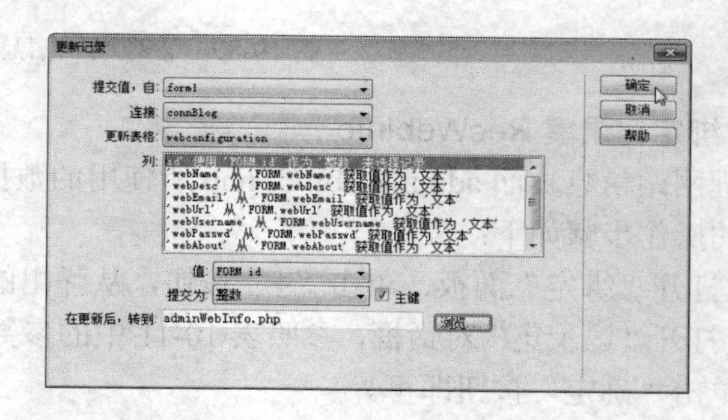

图 10-93　“更新记录”对话框

接下来选取文本“注销管理”，设置注销用户服务器行为。最后，设置限制对页的访问服务器行为，这里不再赘述。

10.5.3　管理文章分类页面的制作

接下来要设计管理文章分类页面 blogAdminCategory.php，该页面主要功能是添加、修改及删除文章分类，如图 10-94 所示。

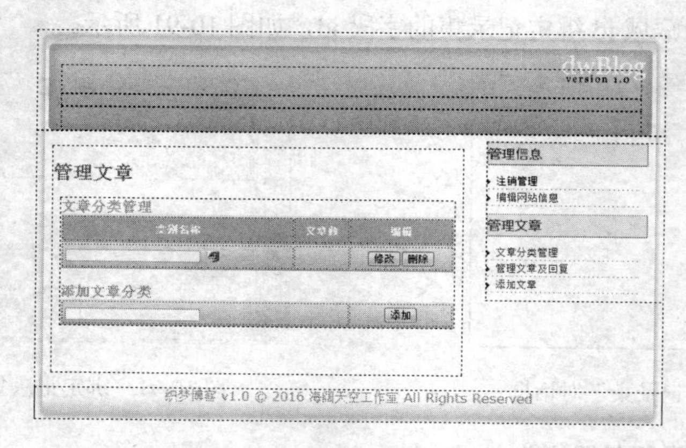

图 10-94　管理文章分类页面

1. 绑定记录集 RecCategoryCount

在管理文章分类页面中，除了要显示文章分类的名称，还要统计出每个分类中有多少篇文章。因此，需要绑定的记录集 RecCategoryCount 同时会用到文章分类表 blogcategory 和文章表 blogmessages，并且需要通过 SQL 语句将这两个表关联起来。如果某个分类还没有任何文章，使用 INNER JOIN 内部连接将无法显示该分类的资料。因此，这里采用 LEFT JOIN 左连接来统计出某个分类中有多少篇文章。绑定这个记录集的操作步骤如下。

① 打开“绑定”面板，单击“+”按钮，从弹出的菜单中选择“记录集（查询）”命令。

② 打开“记录集”对话框，参照表 10-13 中的参数进行记录集设置，如图 10-95 所示。

表 10-13　绑定记录集 RecCategoryCount 的参数设置

参　数	设　置　值
名称	RecCategoryCount
连接	connBlog
表格	blogcategory
列	全部

③ 单击对话框中的“高级…”按钮，对话框切换到“高级”模式，如图 10-96 所示。在计算每一个分类的文章数时，需要使用 COUNT( )函数统计关联表中对应的记录个数。

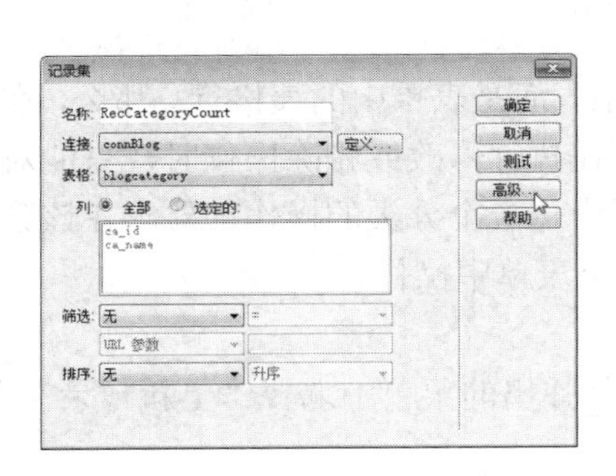

图 10-95　“记录集”对话框

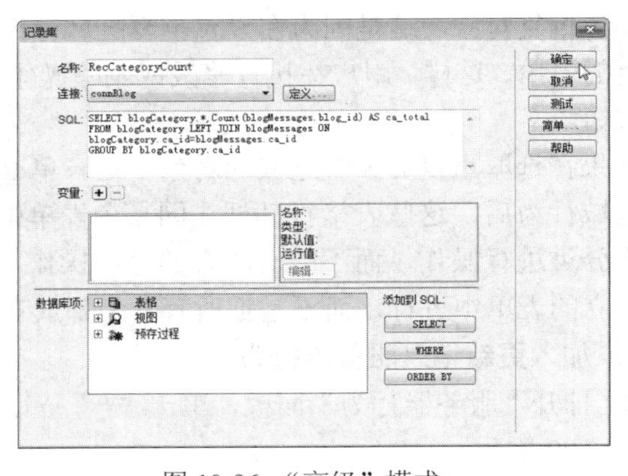

图 10-96　“高级”模式

代码如下：

```
SELECT blogCategory.*,Count(blogMessages.blog_id) AS ca_total
FROM blogCategory LEFT JOIN blogMessages ON blogCategory.ca_id=blogMessages.ca_id
GROUP BY blogCategory.ca_id
```

④ 单击“确定”按钮，完成记录集的设置。

⑤ 绑定记录集，将记录集的字段拖动至网页的文章分类管理区域，如图 10-97 所示。

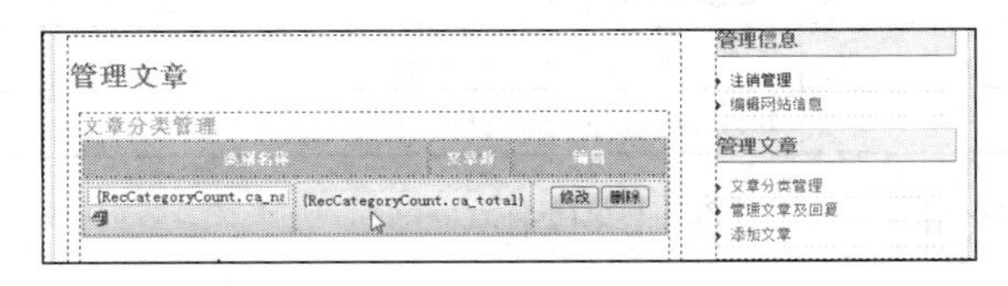

图 10-97　将记录集的字段拖动至网页

需要注意的是，应将表单 form1 中的隐藏域 id 绑定记录集 RecCategoryCount 的字段 ca_id，作为更新文章分类的唯一标识，具体操作这里不再赘述。

2．设置重复区域

在 blogAdminCategory.php 页面中包含两个表单，文章分类管理使用的表单是 form1，添加文章分类使用的表单是 form2。在以下加入服务器行为的操作中时，要确保先选取正确的表单，然后再做进一步的操作。

① 选取表单 form1，打开“服务器行为”面板，单击“+”按钮，从弹出的菜单中选择“重复区域”命令，打开“重复区域”对话框，参照图 10-98 所示设置重复区域。

② 单击“确定”按钮，完成重复区域的设置。页面的结果如图 10-99 所示。

图 10-98 “重复区域”对话框

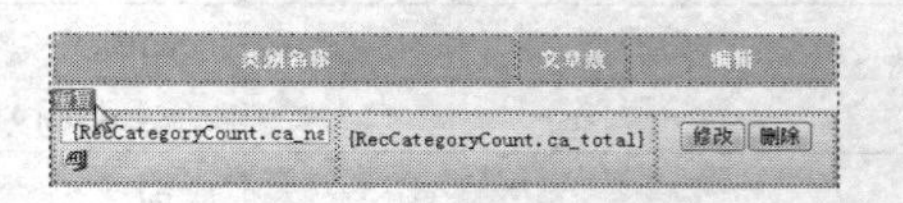

图 10-99 重复区域的设置结果

需要说明的是，在选取重复对象时，必须选取表单 form1 重复，而不能选取表单中的表格行作为重复对象。这是因为在设置重复区域行为后，会在重复表单 form1 的基础上生成许多重复的表单。这样，用户在执行修改或删除操作时，就可以选择本表单中的“修改”或“删除”按钮。

如果在选取重复对象时选取的对象不是表单 form1，而是表单中的表格行。那么，在设置重复区域行为后，这些表格行都处在同一个表单中，在执行修改或删除操作时，只能对其中的一个分类进行操作，而不能对所有的分类操作。因为每一个分类的操作都要求在该分类所在的独立的表单中进行，而不是把所有分类都放在一个表单中操作。

3．加入更新记录服务器行为

① 打开“服务器行为”面板，单击“+”按钮，从弹出的菜单中选择“更新记录”命令，如图 10-100 所示。

② 打开“更新记录”对话框，参照表 10-14 中的参数进行设置，如图 10-101 所示，并设置更新数据后转到文章分类管理页面 blogAdminCategory.php。

表 10-14 更新记录参数设置

参　数	设　置　值
提交值，自	form1
连接	connBlog
更新表格	blogcategory
列	参照数据表字段与表单字段
在更新后，转到	blogAdminCategory.php

③ 单击“确定”按钮，完成更新记录操作。

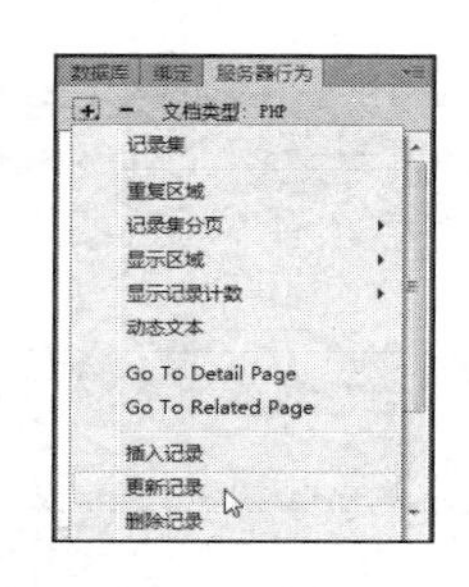

图 10-100　选择“更新记录”命令

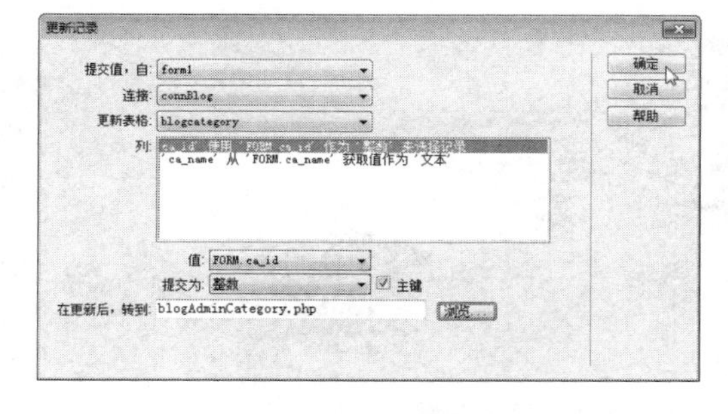

图 10-101　“更新记录”对话框

4. 加入删除记录服务器行为

在设置完修改按钮后，还要设置表单中的删除按钮。本页面表单 form1 中的修改按钮是“提交”按钮，删除按钮是“普通”按钮。对于“普通”按钮传递参数的方法可以采用 Javascript 脚本来实现。

因此，这里需要先在删除按钮的代码中添加 Javascript 脚本传递确认删除变量和主键值使用的 URL 变量，然后再加入删除记录服务器行为。操作步骤如下：

① 选取删除按钮，切换到代码窗口。在按钮的定义代码中，添加 Javascript 脚本传递确认删除变量 delete 和主键值使用的 URL 变量 ca_id，如图 10-102 所示。

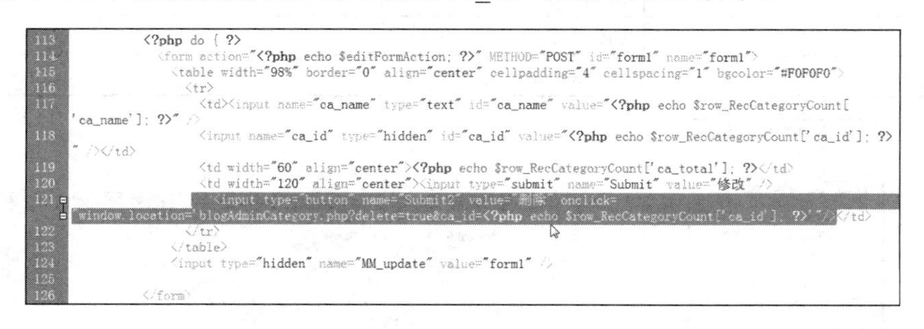

图 10-102　设置删除按钮的传递参数

完成设置后的代码如下：

```
<input type="button" name="Submit2" value="删除" onclick="window.location=
'blogAdminCategory.php?delete=true&ca_id=<?php echo $row_RecCategoryCount['ca_id']; ?>'"/>
```

② 当文章分类中没有任何文章时，才能显示删除按钮，允许用户删除分类内容为空的文章分类。因此，需要加入“条件式区域”服务器行为，判断只有当记录集 RecCategoryCount 中的 ca_total（分类中文章的个数）字段值为 0 时才显示删除按钮。

选取删除按钮，打开“服务器行为”面板，单击“+”按钮，从弹出的菜单中选择“eDreamer”→“条件式区域”→“字段与输入代码”，如图 10-103 所示。打开“字段与输入代码”对话框，参照图 10-104 设置该对话框的参数。

单击“确定”按钮，完成“条件式区域”服务器行为的设置。

③ 打开“服务器行为”面板，单击“+”按钮，从弹出的菜单中选择“删除记录”命令，如图 10-105 所示。

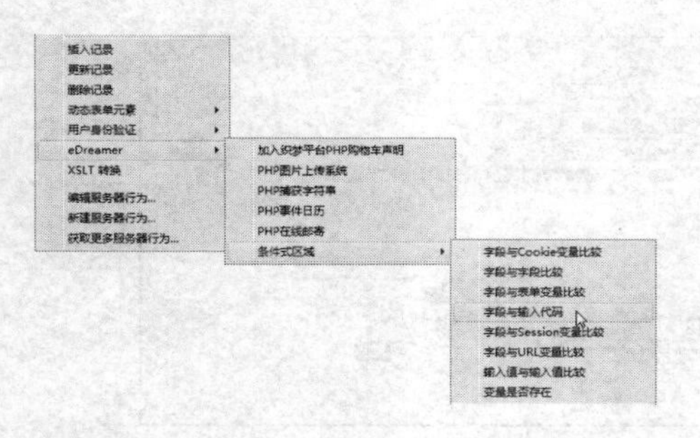

图 10-103　选择“字段与输入代码”命令

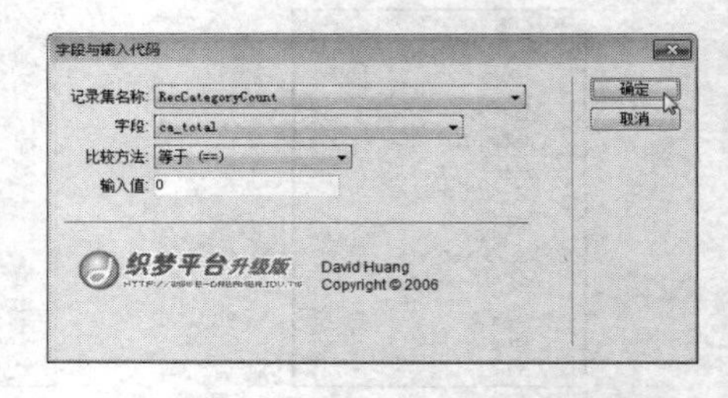

图 10-104　“字段与输入代码”对话框

④ 打开“删除记录”对话框，参照表 10-15 中的参数进行设置，如图 10-106 所示，并设置删除数据后转到文章分类管理页面 blogAdminCategory.php。

表 10-15　删除记录参数设置

参　数	设　置　值
首先检查是否已定义变量	URL 变量 delete
连接	connBlog
表格	blogcategory
主键列	ca_id
主键值	URL 参数 ca_id
删除后，转到	blogAdminCategory.php

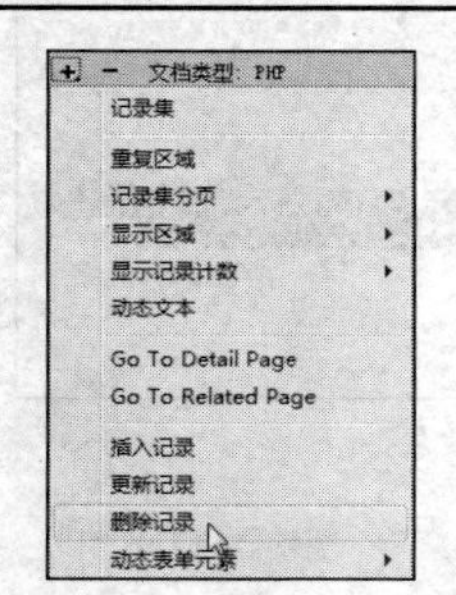

图 10-105　选择“删除记录”命令

图 10-106　“删除记录”对话框

⑤ 单击“确定”按钮，完成删除记录操作。

⑥ 完成删除记录操作后，删除按钮的设置还没有完全结束。本程序是在当前页面中直接执行删除，由于程序会带着参数返回到原页面 blogAdminCategory.php，而删除记录服务器行为只要遇见删除参数就会一直循环地执行删除操作，直到错误为止。这里要改变删除记录服务器行为重定向的设置。

首先，在“服务器行为”面板中选取“删除记录”行为，如图 10-107 所示。然后，切换到代码窗口，定位到删除记录服务器行为重定向的代码，并选取这段代码，将这段代码使用“/*...*/”注释起来使其不再执行即可，如图 10-108 所示。

读者在制作类似的删除记录操作时，只要是删除记录服务器行为中设置的删除后的转向页面仍是本页面，都可以采用这种注释重定向代码的方法避免删除操作死循环的出现。

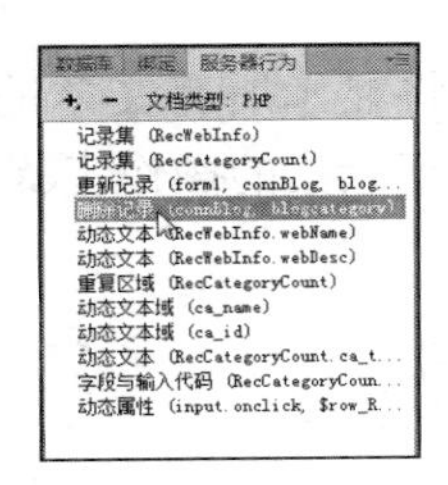

图 10-107 “删除记录”行为

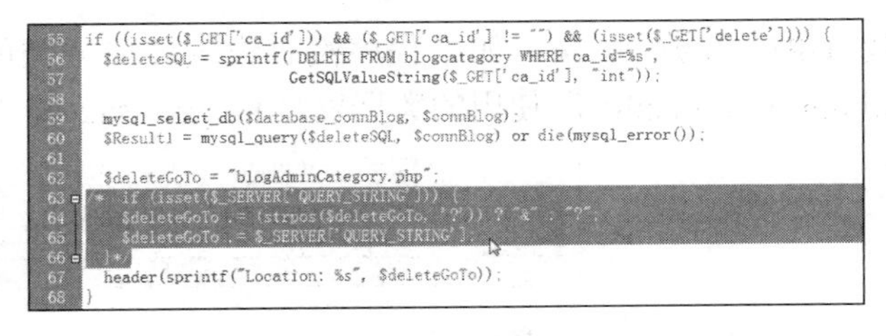

图 10-108 选取删除记录重定向代码

5. 加入插入记录服务器行为

当用户需要添加新的文章分类时，可以使用页面下方的表单 form2 来完成这一任务。

① 打开“服务器行为”面板，单击“+”按钮，从弹出的菜单中选择“插入记录”命令，如图 10-109 所示。

② 打开“插入记录”对话框，参照表 10-16 中的参数进行设置，如图 10-110 所示，并设置添加数据后转到文章分类管理页面 blogAdminCategory.php。

表 10-16 插入记录参数设置

参　　数	设　置　值
提交值，自	form2
连接	connBlog
插入表格	blogcategory
列	参照数据表字段与表单字段
插入后，转到	blogAdminCategory.php

③ 单击“确定”按钮，完成插入记录操作。

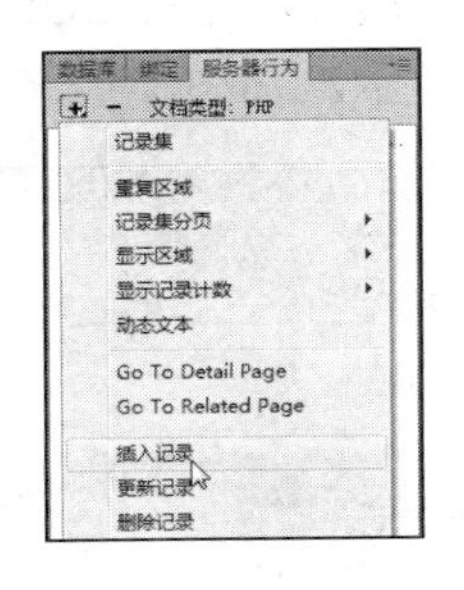

图 10-109 选择“插入记录”命令

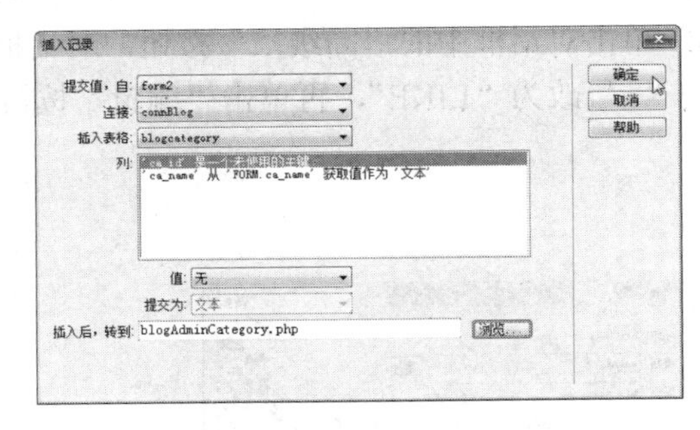

图 10-110 “插入记录”对话框

10.5.4 管理文章列表页面的制作

接下来要设计管理文章列表页面 blogAdminMessage.php，该页面主要功能是按照文章分类查询用户关心的文章，并提供链接至文章的编辑页面，如图 10-111 所示。

1. 绑定记录集 RecMessage

在管理文章列表页面 blogAdminMessage.php 中，要根据用户在分类菜单中选择的分类不同而显示相应分类中的文章信息。因此，要为绑定的记录集 RecMessage 中的 ca_id 字段提供筛选的 URL 参数 ca_id。如果程序没有设置任何分类的参数，将显示所有文章的信息。blogAdminMessage.php 所使用的数据表是 blogmessages，绑定这个记录集的操作步骤如下。

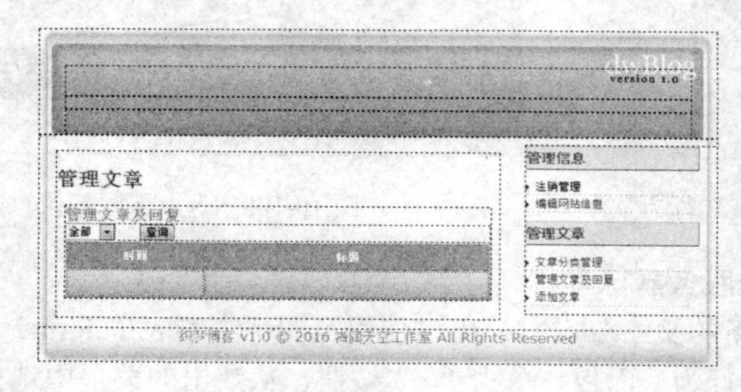

图 10-111　管理文章列表页面

① 打开“绑定”面板，单击“+”按钮，从弹出的菜单中选择“记录集（查询）”命令。

② 打开“记录集”对话框，参照表 10-17 中的参数进行记录集设置，如图 10-112 所示。

表 10-17　绑定记录集 RecMessage 的参数设置

参　数	设　置　值
名称	RecMessage
连接	connBlog
表格	blogmessages
列	全部
筛选	ca_id = URL 参数 ca_id
排序	以 blog_date 降序排列

③ 单击对话框中的“高级...”按钮，对话框切换到“高级”模式，先将 SQL 文本框代码中的“=”改为“LIKE”，再单击“编辑”按钮，如图 10-113 所示。

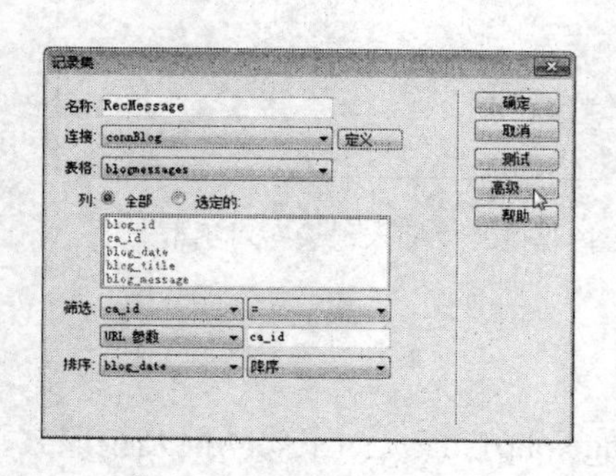

图 10-112　“记录集”对话框

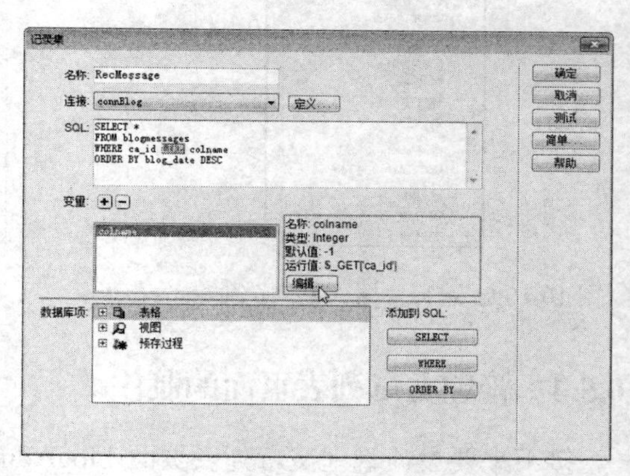

图 10-113　“高级”模式

④ 打开“编辑变量”对话框，设置变量 colname 的类型为“Text”，默认值为“%”，运行时值为页面接收的 URL 变量 ca_id（分类编号）的值，值为“$_GET['ca_id']”，如图 10-114 所示。单击“确定”按钮，返回“记录集”对话框，记录集的最终设置结果如图 10-115 所示。

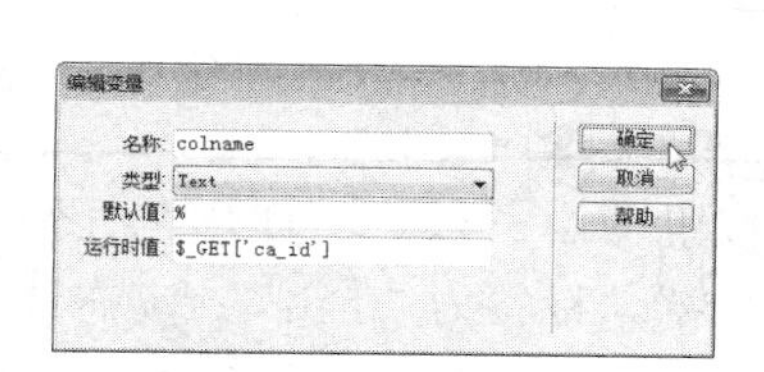

图 10-114 “编辑”变量对话框

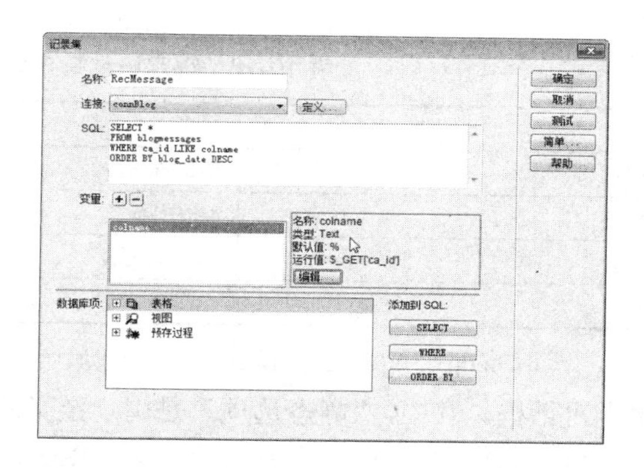

图 10-115 记录集的最终设置结果

⑤ 单击“确定”按钮，完成记录集的设置。

⑥ 将记录集的字段拖动至网页的管理文章区域，选取页面中的记录集字段{RecMessage.blog_title}，设置转到详细页面服务器行为，如图 10-116 所示。最后设置重复区域、记录集导航条，如图 10-117 所示。

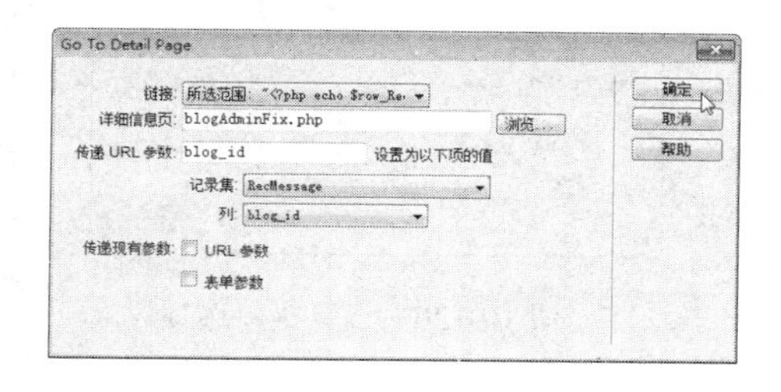

图 10-116 设置转到详细页面

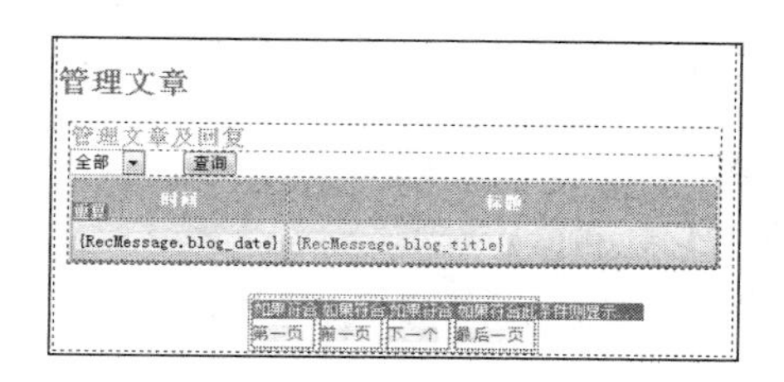

图 10-117 设置重复区域、记录集导航条

2. 制作查询表单

管理文章列表页面 blogAdminMessage.php 默认显示所有文章的信息。如果用户想查看某类文章的信息，只需要在页面上方的菜单中选择某个文章分类，然后单击“查询”按钮，页面中就可以显示出该分类的所有文章信息。操作步骤如下。

1）选取页面上方的表单 formSearch，属性面板中表单的设置如图 10-118 所示。

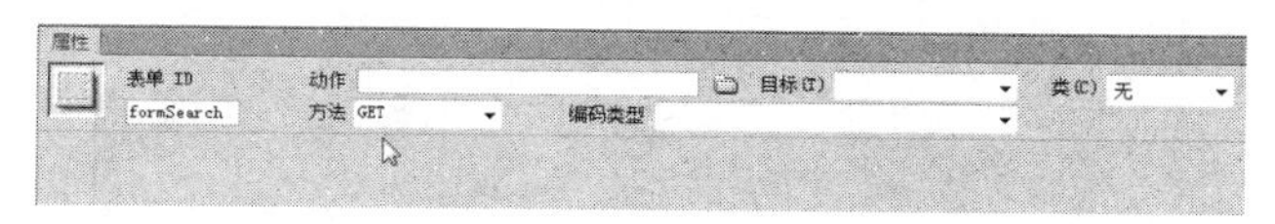

图 10-118 表单的设置

其中，“动作”属性设置为空表示表单的处理程序仍为当前页面，表单提交的值将返回当前页面；“方法”设置为“GET”表示提交的值将转化为地址后的参数——URL 参数。

2）查询菜单中的动态菜单项来自记录集，接下来绑定该菜单的记录集 RecCategory。

① 打开“绑定”面板，单击“+”按钮，从弹出的菜单中选择“记录集（查询）”命令。

② 打开“记录集”对话框，参照表 10-18 中的参数进行记录集的设置，如图 10-119 所示，完成后单击“确定”按钮即可。

表 10-18　绑定记录集 RecCategory 的参数设置

参　数	设　置　值
名称	RecCategory
连接	connBlog
表格	blogcategory
列	全部

③ 选取页面中的菜单，单击属性面板中的“动态”按钮 [动态...]，打开“动态列表/菜单”对话框。其中，“静态选项”是用户定义的，值为“%”，标签为“全部”；动态选项就是“来自记录集的选项”，设置为记录集“RecCategory”，值为“ca_id”，标签为“ca_name”；“选取值等于”设置为页面接收的 URL 参数“ca_id”（用户在选择菜单选项提交后就会向当前页面传送 URL 参数“ca_id”），如图 10-120 所示。

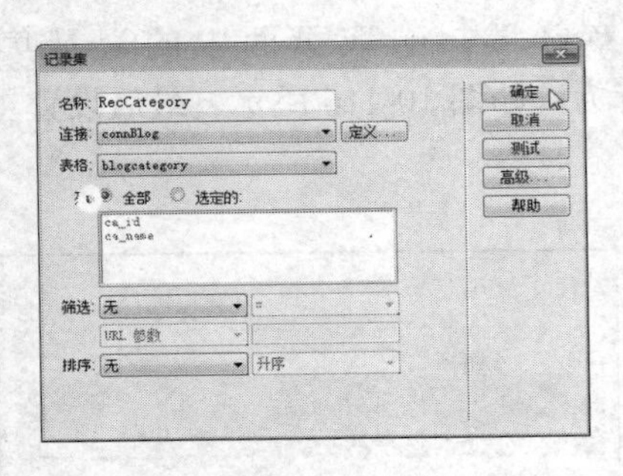

图 10-119 “记录集”对话框

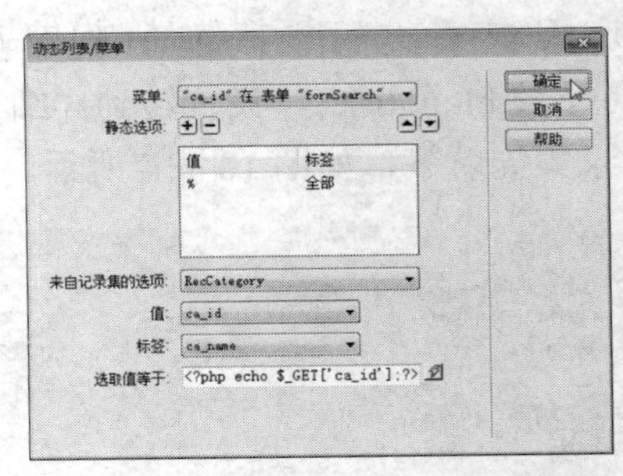

图 10-120　设置菜单选项

10.5.5　添加文章页面的制作

接下来要设计添加文章页面 blogAdminPost.php，该页面主要功能是在某个文章分类中加入新的文章，如图 10-121 所示。

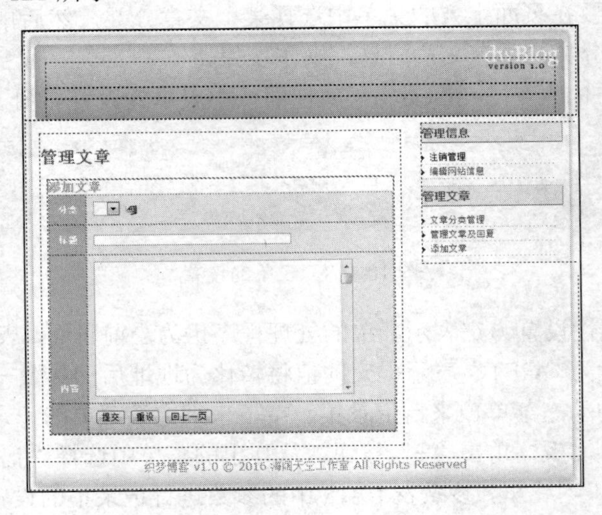

图 10-121　添加文章页面

1．绑定记录集 RecCategory

添加文章页面 blogAdminPost.php 使用的数据表是 blogcategory，绑定这个数据表字段的操作步骤如下。

① 打开“绑定”面板，单击“+”按钮，从弹出的菜单中选择“记录集（查询）”命令。

② 打开“记录集”对话框，参照表 10-19 中的参数进行记录集的设置，如图 10-122 所示，完成后单击“确定”按钮即可。

表 10-19　绑定记录集 RecCategory 的参数设置

参　数	设　置　值
名称	RecCategory
连接	connBlog
表格	blogcategory
列	全部

③ 选取页面中的菜单，单击属性面板中的“动态”按钮 动态...，打开“动态列表/菜单”对话框。其中，“来自记录集的选项”设置为记录集“RecCategory”，值为“ca_id”，标签为“ca_name”。在执行插入记录服务器行为之后，页面将转向管理文章内容详细信息页面，不需要设置用户选择某个菜单项后在当前页面中保留当前选中的菜单项。因此，这里就不再设置参数“选取值等于”，设置结果如图 10-123 所示。

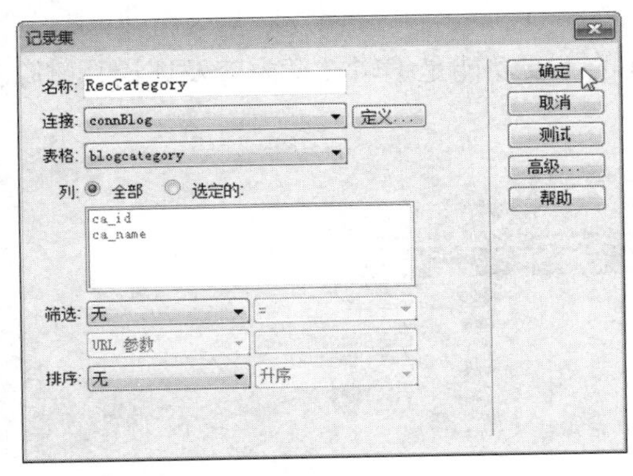

图 10-122　“记录集”对话框

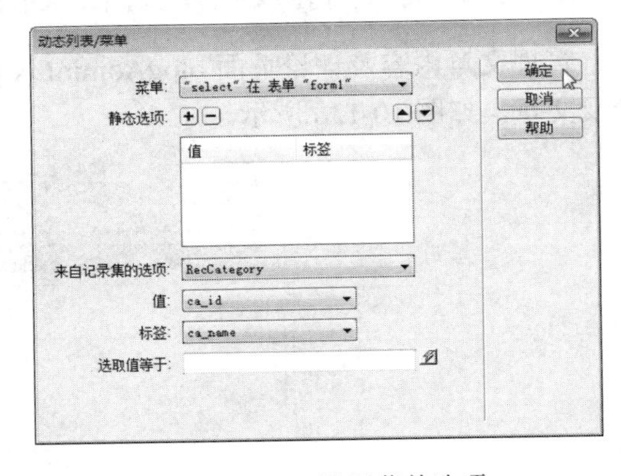

图 10-123　设置菜单选项

④ 设置隐藏域“blog_date”的默认时间为当前系统时间，值为<?php echo date("Y-m-d H:i:s")?>。

2．加入插入记录服务器行为

① 打开“服务器行为”面板，单击“+”按钮，从弹出的菜单中选择“插入记录”命令，如图 10-124 所示。

② 打开“插入记录”对话框，参照表 10-20 中的参数进行设置，如图 10-125 所示，并设置添加数据后转到管理文章内容详细信息页面 blogAdminMessage.php。

表 10-20　插入记录参数设置

参　数	设　置　值
提交值，自	form1
连接	connBlog
插入表格	blogmessages
列	参照数据表字段与表单字段
插入后，转到	blogAdminMessage.php

③ 单击“确定”按钮，完成插入记录操作。

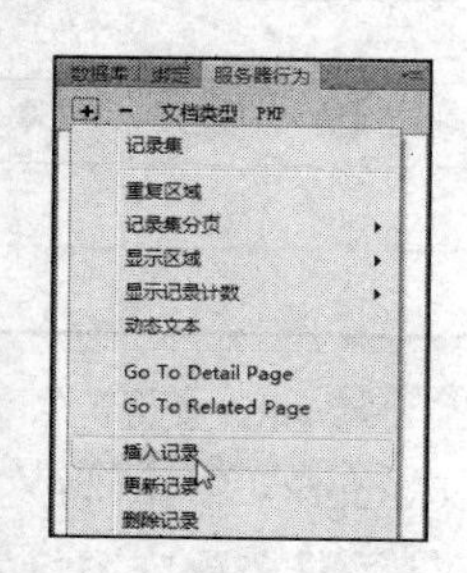

图 10-124　选择“插入记录”命令

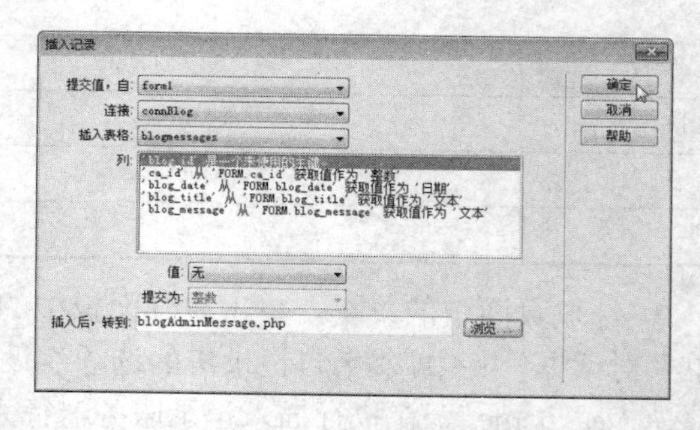

图 10-125　“插入记录”对话框

10.5.6　管理文章内容及回复页面的制作

管理文章内容及评论页面 blogAdminFix.php 的主要功能是编辑文章内容及评论、删除评论及文章，如图 10-126 所示。

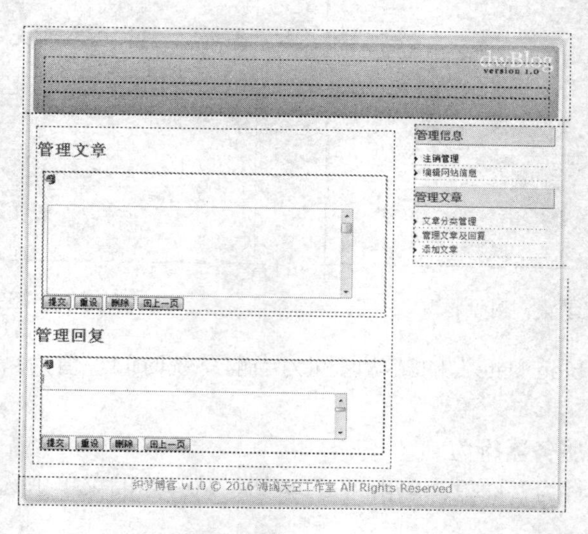

图 10-126　管理文章内容及回复页面

1．绑定记录集 RecMessage

在页面 blogAdminFix.php 中，显示文章详细信息需要绑定记录集 RecMessage，使用数据表是 blogmessages。

① 打开“绑定”面板，单击“+”按钮，从弹出的菜单中选择“记录集（查询）”命令。

② 打开“记录集”对话框，参照表 10-21 中的参数进行记录集的设置，如图 10-127 所示，完成后单击“确定”按钮即可。

表 10-21　绑定记录集 RecMessage 的参数设置

参　数	设　置　值
名称	RecMessage
连接	connBlog
表格	blogmessages
列	全部
筛选	blog_id = URL 参数 blog_id

③ 绑定记录集后，将记录集的字段拖动至网页的适当位置，如图 10-128 所示。

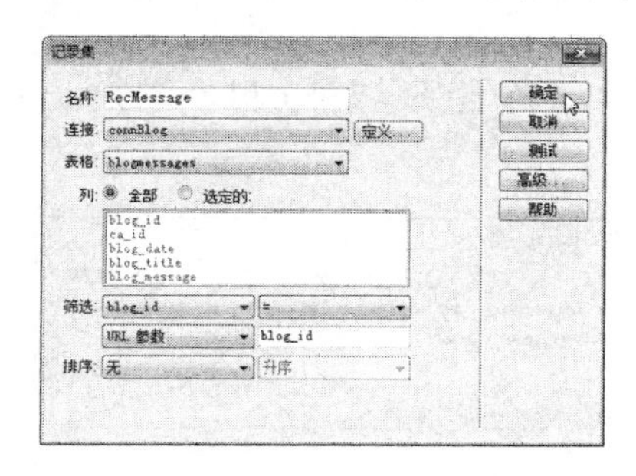

图 10-127　“记录集”对话框

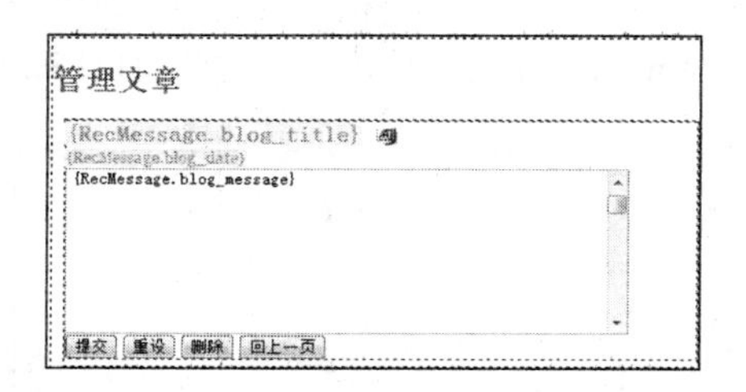

图 10-128　将记录集的字段拖动至网页

2. 绑定记录集 RecComments

在页面 blogAdminFix.php 中，显示文章评论信息需要绑定记录集 RecComments，使用数据表是 blogcomments。

① 打开“绑定”面板，单击“+”按钮，从弹出的菜单中选择“记录集（查询）”命令。

② 打开“记录集”对话框，参照表 10-22 中的参数进行记录集的设置，如图 10-129 所示，完成后单击“确定”按钮即可。

表 10-22　绑定记录集 RecComments 的参数设置

参　数	设　置　值
名称	RecComments
连接	connBlog
表格	blogcomments
列	全部
筛选	blog_id = URL 参数 blog_id
排序	以 co_date 降序排列

③ 绑定记录集后，将记录集的字段拖动至网页的适当位置，如图 10-130 所示。

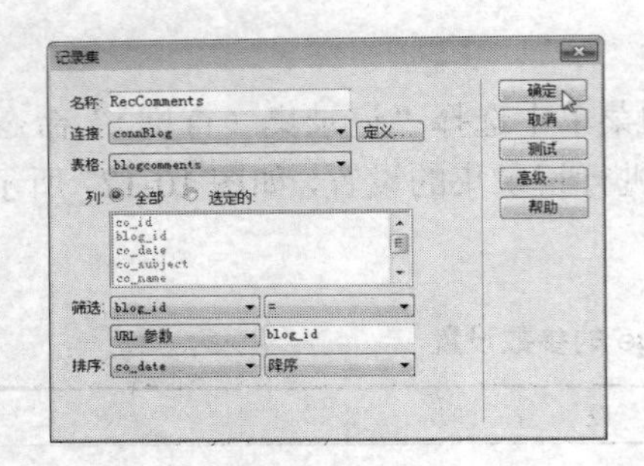

图 10-129 “记录集”对话框

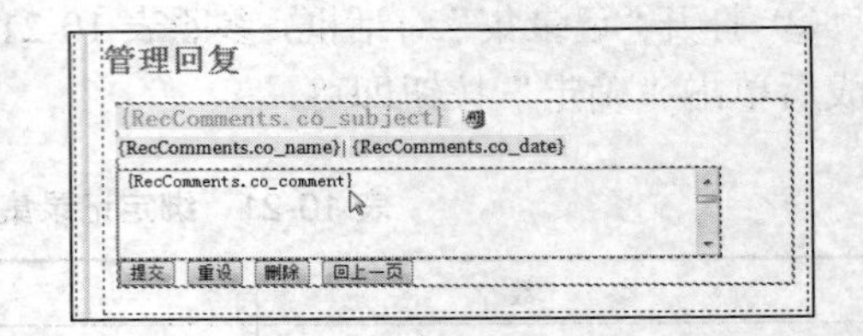

图 10-130 将记录集的字段拖动至网页

3．设置更新记录的唯一标识

在更新记录的表单中添加隐藏域并绑定记录集中主键，作为更新某条记录的唯一标识。操作步骤如下。

① 在管理文章内容的表单 blogMessage 中添加一个隐藏域 blog_id，绑定记录集 RecMessage 的主键 blog_id，如图 10-131 所示。

② 在管理回复内容的表单 blogCommand 中添加一个隐藏域 co_id，绑定记录集 RecComments 的主键 co_id，如图 10-132 所示。

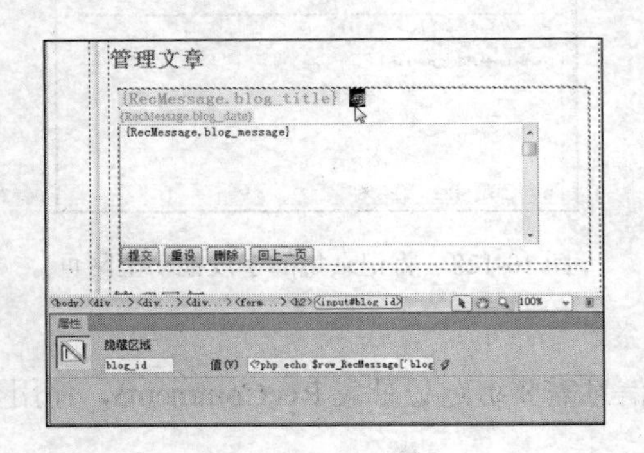

图 10-131 隐藏域 blog_id

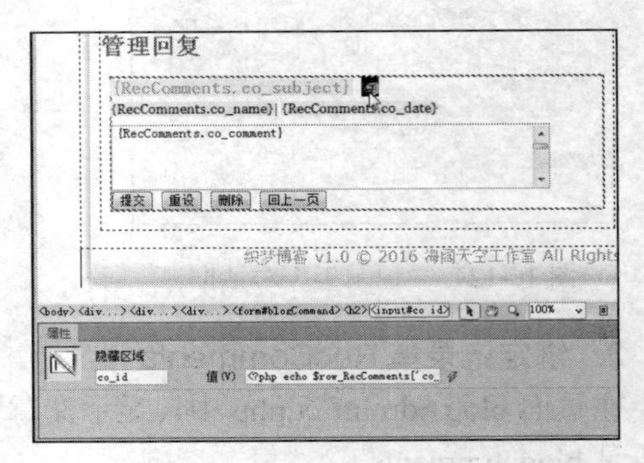

图 10-132 隐藏域 co_id

4．更新文章内容

① 打开“服务器行为”面板，单击“+”按钮，从弹出的菜单中选择“更新记录”命令，如图 10-133 所示。

② 打开“更新记录”对话框，参照表 10-23 中的参数进行设置，如图 10-134 所示，并设置更新数据后转到管理文章内容及评论页面 blogAdminFix.php。

表 10-23 更新记录参数设置

参　数	设　置　值
提交值，自	blogMessage
连接	connBlog
更新表格	blogmessages
列	参照数据表字段与表单字段
在更新后，转到	blogAdminFix.php

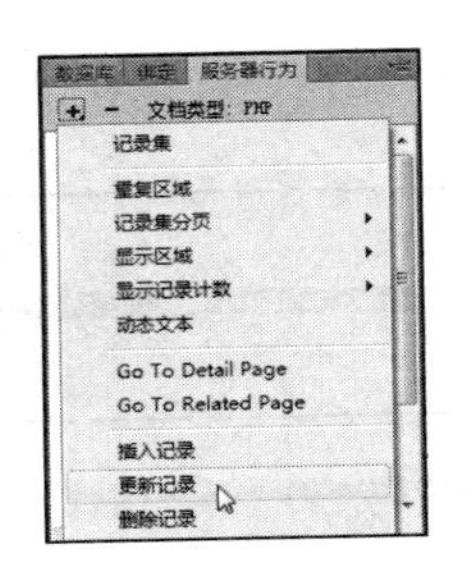

图 10-133　选择“更新记录”命令

图 10-134　“更新记录”对话框

③ 单击“确定”按钮，完成更新记录操作。

5. 更新文章回复信息

① 打开“服务器行为”面板，单击“+”按钮，从弹出的菜单中选择“更新记录”命令，如图 10-135 所示。

② 打开“更新记录”对话框，参照表 10-24 中的参数进行设置，如图 10-136 所示，并设置更新数据后转到管理文章内容及评论页面 blogAdminFix.php。

表 10-24　更新记录参数设置

参　　数	设　置　值
提交值，自	blogCommand
连接	connBlog
更新表格	blogcomments
列	参照数据表字段与表单字段
在更新后，转到	blogAdminFix.php

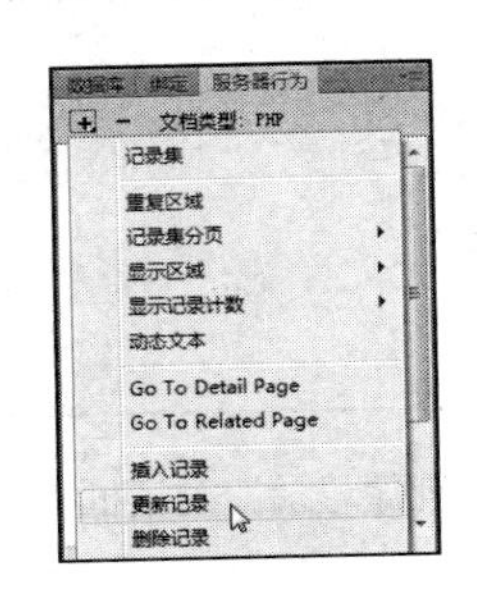

图 10-135　选择“更新记录”命令

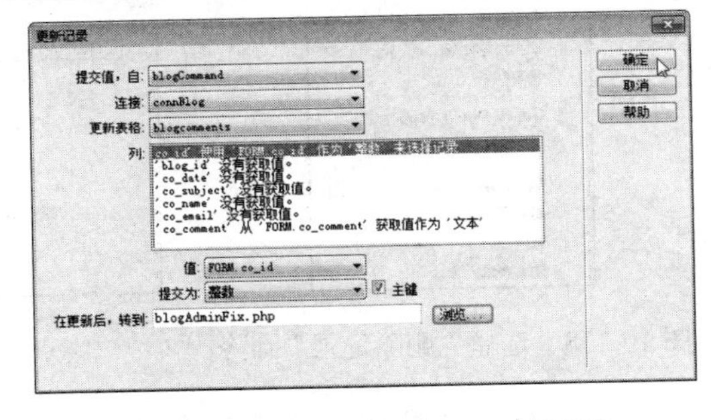

图 10-136　“更新记录”对话框

③ 单击“确定”按钮，完成更新记录操作。

6. 删除文章回复信息

在当前页面中单击管理回复表单中的“删除”按钮后，将在本页面内直接删除该记录。

① 选取管理回复表单中的“删除”按钮，切换到代码视图，为“删除”按钮添加 onclick 事件代码，如图 10-137 所示。

代码如下：

```
onclick="window.location='blogAdminFix.php?deleComments=true&
```

```
blog_id=<?php echo $row_RecMessage['blog_id']; ?>&
co_id=<?php echo $row_RecComments['co_id']; ?>'"
```

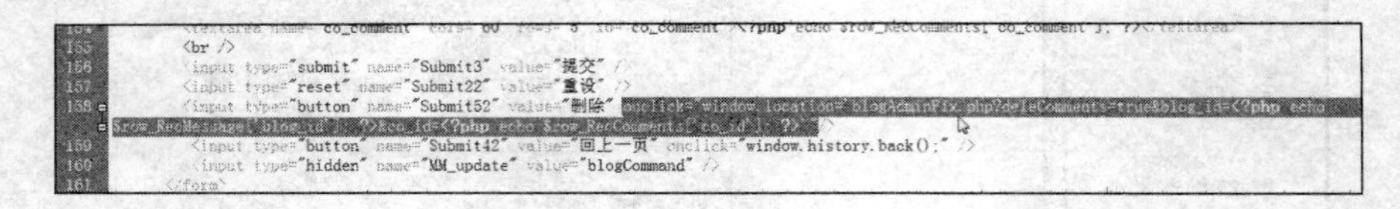

图 10-137　为“删除”按钮添加 onclick 事件代码

② 打开“服务器行为”面板，单击“+”按钮，从弹出的菜单中选择“删除记录”命令，如图 10-138 所示。

③ 打开“删除记录”对话框，参照表 10-25 中的参数进行设置，如图 10-139 所示，并设置删除数据后转到管理文章内容及评论页面 blogAdminFix.php。

表 10-25　删除记录参数设置

参　数	设　置　值
首先检查是否已定义变量	URL 参数 deleComments
连接	connBlog
表格	blogcomments
主键列	co_id
主键值	URL 参数 co_id
删除后，转到	blogAdminFix.php

图 10-138　选择“删除记录”命令

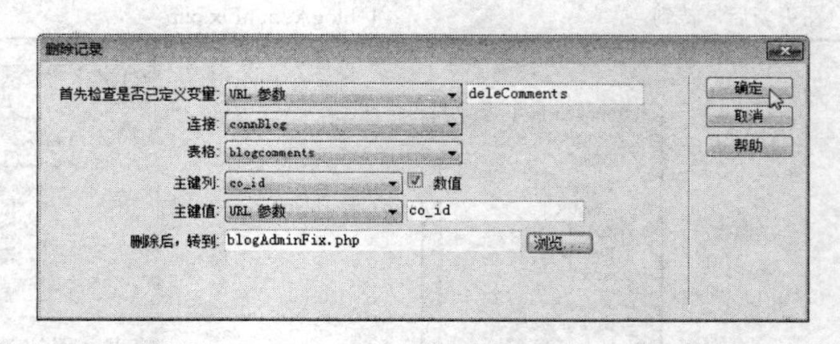

图 10-139　“删除记录”对话框

④ 单击“确定”按钮，完成删除记录操作。

⑤ 完成删除设置后，要改变重定向的设置，切换到代码视图，找到重定向代码的位置，将这段代码加上注释，如图 10-140 所示，这段代码将不再执行。

⑥ 删除行为还需要向当前页传递文章编号 blog_id，当删除结束返回当前页时，记录集需要根据 blog_id 的值筛选出要显示哪篇文章的其余评论。将光标定位在重定向页面的语句，在原语句结尾添加传递参数的代码，如图 10-141 所示。

代码如下：

```
$deleteGoTo = "blogAdminFix.php?blog_id=".$_GET['blog_id'];
```

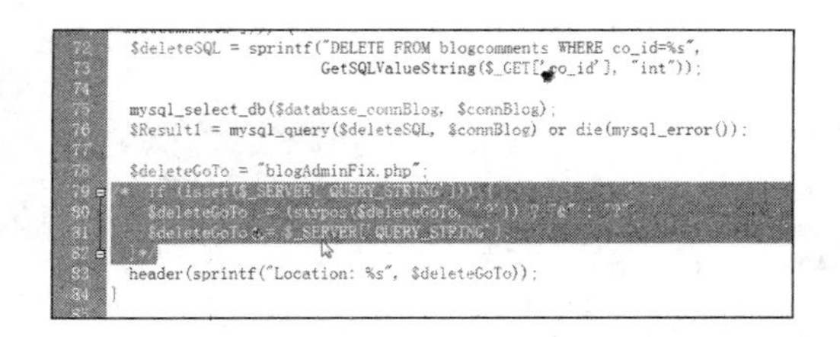

图 10-140　注释重定向代码

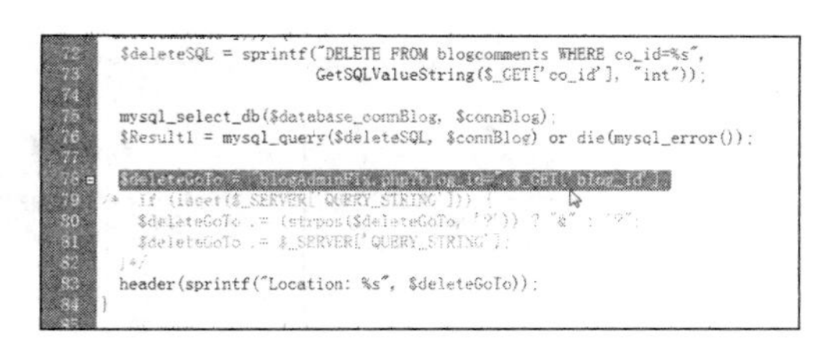

图 10-141　添加传递参数的代码

7．删除文章

在当前页面中单击管理文章表单中的“删除”按钮后，将删除该文章并转向管理文章列表页面 blogAdminMessage.php。

① 选取文章内容表单中的“删除”按钮，切换到代码视图，为“删除”按钮添加 onclick 事件代码，如图 10-142 所示。

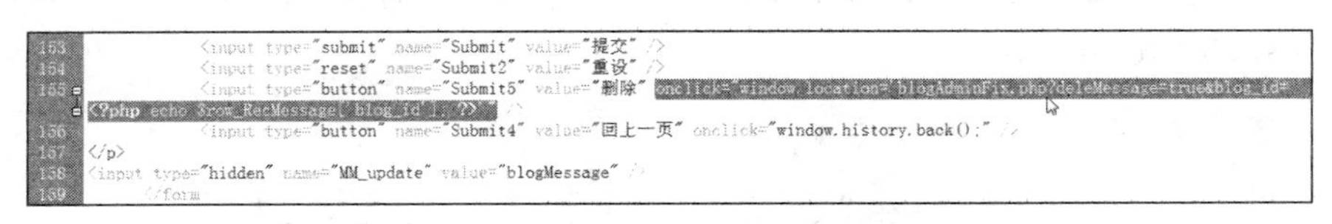

图 10-142　为“删除”按钮添加 onclick 事件代码

代码如下：

```
onclick="window.location='blogAdminFix.php?deleMessage=true&
blog_id=<?php echo $row_RecMessage['blog_id']; ?>'"
```

② 打开“服务器行为”面板，单击“+”按钮，从弹出的菜单中选择“删除记录”命令，如图 10-143 所示。

③ 打开“删除记录”对话框，参照表 10-26 中的参数进行设置，如图 10-144 所示，并设置删除数据后转到管理文章列表页面 blogAdminMessage.php。

表 10-26　删除记录参数设置

参　数	设　置　值
首先检查是否已定义变量	URL 参数 deleMessage
连接	connBlog
表格	blogmessages
主键列	blog_id
主键值	URL 参数 blog_id
删除后，转到	blogAdminMessage.php

④ 单击“确定”按钮，完成删除记录操作。

需要说明的是，这里的删除记录操作之所以没有将重定向代码加上注释，是因为删除记录操作完成之后返回的不是本页面，而是转向了 blogAdminMessage.php，因此不存在删除操作一直在本页面执行死循环的可能。只有删除记录操作完成之后返回的是本页面时，才需要将重定向代码加上注释。

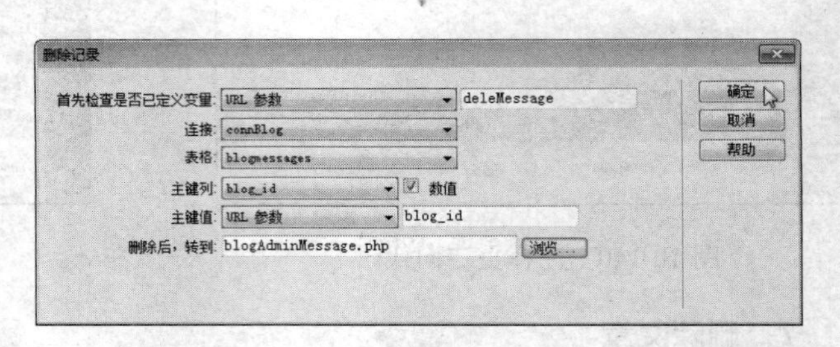

图 10-143　选择“删除记录”命令　　　　图 10-144　“删除记录”对话框

8．设置重复区域

由于文章所对应的评论不止一个，因此需要对文章评论表单中的数据进行重复显示。选取文章评论表单 blogCommand，设置重复区域，“重复区域”对话框的设置如图 10-145 所示，设置结果如图 10-146 所示。

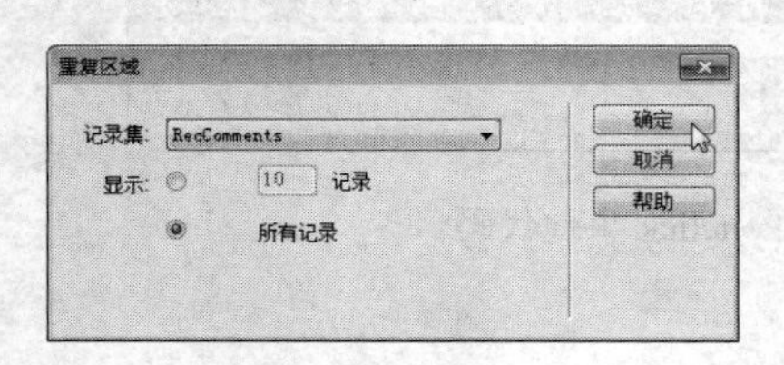

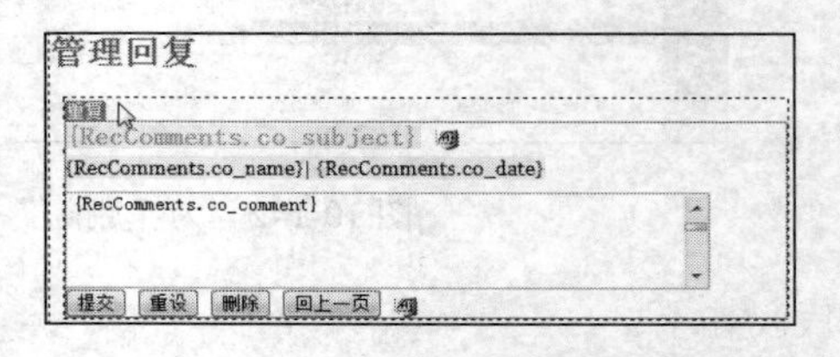

图 10-145　“重复区域”对话框　　　　图 10-146　重复区域的设置结果

9．设置显示区域

文章内容表单中的“删除”按钮平时是不显示的，只有当文章的所有评论全部删除之后，这个按钮才显示出来，使用的是“显示区域”服务器行为实现这一功能的。操作步骤如下。

① 选取管理文章表单中的“删除”按钮，在“服务器行为”面板中单击“+”按钮，从弹出的菜单中选择“显示区域”→“如果记录集为空则显示”命令，打开“如果记录集为空则显示”对话框，选取记录集 RecComments，如图 10-147 所示。

② 单击“确定”按钮返回到设计窗口，会发现所选取要显示的区域的左上角出现了一个“如果符合此条件则显示…”的灰色标签，表示已经完成设置，如图 10-148 所示。

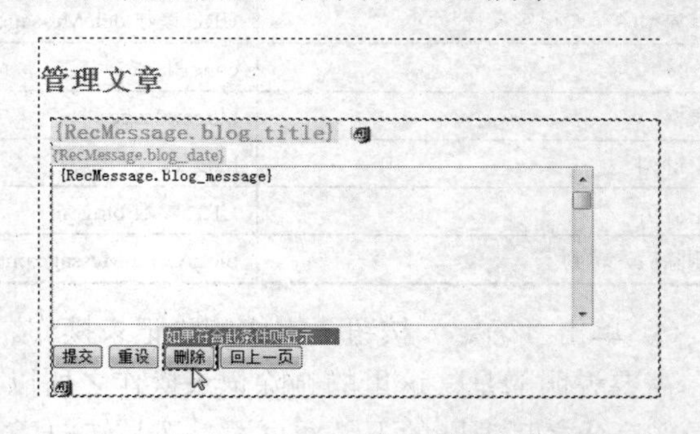

图 10-147　设置显示区域的对话框　　　　图 10-148　显示区域的设置效果

至此，博客系统的所有页面全部制作完毕。

10.6 作品预览

选取首页 blog.php，按〈F12〉键预览网页。

10.6.1 一般页面的使用

预览网页 blog.php，在首页中显示出整个网站的信息。左侧按照文章发布时间的先后显示了当前的所有文章；右侧显示了文章的分类和最新发布的文章信息，如图 10-149 所示。单击感兴趣的文章的“详细内容”链接，即会打开这篇文章的详细内容页面，如图 10-150 所示。

图 10-149 文章首页

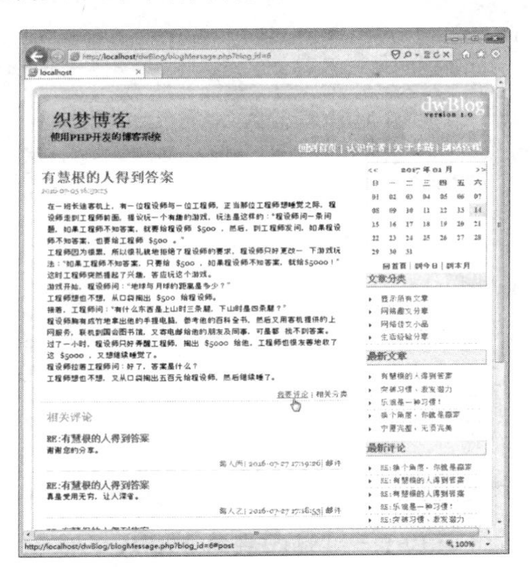

图 10-150 文章的详细内容页面

单击文章结尾的“我要评论”链接，转向本页面内的“我要评论”表单，如图 10-151 所示。浏览者可以发表自己的想法，如图 10-152 所示。

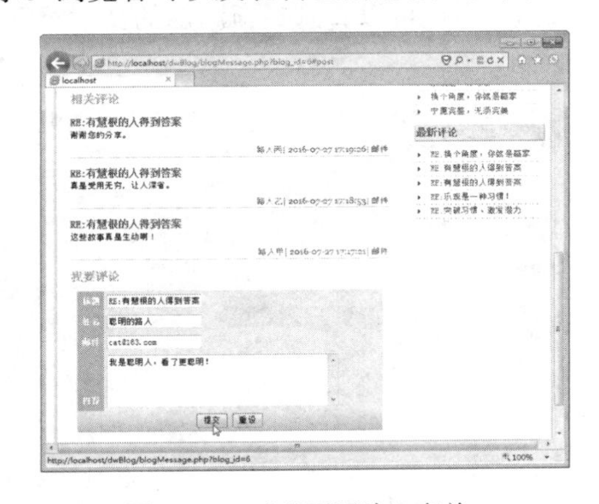

图 10-151 “我要评论”表单

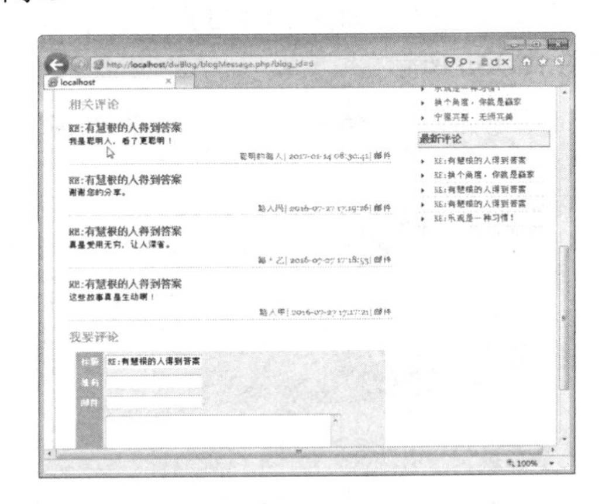

图 10-152 浏览者发表的评论

除此之外，单击页面右上方日历上的日期链接或文章分类区域中的分类链接，都可以转向以指定方式显示的文章列表。

10.6.2 管理页面的使用

1．登录管理

单击导航条中的“网站管理”链接，打开登录页面 adminLogin.php，输入登录账号和密码，如图 10-153 所示。单击“登录”按钮，如果登录成功，则打开设置网站信息页面 adminWebInfo.php。在这个页面中，管理员可以修改网站的基本信息、管理信息和网站简介，如图 10-154 所示。

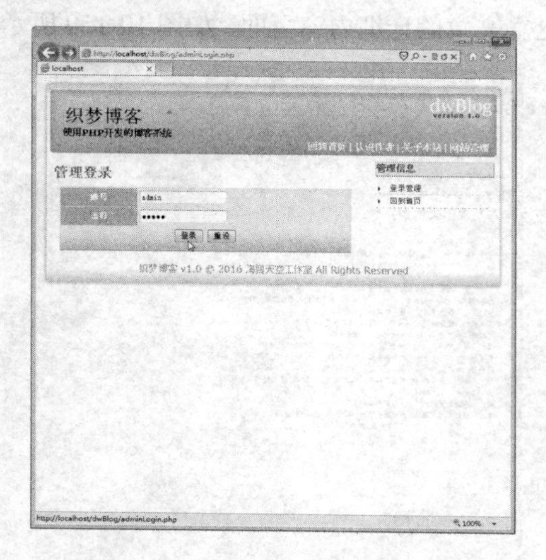

图 10-153　网站管理登录页面

图 10-154　网站信息页面

2．管理文章分类

单击网站信息页面中的“文章分类管理”链接，打开 blogAdminCategory.php 页面，这个页面可以管理网站文章的分类，包括修改、删除和添加分类。例如，添加一个“乐海拾贝锦集”的文章分类，如图 10-155 所示。单击“添加”按钮，用户可以看到最新添加的文章类别，如图 10-156 所示。

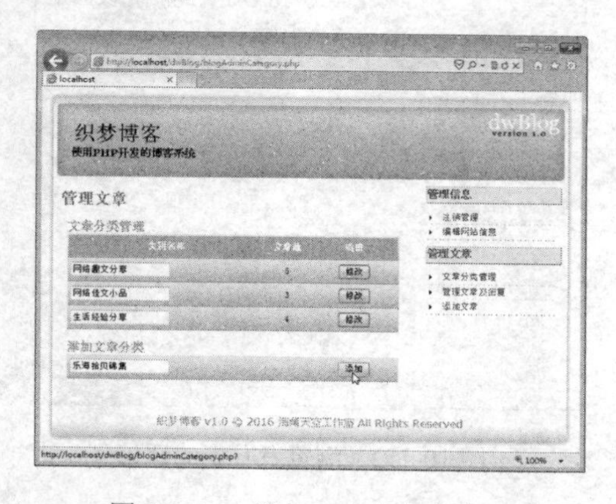

图 10-155　添加一个文章分类

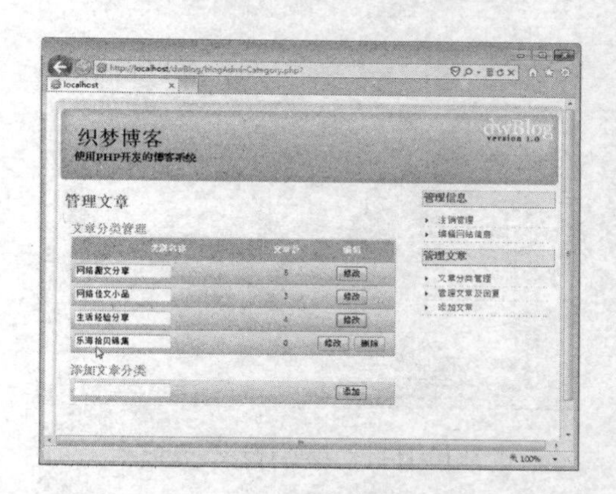

图 10-156　新添加的文章类别

3. 添加文章

单击“添加文章”链接，打开 blogAdminPost.php 页面，输入添加文章的信息，如图 10-157 所示。单击“提交”按钮，转向管理文章列表页面 blogAdminMessage.php，用户可以看到新添加的文章显示在文章列表中，如图 10-158 所示。

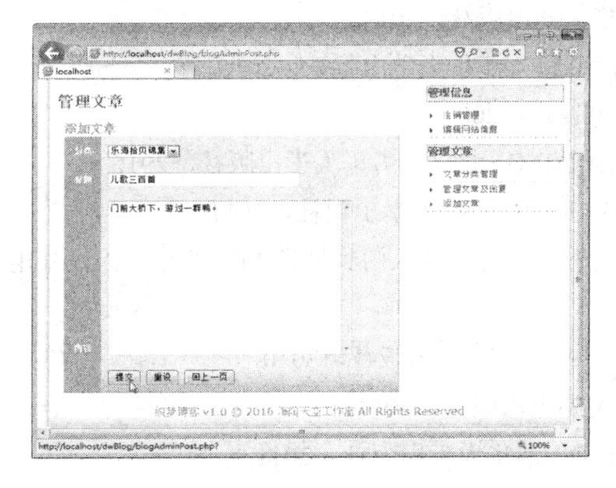

图 10-157　添加文章

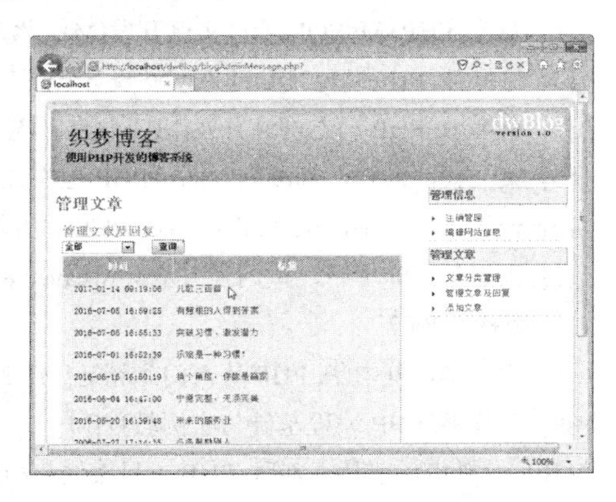

图 10-158　添加的文章显示在文章列表中

4. 管理文章的详细信息

在 blogAdminMessage.php 中单击文章列表中的文章链接，如图 10-159 所示。打开管理文章详细信息的 blogAdmiFix 页面，显示出该篇文章的内容及所有回复信息，如图 10-160 所示。

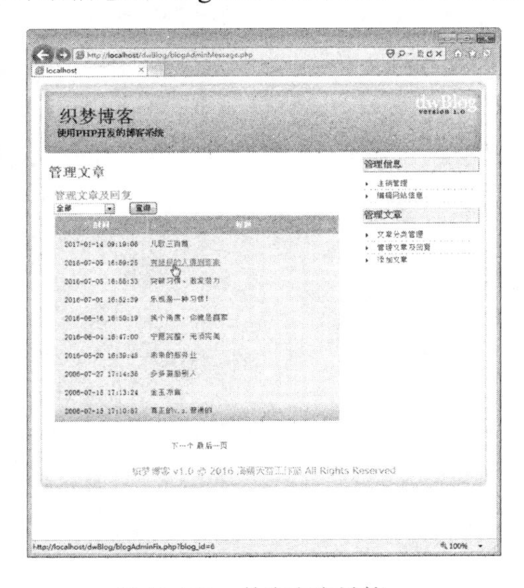

图 10-159　单击文章链接

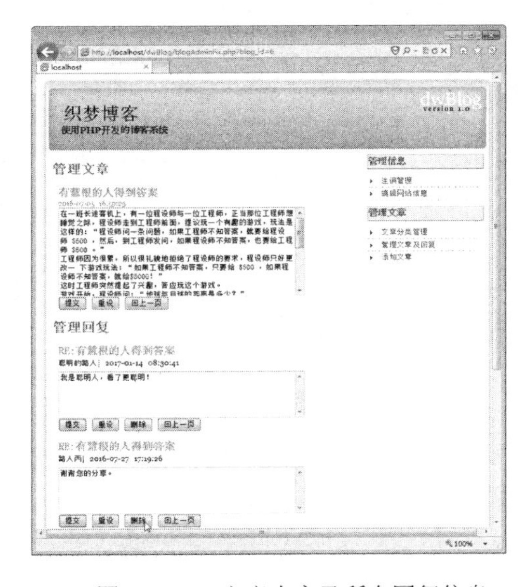

图 10-160　文章内容及所有回复信息

在这个页面中，用户可以修改文章和文章回复的内容，还可以删除文章的回复，当删除所有回复后，就可以删除文章并转向管理文章列表页面 blogAdminMessage.php。

参 考 文 献

[1] 王咸锋. PHP+MySQL 开发项目教程[M]. 北京：清华大学出版社，2013.
[2] 施莹. PHP+MySQL 项目实例开发[M]. 北京：清华大学出版社，2014.
[3] 徐俊强. PHP+MySQL 动态网站设计实用教程[M]. 北京：清华大学出版社，2015.
[4] 赵增敏. PHP 动态网站开发[M]. 北京：电子工业出版社，2009.
[5] 梁文新，宋强，刘凌霞. Ajax+PHP 程序设计实战详解[M]. 北京：清华大学出版社，2010.
[6] 曾俊国，罗刚，王飞. PHP Web 开发实用教程[M]. 北京：清华大学出版社，2011.
[7] 张旭东，陈华智，黄炳强. Dreamweaver 8+PHP 动态网站开发从入门到精通[M]. 北京：人民邮电出版社，2007.
[8] 潘凯华，刘中华. PHP 从入门到精通[M]. 2 版. 北京：清华大学出版社，2010.
[9] 孔祥盛. PHP 编程基础与实例教程[M]. 北京：人民邮电出版社，2011.
[10] 潘凯华，李慧，刘欣. PHP 项目案例分析[M]. 北京：清华大学出版社，2011.